Avant-métré – Lots terrassements, VRD, gros œuvre

Jean-Pierre Gousset

Avant-métré – Lots terrassements, VRD, gros œuvre

Éditions
EYROLLES

ÉDITIONS EYROLLES
61, bd Saint-Germain
75240 Paris Cedex 05
www.editions-eyrolles.com

Du même auteur aux éditions Eyrolles

- Avec le concours de Jean-Claude Capdebielle et de René Pralat, *Le Métré. CAO & DAO avec Autocad. Étude de prix*, 2e éd., 312 p., 2011

Série « Technique des dessins du bâtiment »

- *Dessin technique et lecture de plan. Principes ; exercices*, 2e éd., 288 p., 2013
- *Plans topographiques, plans d'architecte, permis de construire et RT 2012. Détails de construction*, 280 p., 2014

Lire et réaliser les plans des maisons de plain-pied avec Autocad et Revit, 2007, 352 p.

Du projet 3D au DPE avec Allplan, 2010, 224 p.

ISBN : 978-2-212-13833-7

Sommaire

Table des matières

Remerciements

Pour l'aide qu'ils lui ont obligeamment apportée dans la rédaction de cet ouvrage, l'auteur tient à remercier :

Gdv : agence d'architecture	http://www.gdvarchitecture.com/
Geomensura : logiciels de conception pour l'infrastructure et le génie civil	http://www.geomensura.fr/
Georges : promoteur immobilier	http://www.george-promotion.com
IAD : bureau d'études bâtiment	http://www.iad-bat.com/
ID Batiment : ingénierie du bâtiment	idbatiment24@wanadoo.fr
Intech : ingénierie du bâtiment	etudes@beintech.fr
Laumont Jacques : architecte DPLG	http://jacqueslaumondarchitecte.blogspot.fr/
Snptp : Société nouvelle de travaux publics	http://www.snptp.com/
So.build : concepteur & éditeur de logiciels BTP	https://www.sobuild.fr/
Untec : Union nationale des économistes de la construction	http://www.untec.com/

ainsi que Messieurs :

Christian BAVARD, Thierry BLANCHARDIE, Raphaël BOMPOIL, Éric COUSTILLAS, Hervé COUSTILLAS, Guillaume DELPRAT, Antoine DESPLAT, Salvador GIL, Damien LALOT, Yves MALDENT, Hervé MOTARD, Yvan PERSONNIC, Dominique ROBERT, Frédéric VISA et Philippe WENGER.

PARTIE 1

Techniques de calcul

1. Principes

1.1 Unités

Ce terme désigne à la fois :

- L'unité dans laquelle l'article (ou ouvrage élémentaire) est quantifié, comme le mètre pour les longueurs, le mètre carré pour les surfaces, le mètre cube pour les volumes, etc.
- L'article compté à l'unité, comme la plantation ou l'abattage d'arbres, les candélabres, les regards de visite, etc. Dans ce cas, ne pourront être comptés dans l'article que des éléments de même définition : arbres plantés de même essence et de même hauteur, regards de visite de même nature et mêmes dimensions, etc.

1.2 Longueurs (ou linéaires)

Elles sont exprimées en mètres avec 2 décimales.

1.2.1 Longueurs droites

1.2.1.1 Déduction de cotes existantes

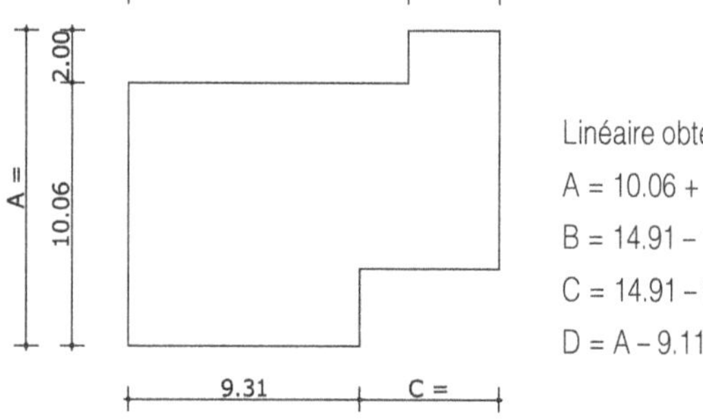

Linéaire obtenu par addition ou soustraction d'autres cotes

A = 10.06 + 2.00 = 12.06

B = 14.91 - 11.30 = 3.61 m

C = 14.91 - 9.31 = 5.60 m

D = A - 9.11 = 2.95

Figure 1.1.1 – Contour extérieur d'une construction

1.2.1.2 Déduction de cotes brutes à partir des cotes extérieures finies

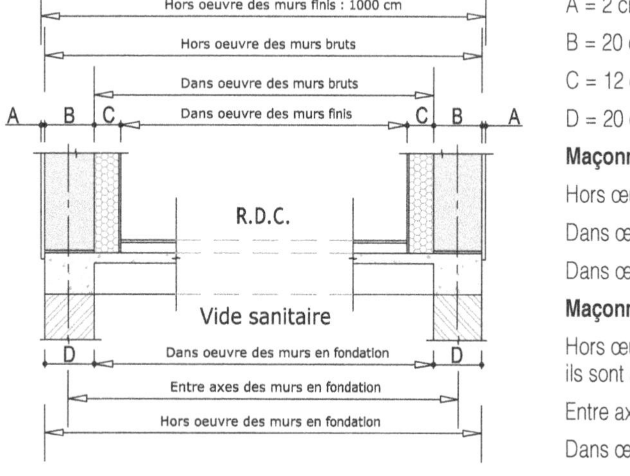

A = 2 cm (enduit extérieur)

B = 20 cm (mur extérieur)

C = 12 cm (doublage intérieur)

D = 20 cm (mur de soubassement)

Maçonnerie en élévation

Hors œuvre des murs bruts = 1 000 cm - 2 x 2 cm = 996 cm

Dans œuvre des murs bruts = 996 cm - 2 x 20 cm = 956 cm

Dans œuvre des murs finis = 996 cm - 2 x 32 cm = 932 cm

Maçonnerie en fondation

Hors œuvre des murs en fondation = Hors œuvre des murs bruts (car ils sont alignés verticalement) = 996 cm

Entre axes des murs en fondation = 996 cm - 2 x 10 cm = 976 cm

Dans œuvre des murs en fondation = 996 cm - 2 x 20 cm = 956 cm

Figure 1.1.2 – Relations entre les différentes cotes d'un projet à isolation intérieure

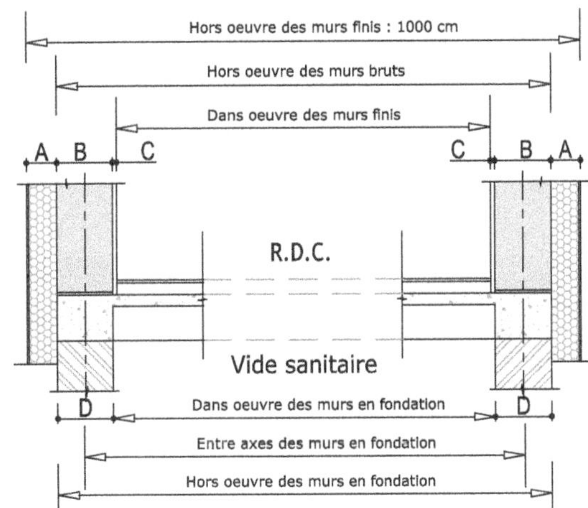

A = 10 cm (isolation extérieure)

B = 20 cm (mur)

C = 1 cm (enduit intérieur)

D = 20 cm (mur de soubassement)

Maçonnerie en élévation

Hors œuvre des murs bruts = 1 000 cm - 2 x 10 cm = 980 cm

Dans œuvre des murs finis = 980 cm - 2 x 22 cm = 936 cm

Maçonnerie en fondation

Hors œuvre des murs en fondation = Hors œuvre des murs bruts (car ils sont alignés verticalement) = 980 cm

Entre axes des murs en fondation = 980 cm - 2 x 10 cm = 960 cm

Dans œuvre des murs en fondation = 980 cm - 2 x 20 cm = 940 cm

Figure 1.1.3 – Relations entre les cotes d'un projet à isolation extérieure

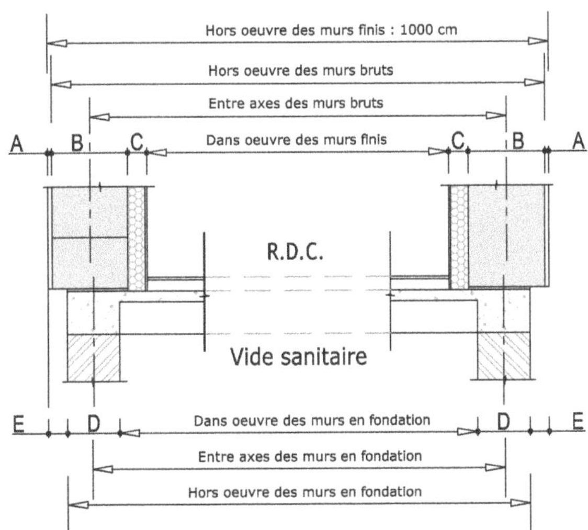

A = 2 cm (enduit extérieur)

B = 30 cm (mur en briques ou en blocs de béton cellulaire collés)

C = 8 cm (isolation intérieure)

D = 20 cm (mur de soubassement)

E = 5 cm

Maçonnerie en élévation

Épaisseur totale des murs en élévation : 2 + 30 + 8 = 40 cm

Hors œuvre des murs bruts = 1 000 cm - 2 x 2 cm = 996 cm

Dans œuvre des murs finis = 1 000 cm - 2 x 40 cm = 920 cm

Maçonnerie en fondation

Hors œuvre des murs en fondations =
Hors œuvre des murs bruts - 2E (2 x 5 cm) = 990 cm

Entre axes des murs en fondation = 990 cm - 2 x 10 cm = 970 cm

Dans œuvre des murs en fondation = 990 cm - 2 x 20 cm = 950 cm

Figure 1.1.4 – Relations entre les cotes d'un projet à isolation répartie, complétée par une isolation intérieure

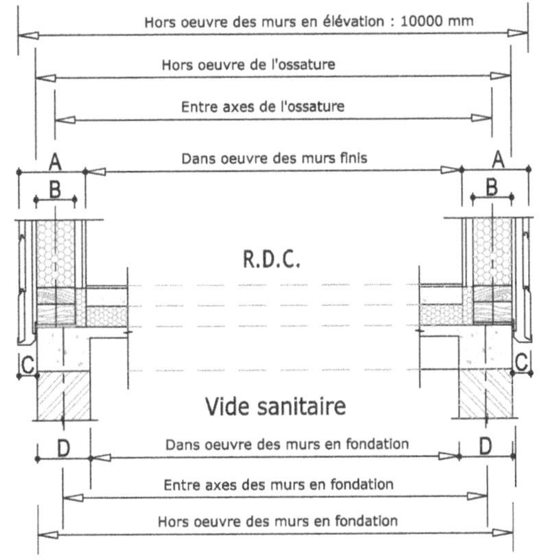

A = 52 + 145 + 40

B = 145 mm (largeur de l'ossature)

C = 52 mm bardage extérieur

D = 20 cm (mur de soubassement)

Murs en élévation

Hors œuvre de l'ossature = 10 000 mm - 2 x 52 mm = 9 896 mm

Entre axes de l'ossature = 9 896 cm - 2 x 145 / 2 mm = 9 751 mm

Murs en fondation

Hors œuvre des murs en fondation = Hors œuvre des murs de l'ossature (car ils sont alignés verticalement[1]) = 9 896 mm

Entre axes des murs en fondation = 9 896 mm - 2 x 100 mm = 9 696 mm

Dans œuvre des murs en fondation = 9 896 mm - 2 x 20 cm = 9 496 cm

Figure 1.1.5 – Relations entre les cotes d'un projet à ossature bois

1. Si l'on considère que ce n'est pas le panneau de contreventement mais les lisses et les montants qui sont alignés avec le nu extérieur des murs en fondations.

1.2.1.3 Décomposition dans les angles

Lorsqu'il s'agit de calculer des linéaires d'articles présentant une épaisseur, les cotes utilisées sont à considérer soit HO-DO, soit entre axes[1].

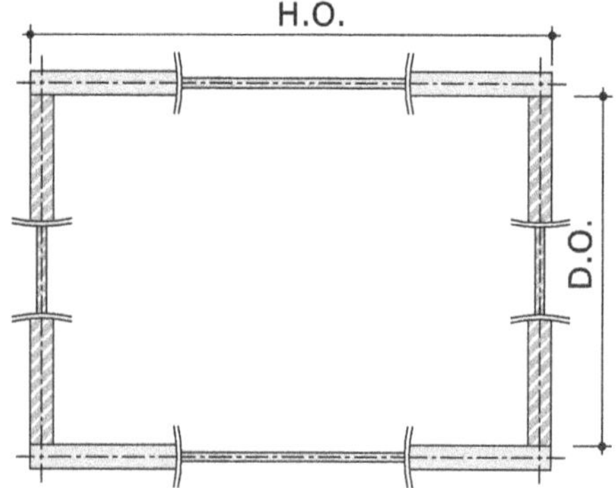

Figure 1.1.6 – Longueurs cotées « HO-DO » (angles agrandis)

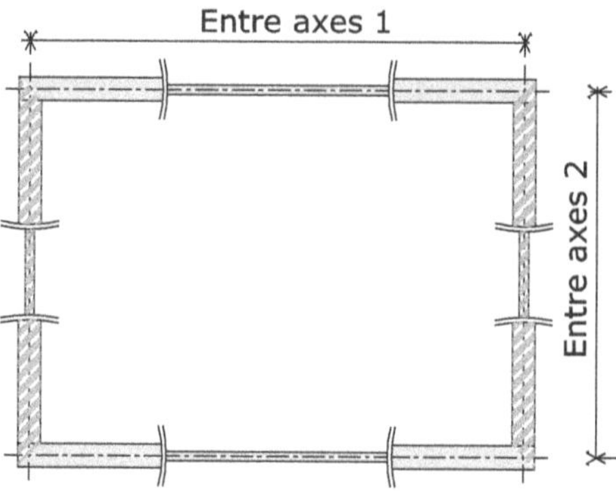

Figure 1.1.7 – Longueurs cotées « entre axes » (angles agrandis)

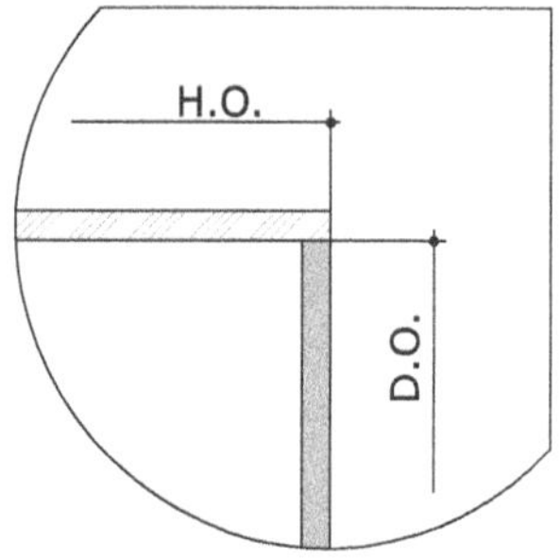

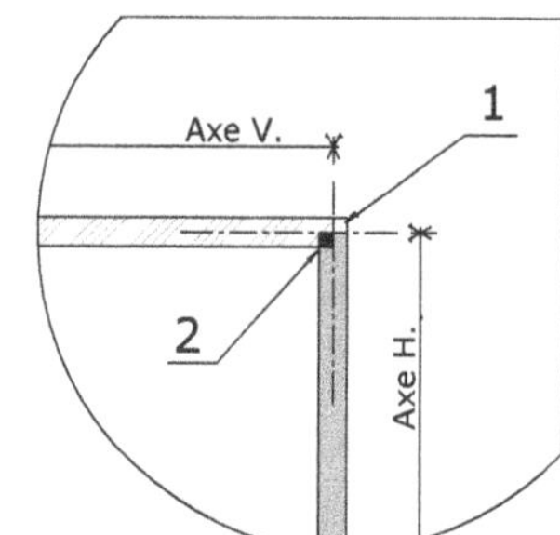

1 : Avec une cote entre axes, cette partie est oubliée, comparativement à une cote HO

2 : Par contre, cette partie est comptée 2 fois

Au final, ces valeurs se compensent.

Figure 1.1.8 – Comparaison entre les deux méthodes

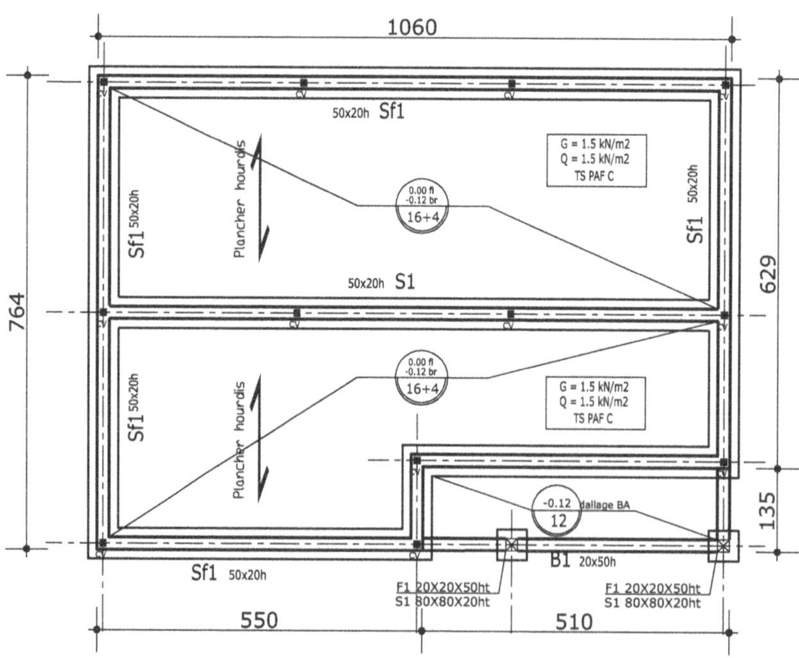

Figure 1.1.9 – Vue en plan des fondations servant d'exemple

1. Cette notion est importante pour l'implantation et la réalisation de l'ouvrage. Elle est considérée comme académique pour l'avant-métré et elle n'a que peu d'influence sur les quantités finales.

1.2.1.4 Cotes HO- DO

Des murs en fondation

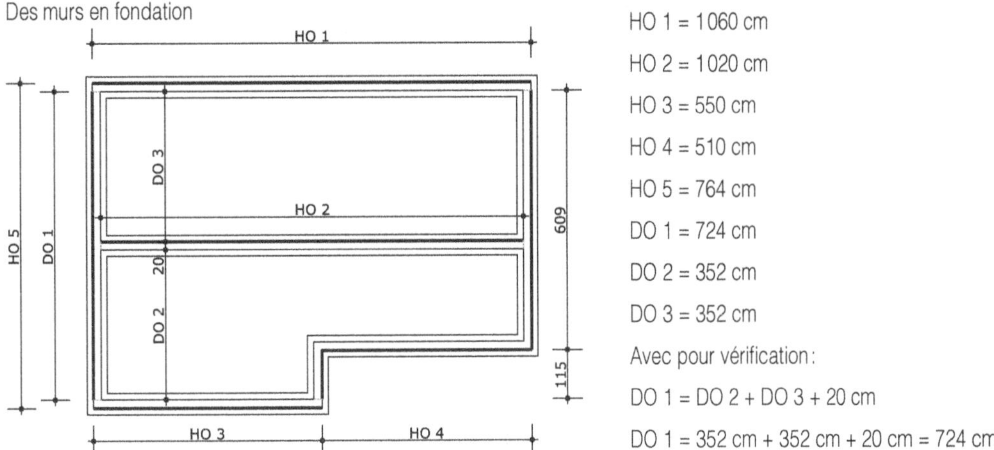

HO 1 = 1060 cm
HO 2 = 1020 cm
HO 3 = 550 cm
HO 4 = 510 cm
HO 5 = 764 cm
DO 1 = 724 cm
DO 2 = 352 cm
DO 3 = 352 cm
Avec pour vérification :
DO 1 = DO 2 + DO 3 + 20 cm
DO 1 = 352 cm + 352 cm + 20 cm = 724 cm

Figure 1.1.10 – Cotation HO-DO des murs en fondation

Des semelles filantes

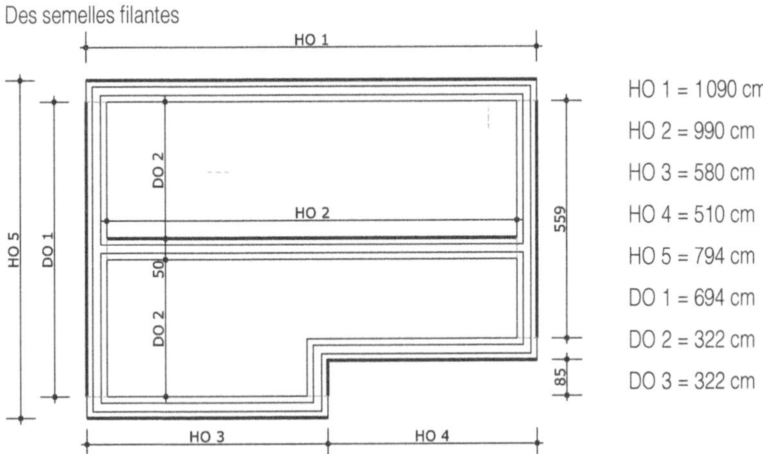

HO 1 = 1090 cm
HO 2 = 990 cm
HO 3 = 580 cm
HO 4 = 510 cm
HO 5 = 794 cm
DO 1 = 694 cm
DO 2 = 322 cm
DO 3 = 322 cm

Figure 1.1.11 – Cotation HO-DO des semelles filantes

1.2.1.5 Cotes entre axes

Des murs en fondation

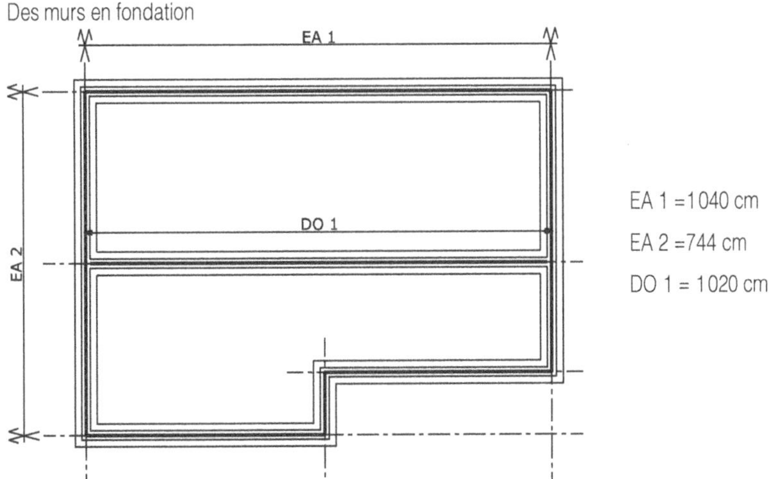

EA 1 =1040 cm
EA 2 =744 cm
DO 1 = 1020 cm

Figure 1.1.12 – Cotation entre axes des murs en fondation

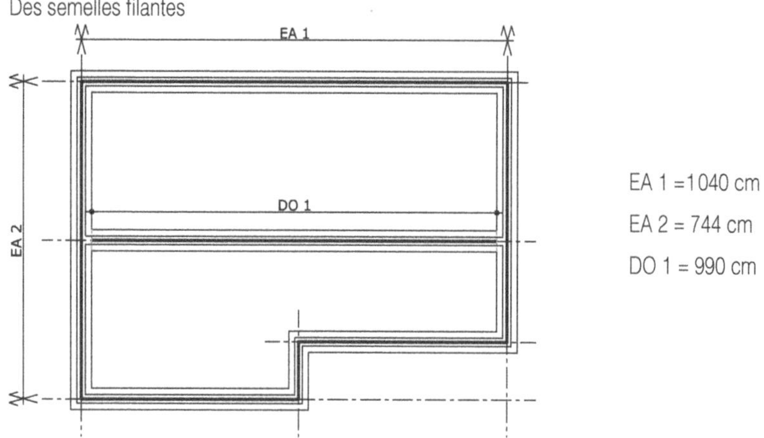

Figure 1.1.13 – Cotation entre axes des semelles filantes

Remarque : pour les cotes extérieures, les cotes entre axes des murs en fondation sont identiques aux cotes entre axes des semelles filantes, mais les cotes hors œuvre et dans œuvre sont différentes.

1.2.1.6 Échelle

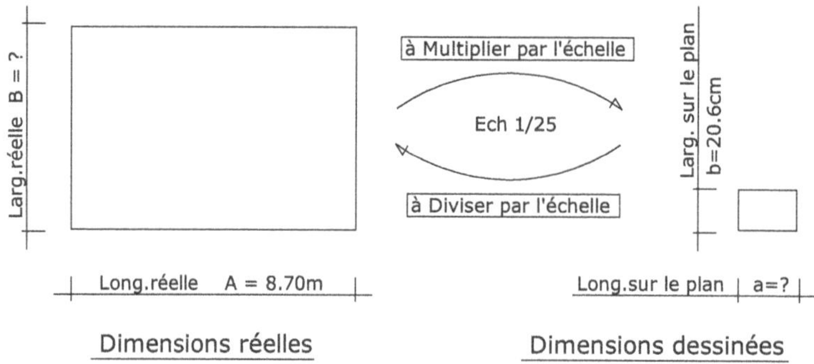

Figure 1.1.14 – Notion d'échelle entre dimensions réelles et dimensions dessinées

$$\text{Échelle} = \frac{\text{Dimension dessinée}}{\text{Dimension réelle}}$$

Cette relation permet le calcul d'un terme lorsque les deux autres sont connus.

Exemple, à l'échelle 1/25ᵉ :

- calcul de la dimension dessinée :

$$\frac{1}{25} = \frac{a}{A}$$
$$\frac{1}{25} = \frac{a}{8.70\ \text{m}}$$
$$25a = 8.70\ \text{m}$$
$$a = \frac{8.70\ \text{m}}{25} = 0.348\ \text{m} = 34.8\ \text{cm}$$

- calcul de la dimension réelle :

$$\frac{1}{25} = \frac{20.6\ \text{cm}}{B}$$
$$B = 20.6\ \text{cm} \times 25 = 515\ \text{cm} = 51.5\ \text{m}$$

Note : il faut respecter les unités.

1.2.1.7 Pente

La pente, exprimée en %, en cm/m ou en m/m, indique la valeur du déplacement vertical pour un déplacement horizontal de 1 m. C'est le rapport entre la hauteur et la longueur mesurées selon l'horizontale.

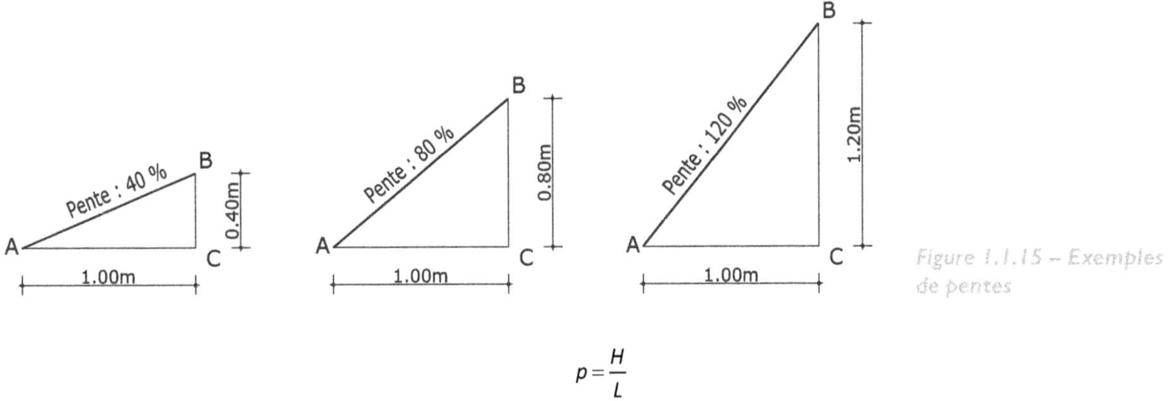

Figure 1.1.15 – Exemples de pentes

$$p = \frac{H}{L}$$

Pour une pente de 40 %, p = 40 % = 40 / 100 = 40 cm / 100 cm, ou 40 cm par m.

Calculer une hauteur connaissant la pente

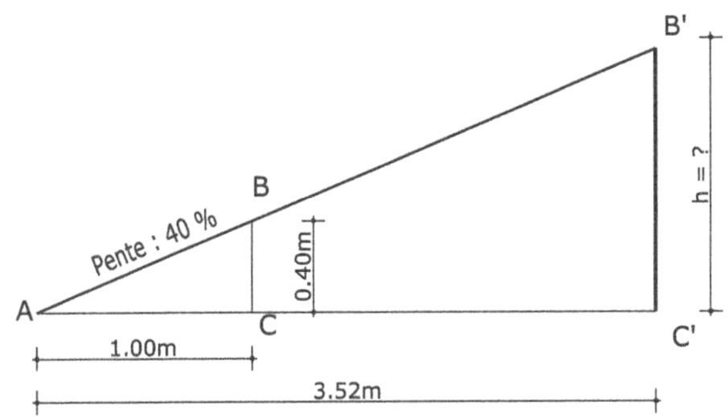

Figure 1.1.16 – Utilisation de la pente pour calculer une hauteur

Calcul de la hauteur B'C' à l'aide de la pente de 40 % (40/100 = 0.4) :

- pour 1 m : h = 1 m x 0.4 = 0.4 m ;
- pour 3.52 m : h = 3.52 m x 0.4 = 1.408 m.

Exemple du calcul de la hauteur d'un pignon

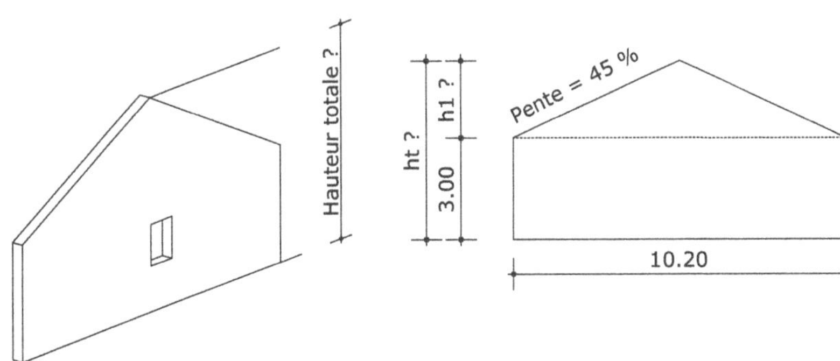

Figure 1.1.17 – Application à la hauteur d'un pignon

$$h1 = \frac{10.20}{2} \times 0.45 = 2.30 \text{ m}$$

D'où la hauteur totale : ht = 3.00 + h1 = 5.30 m.

Calculer la pente associée à l'angle

La définition de la pente est identique à celle de la tangente. Elle est exprimée en %, sous forme de fraction, ou par un nombre décimal.

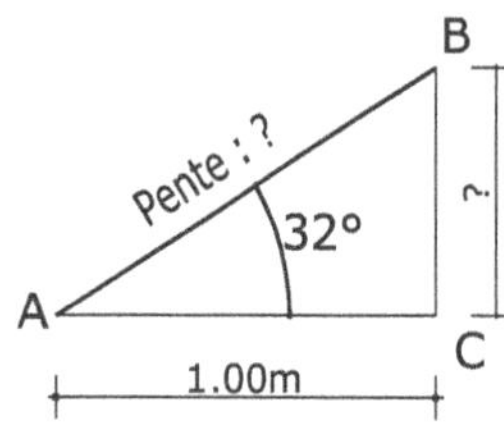

Figure 1.1.18 – Relation entre angle et pente

$$pente = \tan(angle)$$

Si l'angle = 32°, alors pente = tan(32°) = 0.625 = 62.5 %.

Pour un angle de 45°, la tangente vaut 1 et la pente est donc de 100 %.

Calculer l'angle associé à la pente

Il est calculé avec la fonction inverse de la tangente, notée $\tan^{-1}$.

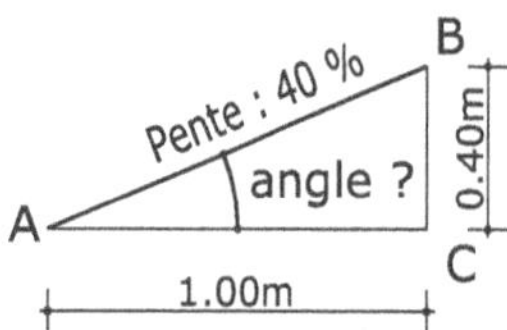

Figure 1.1.19 – Relation entre pente et angle

$$angle = \tan^{-1}(BC / AC) = \tan^{-1}(pente)$$

Si la pente = 40 % = 0.4, alors angle = $\tan^{-1}(0.4)$ = 21.8°.

1.2.1.8 Pythagore

Relation entre les 3 cotés d'un triangle rectangle. Le côté AB, opposé à l'angle droit, est appelé hypoténuse.

$$AB^2 = AC^2 + BC^2 \text{, d'où } AB = \sqrt{AC^2 + BC^2}$$

ou

$$AC^2 = AB^2 - BC^2 \text{, d'où } AC = \sqrt{AB^2 - BC^2}$$

ou

$$BC^2 = AB^2 - AC^2 \text{, d'où } BC = \sqrt{AB^2 - AC^2}$$

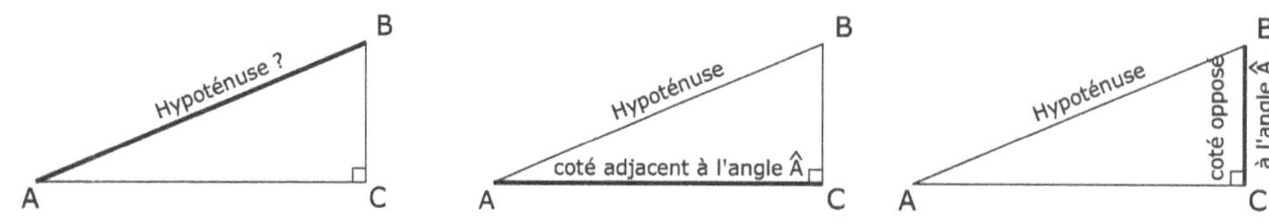

Figure 1.1.20 – Différentes options de la longueur à calculer selon les longueurs connues

Ces relations permettent soit le tracé et la vérification des angles droits lors de l'implantation, soit le calcul de la longueur d'un rampant ou d'une rive latérale.

Exemple 1 : calcul des diagonales

Pour que le triangle ABC soit rectangle, AC doit être égal à 17.99 m, résultat de la formule :

$$AC = \sqrt{14.91^2 + 10.06^2} = 17.99 \text{ m}$$

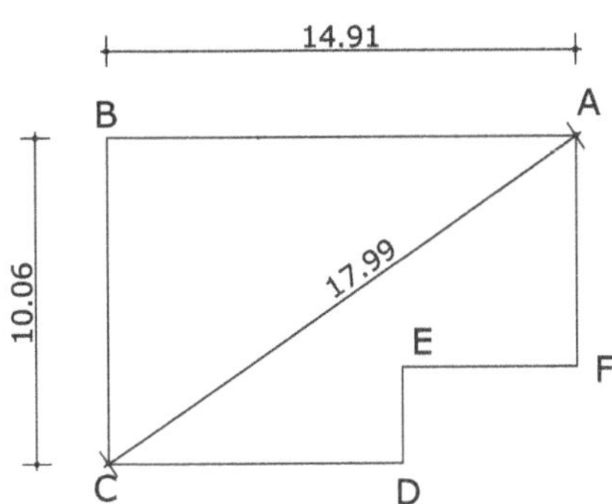

Figure 1.1.21 – Exemple du calcul d'une diagonale d'implantation

D'autres diagonales, dites de vérification, permettent de s'assurer du bon équerrage de l'ensemble.

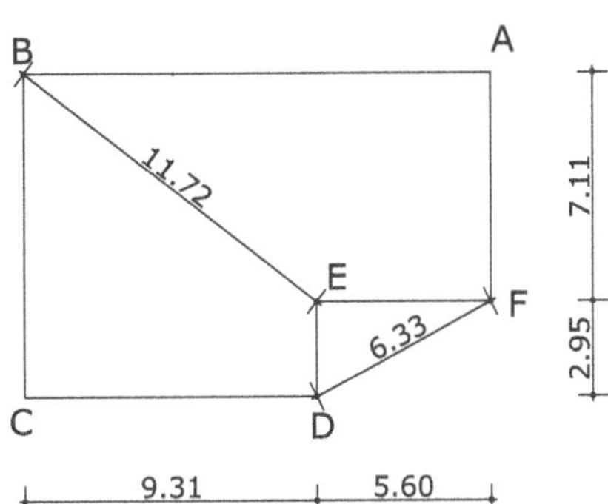

Figure 1.1.22 – Diagonales pour vérifier une implantation

<u>**Remarque**</u> : la méthode 3, 4, 5 procède de cette relation.

$$5^2 = 4^2 + 3^2$$
$$25 = 16 + 9$$

Exemple 2 : calcul de la longueur du rampant

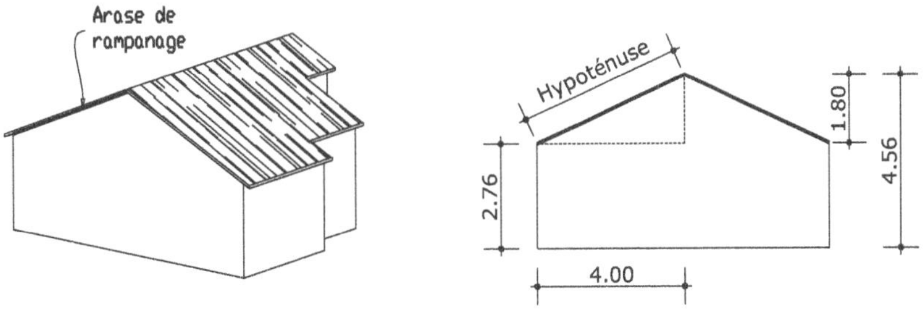

Figure 1.1.23 – Application au calcul d'un rampant

1.2.1.9 Thalès

Les longueurs des segments parallèles définies par des sécantes sont proportionnelles.

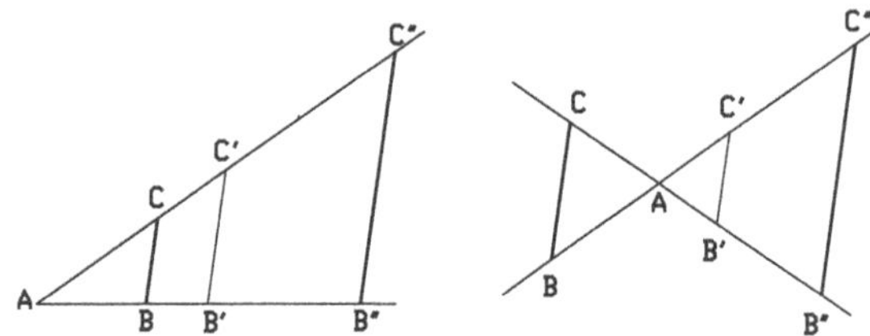

Figure 1.1.24 – Représentation des segments parallèles proportionnels définis par des sécantes qui se coupent en A

$$\frac{AB}{AC}=\frac{AB'}{AC'}=\frac{BC}{B'C'}=\frac{\ldots}{\ldots}$$

Trois longueurs connues permettent le calcul de la quatrième.

Exemple

$$\frac{AB}{AC}=\frac{AB'}{AC'}\text{, d'où } AB=\frac{AB'}{AC'}\times AC$$

1.2.1.10 Trigonométrie

Relation entre deux côtés et un angle.

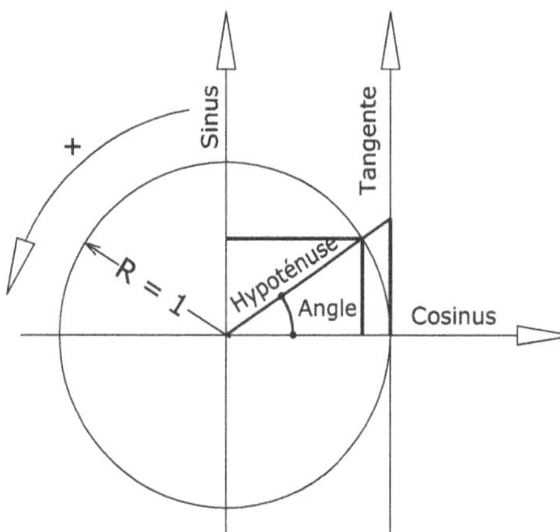

Figure 1.1.25 – Cercle trigonométrique

Le cercle trigonométrique est un cercle orienté (sens inverse des aiguilles d'une montre) de rayon 1. Lorsque l'angle (autre que l'angle droit) est choisi, un côté est soit opposé, soit adjacent à cet angle. L'hypoténuse est le côté opposé à l'angle droit.

1.2.1.11 Tangente

Relation entre le côté opposé et le côté adjacent à l'angle. Elle permet le calcul de l'angle ou de l'un des côtés de l'angle droit.

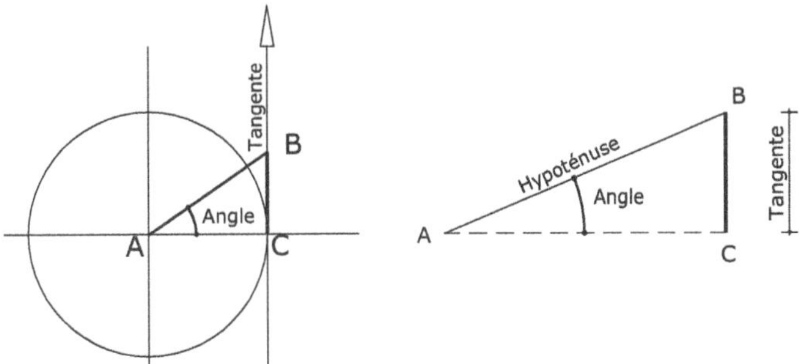

Figure 1.1.26 – Représentation graphique de la tangente

$$\tan\hat{A} = \frac{BC}{AC} \quad \text{ou} \quad BC = AC \times \tan\hat{A} \quad \text{ou} \quad AC = \frac{BC}{\tan\hat{A}}$$

1.2.1.12 Sinus

Relation entre l'angle, le côté opposé à l'angle et l'hypoténuse.

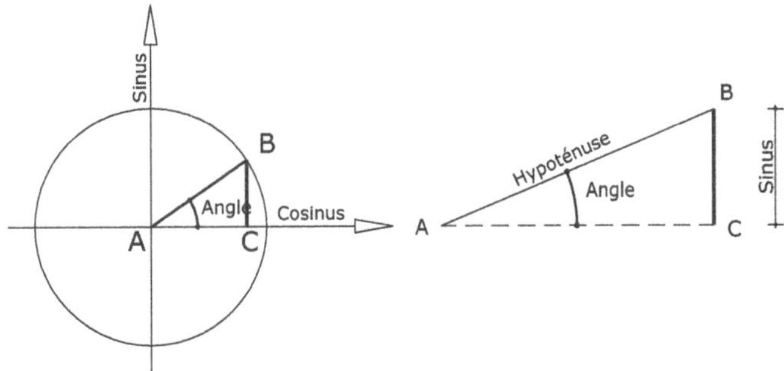

Figure 1.1.27 – Représentation graphique du sinus

$$\sin\hat{A} = \frac{BC}{AC} \quad \text{ou} \quad BC = AC \times \sin\hat{A} \quad \text{ou} \quad AC = \frac{BC}{\sin\hat{A}}$$

1.2.1.13 Cosinus

Relation entre l'angle, le côté adjacent à l'angle et l'hypoténuse.

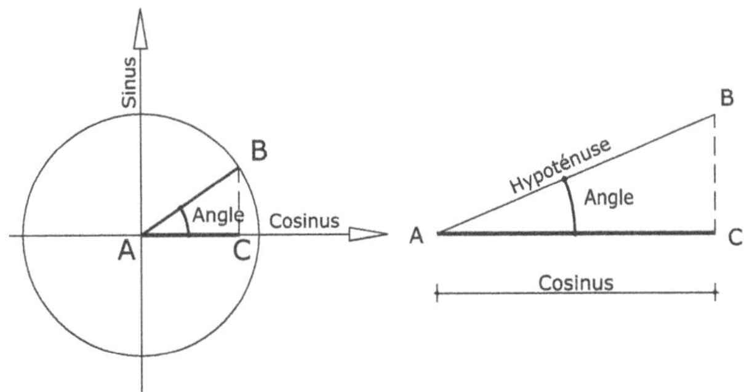

Figure 1.1.28 – Représentation graphique du cosinus

$$\cos\hat{A} = \frac{AB}{AC} \quad \text{ou} \quad AB = AC \times \cos\hat{A} \quad \text{ou} \quad AC = \frac{AB}{\cos\hat{A}}$$

1.2.2 *Longueurs courbes*

1.2.2.1 Cercle

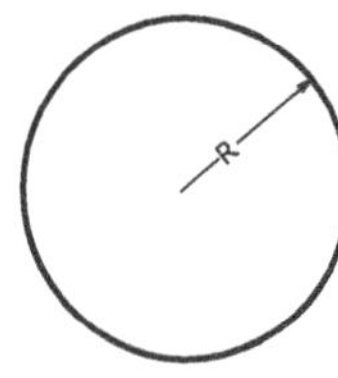

Figure 1.1.29 – Cercle de rayon R

Périmètre du cercle = $2\pi R$, ou πD car $D = 2R$.

1.2.2.2 Arc de cercle

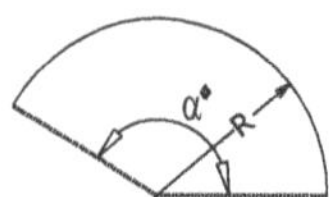

Figure 1.1.30 – Portion de cercle

$\hat{L}$ est la longueur de l'arc.

$\hat{L} = 2\pi R \times \frac{\alpha^\circ}{360^\circ}$, pour α exprimé en degrés.

$\hat{L} = 2\pi R \times \frac{\alpha^g}{400^g}$, pour α exprimé en grades.

$\hat{L} = R\alpha$,pour α exprimé en radians.

1.2.3 *Longueurs composées*

1.2.3.1 Périmètres

Périmètre = somme des linéaires.

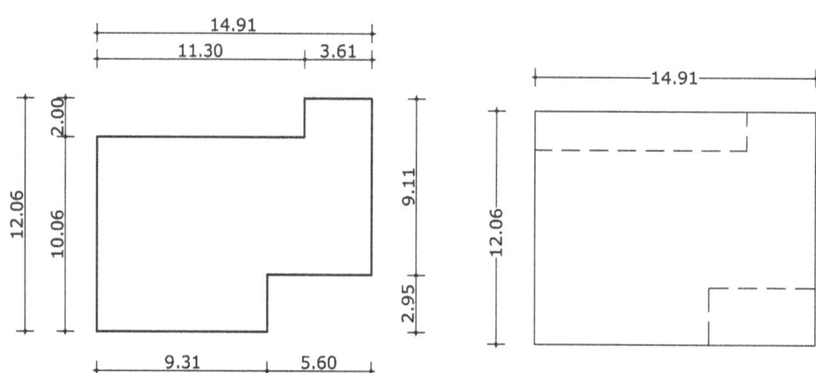

Figure 1.1.31 – Équivalence des périmètres

Exemple

P = 11.30 + 3.61 + 8.61 + 2.95 + 5.60 + 9.31 + 10.06 + 1.50 = 52.94 m

Mais plus simplement :

P = 2 x (14.91 + 11.56) = 52.94 m

Remarque : si les périmètres sont égaux, les surfaces sont différentes.

1.2.3.2 Linéaire des semelles filantes (cotes HO-DO)

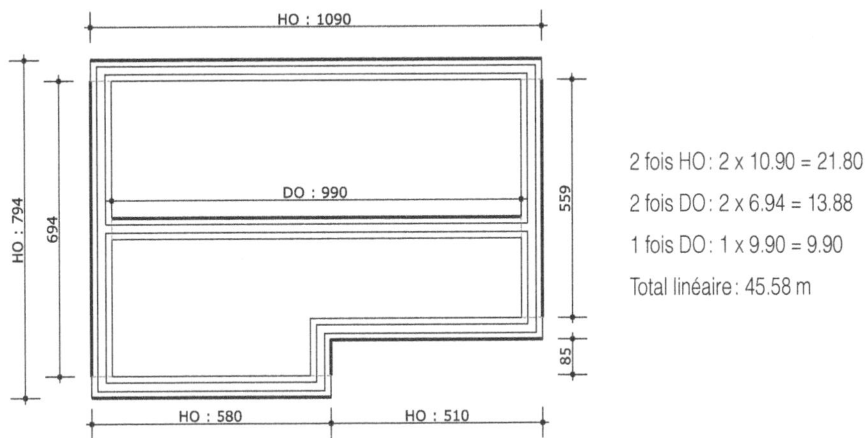

Figure 1.1.32 – Total des linéaires à partir des cotes HO-DO

1.2.3.3 Linéaire des semelles filantes (cotes entre axes)

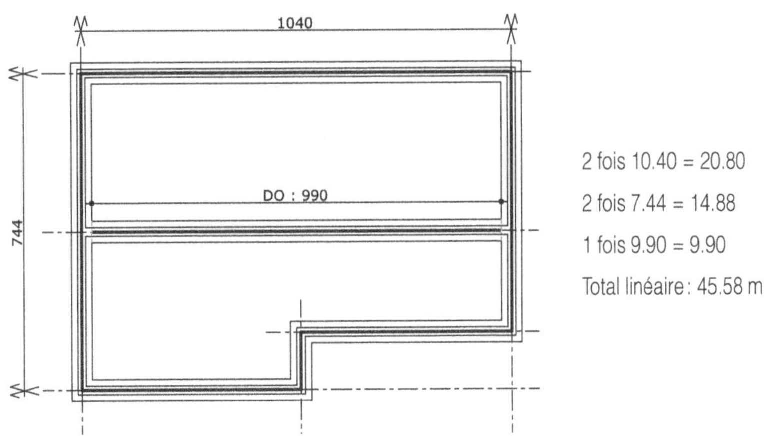

Figure 1.1.33 – Total des linéaires à partir des cotes entre axes

1.3 Surfaces

Elles sont exprimées en mètres carrés (m²) avec 2 décimales.

1.3.1 Surfaces élémentaires

1.3.1.1 Triangle

Dans lesquels la hauteur et la base sont connues.

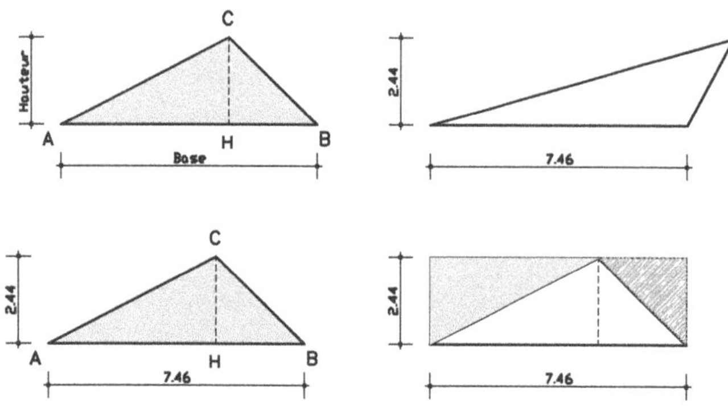

Figure 1.1.34 – Triangles dont on connaît la hauteur

$$S = \frac{Base \times Hauteur}{2}$$

$$S = \frac{7.46 \times 2.44}{2} = 18.20 \text{ m}^2$$

Remarque : la surface d'un triangle est égale à la demi surface du rectangle avec :

- longueur du rectangle = base du triangle ;
- largeur du rectangle = hauteur du triangle.

Dans lesquels les 3 côtés a, b, c sont connus.

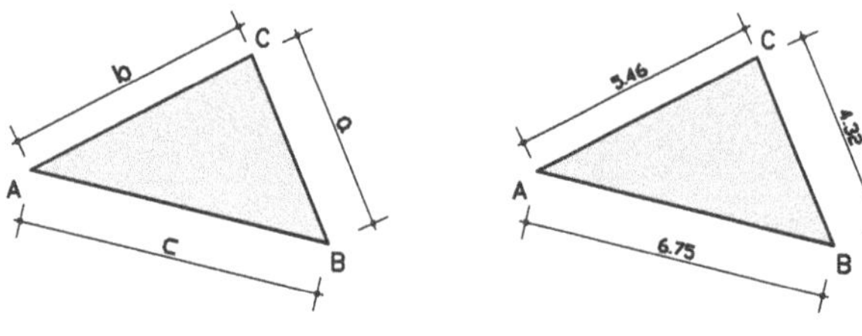

Figure 1.1.35 – Triangles définis par leurs 3 côtés

$$S1 = \sqrt{p(p-a)(p-b)(p-c)}, \text{ avec } p = \frac{a+b+c}{2}$$

Dans lesquels les 2 côtés et l'angle sont connus.

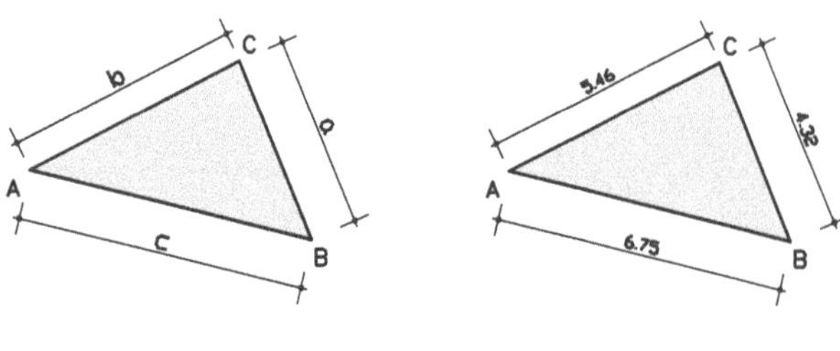

Figure 1.1.36 – Triangles définis par 2 côtés et un angle

$$S1 = \frac{1}{2} bc \sin \widehat{A}$$

1.3.1.2 Rectangle

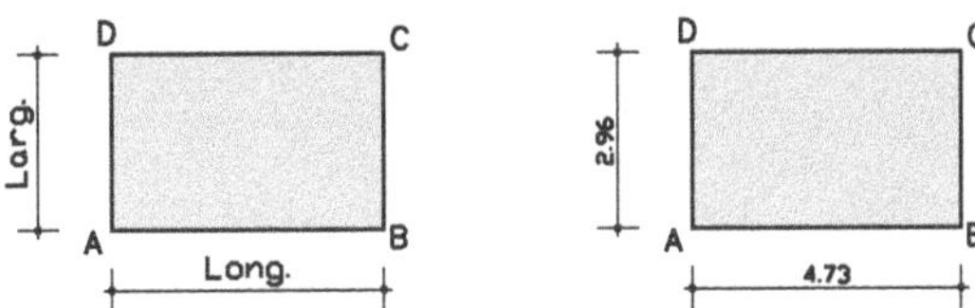

Figure 1.1.37 – Cotes de définition du rectangle

$$S = Longueur \times Largeur$$

Exemple

S = 4.73 x 2.96 = 14.00 m²

REMARQUE : un carré est un rectangle particulier dans lequel la longueur et la largeur ont la même valeur.

1.3.1.3 Trapèze

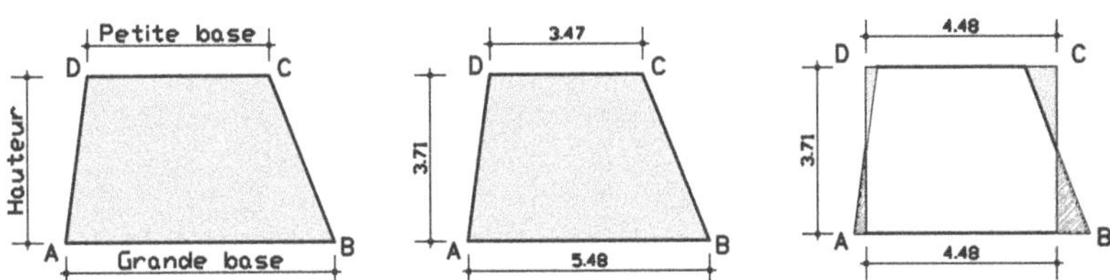

Figure 1.1.38 – Assimilation d'un trapèze à un rectangle

$$S = \frac{Grande\ base + Petite\ base}{2} \times Hauteur$$

$$S = \frac{5.48 + 3.50}{2} \times 3.71 = 4.49x3.71 = 16.66\ m^2$$

REMARQUE : la surface d'un trapèze se calcule comme la surface d'un rectangle dans lequel la longueur est prise égale à la demi somme des bases du trapèze.

1.3.1.4 Surface latérale d'un cylindre

La surface développée d'un cylindre est un rectangle qui a pour longueur le périmètre du cercle.

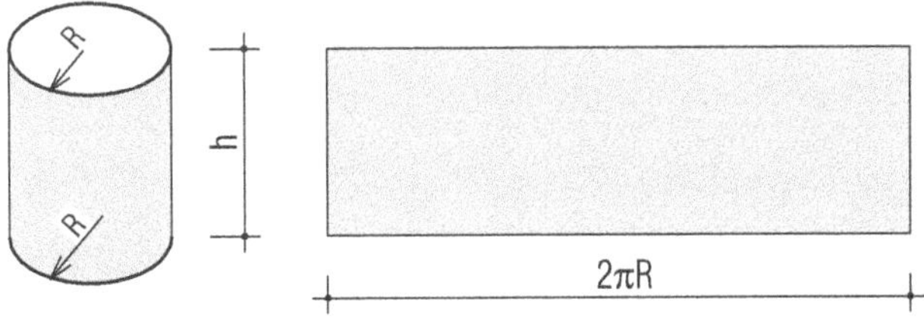

Figure 1.1.39 – Cylindre et son développement

$$Surface = 2\pi Rh$$

1.3.1.5 Disque

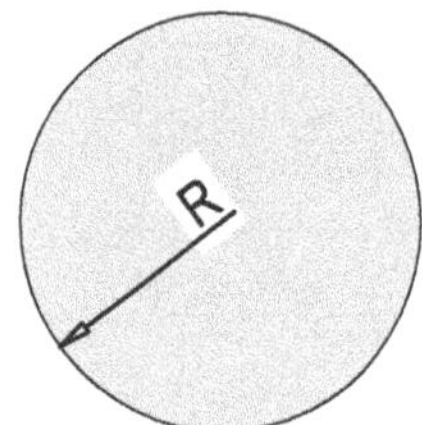

Figure 1.1.40 – Surface du disque

$$S = \pi R^2 \quad \text{ou} \quad S = \pi \frac{D^2}{4} \quad \text{car} \quad R = \frac{D}{2}$$

1.3.1.6 Portion de disque

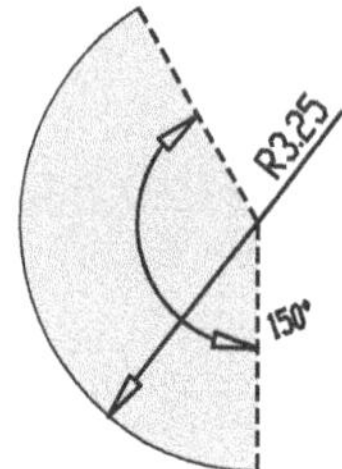

Figure 1.1.41 – Cotes de définition de la portion de disque

$S = \dfrac{\pi R^2 \alpha}{360}$, pour α exprimé en degrés.

$S = \dfrac{\pi R^2 \alpha}{400}$, pour α exprimé en grades (ou en gon).

$S = \dfrac{R^2 \alpha}{2}$, pour α exprimé en radians.

1.3.1.7 Segment circulaire

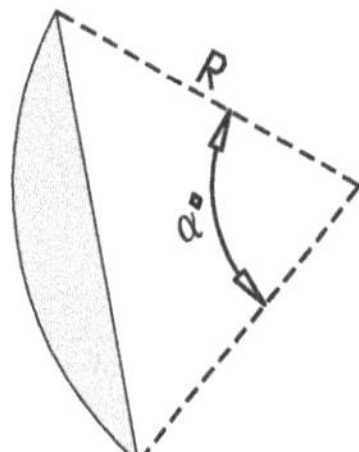

Figure 1.1.42 – Cotes de définition du segment circulaire

$S = \dfrac{R^2}{2}\left(\dfrac{\pi \alpha}{180} - \sin\alpha\right)$, pour α exprimé en degrés.

$S = \dfrac{R^2}{2}\left(\dfrac{\pi \alpha}{200} - \sin\alpha\right)$, pour α exprimé en grades (ou en gon).

1.3.2 Surfaces composées

1.3.2.1 Surface composée de rectangles

Exemple 1 : surface d'emprise au sol

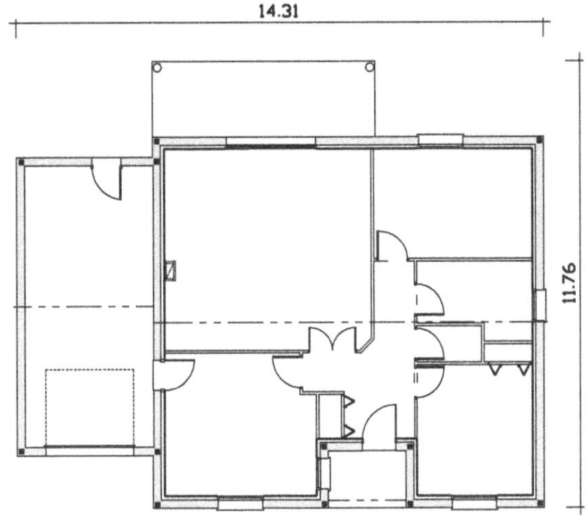

Figure 1.1.43 – Vue en plan du projet

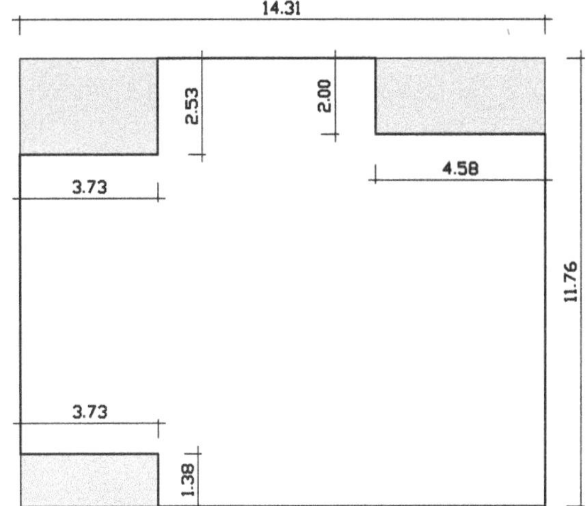

Figure 1.1.44 – Une option de décomposition

Désignation	Long.	Larg.	S. partielles	Sous total	Total
Surface extérieure	14.31	11.76		168.29	A
À déduire	3.73	1.38	5.15	a	
	3.73	2.53	9.44	b	
	4.58	2.00	9.16	c	
Ensemble a + b + c à déduire				23.74	B
Reste A–B					**144.54 m²**

Exemple 2 : surface de couverture (pente à 50 %)

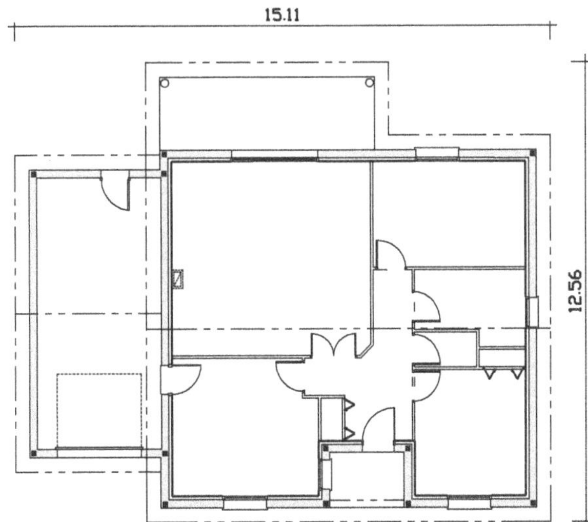

Figure 1.1.45 – Projet avec représentation de la couverture

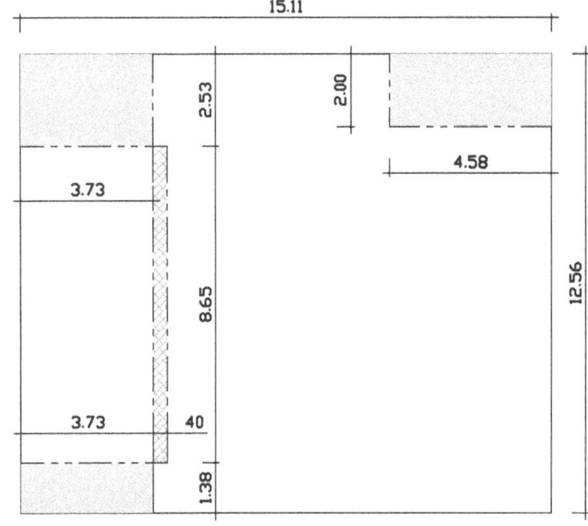

Figure 1.1.46 – Une option de décomposition, compris la surface de recouvrement des deux couvertures

Désignation	Long.	Larg.	S. partielles	Sous total	Total
Surface extérieure	15.11	12.56	189.78	a	
Recouvrement des 2 couvertures	8.65	0.40	3.46	b	
Ensemble a + b				193.24	A
À déduire				23.74	B
Reste A–B				169.50	
x coef. de pente 1.118					**189.50 m²**

1.3.2.2 Surface composée de surfaces élémentaires

Exemple : calcul d'une surface de pignon

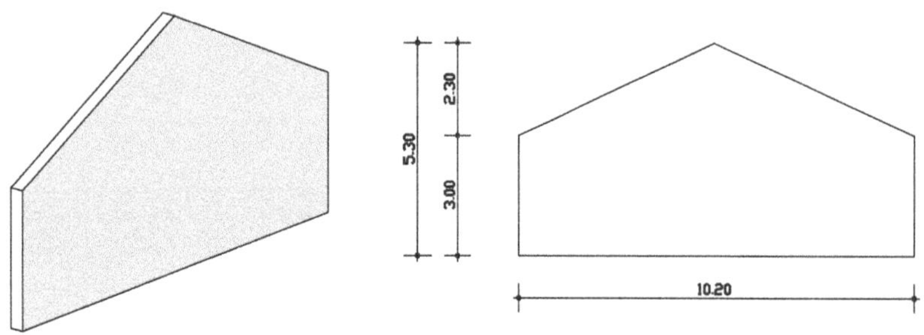

Figure 1.1.47 – Définition de la surface du pignon à calculer

Elle peut être décomposée de trois manières différentes.

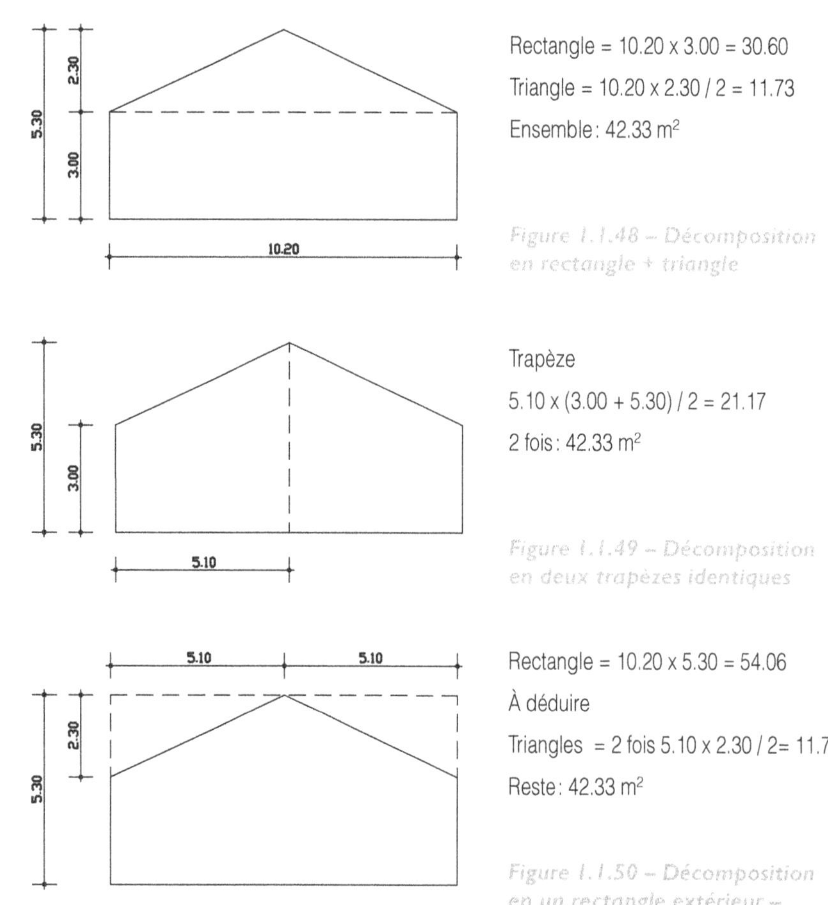

Figure 1.1.48 – Décomposition en rectangle + triangle

Figure 1.1.49 – Décomposition en deux trapèzes identiques

Figure 1.1.50 – Décomposition en un rectangle extérieur – deux triangles

1.3.2.3 Polygone décomposable en triangles quelconques

Le polygone est une somme des triangles S1 + S2 + S3.

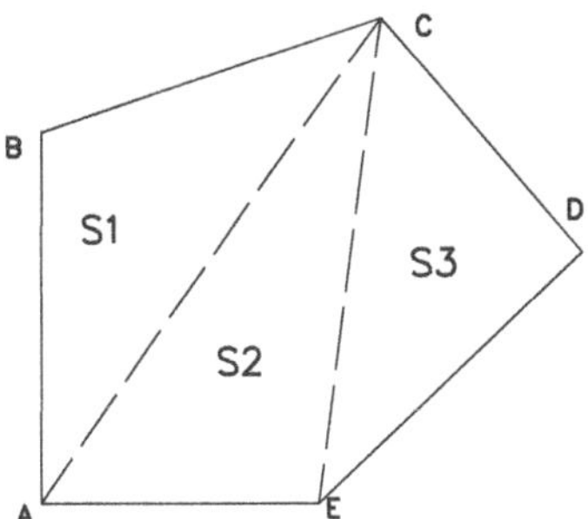

Figure 1.1.51 – Décomposition d'un polygone en triangles

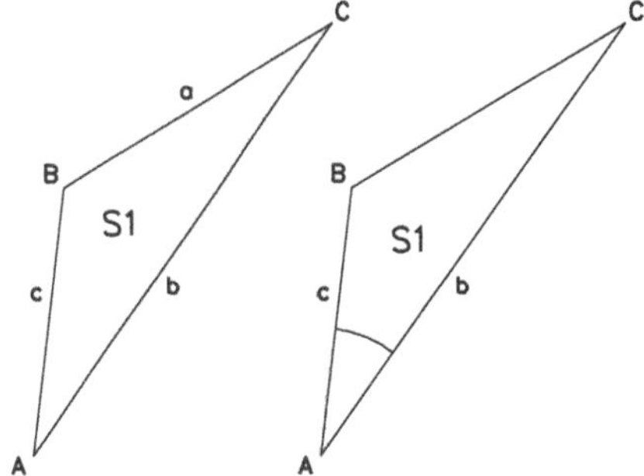

Figure 1.1.52 – Options de définition d'un triangle quelconque

Si S1 est défini par ses 3 côtés a, b, c :

$$S1=\sqrt{p(p-a)(p-b)(p-c)},\ \text{avec}\ p=\frac{a+b+c}{2}$$

Si S1 est défini par 2 côtés et un angle :

$$S1=\frac{1}{2}bc\sin\widehat{A}$$

Il en va de même pour tous les autres triangles du polygone.

1.3.2.4 Polygone décomposable en trapèzes

Exemple : calcul des cubatures de terrain à partir des profils en travers

Le profil en travers définit la section des déblais et (ou) remblais pour obtenir la plate-forme à réaliser. La surface à calculer est obtenue par soustraction des deux surfaces définies par le niveau de référence, le profil du terrain naturel et le profil de la plate-forme.

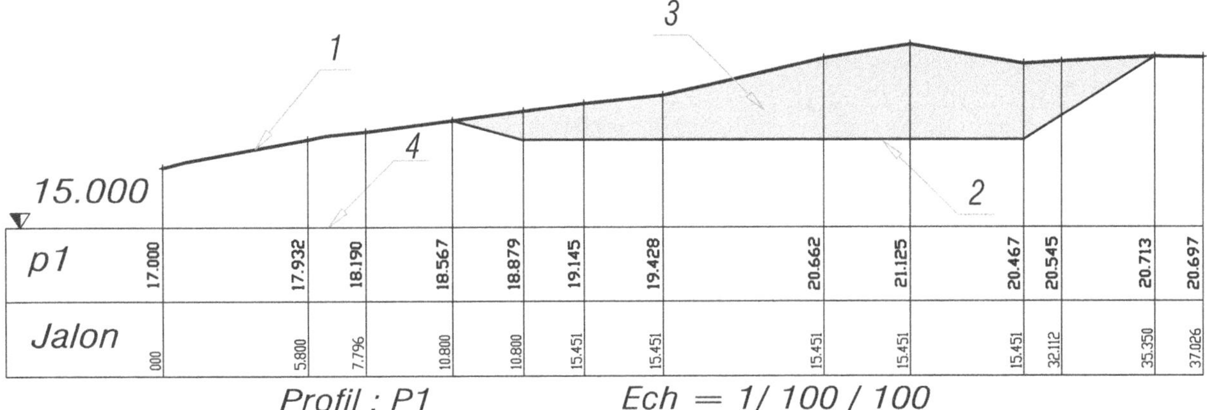

1 : Profil du terrain naturel

2 : Plate-forme à réaliser, compris talus de raccordement au T.N.

3 : Déblais (terre à évacuer)

4 : Niveau de référence

Figure 1.1.53 – Profil en travers

L'aire de cette section est décomposée en trapèzes dont les hauteurs correspondent à la différence entre le niveau de référence et l'altitude du point (terrain naturel ou plate-forme).

Surface comprise entre niveau de référence et terrain naturel.

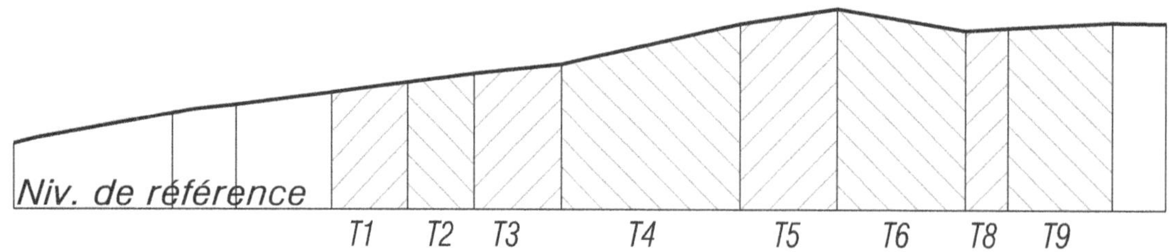

Figure 1.1.54 – Somme S1 des trapèzes T1 à T9 : 124.47 m²

Surface comprise entre niveau de référence et plate-forme.

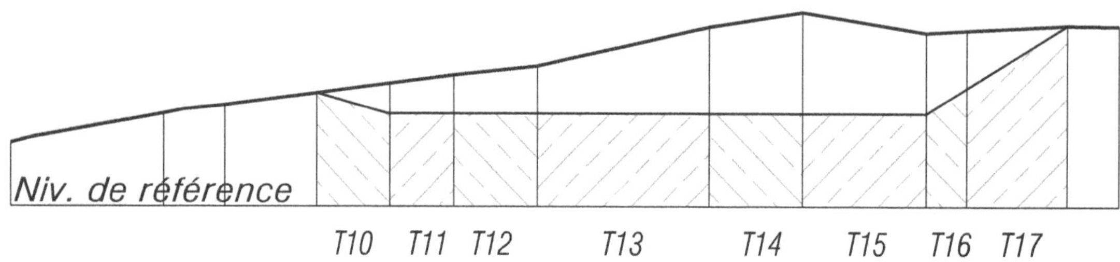

Figure 1.1.55 – Somme S2 des trapèzes T10 à T17 à déduire : 78.74 m²

En résulte la surface de la section des déblais = S1 – S2 = 45.73 m².

1.3.3 Surface développée

Exemple : calcul d'une surface d'application ou d'une surface à peindre

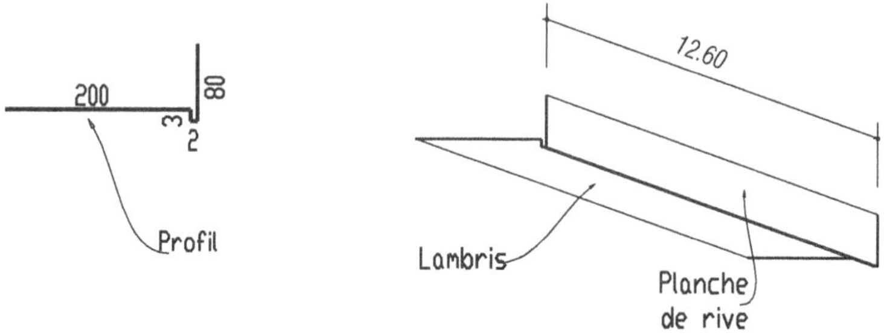

Figure 1.1.56 – Cotation de l'avant toit et de la planche de rive

$$S = Développé \times Longueur\ d'application$$

Développé = 0.35 + 0.003 + 0.02 + 0.20 = 0.60

Longueur d'application = 12.60

Surface (à peindre) : S = 0.60 x 12.60 = 7.56 m²

1.3.4 *Surfaces horizontales*

Exemple : calcul d'une surface de béton de propreté

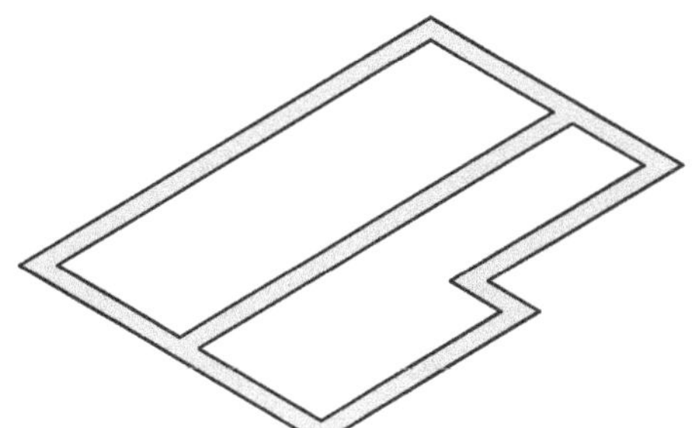

Cette surface peut être décomposée en rectangles. Mais si la largeur des fondations est constante, il est plus rapide de faire un total des longueurs qui sera multiplié par la largeur (c'est comme une mise en facteur).

Figure 1.1.57 – Perspective de la surface horizontale à calculer

Pour le traitement correct des angles, le total des longueurs est compté soit HO-DO, soit entre axes.

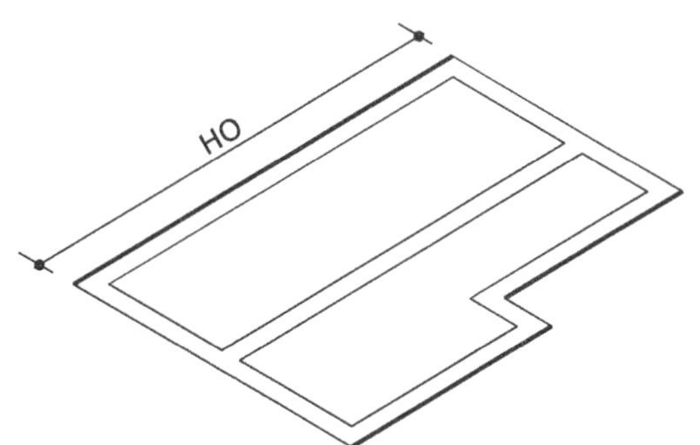

Figure 1.1.58 – Cotes hors œuvre

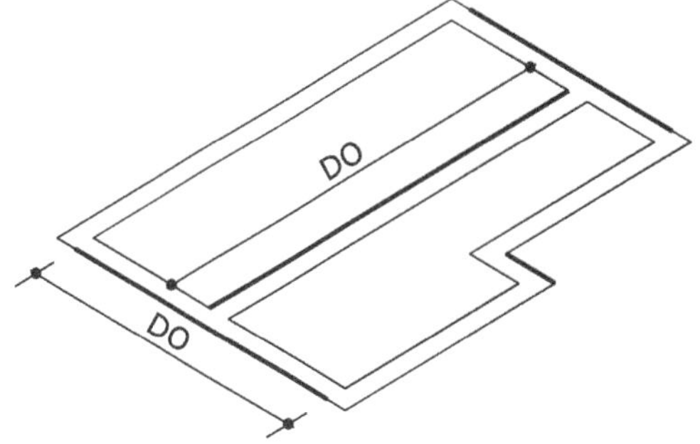

Figure 1.1.59 – Cotes dans œuvre

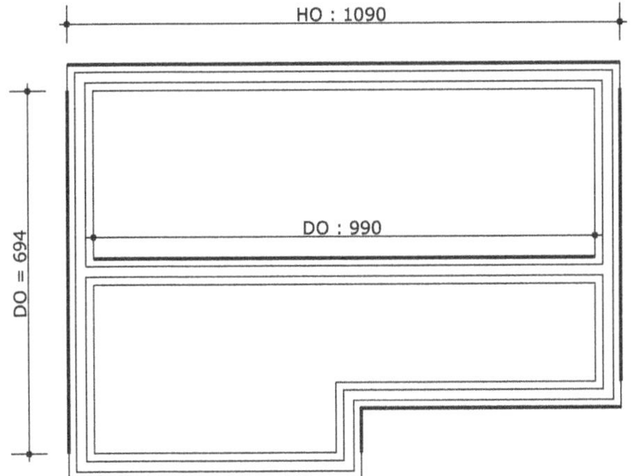

2 fois HO : 2 x 10.90 = 21.80

2 fois HO : 2 x 6.94 = 13.80

1 fois DO : 1 x 9.90 = 9.90

Total linéaire : 45.58

Pour obtenir la surface en plan, il faut multiplier par la largeur des fondations, ici 0.50 m.

Soit 45.58 x 0.50 = 22.79 m²

Figure 1.1.60 – Décomposition HO-DO en plan

Variante du calcul par la méthode entre axes.

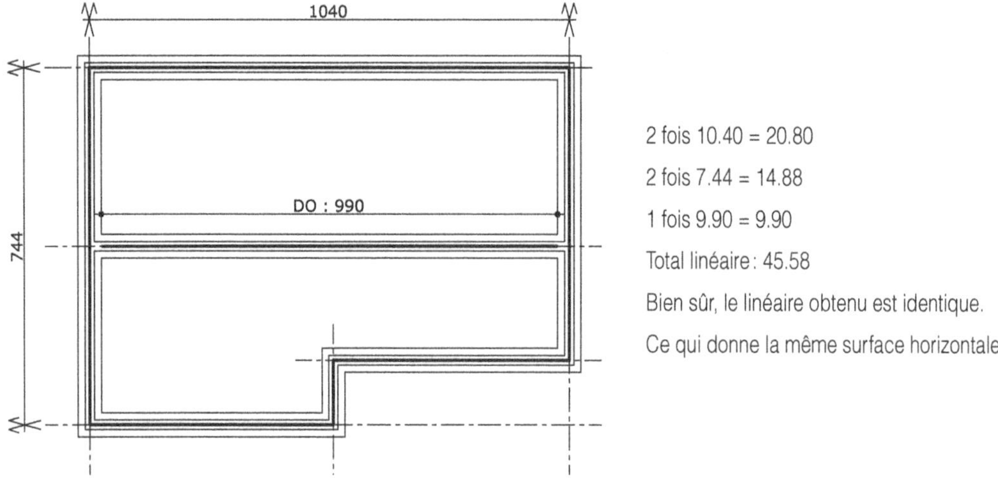

Figure 1.1.61 – Décomposition entre axes

Pour déterminer le volume de béton nécessaire à la réalisation des semelles, il suffit de reprendre la surface du béton de propreté et de la multiplier par la hauteur des semelles.

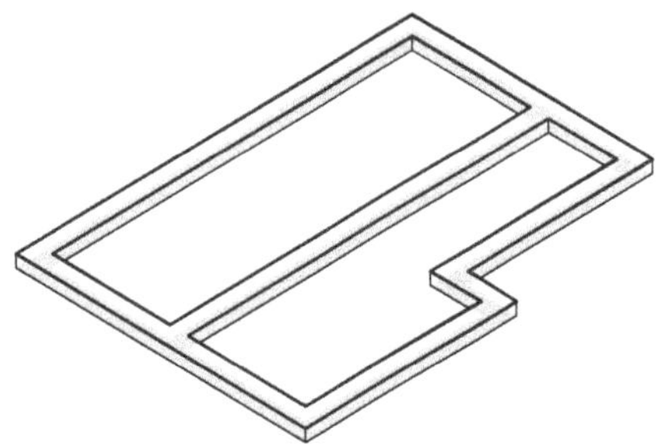

Figure 1.1.62 – Perspective du volume de béton pour les semelles (surface de base grisée)

1.3.5 Surfaces verticales

Exemple : calcul d'une surface de mur de soubassement

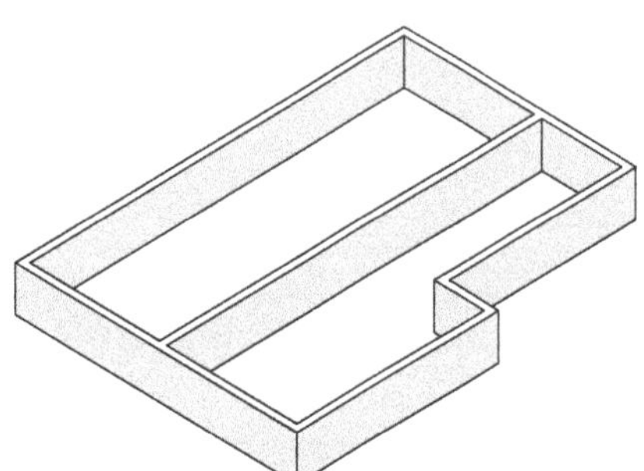

Figure 1.1.63 – Perspective de la surface verticale à calculer

Les longueurs sont décomposées de la même manière.

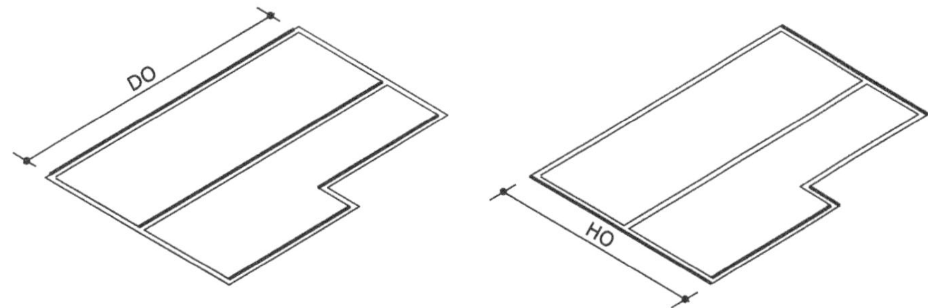

Figure 1.1.64 – Cotes HO-DO en perspective

Pour ce calcul, une autre manière de décomposer est choisie. La cote DO est comptée trois fois alors que la cote HO est comptée deux fois. Comparativement au calcul précédent, il y a une ligne en moins.

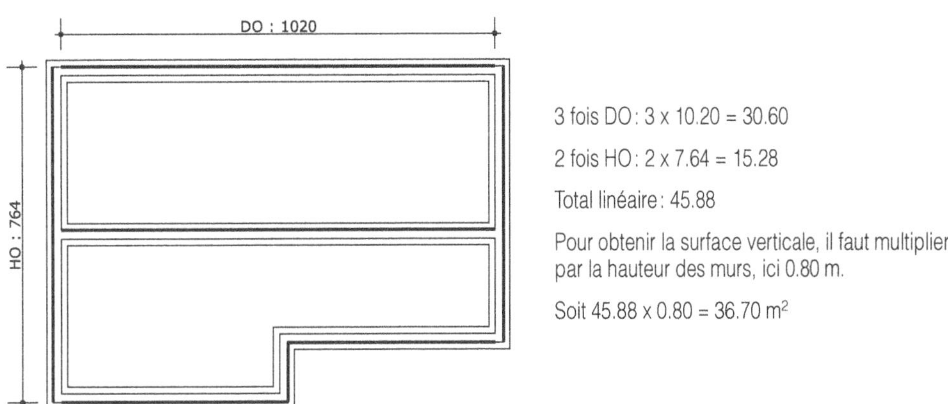

Figure 1.1.65 – Décomposition HO-DO des linéaires

Variante du calcul par la méthode entre axes.

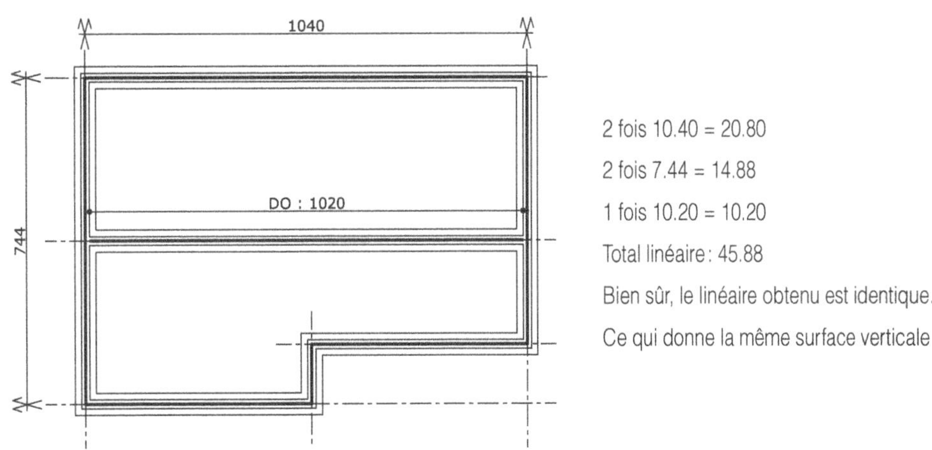

Figure 1.1.66 – Décomposition entre axes des linéaires

Remarques :

– Le linéaire total des semelles et des murs est différent, à partir du moment où il y a un mur de refend.

– Le total extérieur des cotes entre axes est identique pour le linéaire du béton de propreté et pour le linéaire des murs. Seules les cotes intérieures changent.

1.4 Volumes

Ils sont exprimés en mètres cubes (m^3), avec 3 décimales.

1.4.1 Volumes élémentaires

1.4.1.1 Parallélépipède

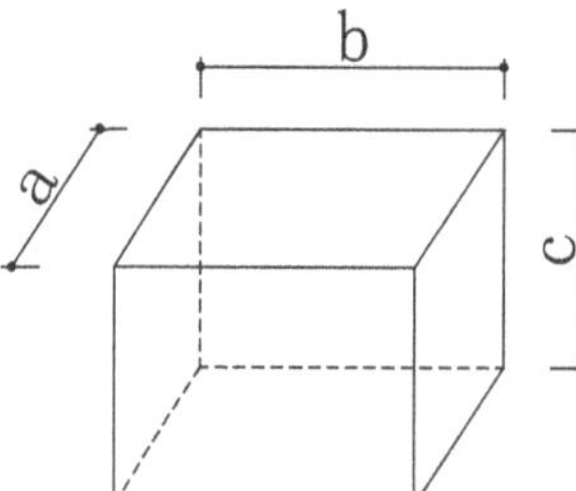

Figure 1.1.67 – Cotes de définition du parallélépipède

$$Volume = a \times b \times c$$

Pour un cube, a = b = c alors $v = a^3$.

1.4.1.2 Prisme

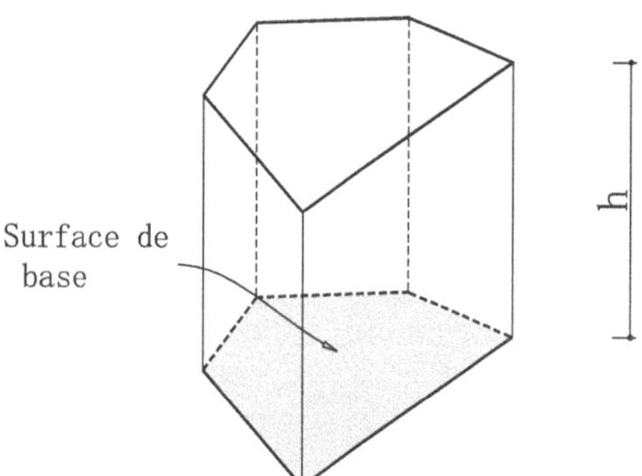

Figure 1.1.68 – Prisme avec une surface de base horizontale

$$V = Surface\ de\ base \times hauteur$$

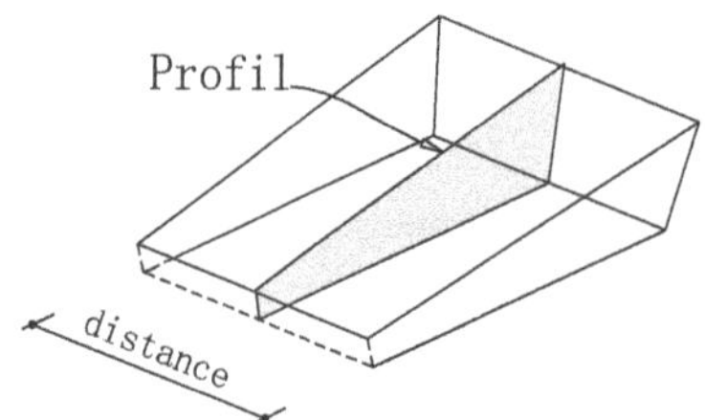

Figure 1.1.69 – Prisme avec une surface de base verticale

$$V = Surface\ du\ profil \times distance$$

Remarque : pour le calcul des cubatures de terre, la distance prise en compte est la moyenne des distances des deux profils successifs.

1.4.1.3 Pyramide

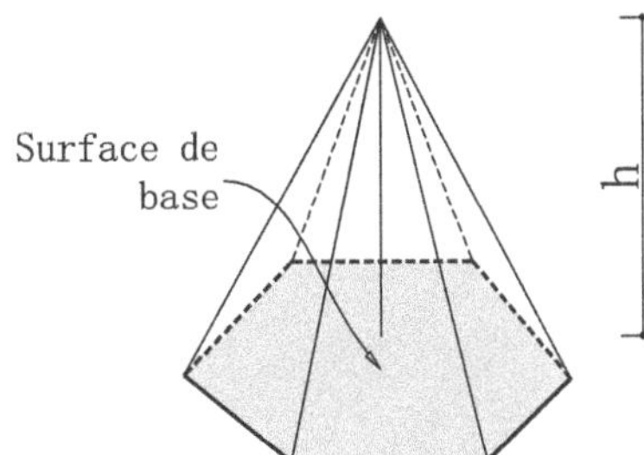

Figure 1.1.70 – Cotes de définition de la pyramide

$$V = \frac{Surface\ de\ base \times hauteur}{3}$$

1.4.1.4 Tronc de pyramide

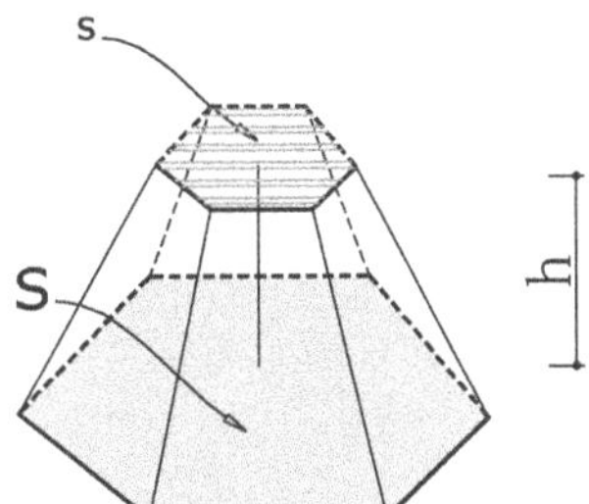

Figure 1.1.71 – Cotes de définition du tronc de pyramide

$$V = \frac{h}{3}\left(S + s + \sqrt{Ss}\right)$$

1.4.1.5 Formule des 3 niveaux

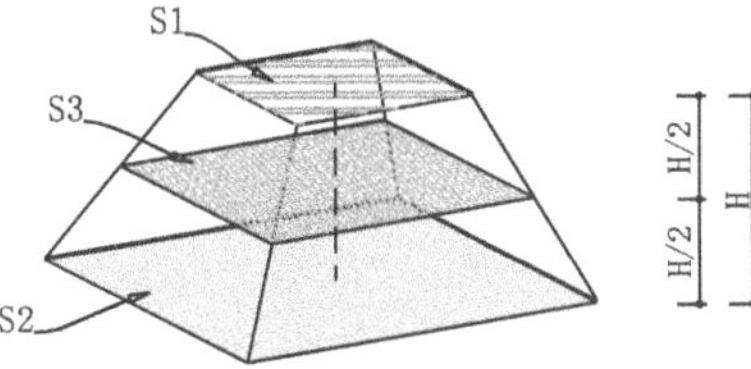

Figure 1.1.72 – Surfaces à prendre en compte pour le calcul

$$V = \frac{h}{6}(B1 + B3 + 4B2)$$

Remarque : B2 ≠ (B1 + B3) / 2

1.4.1.6 Cylindre

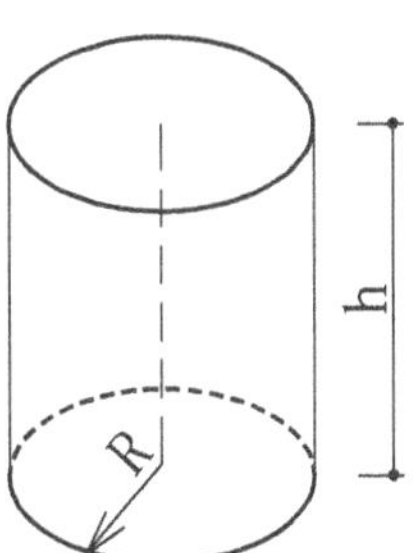

Figure 1.1.73 – Cotes de définition du cylindre

$$Volume = \pi R^2 h$$

1.4.1.7 Cylindre tronqué

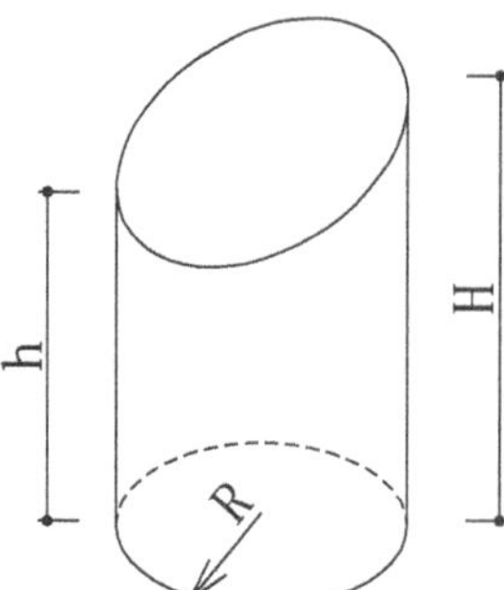

Figure 1.1.74 – Cotes de définition du cylindre tronqué

$$Volume = \pi R^2 \frac{(H+h)}{2}$$

1.4.1.8 Cylindre creux

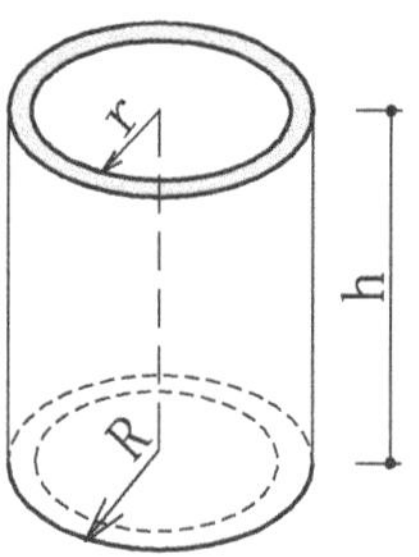

Figure 1.1.75 – Volume obtenu par soustraction des deux volumes ou en tenant compte de l'épaisseur

$$Volume = \pi h\left(R^2 - r^2\right)$$

$$Volume = \pi he\left(2R - e\right), \text{ avec } e = R - r$$

1.4.1.9 Cône

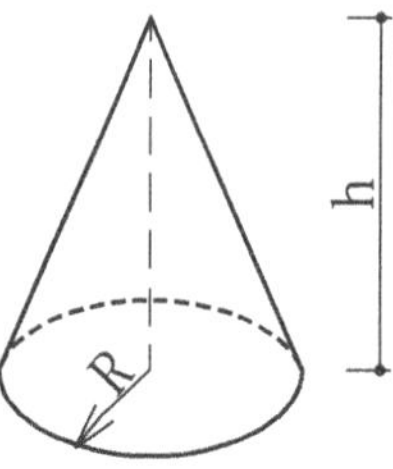

Figure 1.1.76 – Cotation du cône

$$V = \frac{\pi R^2 h}{3}$$

1.4.1.10 Tronc de cône

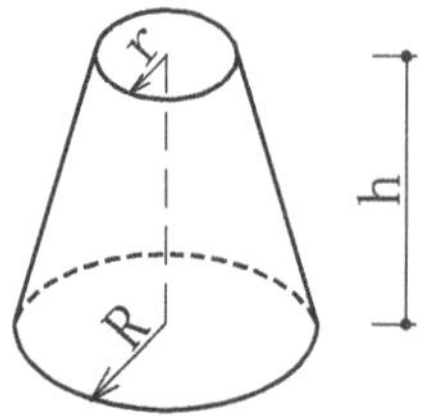

Figure 1.1.77 – Cotation du tronc de cône

$$V = \frac{\pi h}{3}\left(R^2 + r^2 + Rr\right)$$

1.4.1.11 Sphère

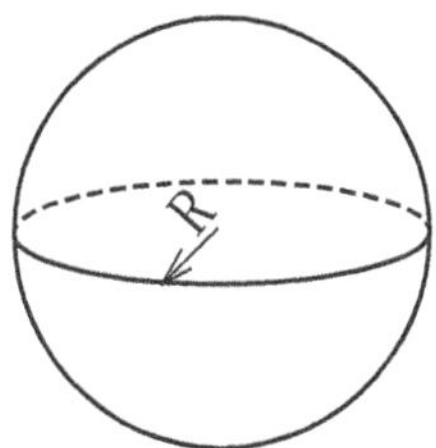

Figure 1.1.78 – Cotation de la sphère

$$V = \frac{4}{3}\pi R^3$$

1.4.1.12 Calotte sphérique

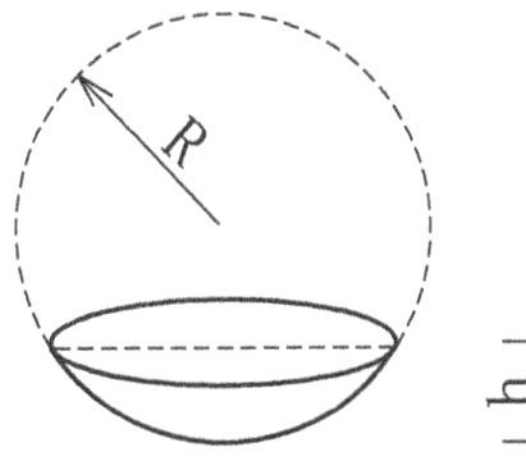

Figure 1.1.79 – Cotation de la calotte sphérique

$$V = \frac{\pi h^2}{3}(3R - h)$$

1.4.2 Volumes composés

1.4.2.1 Balcon préfabriqué

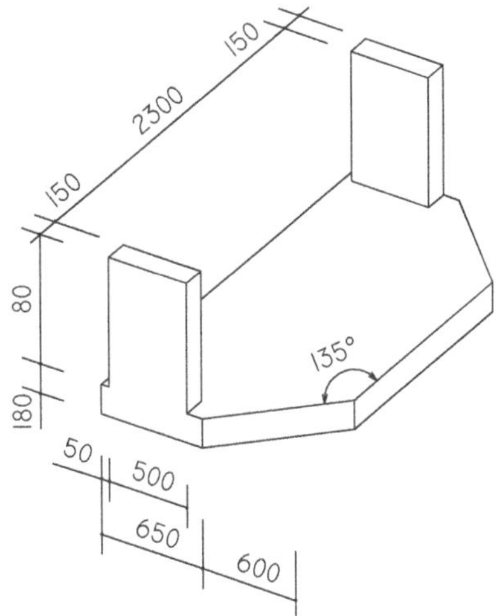

Figure 1.1.80 – Cotes de définition du balcon

Pour le calcul du volume de béton, le balcon est décomposé en deux éléments : la dalle et les deux murets.

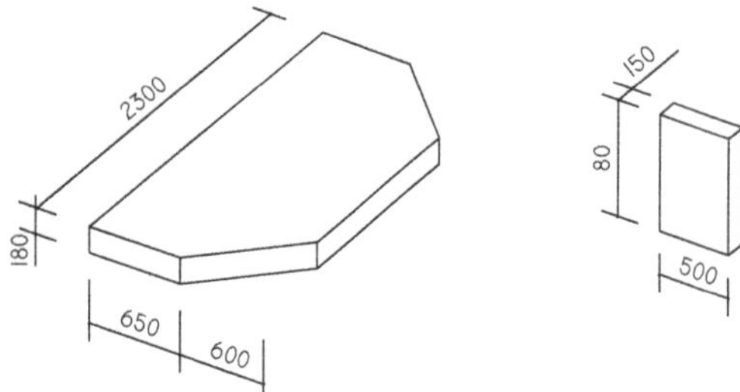

Figure 1.1.81 – Cotation de la dalle et des murets

La dalle est calculée comme une surface de base multipliée par son épaisseur. Cette surface de base peut être décomposée de deux manières.

- Option 1 : un rectangle + un trapèze

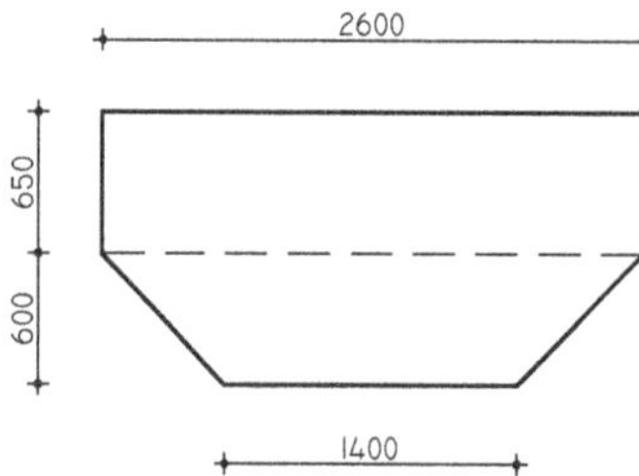

Figure 1.1.82 – Décomposition par addition

- Option 2 : un rectangle – deux triangles

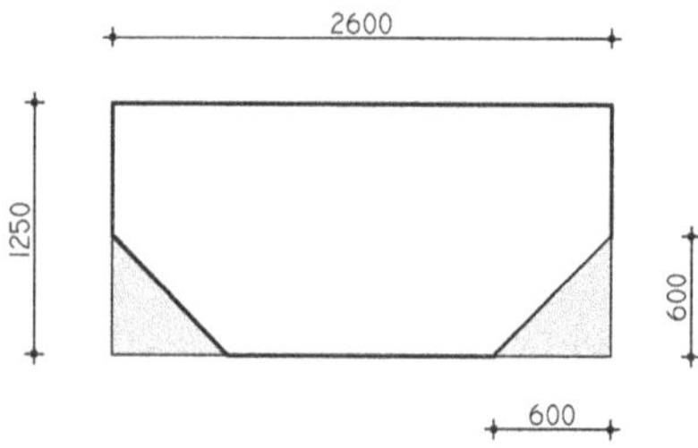

Figure 1.1.83 – Décomposition par soustraction

Or ces deux triangles assemblés forment un carré, d'où le calcul organisé dans le tableau.

Code	Désignation	Nbre	Long.	Larg.	Haut.	S-total	U	Qté
01	Volume de béton pour le balcon préfabriqué							
01-1	Dalle							
	Rectangle	1	2.60	1.25		3.25	a	
	À déduire							
	Triangles (assemblés pour former un carré)	1	0.60	0.60		0.36	b	
	Reste surfaces a – b					2.89		
	x épaisseur (ou hauteur)				0.18	0.520	A	
01-2	Murets	2	0.50	0.80	0.15	0.120	B	
	Ensemble volumes A + B						m³	**0.640**

1.4.2.2 Pile de pont

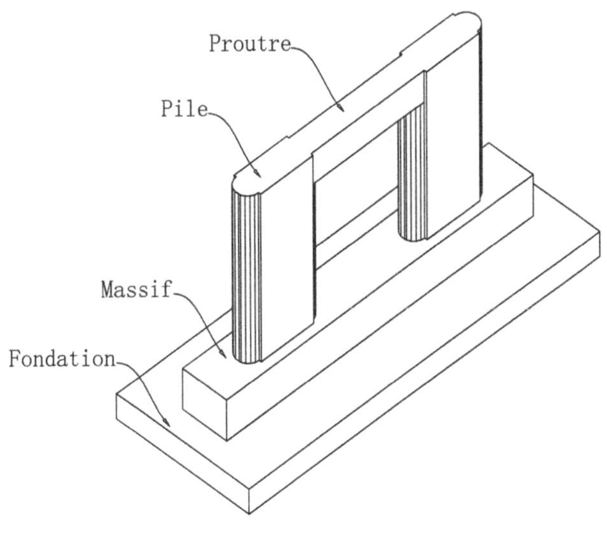

Figure 1.1.84 – Perspective et nomenclature de la pile de pont

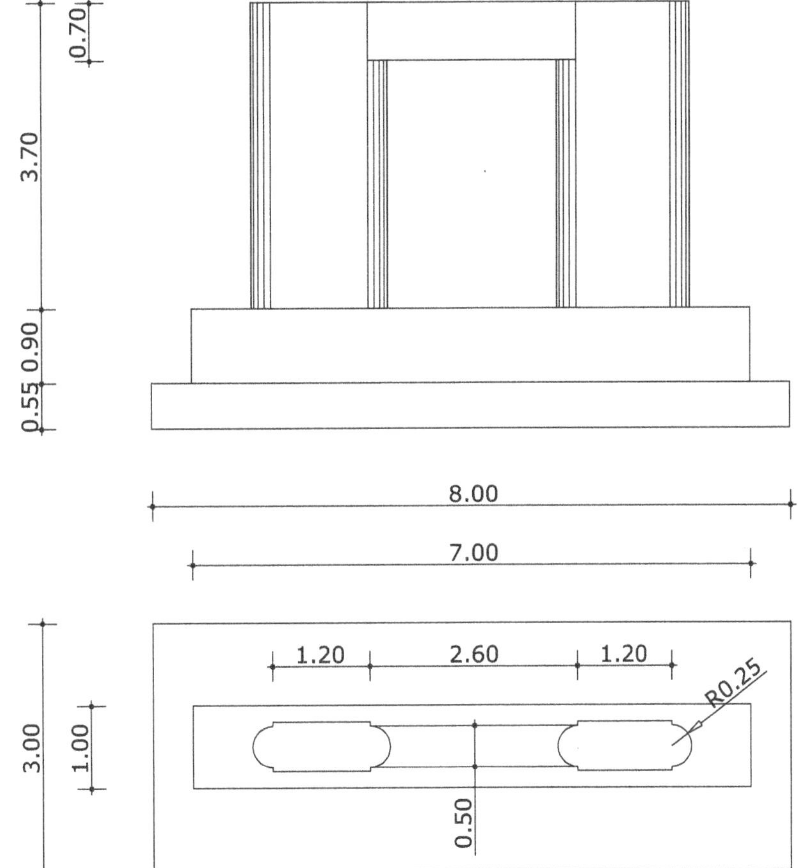

Figure 1.1.85 – Définition de la pile de pont, en plan et en élévation

Code	Désignation	Long.	Larg.	Haut.	S-total	U	Qté
01	Volumes de béton pour la pile de pont						
01-01	Volume de béton pour la semelle de fondation	8.00	3.00	0.55		m³	**13.200**
01-02	Volume de béton pour le massif	7.00	1.00	0.90		m³	**6.300**

Code	Désignation	Long.	Larg.	Haut.	S-total	U	Qté
01-03	Volume de béton pour les piles						
	Pour une pile						
	Section 1						
	Rectangle	1.20	0.60		0.72	a	
	½ disque π x 0.252 / 2				0.10	b	
	Ensemble a + b				0.82		
	x hauteur = volume			3.70	3.027	A	
	Section 2						
	½ disque π x 0.252 / 2				0.10		
	x hauteur = volume			3.00	0.295	B	
	Ensemble A + B				3.322		
	2 fois					m³	**6.644**
01-04	Volume de béton pour la poutre	2.60	0.50	0.70		m³	**0.910**

1.5 Poids (masse) et ratio

Remarque : couramment, la nuance entre poids et masse n'est pas faite. Si les charges sont exprimées en Newtons (ou multiples comme les kN), il s'agit bien d'un poids[1]. Mais pour les aciers, l'unité utilisée est le kg. Il s'agit d'une masse alors que le langage courant utilise le poids d'acier. La masse et le poids ne s'expriment pas dans la même unité et, puisque g est arrondi à 10, nous avons 1 kg = 10 N.

1.5.1 Poids d'un élément en béton armé

Le poids des éléments est égal à leur volume multiplié par leur poids volumique.

En utilisant le poids volumique du béton, 25 kN/m³, le poids du balcon = 0.710 m³ x 25 kN/m³ = 17.745 kN.

En utilisant la masse volumique du béton, 2.5 t/m³, la masse du balcon = 0.710 m³ x 2.5 t/m³ = 1.775 t = 1775 kg.

1.5.2 Poids d'acier

Remarque : tous les résultats suivants ne sont que des exemples déduits des dessins et cotations ci-dessous. Selon les ouvrages, les zones climatiques, la géologie, etc., les valeurs peuvent varier dans de grandes proportions.

1.5.2.1 Semelle isolée

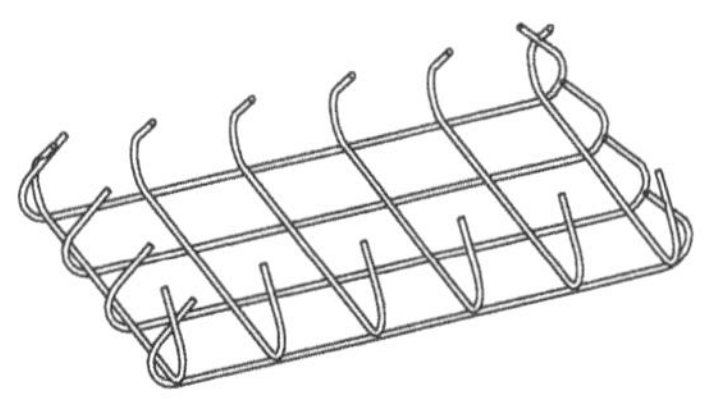

Figure 1.1.86 – Perspective des armatures

Les armatures sont composées de barres terminées par des crochets.

1. Poids et masse sont liés par la relation P = mg avec P le poids en Newton, m la masse en kg et g l'intensité de la pesanteur. Le poids correspond à la force d'attraction exercée par la masse de la terre sur la masse de l'objet. Or g varie selon le lieu et l'altitude. Dans le cadre de la mécanique classique, le poids d'un objet varie, tandis que sa masse reste identique.

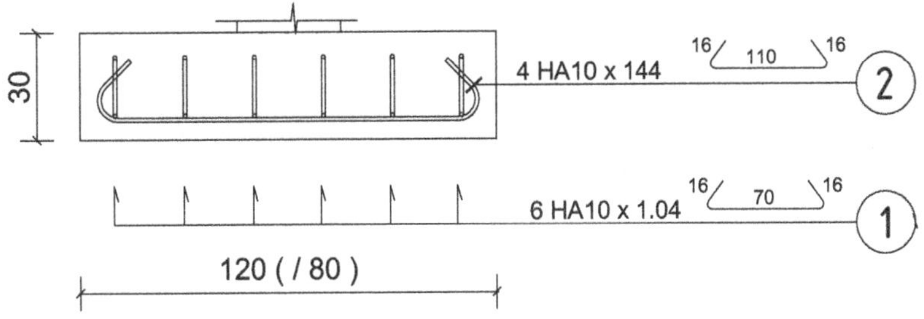

Figure 1.1.87 – Cotation des armatures

Rep	Désignation	Nuance	Nbre	Ø	Long unitaire	Long totale	Poids en kg/m	Poids total
	Armatures d'une semelle isolée							
1	Barres	HA	6	10	1.04	6.24	0.616	3.844
2	Barres	HA	4	10	1.44	5.76	0.616	3.548
	Total pour la semelle isolée							**7.392**

1.5.2.2 Semelles filantes

Semelles de type 1

Pour cet élément, le calcul s'effectue sur une longueur d'un mètre.

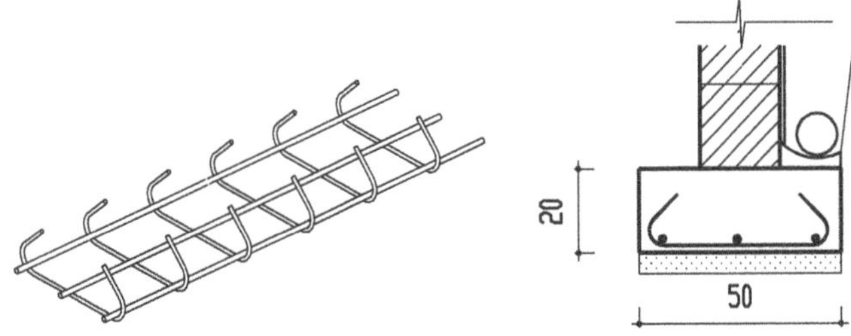

Figure 1.1.88 – Perspective et projection des armatures (barres de répartition et filants)

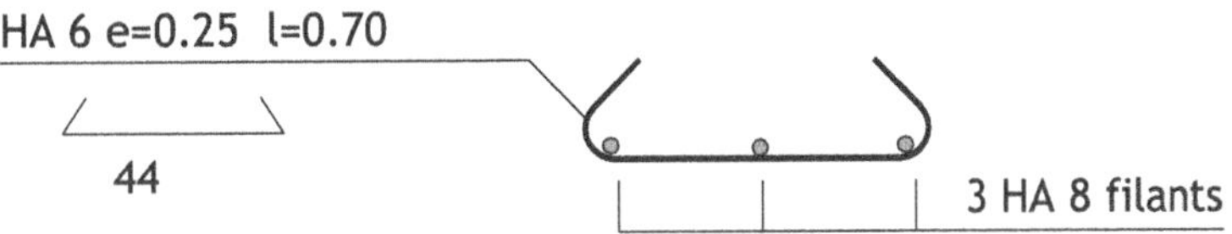

Figure 1.1.89 – Cotation des armatures

Rep	Désignation	Nuance	Nbre	Ø	Long unitaire	Long totale	Poids en kg/m	Poids total
	Armatures d'une semelle filante							
1	Filants	HA	3	8	1.00	3.00	0.394	1.182
2	Barres de répartition2	HA	4	6	0.70	2.80	0.222	0.622
	Total pour la semelle isolée							**1.804**

Semelles de type 2

Comme pour l'élément précédent, le calcul s'effectue sur une longueur d'un mètre.

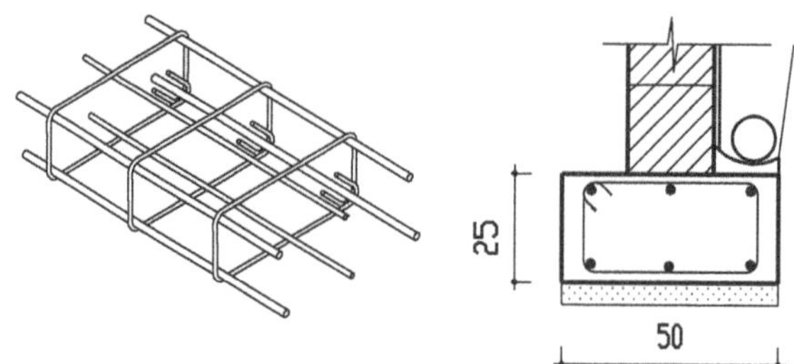

Figure 1.1.90 – Perspective et projection des armatures composées de cadres et de filants

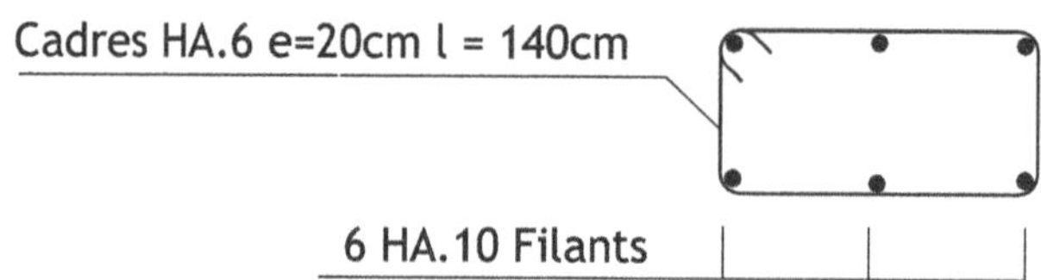

Figure 1.1.91 – Cotation des armatures

Rep	Désignation	Nuance	Nbre	Ø	Long unitaire	Long totale	Poids en kg/m	Poids total
	Armatures d'une semelle filante							
1	Filants	HA	6	10	1.00	6.00	0.616	3.696
2	Cadres	HA	5	6	1.40	7.00	0.222	1.554
	Total pour la semelle isolée							**5.250**

1.5.2.3 Poteau

Le calcul s'effectue sur une hauteur d'un mètre.

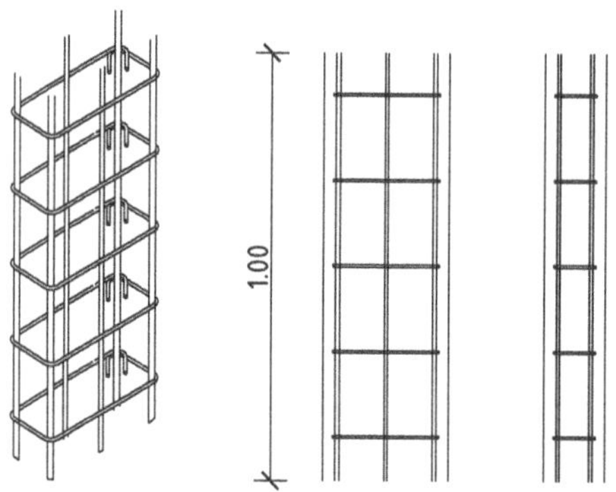

Figure 1.1.92 – Perspective et projection des armatures composées de cadres et de filants

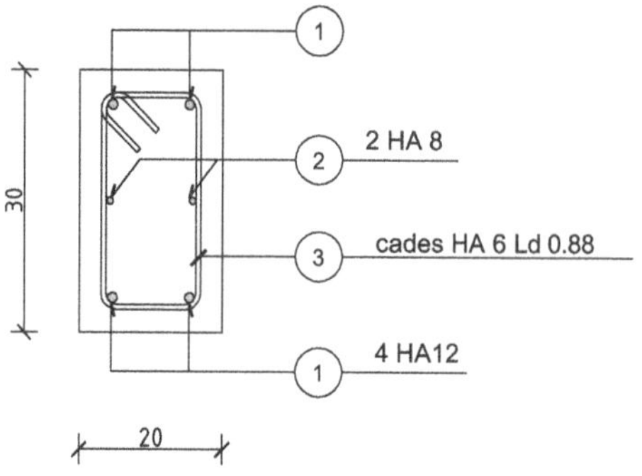

Figure 1.1.93 – Cotation des armatures

Rep	Désignation	Nuance	Nbre	Ø	Long unitaire	Long totale	Poids en kg/m	Poids total
	Armatures d'une semelle filante							
1	Filants	HA	4	12	1.00	4.00	0.887	3.548
	Filants	HA	2	8	1.00	2.00	0.394	0.788
2	Cadres	HA	5	6	0.88	7.00	0.222	0.977
	Total pour la semelle isolée							5.313

1.6 Ratio acier/béton

Remarque : comme pour les poids d'acier, les ratios ci-dessous ne peuvent être généralisés. Ces résultats ne sont que des exemples. Selon les ouvrages, les zones climatiques, la géologie, etc., les valeurs peuvent varier dans de grandes proportions.

1.6.2.1 Semelle isolée

Volume de béton pour la semelle isolée : 1.20 x 0.80 x 0.30 = 0.288 m^3.

Poids d'acier pour la semelle isolée : 7.392 kg.

Ratio d'acier en kg d'acier par m^3 de béton : 7.392 kg / 0.288 m^3 ≈ 26 kg d'acier par m^3 de béton.

1.6.2.2 Semelles filantes

Semelles de type 1

Volume de béton pour une semelle filante : 1.00 x 0.50 x 0.20 = 0.100 m^3.

Poids d'acier pour une semelle filante : 1.804 kg.

Ratio d'acier en kg d'acier par m^3 de béton : 1.804 kg / 0.100 m^3 ≈ 18 kg d'acier par m^3 de béton.

Semelles de type 2

Volume de béton pour une semelle filante : 1.00 x 0.50 x 0.25 = 0.125 m^3.

Poids d'acier pour une semelle filante : 5.250 kg.

Ratio d'acier en kg d'acier par m^3 de béton : 5.250 kg / 0.125 m^3 ≈ 42 kg d'acier par m^3 de béton.

1.6.2.3 Poteau

Volume de béton pour un poteau : 1.00 x 0.30 x 0.20 = 0.060 m^3.

Poids d'acier pour une semelle filante : 1.804 kg.

Ratio d'acier en kg d'acier par m^3 de béton : 5.313 kg / 0.0600 m^3 ≈ 89 kg d'acier par m^3 de béton.

2. Exemples

2.1 Aménagement extérieur

2.1.1 Dessin de définition

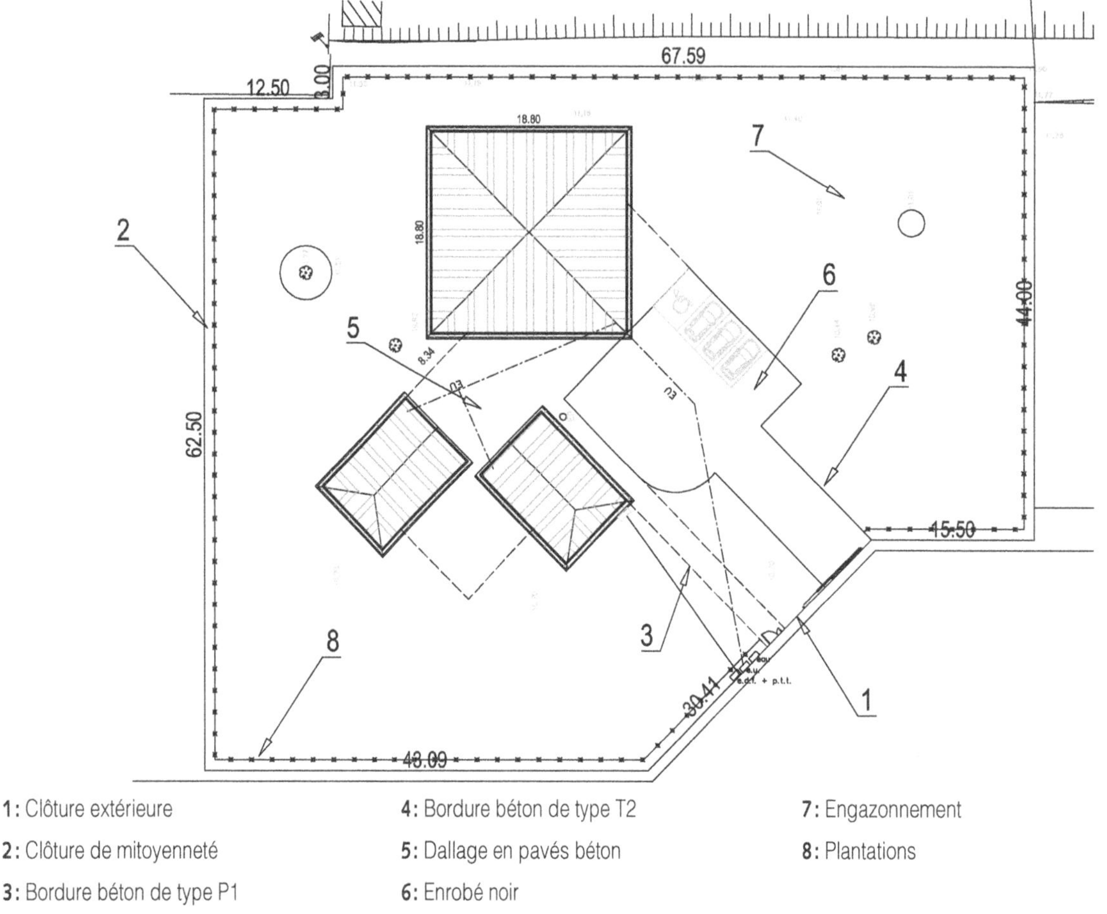

Figure 1.2.1 – Vue en plan et repérage des articles étudiés

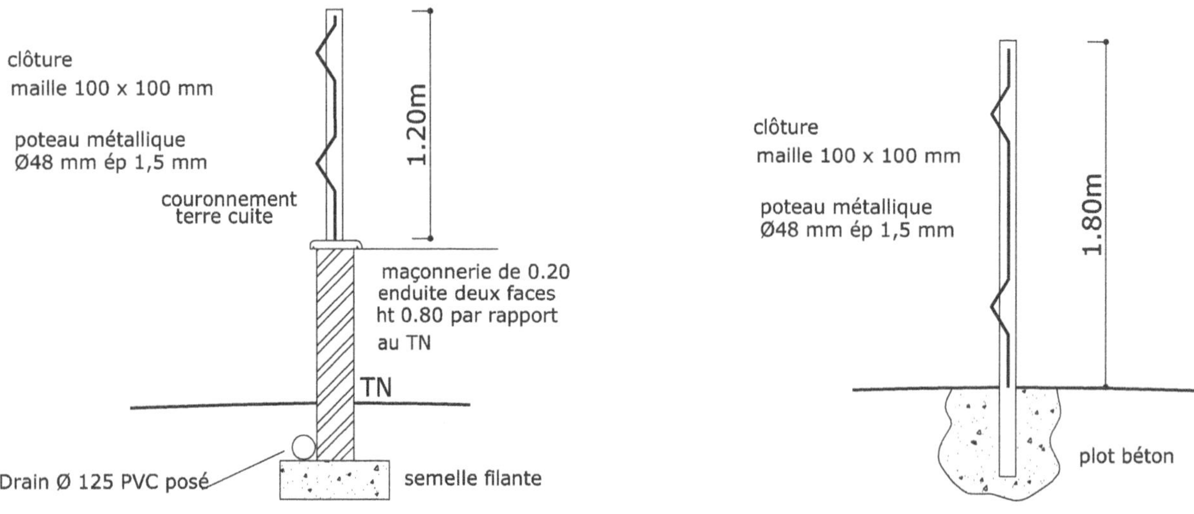

Figure 1.2.2 – Clôture en limite de voierie

Figure 1.2.3 – Clôture de mitoyenneté

2.1.2 Descriptif des articles

Code	Désignation	Unité
01	Fourniture et pose de poteaux tubulaires Ø 48 mm, hauteur vue 1.20 m, scellés dans la maçonnerie en BBM de 20, entre axe 2.00 m, en limites de propriété. Fourniture et pose de clôture en grillage simple torsion, galvanisé et plastifié, fil Ø 3.8 mm maille 100 x 100 mm. Extrémités, angles et milieu de tension avec jambes de force.	m
02	Fourniture et pose de clôture en poteaux tubulaires Ø 48 mm, hauteur vue 1.80 m, entre axe 2,50 m avec scellements par des plots béton en pleine terre, en limites de mitoyenneté. Fourniture et pose de grillage simple torsion, galvanisé et plastifié fils 2,7 mm, maille 100 x 100 mm. Extrémité, angles et milieu de tension avec jambes de force.	m
03	Fourniture et mise en place de bordures préfabriquées en béton, type P1 compris terrassements correspondants, réglages de fond de fouille, sur forme en béton, jointoiement et finitions.	m
04	Fourniture et mise en place de bordures préfabriquées en béton type T2 posées sur une forme en béton compris jointoiement et finitions.	m
05	Dallage en pavés béton 12 x 12 x 6 cm ép., sur forme en sable dressée et compactée, compris sablage des joints.	m²
06	Fourniture et mise en place d'enrobé noir compris sous couche de fondation, toutes sujétions de préparation et de réalisation.	m²
07	Engazonnements compris nivellement, épierrage, labours, ensemencement de gazon rustique, cylindrage, arrosage et 1re tonte.	m²
08	Fourniture et plantation de troènes mélangés 100/150 cm espacés de 1.20 m, situés à 1.00 m de la limite du terrain, compris tuteurage, attaches et garantie de reprise.	U
09	Portail métallique coulissant sur rail, cadre en acier soudé 50 x 50 mm, remplissage grillage galvanisé et plastifié fils Ø 6-8 mm, maille 200 x 50 mm, poteaux 140 x 100 mm, largeur 4,00 m, hauteur 1,50 m, compris serrure de sécurité, verrou baïonnette, butées de sol et arrêts de grilles. Antirouille et peinture 2 couches vert dito clôture.	U
10	Portail métallique tierce à 2 vantaux, cadre en acier soudé 50 x 50 mm, remplissage grillage galvanisé et plastifié fils Ø 6-8 mm, maille 200 x 50 mm, poteaux 140 x 100 mm, largeur 1,60 m, hauteur 1,50 m, compris serrure de sécurité, verrou baïonnette, butées de sol et arrêts de grilles. Antirouille et peinture 2 couches vert dito clôture.	U

2.1.3 Linéaires de clôture, de bordures de trottoir

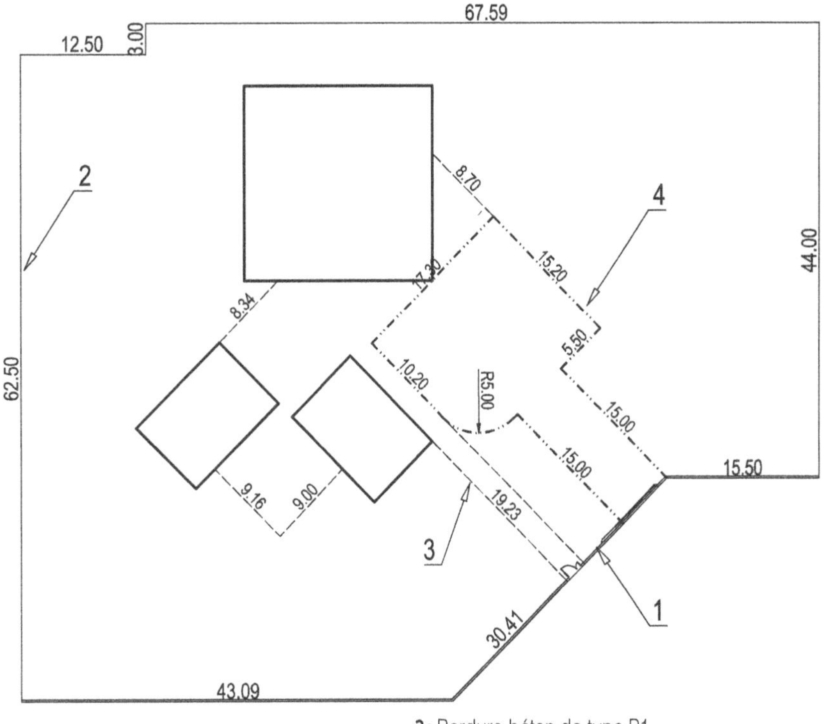

1 : Clôture extérieure

2 : Clôture de mitoyenneté

3 : Bordure béton de type P1

4 : Bordure béton de type T2

Figure 1.2.4 – Cotation des linéaires à quantifier

Code	Désignation	Nbre	Long.	Larg.	Haut.	S-total	U	Qté
01	Linéaire de clôture extérieure							
		1	43.09	a				
		1	30.41	b				
		1	15.50	c				
	Ensemble a + b + c					89.00	A	
	À déduire largeur des portails							
		1	4.00					
		1	1.60					
	Ensemble à déduire					5.60	B	
	Reste A – B						m	83.40
02	Linéaire de clôture de mitoyenneté							
			44.00	a				
			67.59	b				
			3.00	c				
			12.50	d				
			62.50	e				
	Ensemble a + b + c + d + e						m	189.59
03	Bordure béton de type P1							
		2	19.23	a		38.46		
		1	9.00	b		9.00		
		1	9.16	c		9.16		
		1	8.34	d		8.34		
		1	6.70	e		6.70		
	Ensemble a + b + c + d+e						m	71.66
04	Bordure béton de type T2							
04-1	Linéaires droits	2	15.00			30.00		
		1	15.20			15.20		
		1	17.30			17.30		
		1	10.20			10.20		
		1	6.70			6.70		
							m	79.40
04-2	Linéaire courbe							
	(1 fois 2 x π x 5.00 / 4)						m	7.85

2.1.4 *Surfaces de pavage, d'enrobé, d'engazonnement*

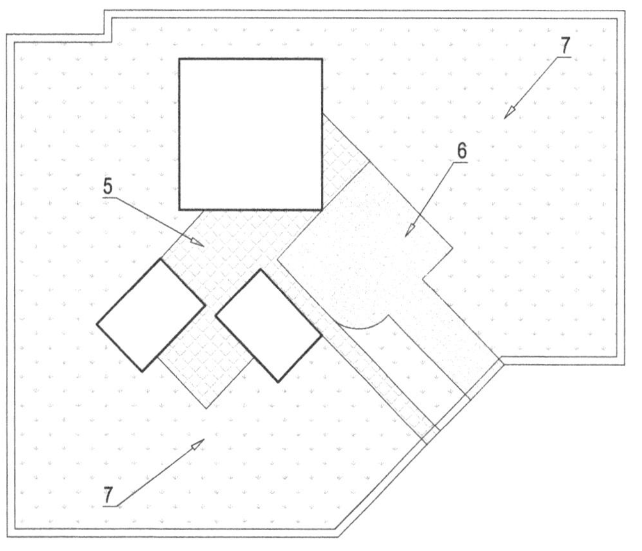

5 : Dallage en pavés béton

6 : Enrobé

7 : Engazonnement

Figure 1.2.5 – Repérage des surfaces à métrer

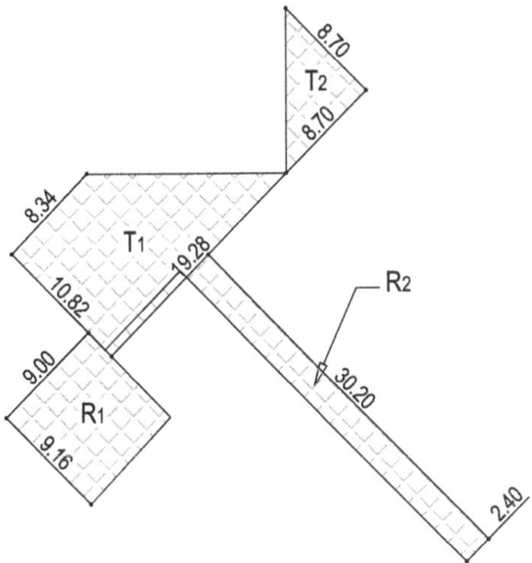

Figure 1.2.6 – Détail de la surface de pavage

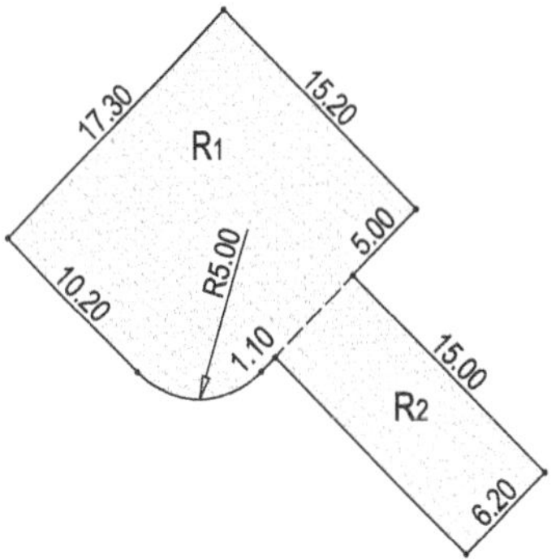

Figure 1.2.7 – Détail de la surface d'enrobé

Code	Désignation	Nbre	Long.	Larg.	Haut.	S-total	U	Qté
05	Dallage en pavés béton							
	Rectangle R1	1	9.16	9.00		82.44	a	
	Rectangle R2	1	30.20	2.40		72.48	b	
	Trapèze T1	1	13.81		10.82	149.42	c	
	Triangle T2	0.5	8.70		8.70	37.85	d	
	Ensemble a + b + c + d						m²	**342.19**
06	Enrobé noir							
	Rectangle R1		15.00	6.20		93.00	a	
	Rectangle R2		17.30	15.20		262.96	b	
	Ensemble a + b					355.96	A	
	À déduire le ¼ de la différence entre le carré de 10.00 x 10.00 et le disque de 5.00 m de rayon							
	$(10.00^2 - \pi \times 5.00^2) / 4$					5.37	B	
	Reste A – B						m²	**350.59**

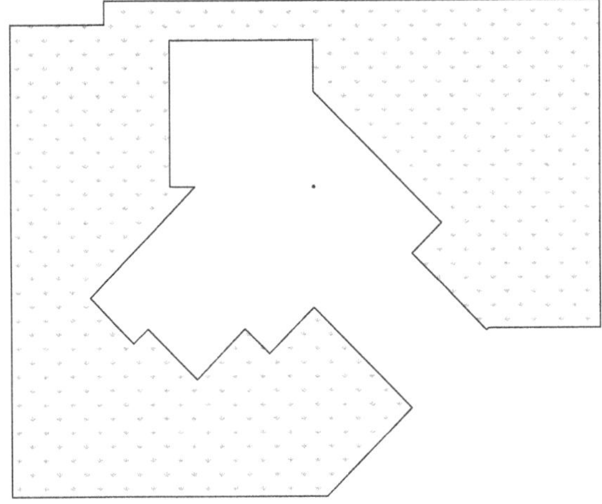

Figure 1.2.8 – Surface d'engazonnement

Pour calculer cette surface, la décomposition en surfaces élémentaires est à la fois longue et fastidieuse. Une autre méthode consiste à déterminer la surface totale, comme si tout était engazonné, puis à déduire tout ce qui n'est pas engazonné : surfaces de dallage, d'enrobé, d'emprise au sol des bâtiments.

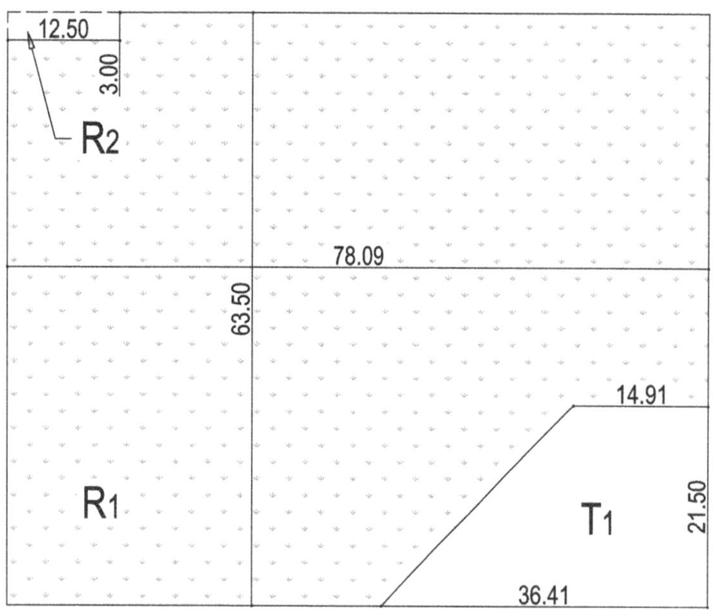

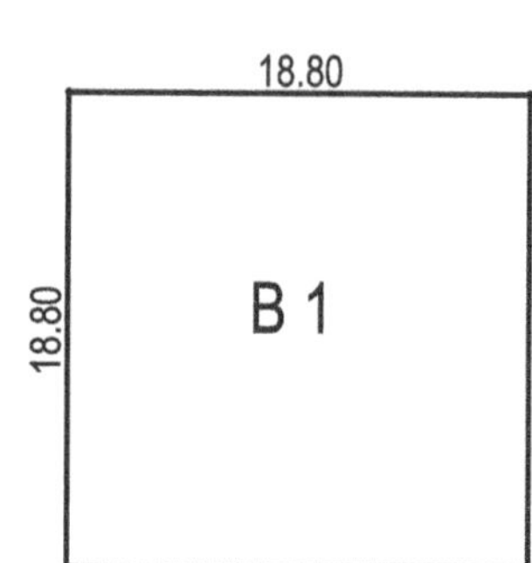

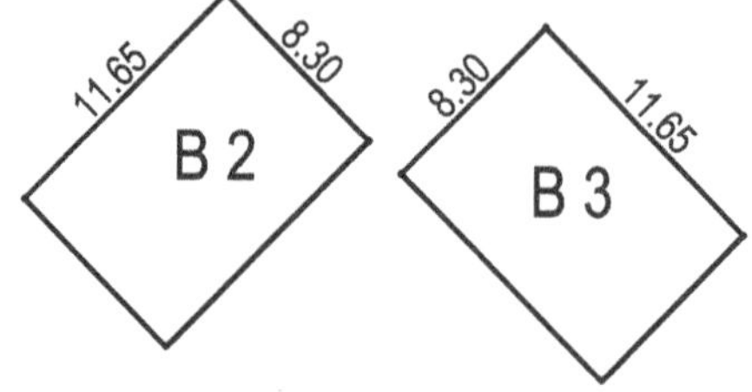

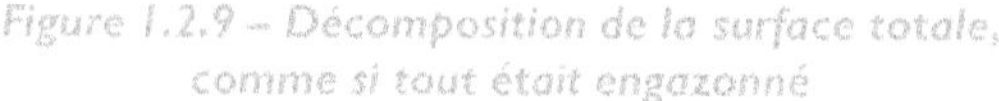
Figure 1.2.9 – Décomposition de la surface totale, comme si tout était engazonné

Figure 1.2.10 – Surface de l'emprise au sol des bâtiments

Code	Désignation	Nbre	Long.	Larg.	Haut.	S-total	U	Qté
07	Engazonnement							
	Surface de la parcelle							
	Rectangle R1	1	78.09	63.50		4958.72	A	
	À déduire							
	Rectangle R2	1	12.5	3.00		37.5	a	
	Trapèze[1] T1	1	25.66		21.50	149.42	b	
	Emprise au sol des bâtiments							
	B1	1	18.80	18.80		353.44	c	
	B2 et B3	2	11.65	8.30		193.39	d	
	Pavage							
	Reprendre S 05					342.19	e	
	Enrobé noir							
	Reprendre S 06					350.59	f	
	Ensemble à déduire a + b + ... + e					1828.80	B	
	Reste A – B						m²	**3129.91**

1. Assimilé à un rectangle, avec une longueur égale à la moyenne des bases.

2.2 Stade d'athlétisme

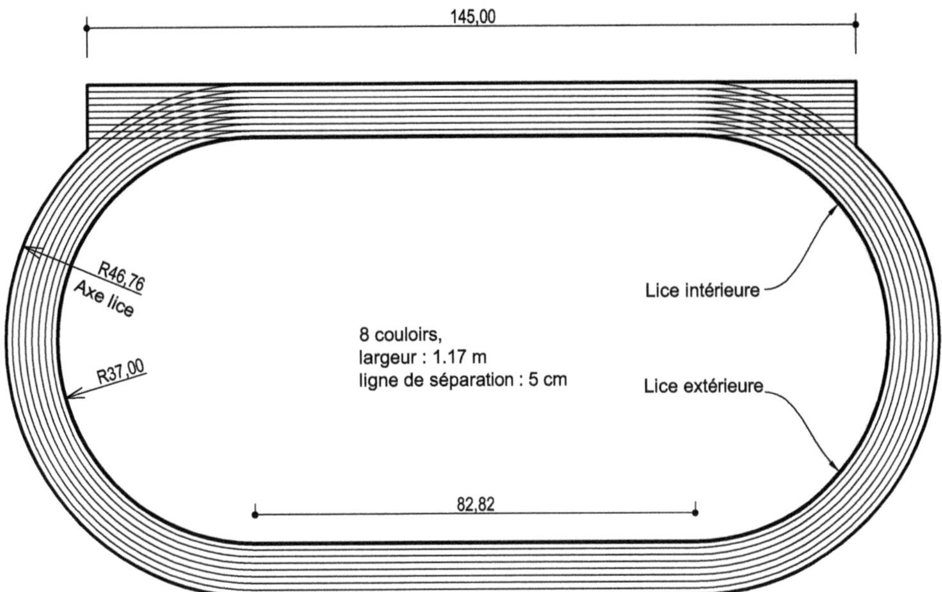

Figure 1.2.11 – Dessin de définition de la piste

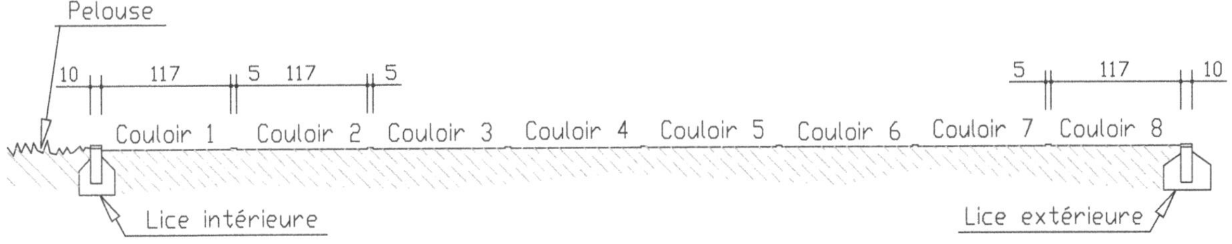

Figure 1.2.12 – Coupe schématique des couloirs

2.2.1 *Liste des articles traités*

CODE	DÉSIGNATION	U
1	Linéaire de bordure de trottoir	
1- 1	Linéaires droits	m
1- 2	Linéaires courbes	m
2	Linéaire de marquage des couloirs	
2- 1	Linéaires droits	m
2- 2	Linéaires courbes	m
3	Engazonnement	m^2
4	Piste avec revêtement en matériau synthétique	m^2

Dans les exemples suivants, les tableaux de présentation de l'avant-métré sont simplifiés.

2.2.2 *Linéaire de bordure de trottoir*

La piste est délimitée par une bordure normalisée P1 (10 x 30) posée sur une forme en béton compris terrassements et jointoiement. Lors de l'avant-métré, linéaires droits et courbes sont séparés.

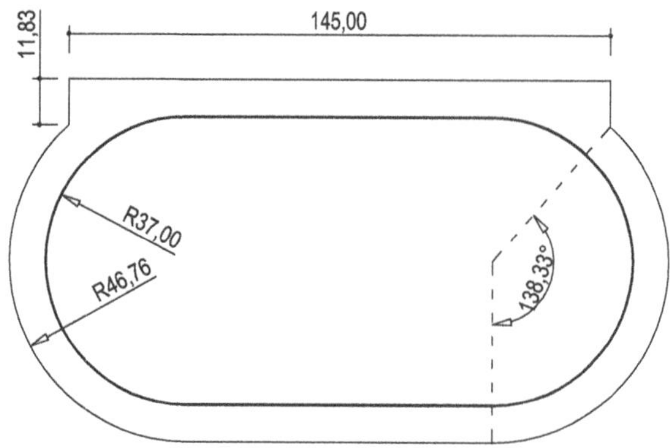

Figure 1.2.13 – Bordures P2 à métrer

CODE	DÉSIGNATION	U	QTÉ
1	Bordure de trottoir type P1 terminée par un profilé en caoutchouc ancré dans un fond de forme en béton… pour limites intérieure et extérieure de la piste.		
1-1	Linéaires droits		
	AB 3f 82.82 = 248.46 DC 2f 11.83 = 23.66 DE 1f 145.00 = 145.00 Ens. Lin	m	**417.12**
1-2	Linéaires courbes		
	Périmètre du cercle C1 2π x 37.00 = 232.48 Portion de périmètre du cercle C2 $2f\ 2\pi \times 46.76 \times \frac{138.33°}{360°} = 225.79$ Ens. Lin	m	**458.26**

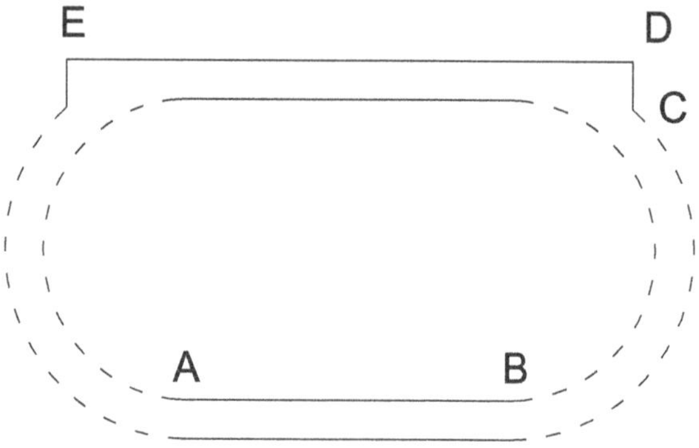

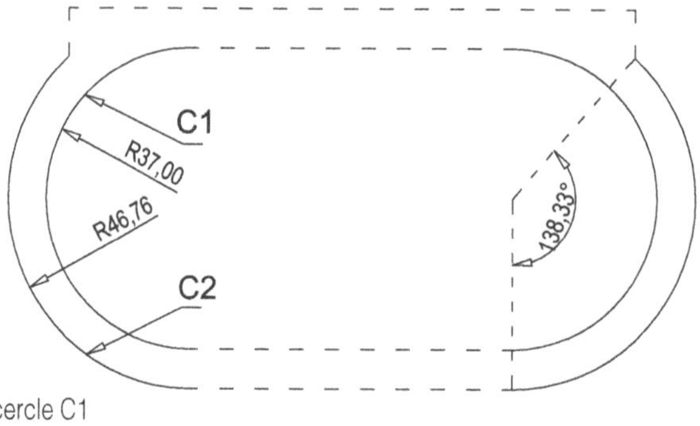

2.2.3 *Linéaire de marquage des couloirs*

Comme cette piste est composée de 8 couloirs, il faut 9 lignes de séparation. Or la ligne intérieure et la ligne extérieure sont réalisées avec des bordures de trottoir, il en reste donc 7.

Il faut métrer à part linéaires droits et courbes. Ni les recouvrements, ni la largeur des lignes ne seront pris compte (le calcul dans l'axe modifie la longueur de 15 à 20 cm pour un résultat de 400 m).

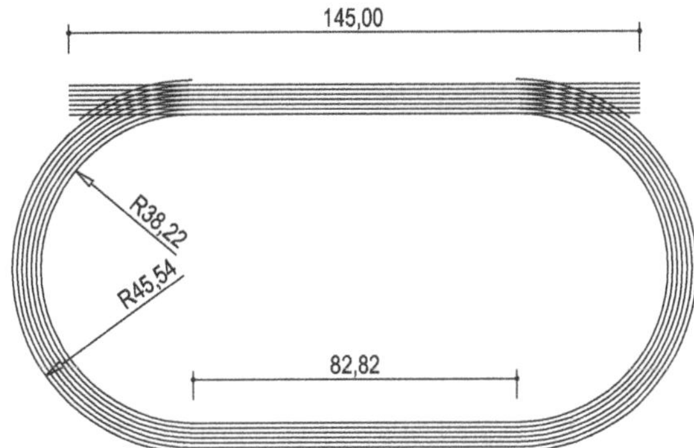

Figure 1.2.14 – Linéaires à calculer

Code	Désignation	U	Qté
2	Marquage des couloirs		
2- 1	Linéaires droits		
	82,82		
	145,00		
	82,82		
	7f 82.82 = 579.74		
	7f 145.00 = 1015.00		
	1f (145.00 – 82.82) = 62.18		
	Ens. Lin	m	**1656.92**
2- 2	Linéaires courbes		
	R38,22		
	R45,54		
	Périmètre des cercles (r + 1.22)		
	2π x 38.22 = 240.14		
	2π x 39.44 = 247.81		
	2π x 40.66 = 255.47		
	2π x 41.88 = 263.14		
	2π x 43.10 = 270.81		
	2π x 44.32 = 278.47		
	2π x 45.54 = 286.14		
	Portion de périmètre du cercle		
	$2f\ 2\pi \times 46.76 \times \frac{41.67°}{360°} = 68.02$		
	Ens. Lin	M	**1909.99**

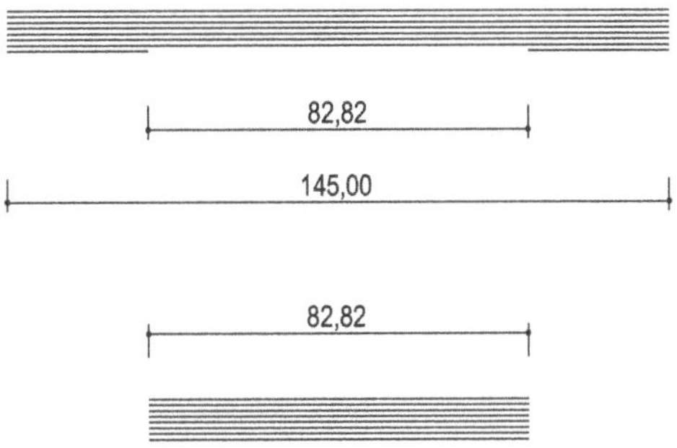

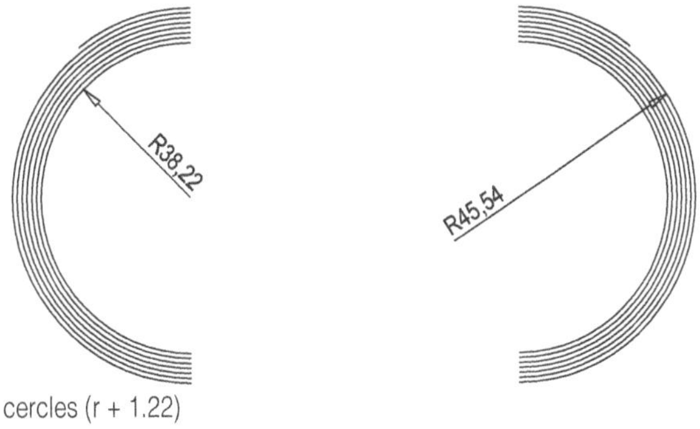

Remarque : le calcul des linéaires peut être simplifié car, à chaque fois, le rayon est augmenté de 1.22 m. Alors le total de tous les cercles complets tient en une ligne :

$2\pi \times (7 \times 38.22 + 21 \times 1.22) = 1\,841.98$

Il y a 21 fois 1.22 car il y a six fois de suite six incrémentations du style 1.22 + (1.22 + 1.22) + (1.22 + 1.22 + 1.22), soit (6 + 1) x 3 = 21.

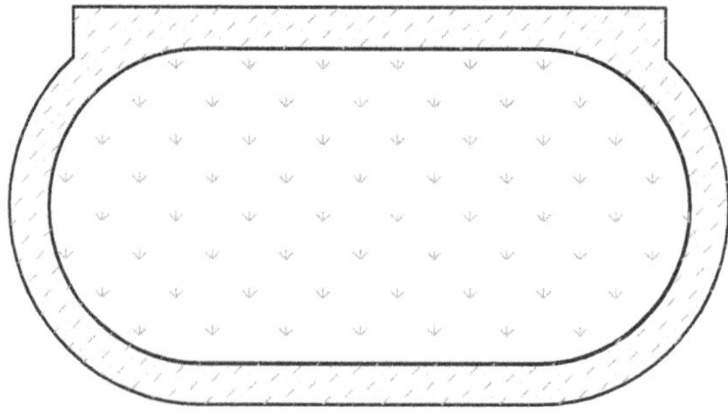

Figure 1.2.15 – Surfaces à métrer : pelouse et piste

2.2.4 *Surface de pelouse*

L'engazonnement est réalisé par semis ou pose de plaques de gazon précultivé, après drainage et apport de terre végétale amendée sur la couche de fond de forme et feutre anti-contaminant. Un réseau d'arrosage intégré équipe certaines pelouses.

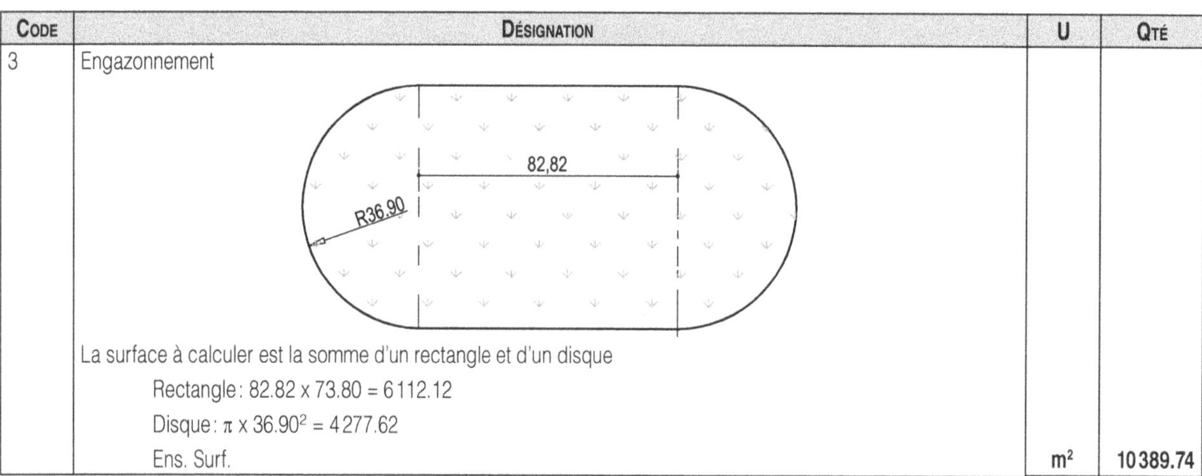

Code	Désignation	U	Qté
3	Engazonnement La surface à calculer est la somme d'un rectangle et d'un disque Rectangle : 82.82 x 73.80 = 6 112.12 Disque : $\pi \times 36.90^2$ = 4 277.62 Ens. Surf.	m²	10 389.74

Remarques :

– En réalité, une partie d'un virage est réservée aux concours. Ce n'est plus de l'engazonnement mais un revêtement similaire à la piste.

– La surface de pelouse est comptée à l'intérieur de la lice intérieur, r = 36.90 (r = 37.00 – 0.10).

2.2.5 *Piste*

Plusieurs types de revêtements permettent de réaliser la piste après terrassements, par exemple :

- Sol stabilisé sur feutre géotextile, une couche de fondation drainante en matériaux durs calibrés 0/31.5 revêtue de plusieurs matériaux cylindrés (sable, schiste, pouzzolane) de granulométrie de 0/2 à 0/10.
- Revêtement synthétique sur fond de forme compacté à 95 % de l'optimum Proctor avec géotextile, couche de fondation en grave de 0/31.5, couche de base en enrobés bitumineux en deux passes recouvertes d'un coulis de résine.

CODE	DÉSIGNATION	U	QTÉ
4	Piste avec revêtement en matériau synthétique Méthode : calculer la surface délimitée par la bordure extérieure puis déduire la surface intérieure (légèrement différente de la pelouse calculée au 3.4.3.2) La surface délimitée par la bordure extérieure est égale à S1 + 2 S2 avec S1 = 2 S1a + S1b Calcul de S1 Surface de l'anneau extérieur Rectangle : 82.82 x 93.52 = 7745.33 Disque : π x 46.76^2 = 6869.08 Calcul de S2 Décomposition de S2 Avec S2 = Sa (triangle) – Sb Calcul de Sa 2f 31.09 x 11.83 / 2 = 367.79 Déduire Sb $2f\ \frac{46.76^2}{2}\left(\frac{\pi\times 41.67^\circ}{180^\circ}-\sin 41.67\right)=136.52$ Reste S2 (2 fois) 231.27 Ens. Surf. S1 + S2 14845.68 Déduire Surface intérieure Rectangle : 82.82 x 74.00 = 6128.68 Disque : π x 37.00^2 = 4300.84 Ens. à déduire : 10429.52 Reste	m^2	**4416.16**

2.3 Ouvrage en béton préfabriqué : mur de soutènement

2.3.1 Définition du mur

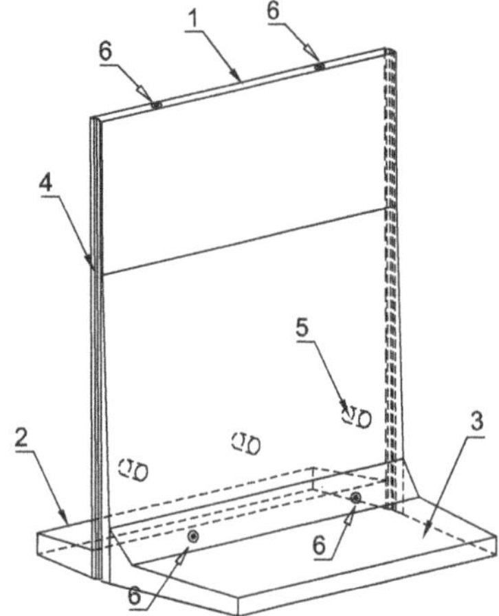

1 : Voile

2 : Patin

3 : Talon

4 : Rainure

5 : Barbacanes

6 : Ancre ou douille de levage pour la manutention du mur avec des élingues

Figure 1.2.16 – Nomenclature du mur

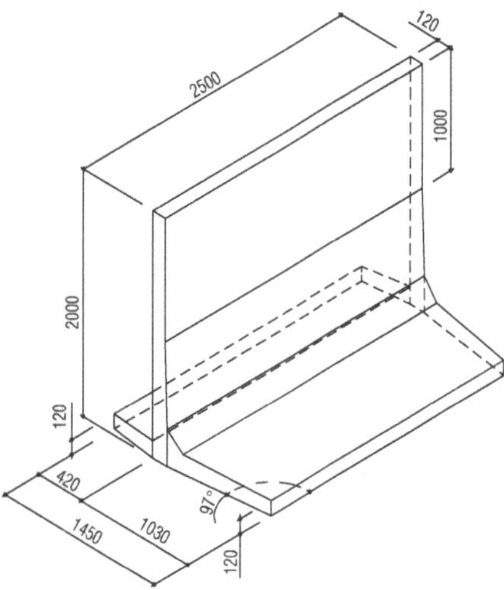

Figure 1.2.17 – Dimensions du mur de soutènement

2.3.2 Décomposition du mur en volumes élémentaires

Le mur est décomposé en 4 volumes élémentaires.

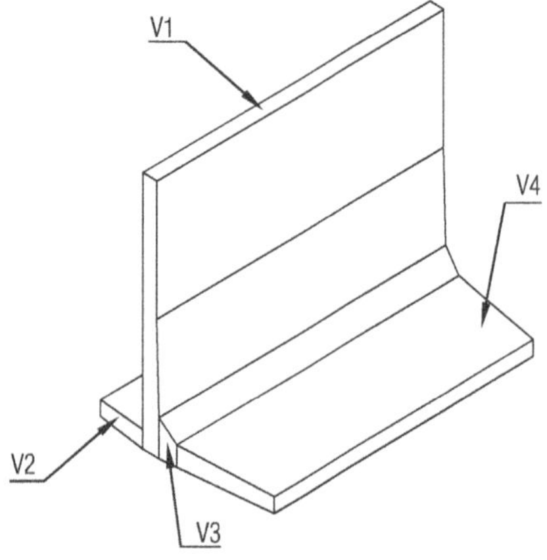

V1 : volume du voile

V2 : volume du patin

V3 + V4 : volume du talon

Figure 1.2.18 – Décomposition en volumes élémentaires

Le calcul de ces volumes peut être précis mais long, ou approché et rapide. Le calcul précis utilise la formule des 3 niveaux alors que le calcul rapide, qui donne un résultat très satisfaisant, utilise la notion de surface moyenne. C'est cette dernière qui sera utilisée.

Remarque : la cotation est indiquée en mm mais dans l'avant-métré, les surfaces doivent être en m^2 et les volumes en m^3.

Calcul de V1

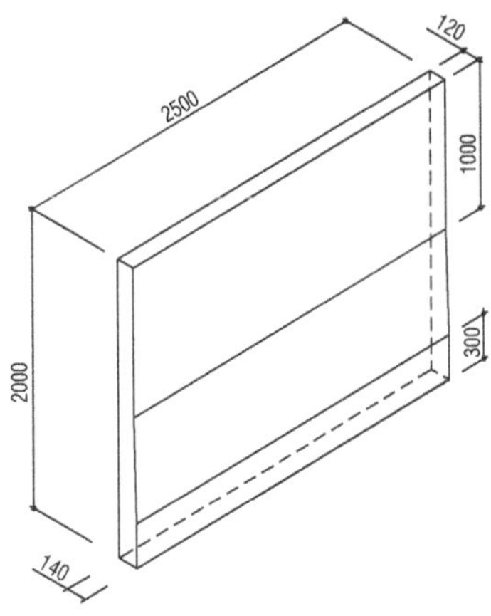

Figure 1.2.19 – Perspective du voile V1

V1 (volume du voile) = S x h

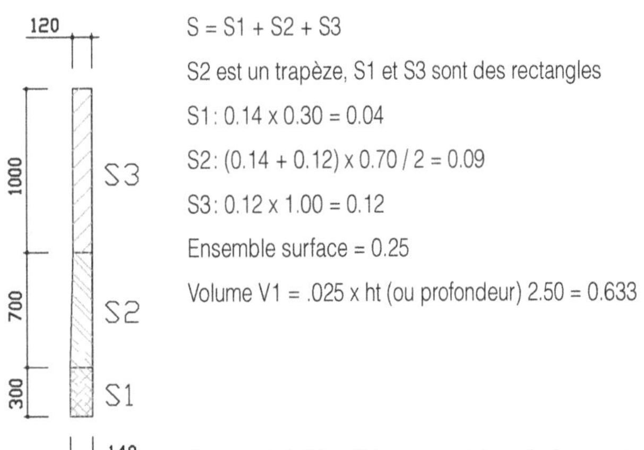

S = S1 + S2 + S3

S2 est un trapèze, S1 et S3 sont des rectangles

S1 : 0.14 x 0.30 = 0.04

S2 : (0.14 + 0.12) x 0.70 / 2 = 0.09

S3 : 0.12 x 1.00 = 0.12

Ensemble surface = 0.25

Volume V1 = .025 x ht (ou profondeur) 2.50 = 0.633

Figure 1.2.20 – Décomposition de la section S

Remarque : les résultats sont arrondis mais les décimales sont conservées lors des calculs, ce qui explique :

V1 = 0.633 ≠ 0.25 x 2.50.

Calcul de V2

Le volume est assimilé à un parallélépipède rectangle avec une surface moyenne égale.

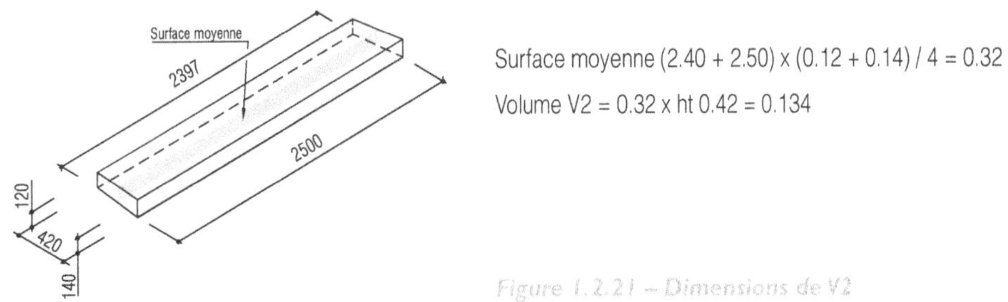

Surface moyenne (2.40 + 2.50) x (0.12 + 0.14) / 4 = 0.32

Volume V2 = 0.32 x ht 0.42 = 0.134

Figure 1.2.21 – Dimensions de V2

Calcul de V3

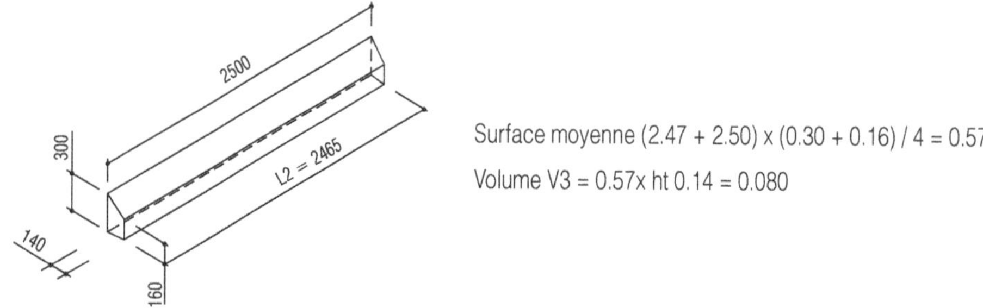

Figure 1.2.22 – Dimensions de V3

Calcul de V4

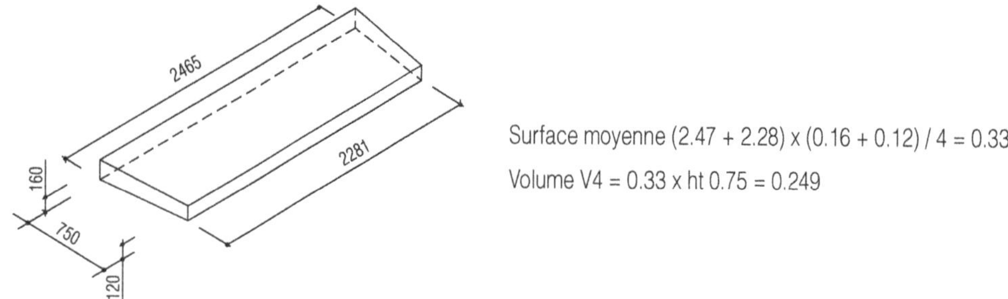

Figure 1.2.23 – Dimensions de V4

Présentation en tableau

Code	Désignation	Nbre	Long.	Larg.	Haut.	S-total	U	Qté
01	Volume de béton pour le mur de soutènement préfabriqué							
	V1							
	S1 rectangle	1	0.14	0.30		0.04	a	
	S2 trapèze	1	0.13	0.35		0.09	b	
	S3 rectangle	1	0.12	1.00		0.12	c	
	Ensemble surfaces a + b + c					0.25		
	x profondeur				2.50	0.633	A	
	V2							
	Surface moyenne	1	2.45	0.13		0.32		
	x hauteur				0.42	0.134	B	
	V3							
	Surface moyenne	1	2.485	0.23		0.57		
	x hauteur				0.14	0.080	C	
	V4							
	Surface moyenne	1	2.375	0.14		0.33		
	x hauteur				0.75	0.249	D	
	Ensemble volumes A + B + C + D						m³	**1.095**

2.4 Ouvrage en béton coulé en place : massif de grue à tour

2.4.1 Définition du massif de grue à tour

Figure 1.2.24 – Positionnement du châssis de la grue sur le massif en béton armé

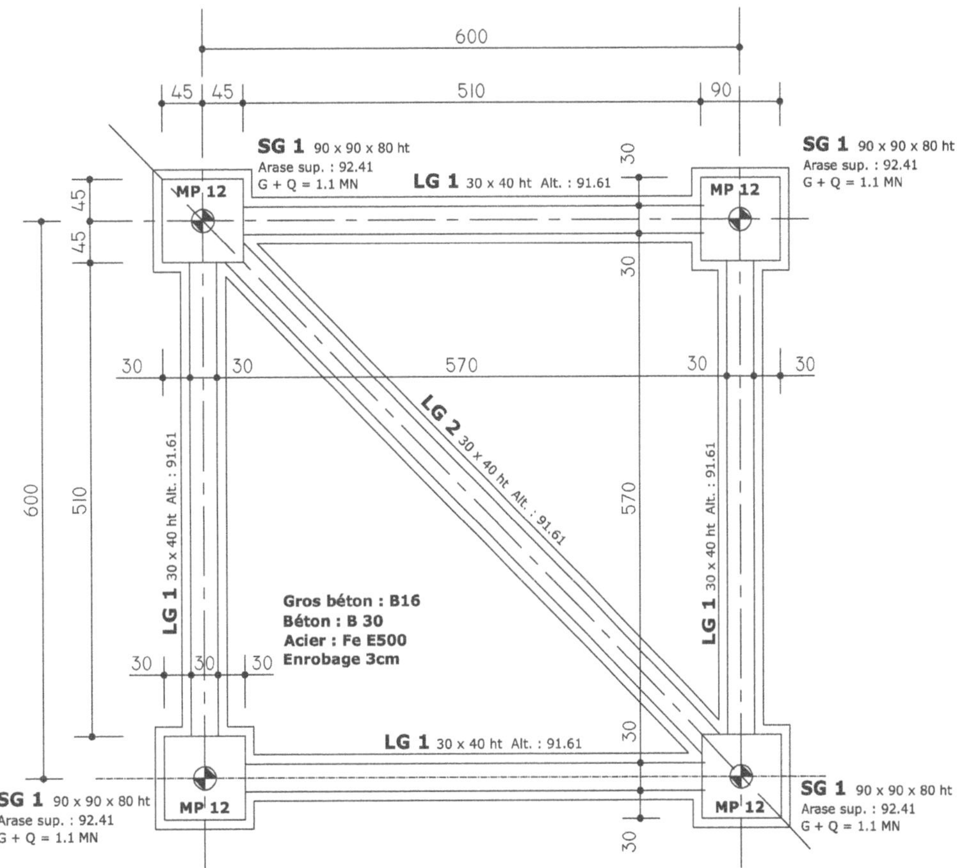

Figure 1.2.25 – Vue en plan du massif

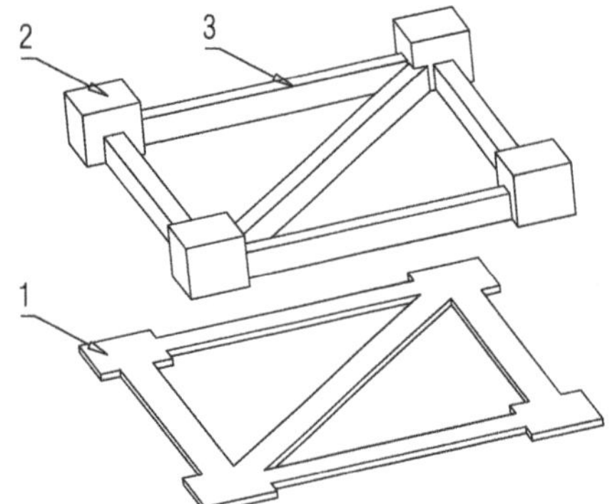

1 : Béton de propreté

2 : Semelles ou plots (béton, coffrage, armatures)

3 : Longrines (béton, coffrage, armatures)

Figure 1.2.26 – Repérage des ouvrages élémentaires à métrer

2.4.2 Les options de l'avant-métré

La manière de métrer les ouvrages élémentaires peut être abordée :

- de manière globale :
  - béton de propreté B16 (béton centrale) au m^2 en précisant l'épaisseur ;
  - semelles à l'unité en précisant les dimensions ;
  - longrines compris béton, coffrage et armatures, au m (ou ml selon l'usage) en précisant la section.
- de manière détaillée, option 1 :
  - béton de propreté B16 au m^2 en précisant l'épaisseur ;
  - semelles : béton B30 au m^3, coffrage au m^2, armatures au kg ;
  - longrines : béton B30 au m^3, coffrage au m^2, armatures au kg.
- de manière détaillée, option 2 :
  - béton de propreté B16 au m^2 ;
  - béton B30 au m^3, pour semelles et longrines ;
  - coffrage ordinaire au m^2 pour semelles et longrines ;
  - armatures HA S500 au kg pour semelles et longrines.

Cette dernière manière, plus développée, est choisie même si dans l'entreprise, par soucis d'efficacité, la première solution est tout à fait satisfaisante au regard de l'ensemble des travaux à réaliser.

2.4.3 Liste des ouvrages élémentaires

Code	Désignation	U
1	Béton de propreté[1], ep 0.10	m^2
2	Béton armé	
2-1	Semelles	m^3
2-2	Longrines	m^3
3	Coffrage ordinaire	
3-1	Semelles	m^2
3-2	Longrines	m^2
4	Armatures HA S500	
4-1	Semelles	kg
4-2	Longrines	kg

1. Compte tenu de son épaisseur, le béton de propreté peut aussi être évalué au m^3.

2.4.4 Béton de propreté

Mode de métré : au mètre carré réellement mis en œuvre en précisant l'épaisseur.

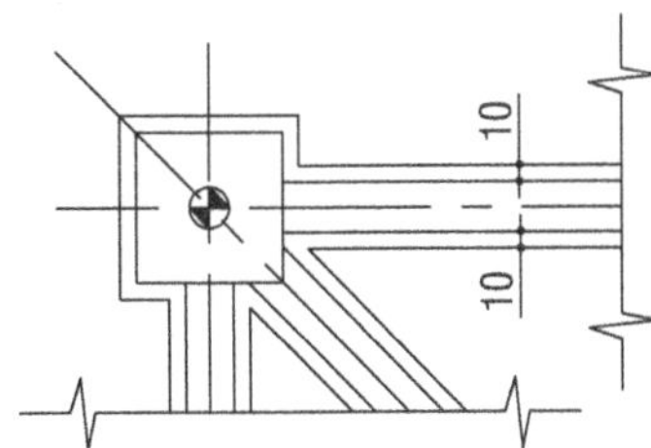

Figure 1.2.27 – Débord de 10 cm du béton de propreté par rapport aux ouvrages en béton armé

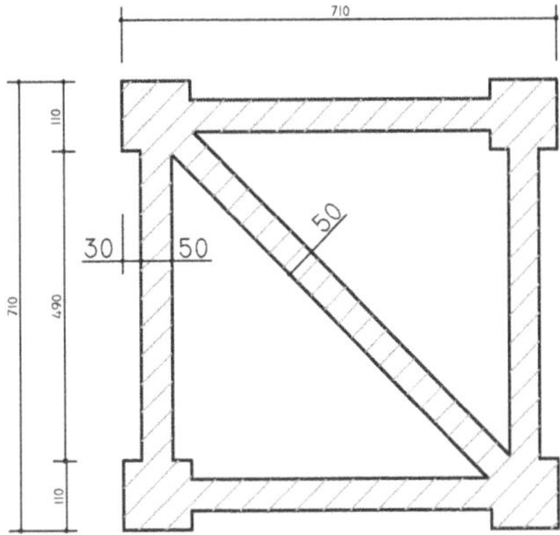

Figure 1.2.28 – Surface à calculer pour le béton de propreté

CODE	DÉSIGNATION	U	QTÉ
1	Béton de propreté, classe d'exposition : X0, classe de résistance minimale : C12/15, ep. moyenne 10 cm Figure 1.2.29 – Fig. 29 décomposition Pour les semelles isolées Surf 4 fois 1.102 = 4.84 Pour les longrines périmétriques Lin. 4 fois 4.90 = 19.60 Pour la longrine en diagonale Linéaire 1 fois 4.90 $\sqrt{2}$ = 6.93 = Ens lin : 26.53 x larg. 0.50 = surf : 13.26		
	Ensemble surface	m^2	18.10

Le linéaire de la longrine en diagonale est approché, mais cela permet d'assimiler la surface calculée à un rectangle de même largeur que les autres, donc de mettre en facteur les largeurs.

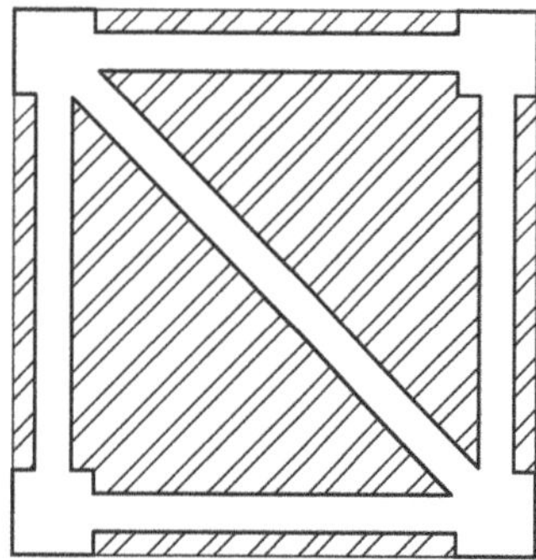

Figure 1.2.30 – Autre décomposition possible

Calcul du carré puis déduire 4 rectangles identiques et 2 triangles identiques (simplifications identiques au calcul précédent).

2.4.5 Béton armé

Mode de métré : au mètre cube réellement mis en œuvre, en précisant ses caractéristiques (classe d'exposition, classe de résistance, etc.).

Bien que l'on puisse additionner le béton des semelles et des longrines, un sous § permet de les distinguer pour en déduire le poids d'armatures.

Code	Désignation	U	Qté
2	Béton classe d'exposition : XC2 / XF1, classe de résistance : C25/30		
2 1	Semelles Cube : 0.90 x 0.90 x 0.80 = 0.648 4 fois	m³	**2.592**
2 2	Longrines Périmétriques Lin : 4f x 5.10= 20.40 Diagonales Lin : 1f 5.10 $\sqrt{2}$ = 7.36 = Ens. lin. : 27.76 x section 0.30 x 0.40 = volume	m³	**3.330**

Remarque : le volume de la longrine selon la diagonale est simplifié.

Pour un calcul précis, injustifié dans ce cas, il faut calculer : surface de base x hauteur.

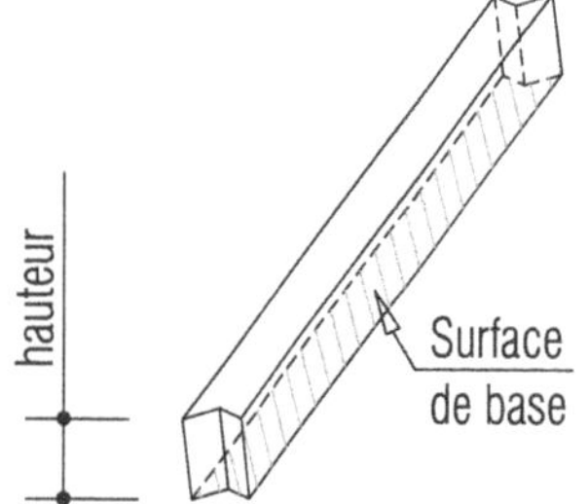

Figure 1.2.31 – Volume réel de la longrine selon la diagonale

2.4.6 Coffrage ordinaire

Figure 1.2.32 – Coffrage des semelles et des longrines

Mode de métré : au mètre carré de surface en contact avec le béton, en précisant le type de coffrage (ordinaire, perdu, parement soigné, circulaire, etc.).

Les coffrages perdus, à parements soignés, circulaires sont comptés à part :

- Soit en totalité et ils n'apparaissent pas dans les coffrages ordinaires.
- Soit dans un article à part, en majoration, et alors ils sont aussi comptés dans les coffrages ordinaires.

En fonction de la solution choisie, il faut adapter le PVU HT (Prix de Vente Unitaire Hors Taxe).

Les surfaces inférieures ou égales à 0.25 m^2 ne sont pas déduites.

> **Remarque** : il arrive même, c'est le cas présent, qu'il revienne moins cher de coffrer une plus grande surface. Il faut effectuer des découpes qui augmentent le temps unitaire de mise en œuvre et ces découpes deviennent des chutes.

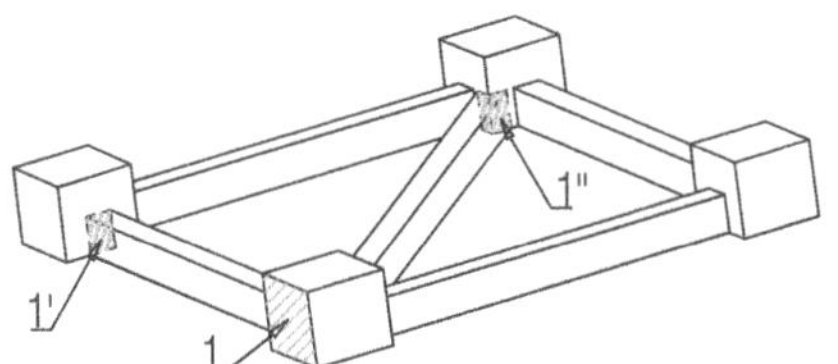

1 : Surfaces calculées

1' et **1"** : Surfaces négligées (voir remarque ci-dessus)

Figure 1.2.33 – Coffrage des semelles

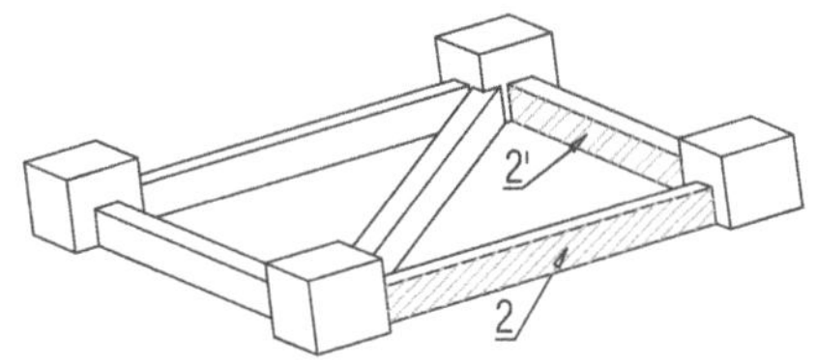

2 : Coffrage extérieur

2' : Coffrage intérieur

Figure 1.2.34 – Coffrage des longrines

La surface est obtenue en reprenant deux fois le linéaire calculé précédemment multiplié par la hauteur des longrines.

> **Remarque** : dans ce cas, le linéaire intérieur est égal au linéaire extérieur et la méthode est correcte mais, très souvent, le linéaire intérieur est inférieur au linéaire extérieur et cette méthode devient approximative. Reste à décider si elle est acceptable. Si elle ne l'est pas, au lieu de calculer le linéaire intérieur + le linéaire extérieur, il est préférable de calculer le linéaire dans l'axe, deux fois.

CODE	DÉSIGNATION	U	QTÉ
3	Coffrage ordinaire		
3-1	Semelles Surf. pour 1 semelle 4f 0.90 x 0.90 = 3.24 Pour 4 semelles 4 fois = 12.96		
3-2	Longrines Lin: 2f x 27.76 = 55.51 x ht 0.40 = surf: 22.20		
	Ens. surf.	m²	**35.16**

2.4.7 *Armatures Fe E500*

Dans ce paragraphe, le poids d'acier est calculé à partir d'un ratio prédéfini. Par la suite, ce ratio sera calculé à partir des armatures réellement mises en œuvre.

Figure 1.2.35 – Armatures avec cales pour garantir l'enrobage des aciers

Mode de métré : au kg en précisant la nature (acier doux, haute adhérence), la nuance, le diamètre moyen.

Dans la pratique le terme de poids est utilisé alors que l'unité (kg) désigne une masse. À ce stade, les quantités réelles d'armatures ne sont pas déterminées, l'expérience donne une quantité d'acier par m³ de béton appelée ratio.

CODE	DÉSIGNATION	U	QTÉ
4	Armatures S500 HA 10 moyen		
4-1	Semelles Rep. Volume: 2.592 x ratio 50 kg/m³	kg	**129.60**
4-2	Longrines Rep. Volume: 3.330 x ratio 80 kg/m³	kg	**266.40**

Remarques :

– Les décimales n'ont que peu de sens, les quantités seront arrondies à 130 et 270 kg.

– Le ratio réel donne 72 kg/m^3, soit 240 kg d'acier, alors que l'avant-métré en détermine 267 kg .

2.4.8 Avant-métré avec un tableur

Création du tableau[1]

Dans les chapitres précédents, les calculs se sont limités aux linéaires et surfaces. Pour le calcul des volumes, la troisième dimension représentant la hauteur (ou épaisseur) intervient. Le tableau déjà créé peut être repris en insérant une colonne entre « Larg. » et « Sous-total ».

	A	B	C	D	E	F	G	H	I	J	K	L
5	Code	Désignation		Nb	Long	Larg	Haut	Sous-total	U	Qté	P.U.	P.T.
6	1	Béton de propreté, ep. moyenne 10 cm, débord										
7		10 cm										
8		Pour semelles										
9				4	1.10	1.10		**Form. A**				
10		Pour longrines										
11		Périmétriques		4	5.10	0.50		**Form. A'**				
12		Diagonales		1	6.93	0.50		**Form. A**				
13			Ensemble surface						m^2	**Form. B**		
14												
15	2	Béton armé										
16	2.1	Semelle										
17		Cube		4	0.90	0.90	0.80	**Form. C**				

Écriture des formules

Formule A : dans la cellule H9 ou dans la barre des formules, saisir =D9*E9*F9↵

> **Remarques** : D9, E9 et F9 s'inscrivent automatiquement en cliquant dans la cellule après chaque signe = ou *. Le signe * indique une multiplication à effectuer entre les deux cellules.

Formule A' : elle est du même type que la formule A, seule la ligne change (11 au lieu de 9). Il suffit de copier la cellule H9 en H11 et H12, soit :

- par CTRL+C et CTRL+V ;
- par glisser-déplacer en maintenant la touche CTRL appuyée ;
- en glissant vers le bas la poignée (petit carré affiché en bas et à gauche de la cellule sélectionnée) jusqu'en H12, puis en effaçant H10.

> **Remarque** : le numéro de ligne s'adapte à la position de la cellule de calcul car les références des cellules sont relatives. Pour une référence absolue (une série de nombre multiplié par un coefficient), ce coefficient doit être en position absolue, en insérant le signe $, par exemple D4.

Formule B : deux solutions :

- Solution 1 : saisir =H9+H11+H12↵
- Solution 2 : saisir =somme(H9:H12)↵

La solution 2 utilise une des nombreuses fonctions incluses dans le logiciel. La fonction somme est à écrire en toutes lettres ou en cliquant sur le symbole affiché dans la barre des formules.

---

1. Pour plus de précision, afin de ne pas mettre linéaires, surfaces et volumes dans la même colonne, la colonne « Sous-total » peut elle-même être décomposée en trois : un sous-total pour les linéaires, un sous-total pour les surfaces et un sous-total pour les volumes.

Formule C : dans la cellule H17 ou dans la barre des formules, saisir =D17*E17*F17*G17↵

Remarque : le calcul de la longueur de la longrine en diagonale peut être effectué au tableur en utilisant l'une des deux formules ci-dessous.

Dans la cellule E12 : saisir =4.9*racine(2)↵ ou =4.9*2^0.5↵

2.4.9 *Calcul du ratio réel*

Armature d'un plot

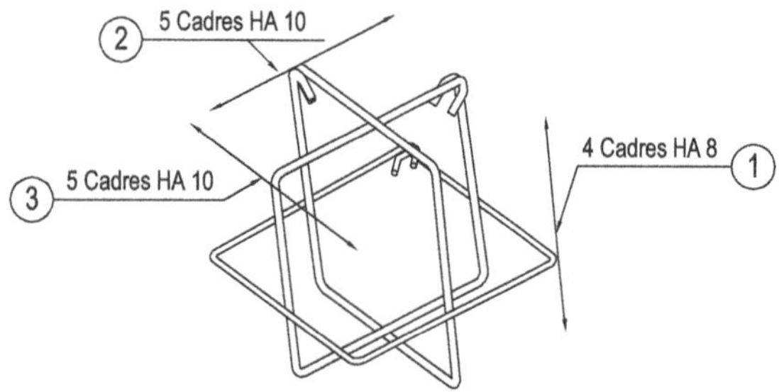

Figure 1.2.36 – Perspective des cadres àmettre en œuvre

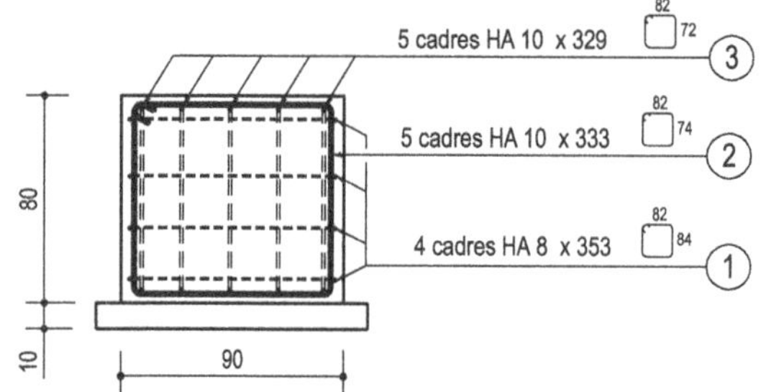

Figure 1.2.37 – Définitions des cadres

Remarque : pour respecter les usages, le poids d'acier sera exprimé en kg.

Rep	Désignation	Nuance	Nbre	Ø	Long unitaire	Long totale	Poids en kg/m	Poids total
	Armature d'un plot							
1	Cadres	HA	4	8	3.53	14.12	0.394	5.563
2	Cadres	HA	5	10	3.33	16.65	0.616	10.256
3	Cadres	HA	5	10	3.29	16.45	0.616	10.133
	Total pour un plot							**25.953**

Armature d'une longrine

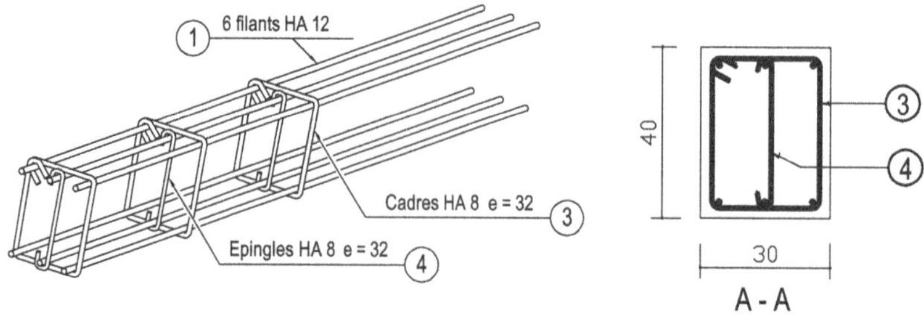

Figure 1.2.38 – Définition des armatures en perspective et en coupe

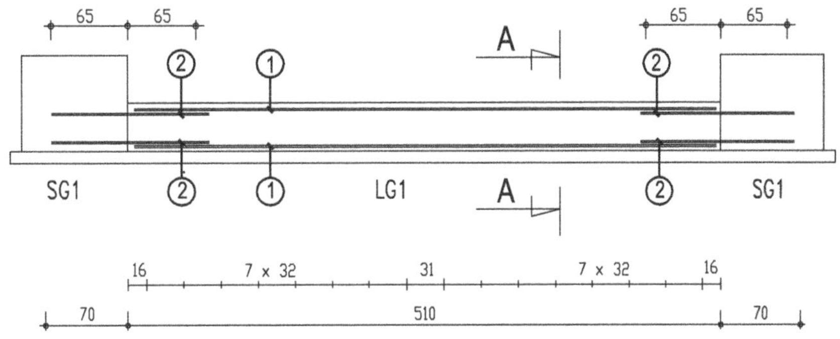

Figure 1.2.39 – Définition des armatures en élévation

Rep	Désignation	Nuance	Nbre	Ø	Long unitaire	Long totale	Poids en kg/m	Poids total
	Armature d'une longrine							
1	Filants	HA	6	12	5.05	30.30	0.887	26.876
2	Filants	HA	12	12	1.30	15.60	0.887	13.837
3	Cadres	HA	16	8	1.33	21.28	0.394	8.384
3	Épingles	HA	16	8	0.54	8.64	0.394	3.404
	Total pour une longrine							**52.502**

Ratio acier/béton d'un plot

Volume de béton pour un plot : 0.90 x 0.90 x 0.80 = 0.648 m^3

Poids d'acier pour un plot : 25.293 kg

Ratio d'acier en kg d'acier par m^3 de béton : 25.293 kg/0.648 m^3 ≈ 40 kg/m^3

Ratio béton acier d'une longrine

Volume de béton pour une longrine : 5.10 x 0.30 x 0.40 = 0.612 m^3

Poids d'acier pour une longrine : 52.502 kg

Ratio d'acier en kg d'acier par m^3 de béton : 52.502 kg/0.612 m^3 ≈ 85 kg/m^3

PARTIE 2

Techniques du métré des ouvrages élémentaires

1. Terrassements, VRD[1]

Il s'agit de quantifier des ouvrages élémentaires du lot « Terrassements, VRD » pour la réalisation d'une construction neuve pour cabinets médicaux.

> **Remarque** : les quantités indiquées respecteront le principe du nombre de décimales selon l'unité utilisée, mais ces décimales n'ont aucun sens dans ce chapitre.

1.1 Données du projet

1.1.1 *Plans du projet*

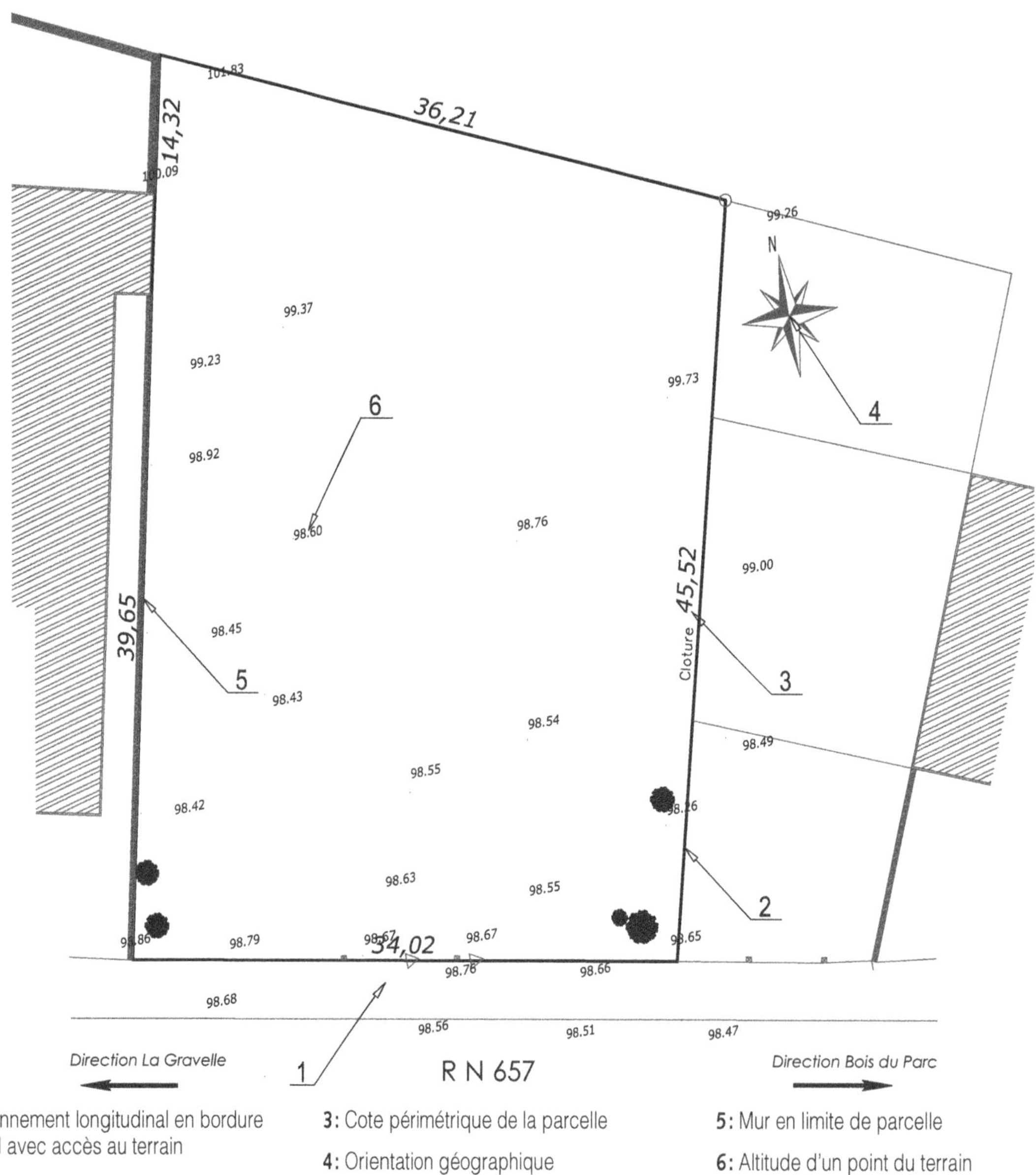

Figure 2.1.1 – Report du levé topographique

1. Chapitre réalisé avec la contribution de Guillaume Delprat.

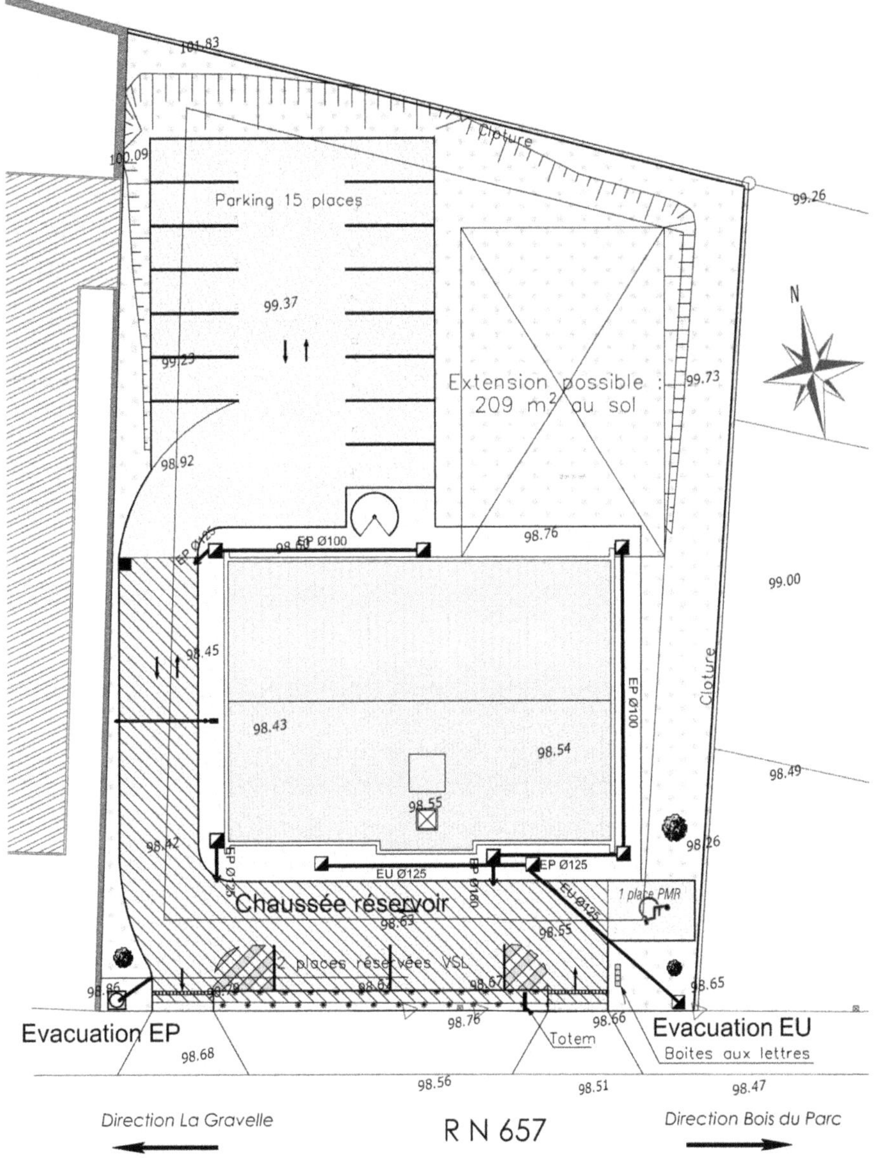

Figure 2.1.2 – Vue en plan du projet (bâtiment, voieries, aires de stationnement, réseaux)

1.1.2 Rapport géotechnique[1]

Ce document de plusieurs dizaines de pages est usuellement structuré comme suit :

1 Description de la mission, du projet, du site
2 Étude géotechnique
    2.1 Méthode de travail
    2.2 Résultats et interprétations
        2.2.1 Nature du sol
        2.2.2 L'eau dans le sol
        2.2.3 Caractéristiques mécaniques
        2.2.4 Classification selon le risque sismique
        2.2.5 Perméabilité des sols pour l'infiltration des eaux claires

1. Missions types d'ingénierie géotechnique : G1 (étude géotechnique préalable), G2 (étude géotechnique de conception), G3 (étude et suivi géotechnique d'exécution), G4 (supervision géotechnique d'exécution), G5 (diagnostic géotechnique).(source : <http://www.alios.fr/fr/la-geotechnique/index.asp>).

3 Fondations de la structure
 3.1 Niveaux minimum d'assise
 3.2 Contraintes aux états limites
 3.3 Évaluation des tassements
 3.4 Conseils de mise en œuvre
4 Fondations des dallages
5 Terrassements
6 Chaussées et parkings : prédimensionnement
 6.1 Méthodologie
 6.2 Couche de forme
 6.3 Constitution des chaussées
  6.3.1 Couche de surface
  6.3.2 Couche de base
  6.3.3 Couche de fondation
7 Conclusions

1.1.3 Ouvrages élémentaires à quantifier

1 Travaux préparatoires
- Installation de chantier
- Implantation
- Nettoyage de la parcelle, débroussaillage des taillis, arbustes, plantations y compris évacuation

2 Terrassements généraux[1]
- Décapage de la terre végétale, compris mise en dépôt sur la parcelle
- Terrassement en pleine masse en déblais/remblais, pour création des plates-formes des bâtiments, voirie et espaces verts
- Évacuation des terres en excès provenant des fouilles une fois l'ensemble des remblais effectués
- Réglage et compactage du fond de forme
- Enrochement en pied de talus

3 Voirie
- Voirie légère courante
- Voirie légère drainante pour la rétention des EP
- Trottoir, accès piéton
- Bordures T2 pour voirie
- Bordures P1 pour trottoir

4 Plate-forme du bâtiment
- Fourniture et M/O de GNT 0/315 sur 40 cm
- Réglage de la plate-forme après fondation
- Essai à la plaque

5 Assainissement EP voirie / bâtiment
- 5-1 Voirie
  - Tuyaux PVC Ø 160
  - Drain sous voirie drainante
  - Grille avaloir
  - Caniveaux grille
  - Tuyaux PVC pour évacuation du débit de fuite
  - Séparateur à hydrocarbure 3L/s
  - Boîte de branchement borgne
  - Regard Ø 800
  - Raccordement au réseau public
- 5-2 Bâtiment
  - Regards de pied de chute
  - Fourniture et pose de tuyaux PVC Ø 125
  - Fourniture et pose de tuyaux PVC Ø 160

---

1. D'autres terrassements sont à effectuer dans le lot gros œuvre, comme les fouilles en rigoles ou en puits...

6 Assainissement EU
- Tuyaux PVC Ø 125
- Tabouret siphoïde
- Piquage sur tabouret de branchement en limite de parcelle

7 Réseaux divers
- 7-1 Électricité
  - Fourreaux (Ø 160 + Ø 63)
- 7-2 Télécommunications
  - Fourreaux Ø 42/45
  - Chambre de tirage L1T
- 7-3 AEP
  - PE Ø 32
  - Regard compteur
- 7-4 Caniveau technique alimentation climatisation

8 Marquage-signalisation
- Traçage parking
- Bande stop
- Place PMR + panneau
- Zebra

9 Espaces verts/clôtures
- Reprise et M/O de terre végétale sur espaces verts
- Engazonnement
- Clôture rigide h =1,80
- Barrière avec commande électrique

Seuls les articles nécessitant un calcul de volumes, de surfaces ou de longueurs seront développés. Les autres articles, comptés à l'unité ou au forfait, sont simplement cités.

Remarque : le mode de calcul utilisé pour déterminer les quantités des ouvrages élémentaires dépend des outils mis à disposition du métreur :

- Soit il possède le fichier sous forme numérique avec un logiciel capable d'en extraire les quantités directement.
- Soit il ne possède pas d'outils informatiques spécifiques et les résultats sont obtenus à l'aide d'un tableur. Cela implique des techniques de décompositions et des approximations.

Ces deux modes seront exposés, lorsque cela se justifie.

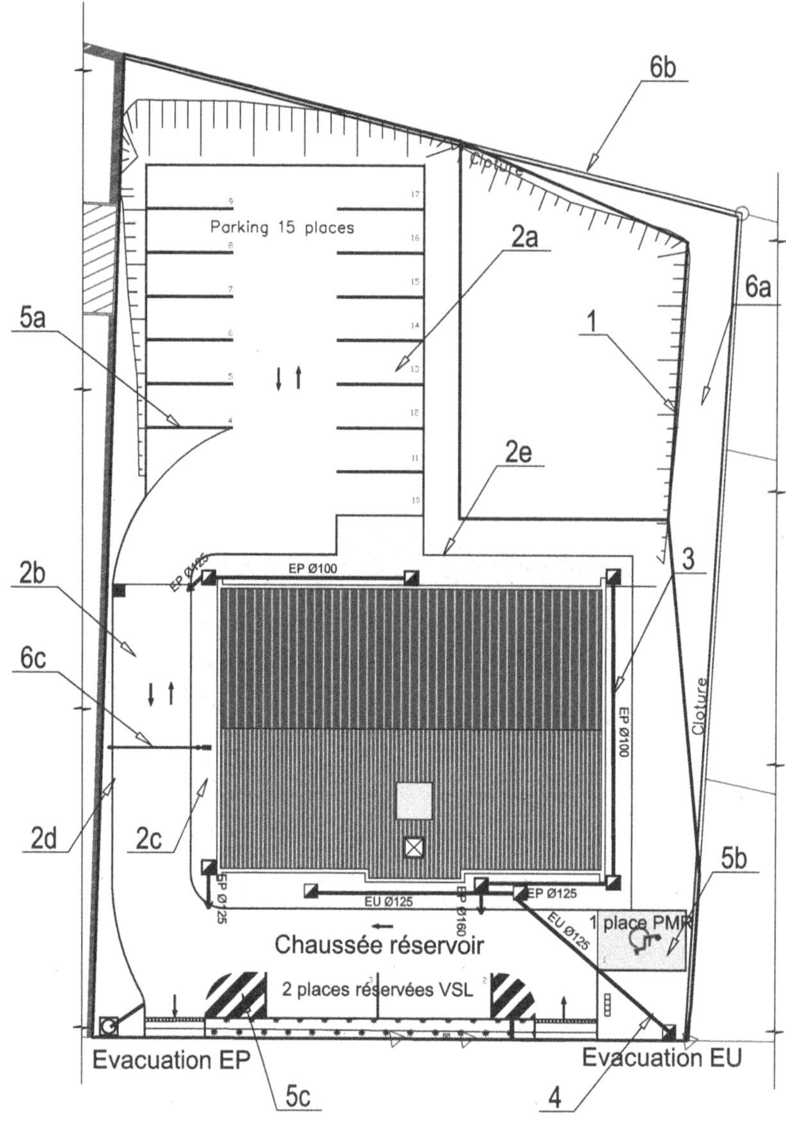

1 : Limite du décapage

2a : Voirie légère pour aire de stationnement

2b : Voirie légère drainante

2c : Trottoir - Accès piéton

2d : Bordures T2 pour voirie

2e : Bordures P1 pour trottoir

3 : Canalisation des eaux pluviales

4 : Canalisation des eaux usées

5a : Traçage parking

5b : Place PMR (personne à mobilité réduite + panneau le signalant)

5c : Zebra

6a : Engazonnement

6b : Fourniture et pose de clôture rigide h=1,80

6c : Barrière avec commande électrique

6d : Raccordement au réseau électrique privé (fourreau, câble, regard 40 x 40)

Figure 2.1.3 – Repérages des principaux articles

1.1.4 Présentation de l'avant-métré

Tous les détails du calcul doivent figurer dans l'avant-métré. Si différentes présentations sont possibles, on retrouve toujours le tableau suivant :

Code	Désignation	U	Qté

Voici la signification des intitulés de ses colonnes :

- **Code :** pour repérer l'ouvrage élémentaire décrit dans un autre document (CCTP appelé aussi devis descriptif) ou provenant d'une bibliothèque.
- **Désignation :** description de l'ouvrage avec croquis coté si nécessaire et détails des calculs avec résultats arrondis à 2 décimales pour les linéaires et surfaces, 3 décimales pour les volumes et les masses.
- **U :** unité de calcul de l'ouvrage élémentaire : le m² pour la brique creuse, le kg pour l'acier, le m³ pour le béton.
- **Qté :** c'est le résultat final du calcul de l'ouvrage élémentaire. Cette quantité multipliée par le prix unitaire (P.U.) donne le prix de vente hors taxe (PV HT) et permet d'établir le devis quantitatif et estimatif (D.Q.E.).

Pour une présentation plus didactique ou lors de l'utilisation d'un tableur, un tableau plus détaillé est utilisé :

Code	Désignation	Nbre	Long.	Larg.	Haut.	S-total	U	Qté

<u>Remarques</u> : la colonne « Sous-total » peut contenir des linéaires, des surfaces ou des volumes. Pour encore plus de clarté, mais cela alourdit le tableau final, cette colonne peut être divisée en trois : une colonne « sous-total linéaires », une colonne « sous-total surfaces » et une colonne « sous-total volumes ». De l'avant-métré est déduit le devis quantitatif où figure par ouvrage élémentaire un code, une désignation ou description, une unité et seulement la quantité finale.

1.2 Travaux préparatoires

Que ce soit l'installation de chantier, l'implantation ou le nettoyage de la parcelle (débroussaillage des taillis, des arbustes, des plantations y compris leur évacuation), ils sont comptés au forfait. Seul l'abattage et l'évacuation des arbres sont comptés à l'unité.

1.3 Terrassements généraux

1.3.1 Décapage de la terre végétale

Pour cet article compté au m², en précisant l'épaisseur (≤ à 25 cm), la vue en plan suffit pour le quantifier.

1.3.1.1 Option 1

L'aire de la polyligne est donnée par un logiciel : 1631 m²

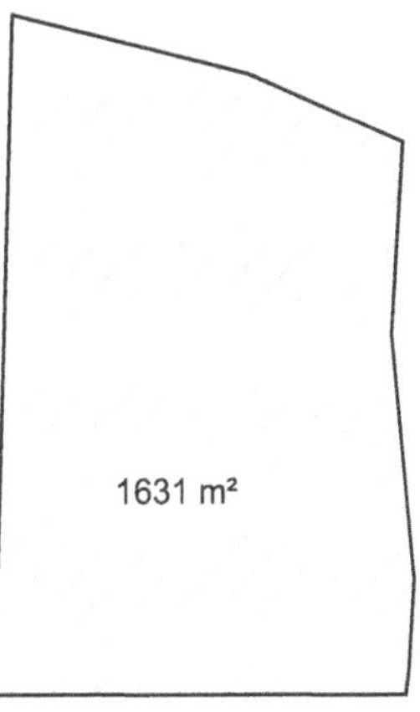

Figure 2.1.4 – Aire délimitée par le contour de la polyligne

1.3.1.2 Option 2

L'aire est obtenue par décomposition. D'un point de vue strictement géométrique, l'aire du polygone doit être décomposée en triangles, rectangles ou trapèzes, mais, en pratique, un rectangle suffit.

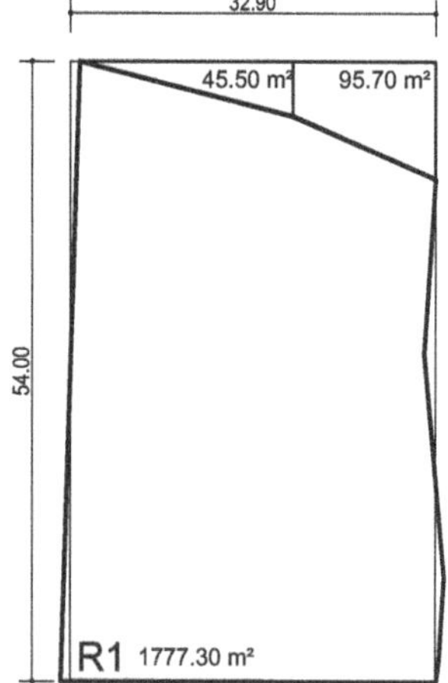

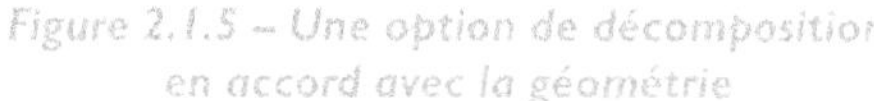
Figure 2.1.5 – Une option de décomposition en accord avec la géométrie

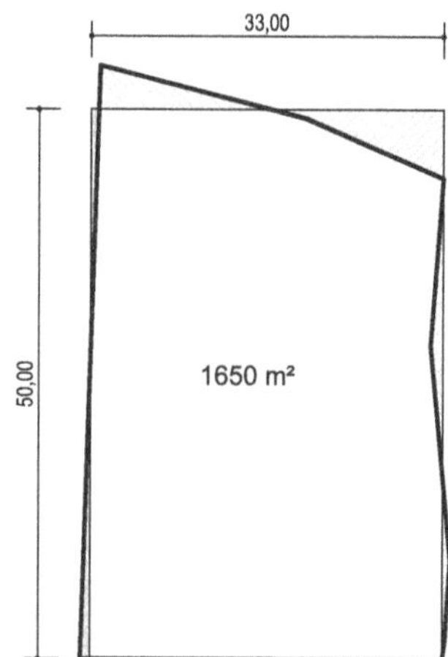

Figure 2.1.6 – Décomposition simplifiée

Pour la décomposition de la Figure 2.1.5, du rectangle hors tout de 1 777.30 m², il faut déduire les deux surfaces de 45.50 m² et de 95.70 m². Il reste 1 636.10 m².

Pour la décomposition simplifiée, les dimensions du rectangle sont considérées comme des moyennes estimées des longueurs et largeurs de la surface totale.

Code	Désignation	Nbre	Long.	Larg.	Haut.	S-total	U	Qté
01	Terrassements							
01-1	Décapage des terres végétales existantes sur une épaisseur moyenne de 20 cm, compris mise en dépôt sur site ou évacuation suivant leur nature							
	Rectangle	1	50.00	33.00			m²	1 650.00

1.3.2 *Terrassement en déblais/remblais pour création des plates-formes*

Pour cet article compté au m³, en précisant la nature du sol, la vue en plan ne suffit plus pour le quantifier lorsque, et c'est le cas le plus courant, l'épaisseur n'est pas constante[1]. Le plus précis est d'avoir recours aux profils.

1.3.2.1 Terrain initial

Les altitudes des points levés au théodolite sont connus en X, Y, Z. Puisqu'un plan est défini par 3 points, le terrain est modélisé par un ensemble de facettes triangulaires[2]. Cet ensemble, appelé MNT (modèle numérique du terrain), donne une représentation spatiale du terrain de laquelle sont déduits :

- le tracé des courbes de niveau (ensemble des points de même altitude) ;
- les profils (coupes verticales du terrain).

1. Lorsque le terrain n'est pas trop accidenté, ou pour obtenir un résultat rapide, les volumes à calculer sont considérés comme des surfaces en plan multipliées par des hauteurs moyennes.

2. La précision de la modélisation dépend du nombre de points levés.

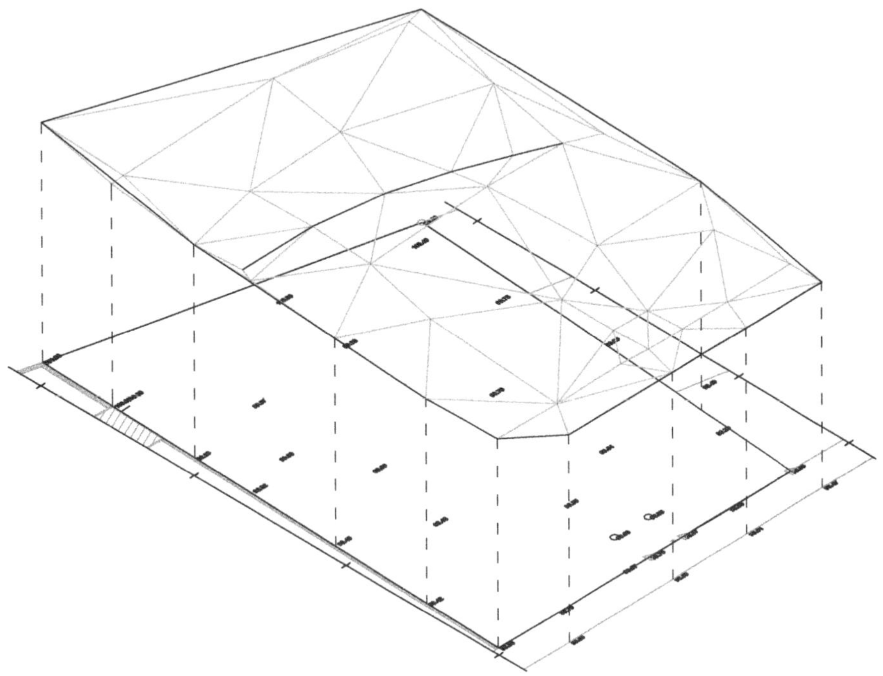

Figure 2.1.7 – MNT en correspondance avec le contour de la parcelle

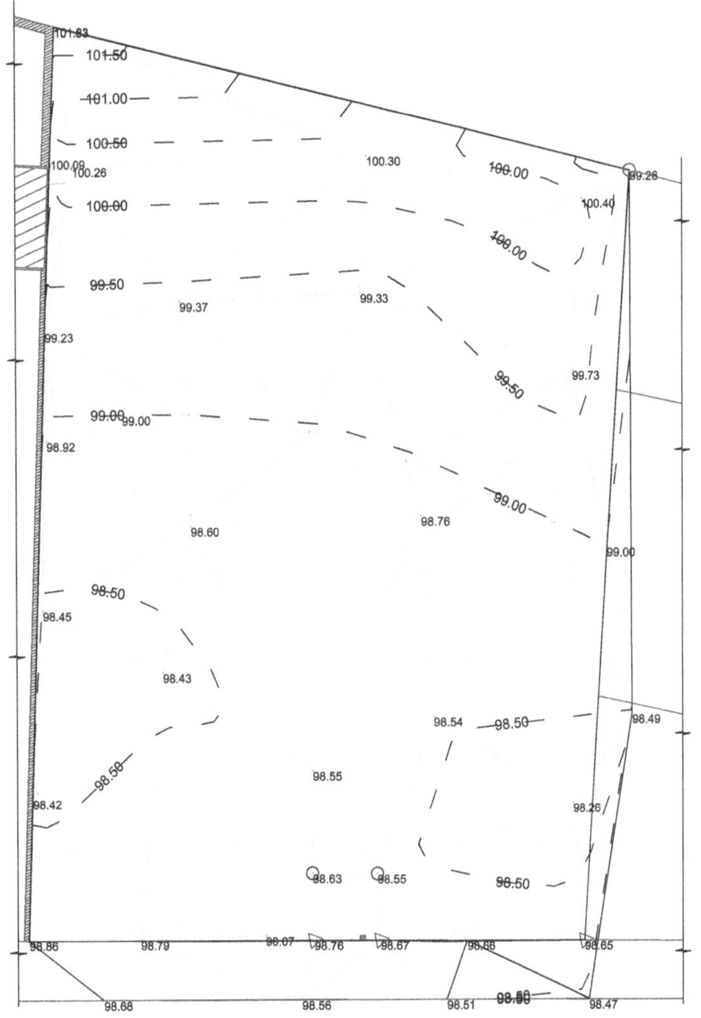

Figure 2.1.8 – MNT en projection, compris les courbes de niveaux

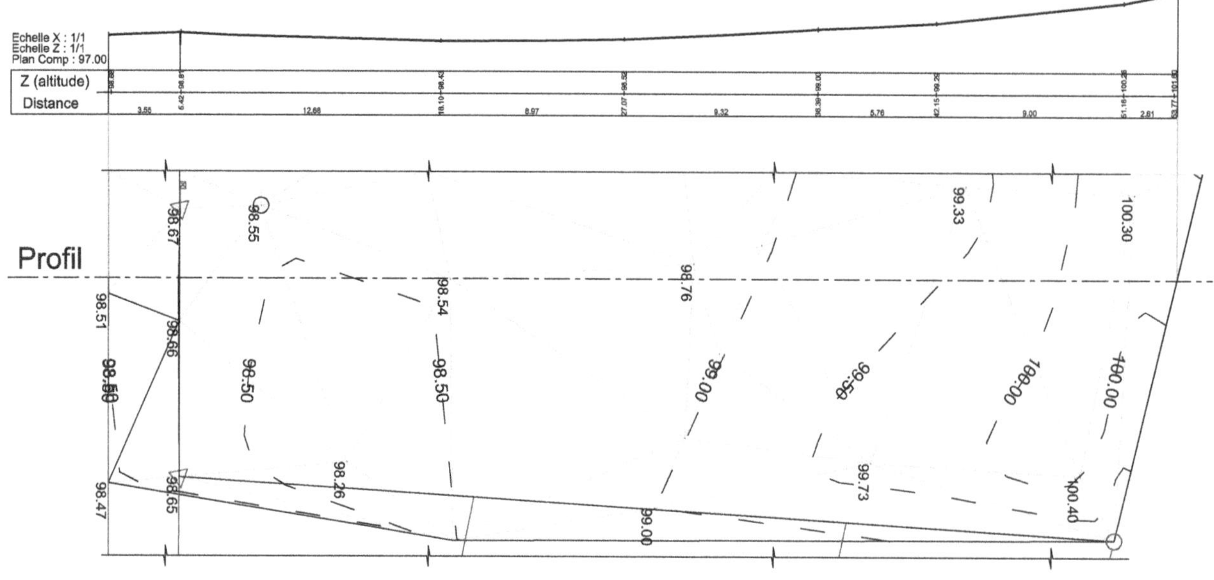

Figure 2.1.9 – Profil P1

1.3.2.2 Fouilles en pleine masse

Elles sont réalisées pour obtenir des plates-formes soit horizontales, soit avec de légères pentes pour les stationnements et voiries, afin que l'écoulement des eaux pluviales soit conduit vers leurs exutoires.

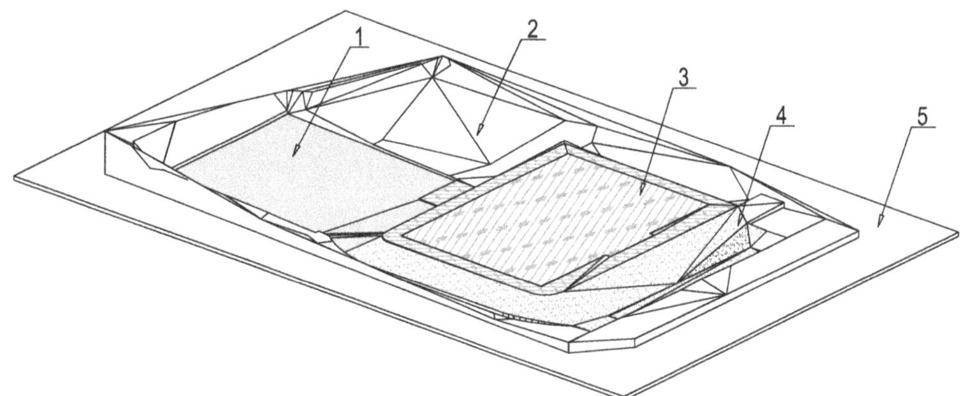

1 : Plate-forme du stationnement

2 : Plate-forme des espaces verts

3 : Plate-forme de la construction

4 : Plate-forme de la voierie

5 : Plan de référence ou de comparaison, +97.00 pour ce projet

Figure 2.1.10 – Repérage des différentes zones

1.3.2.3 Calcul des fouilles en pleine masse à partir des profils

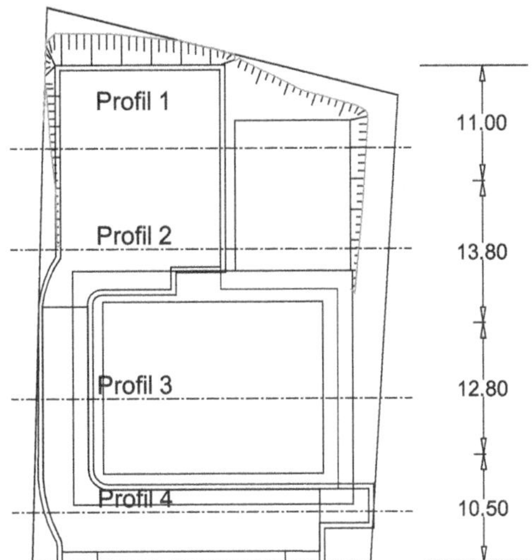

Figure 2.1.11 – Position des profils

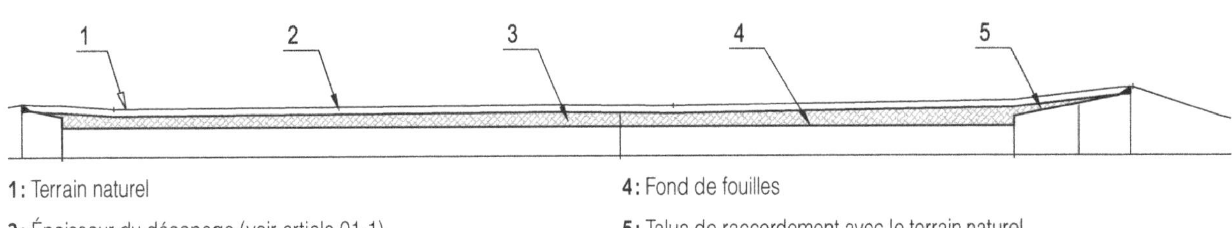

1 : Terrain naturel

2 : Épaisseur du décapage (voir article 01-1)

3 : Fouilles en pleine masse

4 : Fond de fouilles

5 : Talus de raccordement avec le terrain naturel

Figure 2.1.12 – Profil P1

Surface en déblais : 11.20 m².

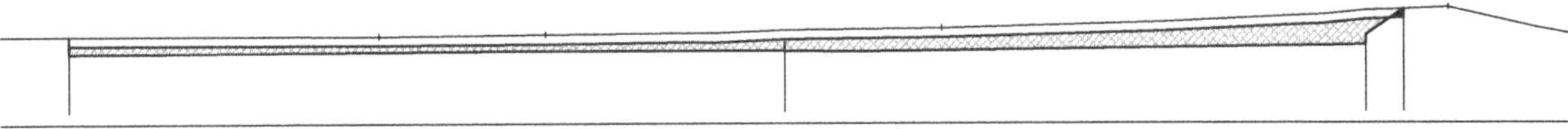

Figure 2.1.13 – Profil P2

Surface en déblais : 6.40 m².

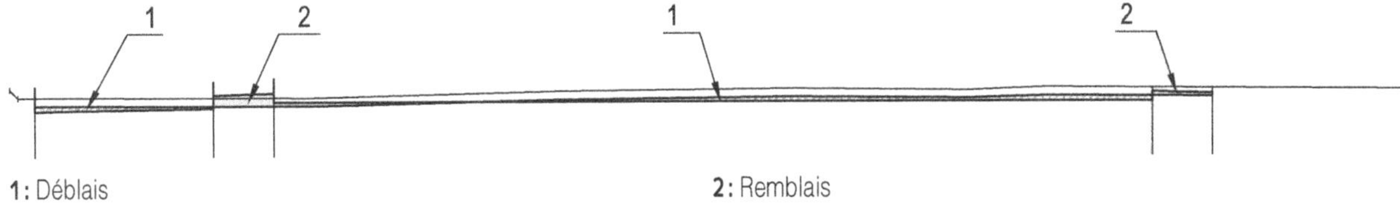

1 : Déblais

2 : Remblais

Figure 2.1.14 – Profil P3

Surface en remblais : 0.90 m². Surface en déblais : 1.60 m².

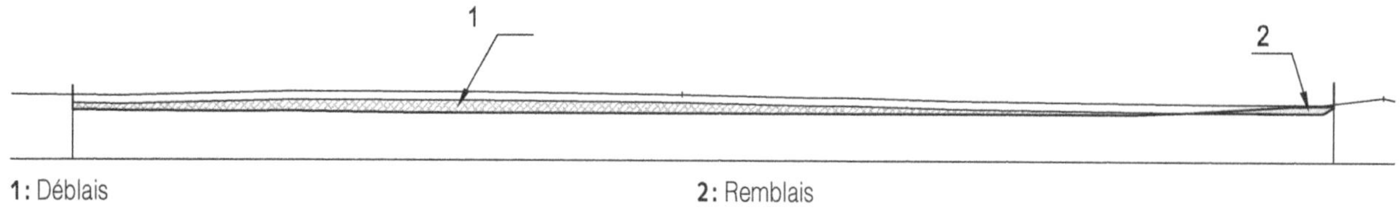

Figure 2.1.15 – Profil P4

Surface en remblais : 0.40 m². Surface en déblais : 4.80 m².

CODE	DÉSIGNATION	NBRE	LONG.	LARG.	SURF.	S-TOTAL	U	QTÉ
01-2	Terrassements en pleine masse pour création des plates-formes bâtiments, voirie et espaces verts							
	Déblais							
	Profil 1							
	Surface :				11.20			
	x longueur d'application = volume		11.00			123.200	a	
	Profil 2							
	Surface:				6.40			
	x longueur d'application = volume		13.80			88.320	b	
	Profil 3							
	Surface:				1.60			
	x longueur d'application = volume		12.80			20.480	c	
	Profil 4							
	Surface en déblais :				4.80			
	x longueur d'application = volume		10.50			50.400	d	
	Ensemble volumes a + b + c + d	1					m³	**282.400**
	Remblais							
	Profil 3							
	Surface en remblais :				0.90			
	x longueur d'application = volume		12.80			11.520	a	
	Profil 4							
	Surface en remblais :				0.40			
	x longueur d'application = volume		10.50			4.200	b	
	Ensemble volumes a + b	1					m³	**15.720**

Lorsque la surface du profil n'est pas donnée, elle est calculée soit en utilisant la méthode exposée dans la partie 1, soit en prenant des cotes moyennes.

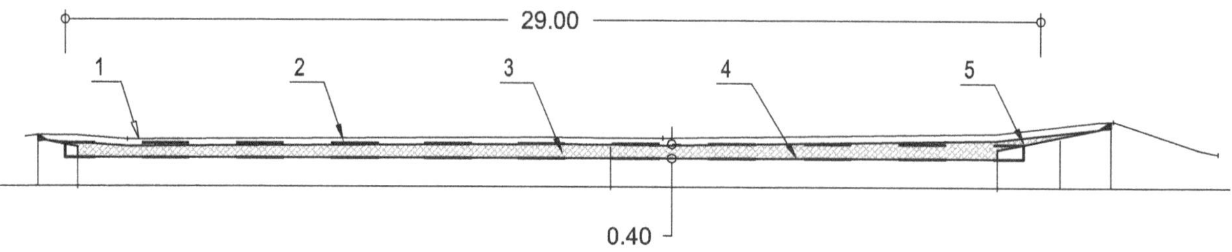

Figure 2.1.16 – Exemple des cotes moyennes utilisées pour le calcul de la surface du profil 1

La surface obtenue est alors de 29.00 x 0.40 = 11.60 m², soit 0.40 m² de différence avec la surface délimitée par le contour.

1.3.3 Évacuation des terres en excès

Le volume est calculé à partir de la surface de décapage (fois son épaisseur) et du volume des fouilles en pleine masse (déblais – remblais), desquelles on déduit les terres réemployées pour l'engazonnement des espaces verts. Si l'épaisseur du réemploi est égale à l'épaisseur du décapage, alors les surfaces peuvent être soustraites.

Code	Désignation	Nbre	Long.	Larg.	Surf.	S-total	U	Qté
01-3	Évacuation des terres en excès provenant des fouilles une fois l'ensemble des remblais effectués							
	Rep S01-1, la surface du décapage					1650.00	a	
	Déduire la surface d'engazonnement					605.00	b	
	Reste a – b					1045.00		
	x l'épaisseur de 0.20 m =volume					209.000	A	
	Volume des fouilles en pleine masse (déblais – remblais) 282.400 – 15.720					266.680	B	
	Total A + B					475.680		
	x le foisonnement de 1.25 = vol à évacuer						m³	**594.600**

1.3.4 Réglage et compactage du fond de forme

Comme pour l'aire du décapage, soit la surface délimitée le contour est donnée (option 1), soit un calcul approché est effectué (option 2). L'option de décomposition en un grand nombre de figures géométriques, pour être au plus près du résultat, n'est pas justifiée.

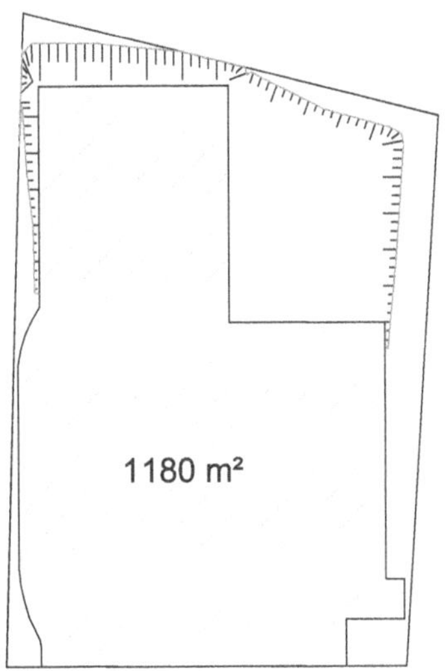

Figure 2.1.17 – Surface délimitée par une polyligne fermée

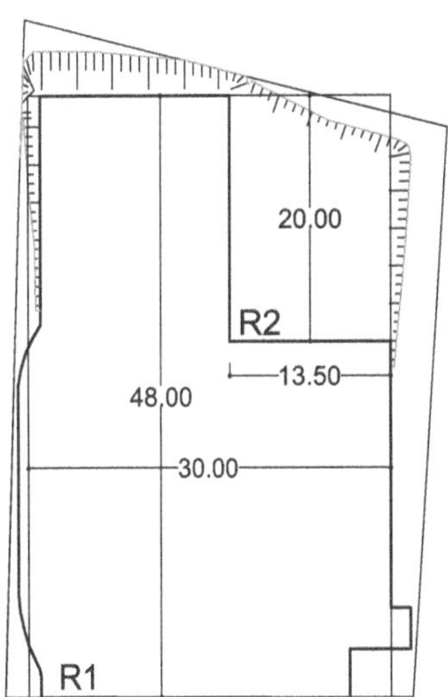

Figure 2.1.18 – Surface obtenue par décomposition

Code	Désignation	Nbre	Long.	Larg.	Haut.	S-total	U	Qté
01-4	Réglage et compactage du fond de forme							
	Option 1 : surface définie par la polyligne fermée						m²	**1180.00**
	Option 2 : surface obtenue par décomposition							
	Rectangle R1	1	48.00	30.00		1440.00		
	À déduire rectangle R2	1	20.00	13.50		270.00		
	Reste						m²	**1170.00**

Entre les deux méthodes, la différence est ainsi de 10 m².

1.3.5 Enrochement en pied de talus

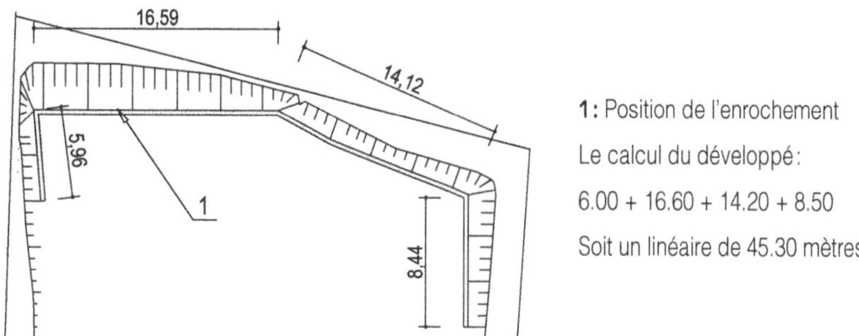

1 : Position de l'enrochement

Le calcul du développé :

6.00 + 16.60 + 14.20 + 8.50

Soit un linéaire de 45.30 mètres

Figure 2.1.19 – Enrochement

1.4 Voieries

Elles sont de deux types : voierie légère et voierie drainante, avec des couches différentes.

Pour un type de voierie, toutes les couches n'ont pas la même emprise. La couche de roulement est comptée dans œuvre des bordures de trottoir alors que la couche de forme est comptée pour une surface plus grande, avec un débord de 0.50 m. Ainsi il y a deux surfaces à calculer, parfois trois.

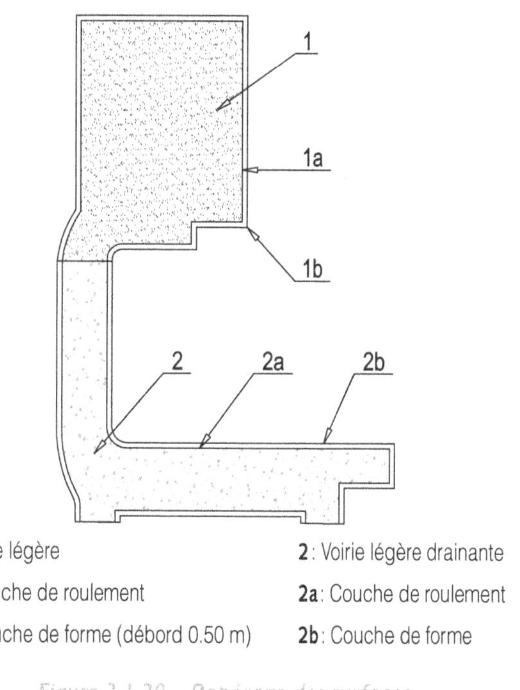

1 : Voirie légère

1a : Couche de roulement

1b : Couche de forme (débord 0.50 m)

2 : Voirie légère drainante

2a : Couche de roulement

2b : Couche de forme

Figure 2.1.20 – Repérage des surfaces des couches des voieries

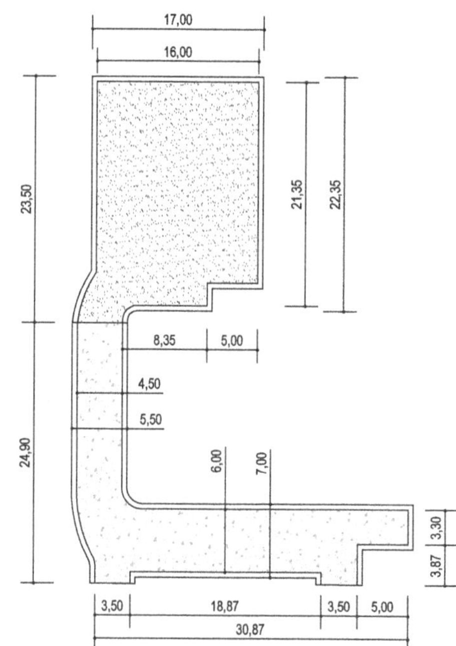

Figure 2.1.21 – Cotation des voieries

1.4.1 *Voierie légère*

Pour les articles suivants, le tableau est réduit car les quantités proviennent directement des propriétés des polylignes. Les surfaces sont arrondies au m^2.

Code	Désignation	U	Qté
02	Voierie légère		
02-1	Géotextile	m^2	**380.00**
02-2	Couche de forme en GNT[1] 0/80 ép: 30 cm	m^2	**380.00**
02-3	Couche de fondation et de base en GNT 0/31,5 ép: 35 cm	m^2	**380.00**
02-4	Couche d'imprégnation	m^2	**340.00**
	Couche de roulement BBSG[2] 0/10 120KG/m^2	m^2	**340.00**

1.4.2 *Voierie légère drainante*

Pour cette voierie, il y a trois surfaces différentes car il faut prévoir, pour la géomembrane, un relevé périphérique de 0.70 cm.

Code	Désignation	U	Qté
03	Voierie légère drainante pour la rétention des EP		
03-1	Géotextile	m^2	**317.00**
03-2	Géomenbranne	m^2	**401.00**
03-3	Couche de fondation en matériaux drainant calcaire 40/70 sur 45 cm	m^2	**317.00**
03-4	Couche de forme en GNT 0/31,5 sur 20 cm	m^2	**317.00**
03-5	Couche d'imprégnation	m^2	**266.00**
03-6	Couche de roulement BBSG 120KG/m^2	m^2	**266.00**

1.4.3 *Trottoir-accès piéton*

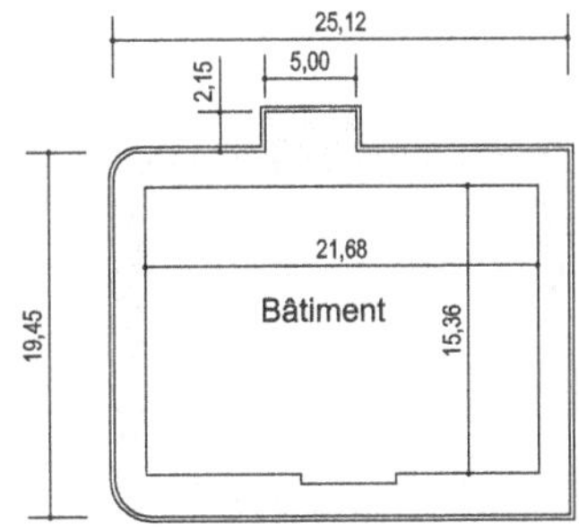

Figure 2.1.22 – Position et dimension des trottoirs pour piéton (accès et pente conformes PMR[3])

Code	Désignation	U	Qté
04	Trottoir-accès piéton		
04-1	Couche de fondation en GNT 0/31,5 ép.:25 cm	m^2	**185.00**
04-2	Béton désactivé calcaire ép. 12 cm	m^2	**163.00**

1. GNT, pour grave non traitée.
2. BBSG, pour béton bitumineux semi grenu.
3. PMR : personne à mobilité réduite

1.4.4 *Bordures*

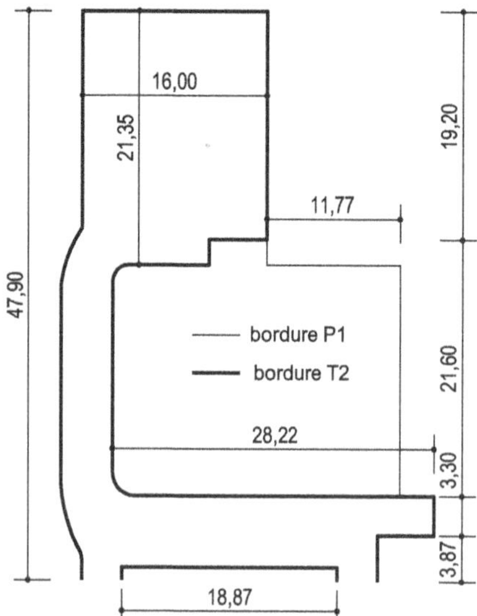

Figure 2.1.23 – Repérage et cotation des différentes bordures

Code	Désignation	U	Qté
05	Bordures		
05-1	Bordures T2 pour voirie	m	178.50
05-2	Bordures P1 pour trottoir	m	33.40

1.5 Plate-forme du bâtiment

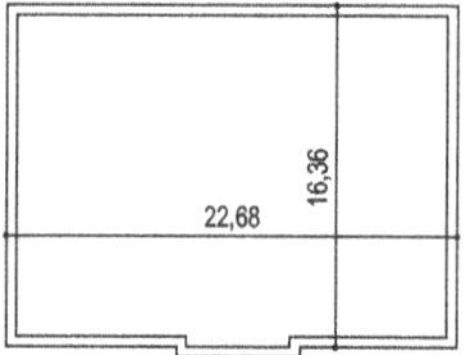

Figure 2.1.24 – Cotation de la plate-forme, compris les 0.50 m de débord du bâtiment

Code	Désignation	U	Qté
06	Plate-forme du bâtiment		
06-1	Fourniture et M/O de GNT 0/315 sur 40 cm	m²	374.00
06-2	Réglage de la plate-forme après fondation	m²	374.00
06-3	Essai à la plaque	Ft	1

Remarque : en plan, il y a un léger chevauchement des articles 04-1 et 06-1, mais les niveaux sont différents.

1.6 Assainissement et réseaux divers

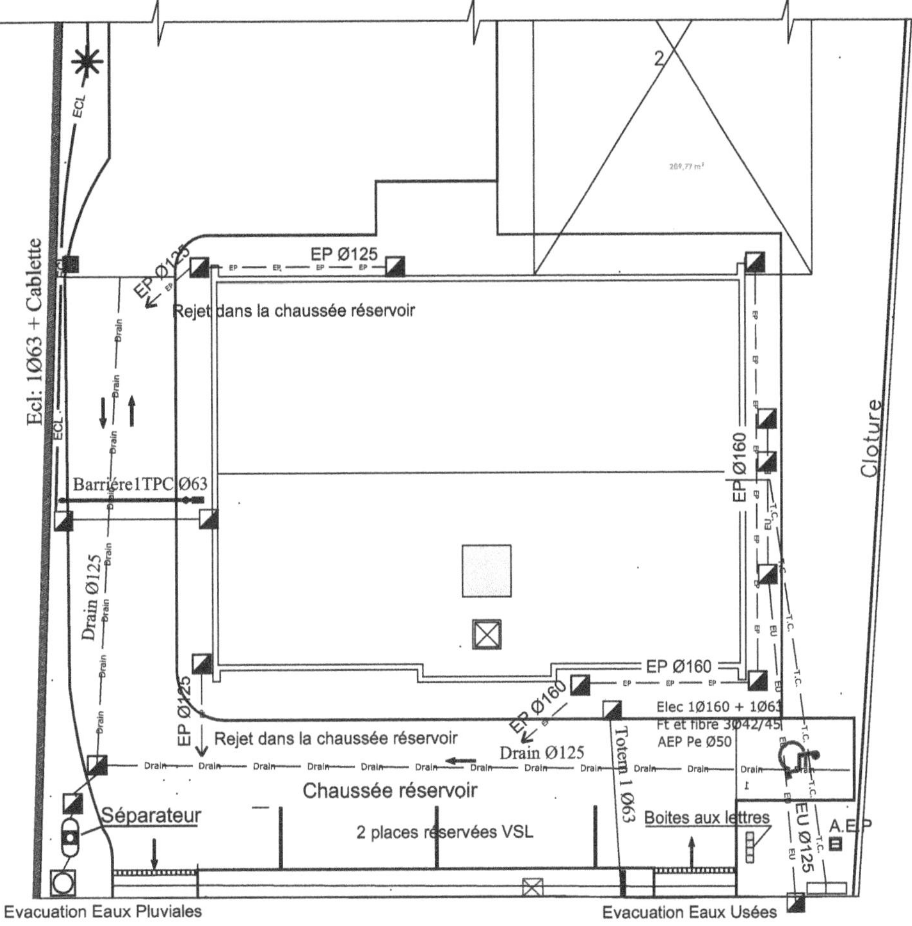

Figure 2.1.25 – Ensemble des réseaux, adductions/évacuations

1.6.1 Assainissement EP voierie/bâtiment

Pour les articles suivants, hormis l'engazonnement et les zones interdites de stationnement (dites zebra), l'évaluation est soit au mètre, soit à l'unité, ce qui ne demande pratiquement aucun calcul. Les quantités résultent directement de la lecture de plan.

Code	Désignation	U	Qté
07	Assainissement EP de la voierie		
07-2	Drain sous voirie drainante	m	51.00
07-3	Grille avaloir 50 x 50	U	1
07-4	Caniveaux grille l = 0,20	m	7.00
07-5	Tuyaux PVC Ø 60 pour évacuation du débit de fuite	m	4.00
07-6	Séparateur à hydrocarbure 3 l/s	U	1
07-7	Boîte de branchement borgne	U	2
07-8	Regard Ø 800	U	1
07-9	Raccordement au réseau public	U	1
08	Assainissement EP du bâtiment		
08-1	Regards de pied de chute 40/40 avec tampon fonte	U	7
08-2	Fourniture et pose de tuyaux PVC Ø 125	m	15.00
08-3	Fourniture et pose de tuyaux PVC Ø 160	m	29.00

1.6.2 *Assainissement EU*

Code	Désignation	U	Qté
09	Assainissement EU		
09-1	Tuyaux PVC Ø 125	m	19.00
09-2	Tabouret siphoïde	U	3
09-3	Piquage sur tabouret de branchement en limite de parcelle	m	1

1.6.3 *Réseaux divers*

Code	Désignation	U	Qté
10	Réseaux divers		
10-1	Électricité, fourniture et pose en tranchée de fourreaux (Ø 160 + Ø 63)	m	17.00
10-2	Télécommunications, fourniture et pose en tranchée de fourreaux Ø 42/45	m	17.00
10-3	Éclairage, fourniture et pose en tranchée de fourreaux Ø 63 + cablette	m	45.00
10-4	Télécommunications, chambre de tirage L1T	U	1
10-5	AEP, fourniture et pose en tranchée de PE Ø 32	m	16
10-6	Regards de tirage 40 x 40 tampon fonte	U	3
10-7	AEP, regard compteur	U	1

1.7 Marquage-signalisation

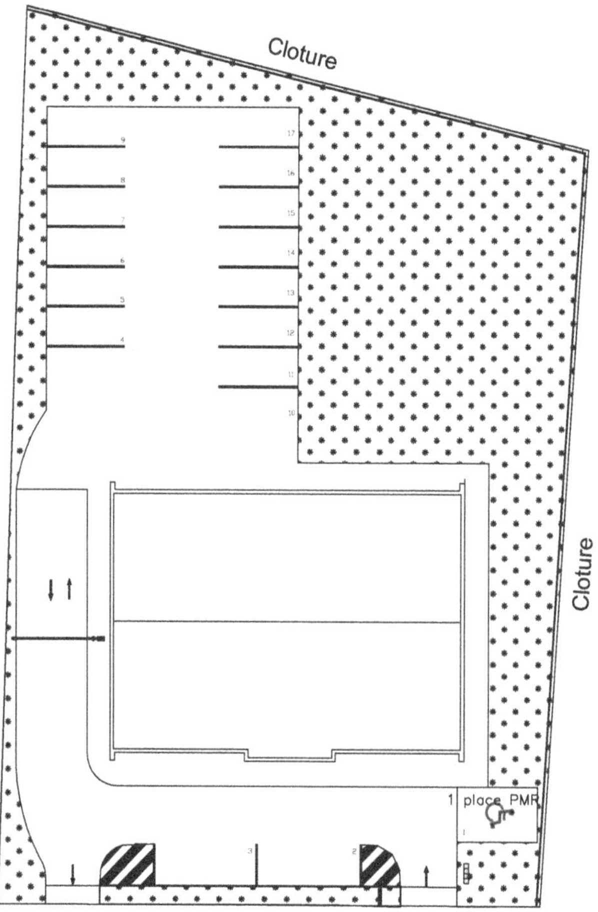

Figure 2.1.26 – Représentation des articles marquage-signalisation et espaces verts/clôtures

Code	Désignation	U	Qté
11	Réseaux divers		
11-1	Traçage parking	m	**75.00**
11-2	Bande stop	m	**3.50**
11-3	Place PMR + panneau	U	**1**
11-4	Zebra	m²	**14.00**

1.8 Espaces verts/clôtures

Code	Désignation	U	Qté
12	Espaces verts/clôtures		
12-1	Reprise et M/O de terre végétale sur espaces verts	m²	**610.00**
12-2	Engazonnement	m²	**610.00**
12-3	Fourniture et pose de clôture rigide h = 1,80	m	**82.00**
12-4	Barrière avec commande électrique	U	**1**

2. Maçonnerie en fondation

2.1 Données du projet

2.1.1 *Plans du projet*

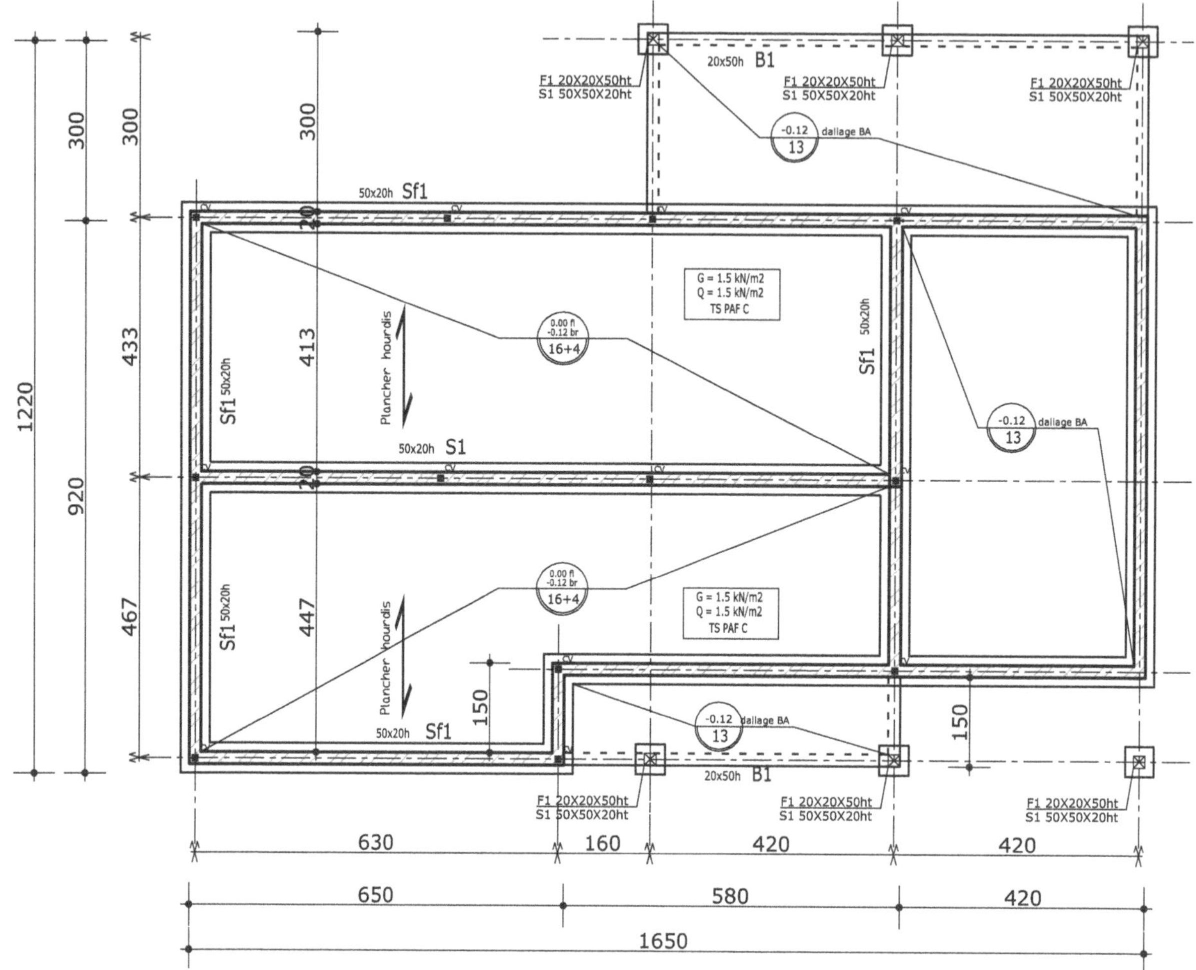

Figure 2.2.1 – Vue en plan des fondations[1] (plan de coffrage)

Remarque : les plans des fondations fournis pour l'avant-métré sont cotés « cotes brutes ». Ces cotes sont déduites de la vue en plan du rez-de-chaussée, selon l'une des méthodes exposées à la section 1.2 de la Partie 1, « Techniques de calcul ».

1. Les réservations pour alimentations AEP, électricité, téléphone et évacuations EU et EV, la trappe d'accès au VS et les trous d'homme ne sont pas représentés. Ils sont traités dans une rubrique intitulée « Réseaux enterrés sous bâtiment ».

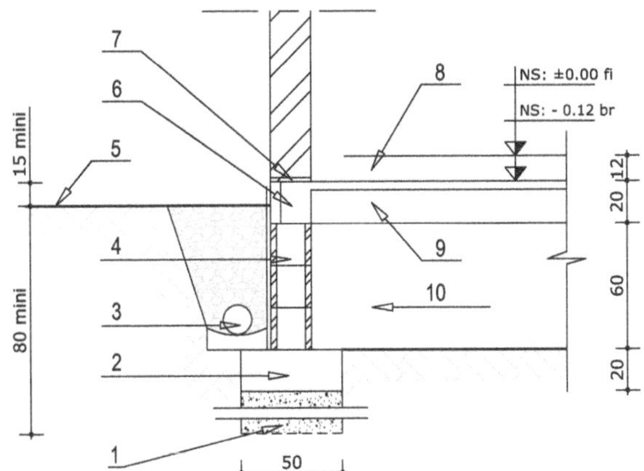

1 : Béton de propreté ou gros béton pour atteindre le bon sol

2 : Semelle filante en béton armé

3 : Drain, cunette, et étanchéité des murs en fondations

4 : Mur de soubassement en blocs à bancher

5 : Terrain aménagé (ou fini)

6 : Chaînage horizontal

7 : Arase étanche

8 : Réservation pour plancher chauffant

9 : Plancher hourdis

10 : Vide sanitaire ventilé et accessible

Figure 2.2.2 – Coupe verticale de principe

Remarque : à cette nomenclature, il convient d'ajouter l'imperméabilisation des murs enterrés et la ventilation des vides sanitaires.

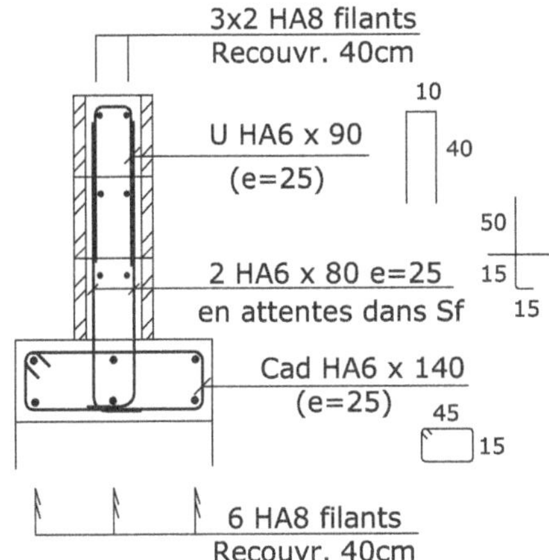

Figure 2.2.3 – Principe des armatures des semelles filantes et des murs de soubassement

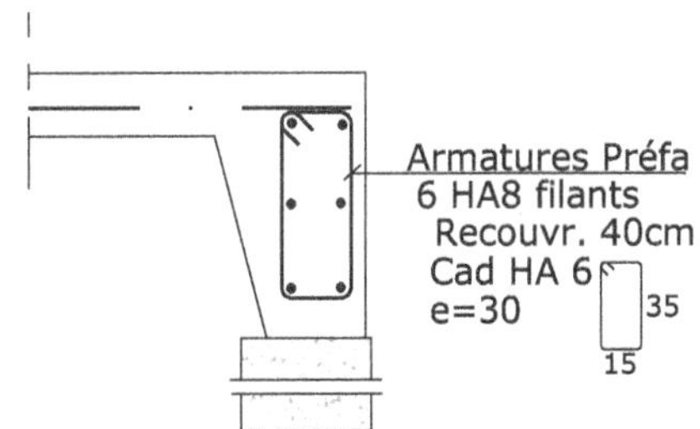

Figure 2.2.4 – Principe des armatures des bêches

2.1.2 *Descriptif des ouvrages élémentaires à quantifier*

- Béton de propreté pour semelles, classe d'exposition X0, classe de résistance minimale C12/15, épaisseur minimum de 5 cm, coulage en pleines fouilles, suivant étude du BET structure.
- Béton pour semelles filantes et semelles isolées, coulées sur béton de propreté, en béton classe d'exposition XC2/XF1, classe de résistance minimale C25/30, parfaitement vibré, mis en œuvre en pleines fouilles, arase supérieure, dimensions et ratio armatures suivant étude du BET structure.
- Acier HA pour semelles filantes et semelles isolées, suivant plans de ferraillage du BET structure.
- Bloc à bancher de 0,20 m d'épaisseur, type B60, compris coulage du béton, armatures verticales et horizontales, fourniture et pose de fourreaux en traversée de murs de soubassement, coudes et toutes sujétions de réservations et calfeutrements ultérieurs.
- Fût en béton armé sous poteau bois.
- Bêches en béton armé, en limite des terrasses, selon étude du BET structure.
- Dallage en béton armé de 13 cm coulé en place, constitué d'un hérisson en GNT de 0/31.5 parfaitement compactée de 20 cm d'épaisseur, lit de sable de 4 cm, film polyane 200 microns compris recouvrements, mise en œuvre d'une bande résiliente périphérique de l'épaisseur du dallage pour désolidarisation des parois verticales, armatures selon BET structure.

- Chaînage en béton armé, compris coffrages ou élément spéciaux en agglomérés de béton et armatures.
- Raidisseurs verticaux, armatures en attente dans semelles, disposés selon les plans du BET structure.
- Plancher béton armé 16+4 préfabriqué à poutrelles précontraintes, hourdis corps creux, compris dalle de compression, armatures complémentaires par treillis soudés et chapeaux de rives. Le type de plancher est défini dans l'étude béton (surcharge d'exploitation pour habitation).

2.1.3 Données complémentaires

Ces croquis et perspectives ne figurent pas dans le DCE[1], mais ils permettent une meilleure visualisation des articles à quantifier.

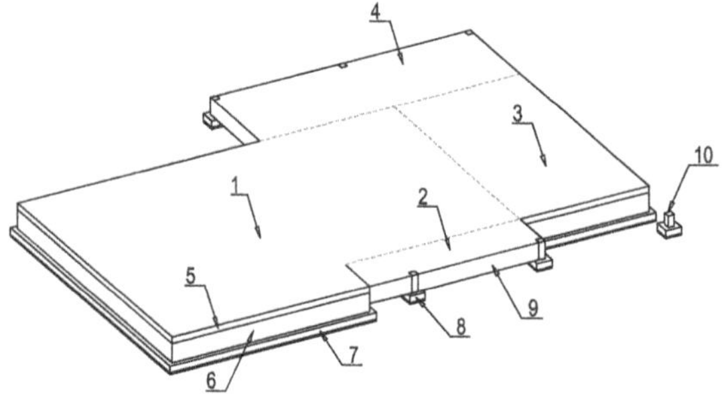

1 : Plancher hourdis pour la partie habitable
2 : Plancher[2] sur terre-plein de la terrasse avant
3 : Plancher sur terre-plein du garage
4 : Plancher sur terre-plein de la terrasse arrière
5 : Chaînage horizontal
6 : Mur de soubassement en blocs à bancher
7 : Semelle filante
8 : Semelle isolée ou plot
9 : Bêche
10 : Fût (support poteau)

Figure 2.2.5 – Repérage des ouvrages élémentaires (ou articles)

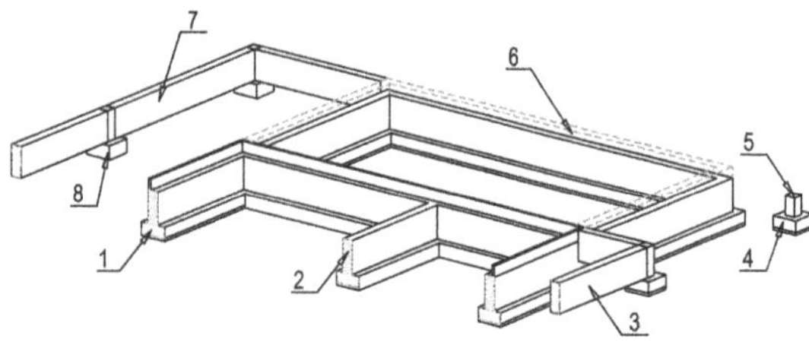

1 : Semelle filante
2 : Mur de soubassement en blocs à bancher
3 : Bêche en limite de la terrasse avant
4 : Semelle isolée ou plot en alignement du mur du garage
5 : Fût (support poteau)
6 : Chaînage horizontal
7 : Bêche en limite de la terrasse arrière
8 : Semelle isolée ou plot, support du poteau de la terrasse arrière

Figure 2.2.6 – Coupe verticale, en perspective, des articles à quantifier, planchers et terrain non représentés

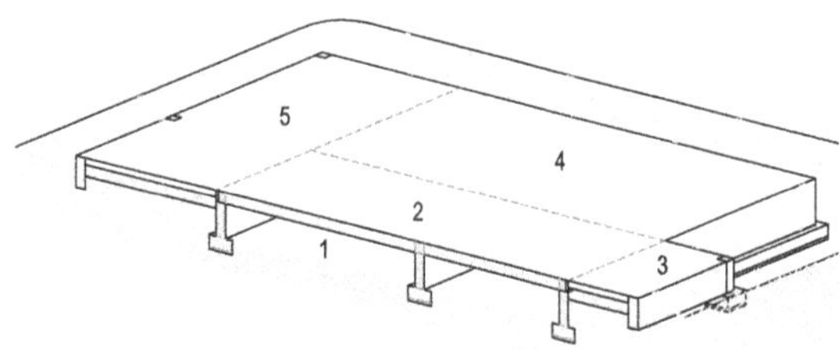

1 : Vide sanitaire
2 : Plancher hourdis pour la partie habitable
3 : Plancher sur terre-plein de la terrasse avant
4 : Plancher sur terre-plein du garage
5 : Plancher sur terre-plein de la terrasse arrière

Figure 2.2.7 – Coupe verticale, en perspective, planchers et terrain représentés

1. DCE : Dossier de consultation des entreprises.
2. Les dallages (ou plancher sur-terre plein) sont désolidarisés des murs mais liés aux bêches.

Le niveau brut du plancher bas du RdC marque la limite entre maçonnerie en fondation et maçonnerie en élévation.

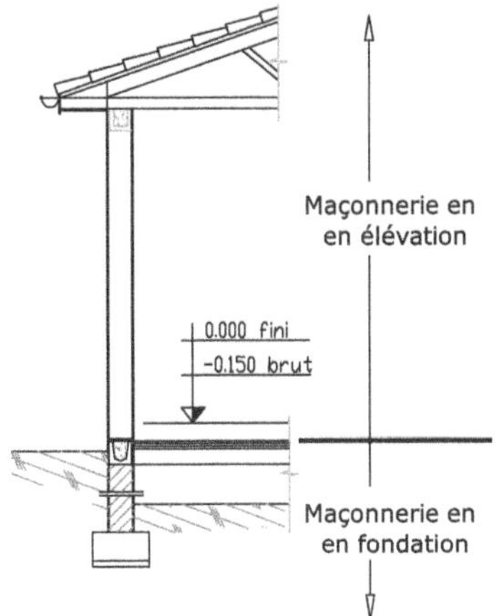

Figure 2.2.8 – Limite entre maçonnerie en fondation et maçonnerie en élévation

2.1.4 Les principales étapes de la mise en œuvre

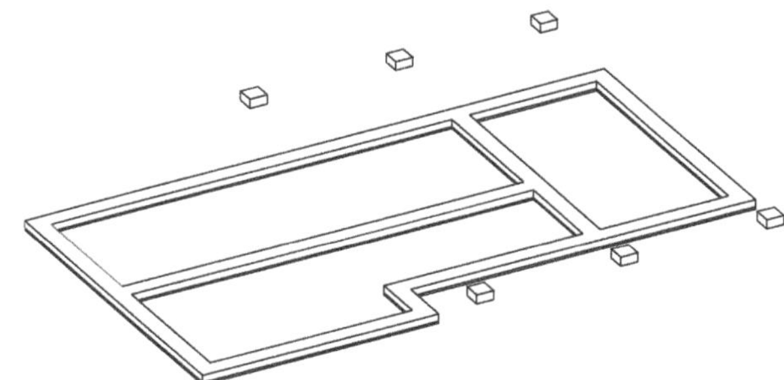

Figure 2.2.9 – Semelles de fondation, filantes et isolées

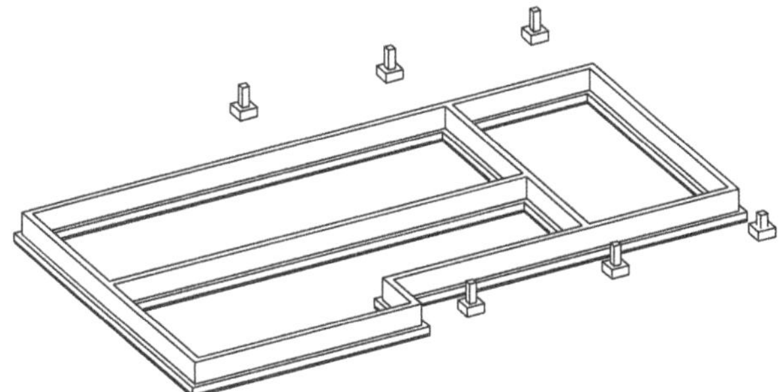

Figure 2.2.10 – Murs de soubassement et fûts

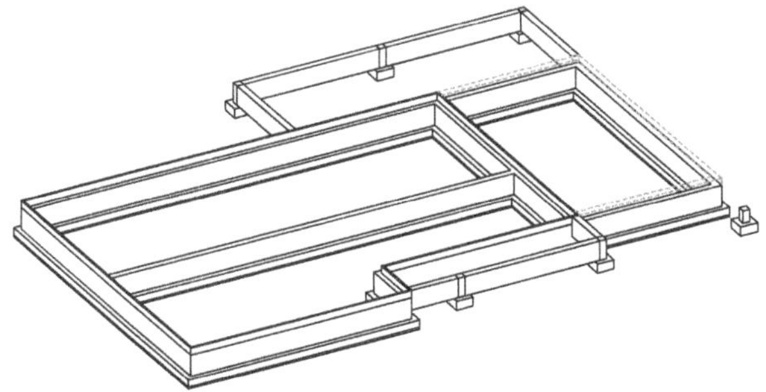

Figure 2.2.11 – Chaînages et bêches en limite des terrasses

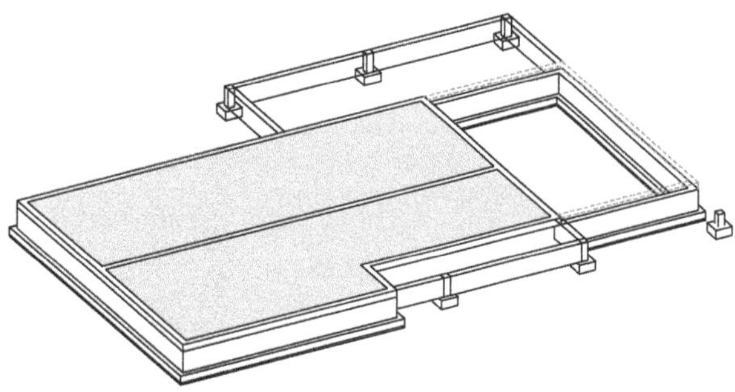

Figure 2.2.12 – Plancher hourdis de la partie habitable (compté dans œuvre des murs et chaînages[1])

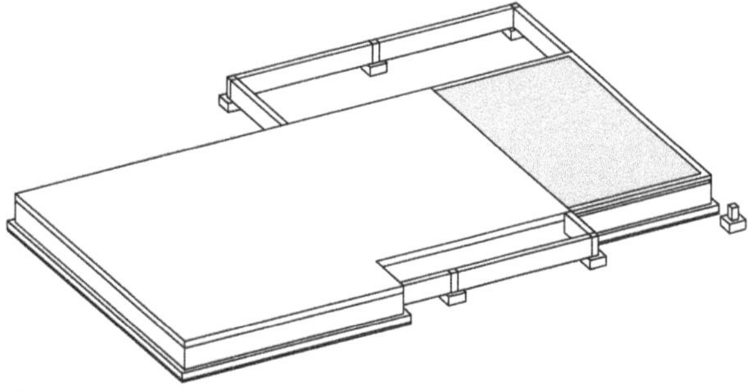

Figure 2.2.13 – Dallage du garage (compté dans œuvre des murs et chaînages)

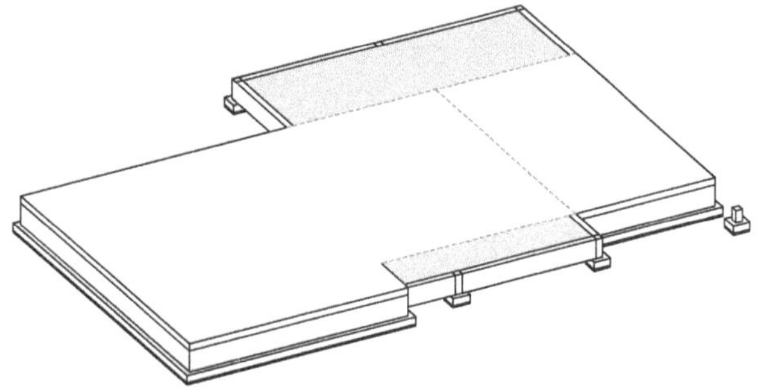

Figure 2.2.14 – Dallage des terrasses (compté dans œuvre des bêches)

2.2 Avant-métré de la maçonnerie en fondation

2.2.1 Béton de propreté

Code : 01.

Désignation : béton de propreté pour semelles en précisant l'épaisseur.

Évaluation : soit au m^2 en précisant l'épaisseur moyenne, soit au m^3 pour une épaisseur supérieure ou égale à 10 cm.

Méthode :

- soit reprendre la surface horizontale des fouilles en rigole ;
- soit faire la somme des linéaires, multipliée par la largeur des semelles.

1. Alors le chaînage est compté dans son intégralité, dans un article séparé.

Remarques :

– Cet article inclus un sous-article pour les semelles filantes et un sous-article pour les semelles isolées.

– Si les fondations sont réalisées en pleines fouilles, alors il suffit de reprendre la surface trouvée au § des fouilles en rigoles, dans l'avant-métré des terrassements.

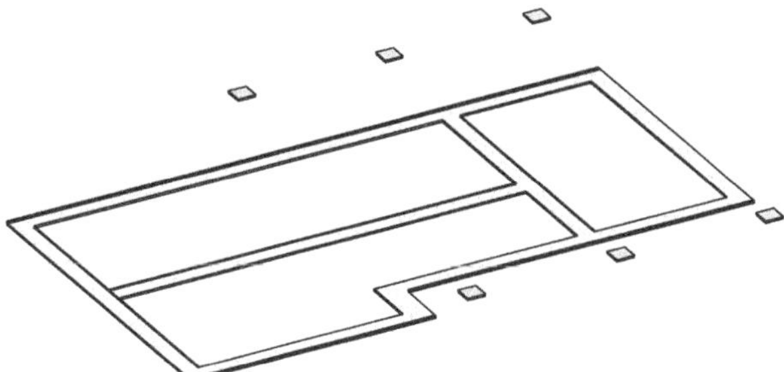

Figure 2.2.15 – Surfaces horizontales à calculer, avec surépaisseur des linéaires utilisés

Pour le calcul des semelles extérieures les dimensions sont prises soit HO-DO, soit entre les axes. Pour les semelles intérieures, les dimensions sont prises DO.

2.2.1.1 1re option de calcul : dimensions extérieures prises HO-DO

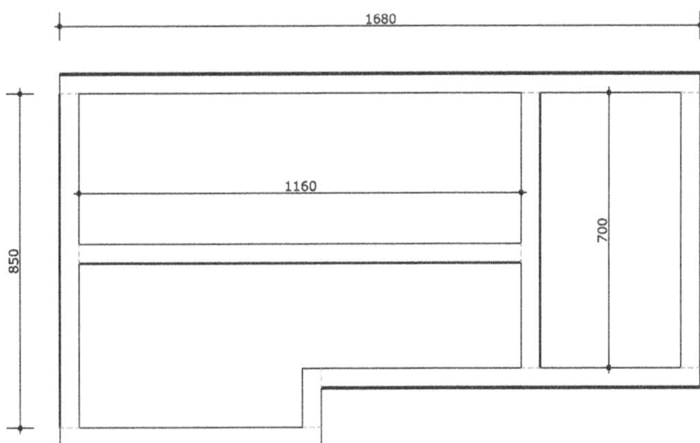

Figure 2.2.16 – Surfaces horizontales à calculer, avec surépaisseur des linéaires utilisés

Code	Désignation	Nbre	Long.	Larg.	Haut.	S-total	U	Qté
01	Béton de propreté ép mini 5 cm							
01-1	Pour semelles filantes							
	Linéaire HO	2	16.80			33.60		
	Linéaire DO	2	8.50			17.00		
	Linéaire DO	1	11.60			11.60		
	Linéaire DO	1	7.00			7.00		
	Ensemble linéaire					69.20		
	x largeur = surface			0.50			m²	**34.60**
01-2	Pour semelles isolées	6	0.50	0.50			m²	**1.50**

2.2.1.2 2e option de calcul : dimensions extérieures prises entre axes

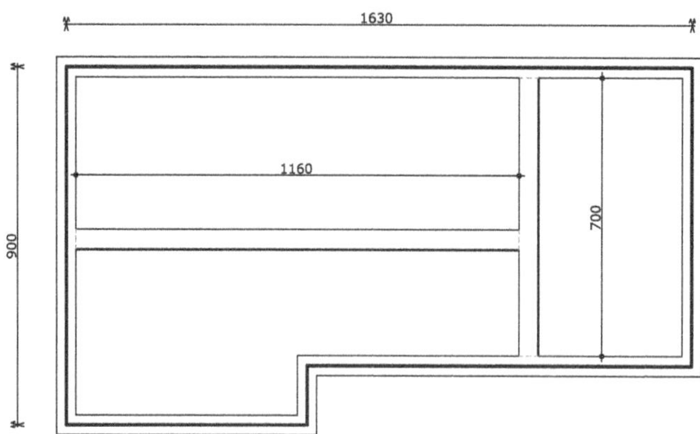

Figure 2.2.17 – Décomposition entre axes

Code	Désignation	Nbre	Long.	Larg.	Haut.	S-total	U	Qté
01	Béton de propreté							
01-1	Pour semelles filantes							
	Linéaire entre axe horizontal	2	16.30			32.60		
	Linéaire entre axe vertical	2	9.00			18.00		
	Linéaire DO	1	11.60			11.60		
	Linéaire DO	1	7.00			7.00		
	Ensemble linéaire					69.20		
	x largeur = surface			0.50			m²	**34.60**
01-2	Pour semelles isolées	6	0.50	0.50			m²	**1.50**

2.2.2 *Béton armé pour semelles*

Code : 02.

Désignation : béton armé pour semelles, classe d'exposition XC2/XF1, classe de résistance minimale C25/30.

Évaluation : au m^3 pour le béton, au m^2 pour le coffrage éventuel, au kg pour les armatures.

Méthode : reprendre la surface du béton de propreté multipliée par la hauteur des semelles. Compte tenu de la réalisation des semelles, dites en pleines fouilles (sans coffrage), la surface horizontale du béton de propreté est identique à celle des semelles.

Code	Désignation	Nbre	Long.	Larg.	Haut.	S-total	U	Qté
02	Béton armé pour semelles							
02-1	Béton							
	Pour semelles filantes							
	Rep S01-1					34.60		
	x hauteur = volume				0.20		m³	**6.920**
	Pour semelles isolées							
	Rep S01-2				1.50			
	x hauteur = volume			0.20			m³	**0.300**

Code	Désignation	Nbre	Long.	Larg.	Haut.	S-total	U	Qté
02-2	Armatures, ratio 50 kg/m³							
	Rep V02-1 béton pour semelles filantes					6.920	a	
	Rep V02-2 béton pour semelles isolées					0.300	b	
	Ensemble volume a + b					7.220		
	x ratio (50 kg/m³) = poids d'acier						kg	361.000

2.2.3 *Murs de soubassement*

Code: 03.

Désignation: bloc à bancher de 0,20 m d'épaisseur, type B60 pour murs de soubassement.

Évaluation: au m² compris les blocs, le béton, les armatures.

Méthode: faire la somme des linéaires (classés par hauteur), multipliée par la hauteur des murs.

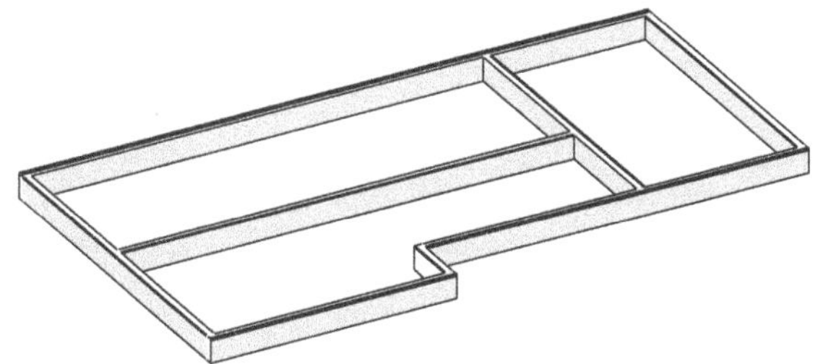

Figure 2.2.18 – Surfaces verticales à calculer

Comme tous ces murs sont de même hauteur, il n'y a qu'un linéaire total.

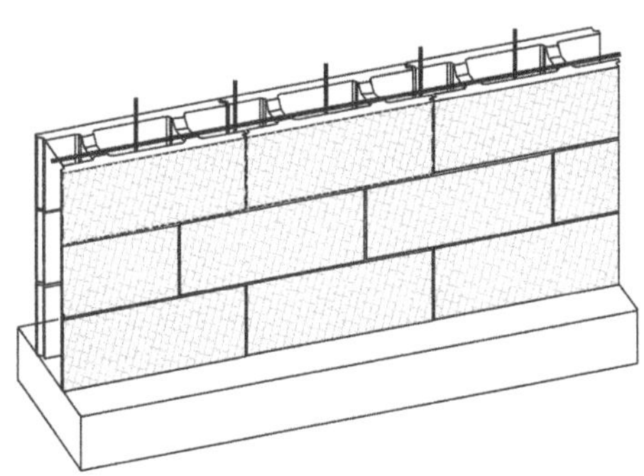

Figure 2.2.19 – Principe de construction des murs de soubassement avec des blocs à bancher (avant coulage du béton)

2.2.3.1 1re option de calcul: dimensions extérieures prises HO-DO

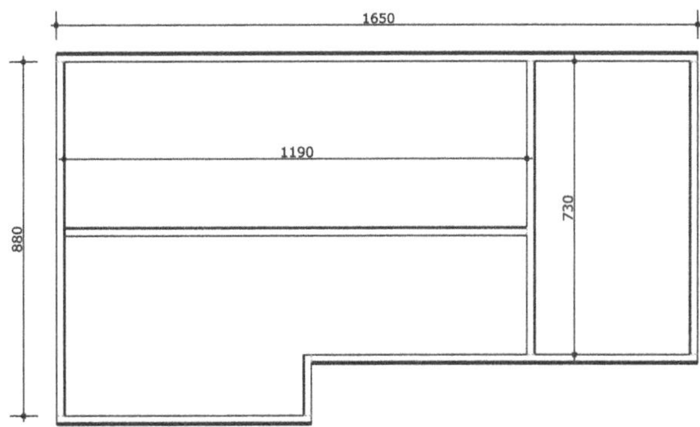

Figure 2.2.20 – Décomposition HO-DO

Code	Désignation	Nbre	Long.	Larg.	Haut.	S-total	U	Qté
03	Bloc à bancher de 0,20 m d'épaisseur							
	Linéaire HO	2	16.50			33.00		
	Linéaire DO	2	8.80			17.60		
	Linéaire DO	1	11.90			11.90		
	Linéaire DO	1	7.30			7.30		
	Ensemble linéaire[1]					69.80		
	x hauteur = surface				0.60		m²	**41.88**

2.2.3.2 2e option de calcul : dimensions extérieures prises entre axes

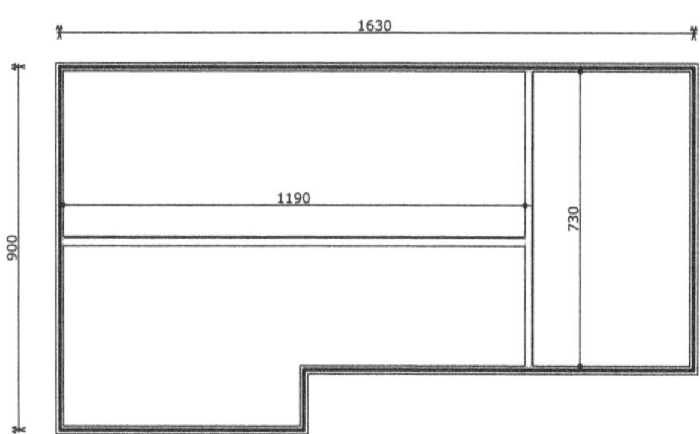

Figure 2.2.21 – Décomposition entre axes

Code	Désignation	Nbre	Long.	Larg.	Haut.	S-total	U	Qté
03	Bloc à bancher de 0,20 m d'épaisseur							
	Linéaire entre axe horizontal	2	16.30			32.60		
	Linéaire entre axe vertical	2	9.00			18.00		
	Linéaire DO	1	11.90			11.90		
	Linéaire DO	1	7.30			7.30		
	Ensemble linéaire					69.80		
	x hauteur = surface				0.60		m²	**41.88**

2.2.4 *Chaînages horizontaux en béton armé*

Code : 04.

Désignation : chaînage horizontaux en béton armé, à différencier selon leur composition, en précisant la nature, la section et la localisation, armatures 2.5 kg/m.

Évaluation :

- soit au mètre en précisant la section, compris les planelles les blocs « U » ou le coffrage, le béton, les armatures ;
- soit comme pour les semelles, l'article peut être décomposé selon les éléments (planelle ou bloc « U » ou coffrage bois), le béton au m³, les armatures[2] au kg (2.5 kg/m³), le coffrage au m².

Méthode : faire la somme des linéaires, à différencier selon leur type.

1. Le linéaire total des murs est légèrement différent du linéaire total des semelles filantes. Comme les semelles et les murs sont axés, le linéaire extérieur est identique, excepté pour les refends.
2. Le ratio d'armatures est variable selon la nature des bâtiments, la zone de sismicité, etc.

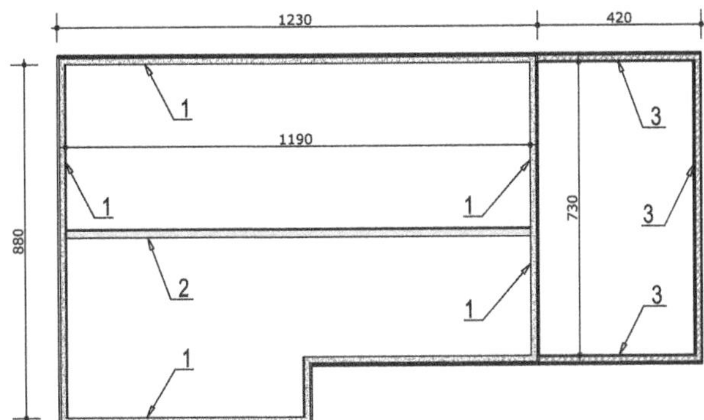

1 : Chaînage en périphérie du plancher hourdis, coffré par une planelle

2 : Chaînage sur refend de section 20 x 20

3 : Chaînage en périphérie du dallage dans blocs « U »

Figure 2.2.22 – Localisation des différents chaînages

Code	Désignation	Nbre	Long.	Larg.	Haut.	S-total	U	Qté
04	Chaînage en béton armé							
04-1	Coffré par des planelles[1]							
	Linéaire HO	2	12.30			24.60		
	Linéaire DO	2	8.80			17.60		
	Ensemble linéaire						m	**42.20**
04-2	Sur refend							
	Linéaire DO	1					m	**11.90**
04-3	Dans des blocs « U »							
	Linéaire HO	2	4.20			8.40		
	Linéaire DO	1	7.30			7.30		
	Ensemble linéaire						m	**15.70**

<u>Remarques</u> :

Faire le total des chaînages n'a aucun sens car ils ont tous des déboursés secs différents mais, si les armatures ne sont pas comprises dans le déboursé sec des différents chaînages, alors le poids des armatures (2.5 kg/m) est de :

$(42.20 + 11.90 + 15.70) \times 2.5 \approx 175$ kg

En revanche, pour le béton, les sections sont différentes. Le calcul se présente alors sous la forme :

$42.20 \times 0.16 \times 0.20 + 11.90 \times 0.20 \times 0.20 + 15.70 \times 0.23 = 2.188$ m^3

0.023 correspond à la section de béton contenue dans un bloc « U ».

2.2.5 *Bêche en béton armé*

Code : 05.

Désignation : bêche en béton armé en précisant la section, le ratio d'acier.

Évaluation :

- soit au mètre, compris le béton, les armatures, le coffrage éventuel ;
- soit le béton au m^3, les armatures[2] au kg (50 kg/m^3), le coffrage au m^2.

Méthode : faire la somme des linéaires.

1. Il n'est pas tenu compte de la différence, bien négligeable, entre le linéaire des planelles et celui du béton.
2. Ici le ratio est rapporté au m^3 de béton. En conséquence, il faut transformer le linéaire de bêche en m^3 de béton et ne pas appliquer directement le ratio aux longueurs de bêche.

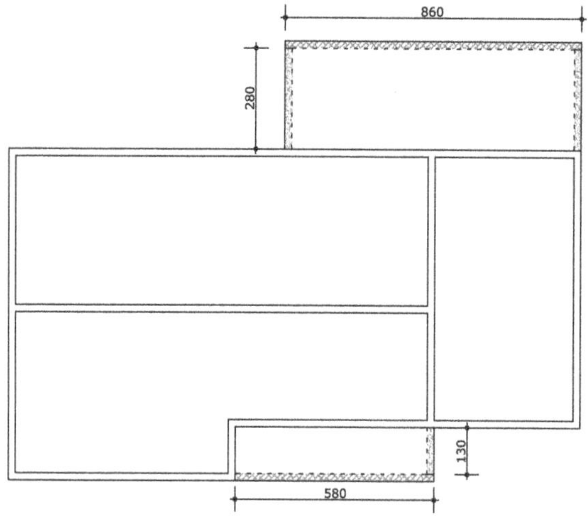

Figure 2.2.23 – Localisation et cotation des bêches

Code	Désignation	Nbre	Long.	Larg.	Haut.	S-total	U	Qté
05	Bêche en béton armé, section 20 x 40…							
	Linéaire HO	1	5.80			5.80		
	Linéaire DO	1	1.30			1.30		
	Linéaire HO	1	8.60			8.60		
	Linéaire DO	2	2.80			5.60		
	Ensemble linéaire						m	21.30

2.2.6 *Majoration pour raidisseurs verticaux*[1]

Code : 06.

Désignation : raidisseurs verticaux en précisant la nature et le ratio d'armatures (2.5 kg/m³).

Évaluation : au mètre, compris le béton, les armatures, les blocs d'angles éventuels.

Méthode : faire la somme des linéaires, à différencier selon leur type (mais ici tous identiques) et leur hauteur.

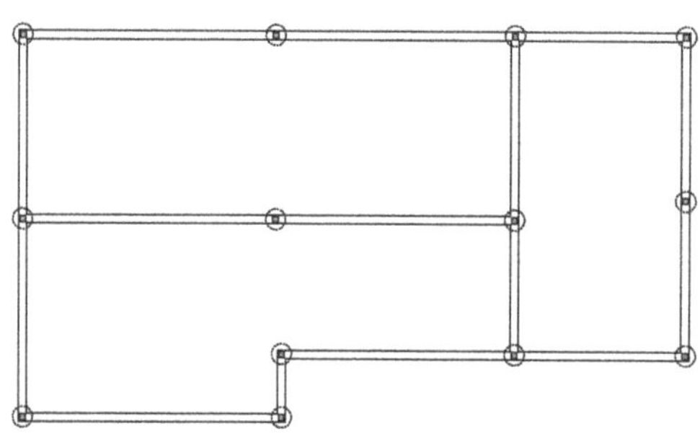

Figure 2.2.24 – Localisation des raidisseurs (ou chaînages) verticaux

Code	Désignation	Nbre	Long.	Larg.	Haut.	S-total	U	Qté
06	Majoration pour raidisseurs verticaux							
		13			0.60		m	7.80

1. Dans les blocs à bancher, seules les armatures sont à compter, le béton est inclus dans les blocs à bancher.

2.2.7 Dallages et planchers

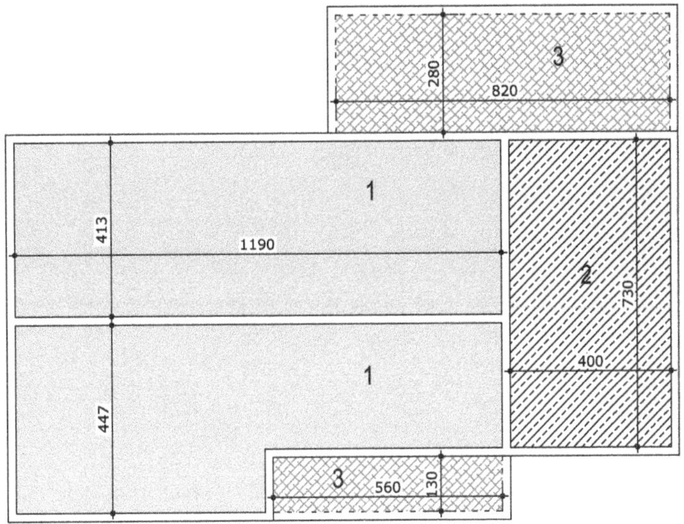

1: Plancher poutrelles et hourdis pour la partie habitable

2: Dallage pour le garage

3: Dallage pour les terrasses

Figure 2.2.25 – Localisation des différents planchers

Code: 07.

Désignation: dallages en précisant la composition, la finition et la localisation, après réalisation des réseaux enterrés.

Évaluation: au m² compté dans œuvre[1] des chaînages.

Méthode: faire la somme des surfaces, différenciées selon leur type, les niveaux bruts ou finis.

Code	Désignation	Nbre	Long.	Larg.	Haut.	S-total	U	Qté
07	Dallages							
07-2	Dallage désolidarisé pour le garage							
	Surface	1	7.30	4.00			m²	**29.20**
07-3	Dallages pour les terrasses, désolidarisés des murs et liés aux bêches							
	Surface	1	5.60	1.30		7.28		
	Surface	1	8.20	2.80		22.96		
	Ensemble surfaces						m²	**30.24**

Code	Désignation	Nbre	Long.	Larg.	Haut.	S-total	U	Qté
08	Planchers poutrelles et hourdis 16+4 pour la partie habitable							
	Surface	1	11.90	8.60		102.34		
	À déduire	1	5.80	1.50		8.70		
	Reste						m²	**94.64**

1. Puisque les chaînages horizontaux sont comptés séparément.

2.2.8 *Articles complémentaires*

Réseaux sous dallage

Réseau EU/EV

Canalisation de Ø 125 mm en PVC, tuyaux et toutes pièces de raccordement (coudes, tés et culottes), compris enrobage en sable, réglage des pentes, raccordement soigné et étanche, attentes laissées à 10 cm du sol fini pour les évacuations EU, EV et EP, et jusqu'à 1,00 m des façades

Fourreaux d'amenée en PVC aiguillés

Fourreau pour réseau AEP de type TPC 110

Fourreau pour réseau électricité type TPC 160

Fourreaux aiguillés de 42/45 mm pour réseau de téléphone

Étanchéité des parois enterrées

Complexe d'étanchéité sur murs de soubassement

Drains en PVC perforé Ø 100 avec cunette en BA compris forme de pente, gros galets enrobés de géotextile, évacuation vers les regards du réseau d'eaux pluviales

Accès au vide sanitaire[1]

Constitué d'une trappe d'accès sécurisée d'une surface supérieure ou égale à 0.60 m^2, sur un principe de cours anglaise, située dans le garage ou par un dispositif extérieur

Trous d'homme[2] (surface supérieure ou égale à 0.60 m^2) dans les refends pour rendre accessibles les différentes zones.

Ventilation du vide sanitaire

Système de ventilation naturelle positionné en façade, muni de grille anti-insectes, à raison[3] de 5 cm^2 par m^2 de vide sanitaire

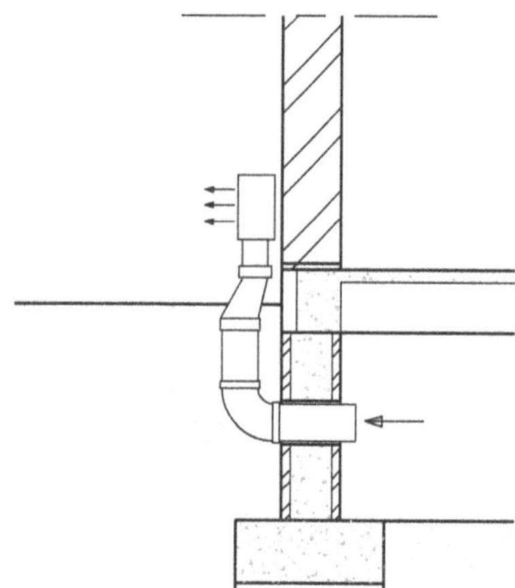

Figure 2.2.26 – Exemple d'une unité du système de ventilation du vide sanitaire

Protection anti-termites

À mettre en œuvre par une entreprise spécialisée selon les zones concernées

1. Considéré comme accessible si hauteur H ≥ 0,60 m pour les bâtiments d'habitation et H ≥ 1.30 m pour les bâtiments recevant du public (avec cas particulier pour passage d'une alimentation gaz).
2. Désignent des réservations dans les murs de refend.
3. Il s'agit d'une surface moyenne qui est augmentée, notamment lors de la présence de radon.

3. Maçonnerie en élévation

3.1 Données du projet

3.1.1 Plans du projet

Figure 2.3.1 – Perspective extérieure

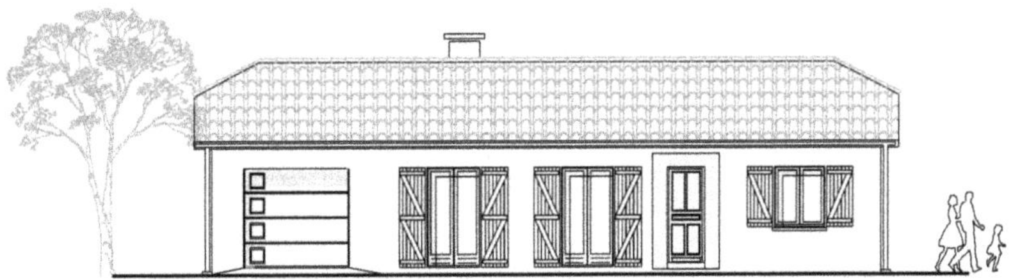

Figure 2.3.2 – Façade avant

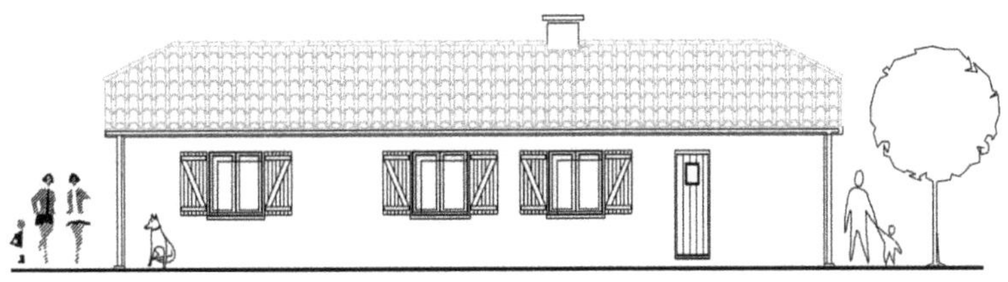

Figure 2.3.3 – Façade arrière

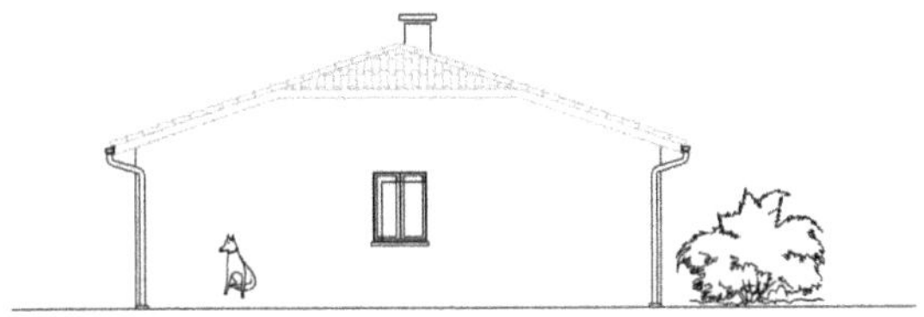

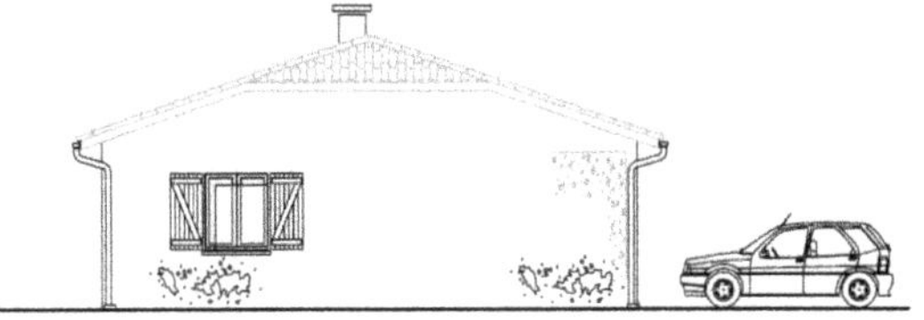

Figure 2.3.4 – Pignon droit

Figure 2.3.5 – Pignon gauche

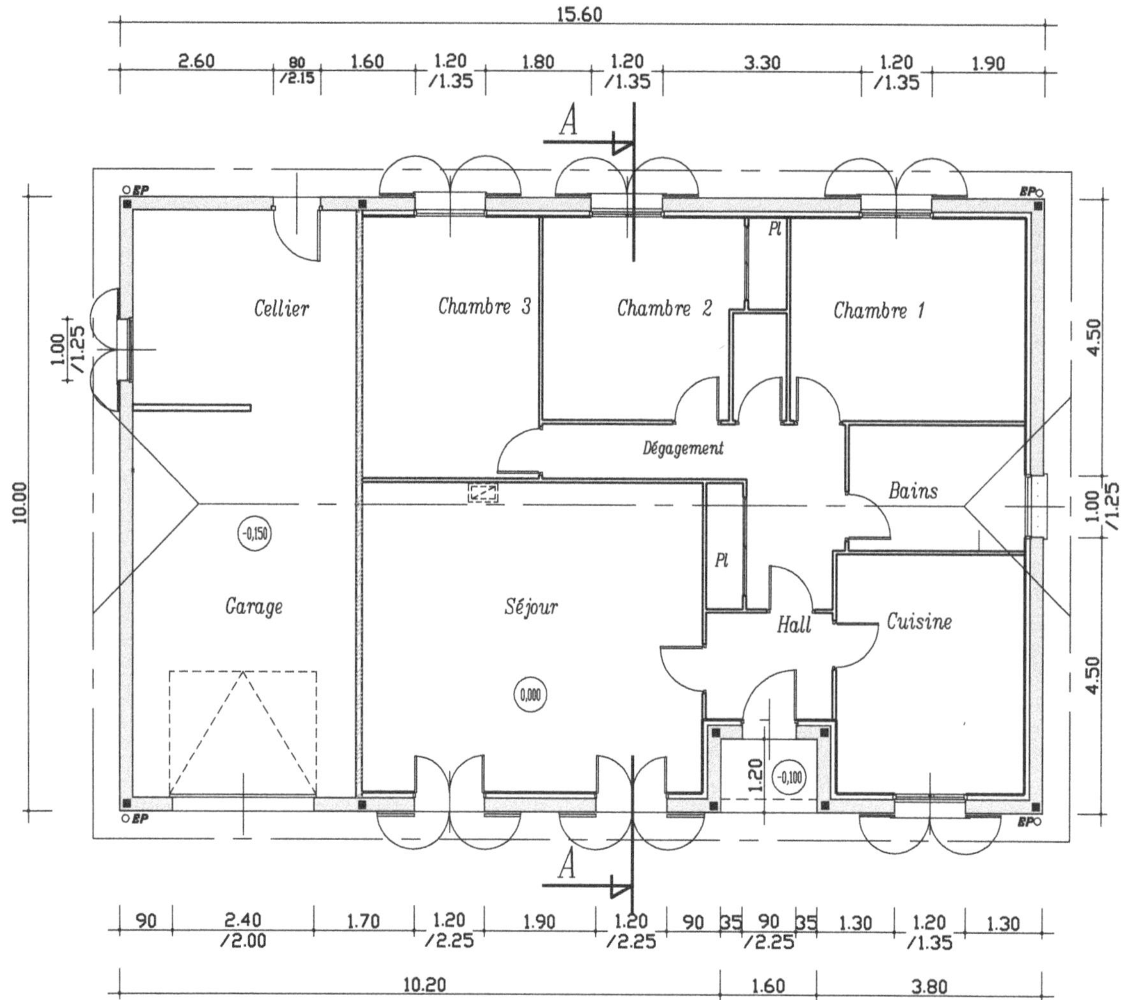

Figure 2.3.6 – Vue en plan du rez-de-chaussée

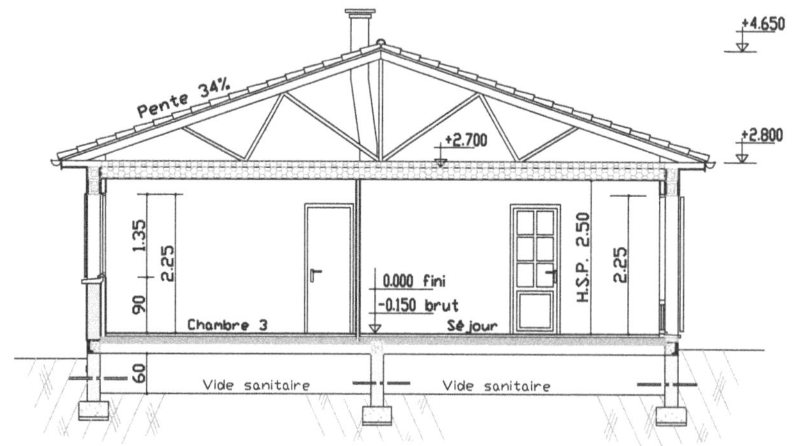

Figure 2.3.7 – Coupe verticale

Remarques :

Les plans fournis sont cotés « cotes finies » or, pour cet avant-métré, il faudrait utiliser les cotes brutes et par conséquent déduire l'épaisseur des enduits extérieurs (de 12 à 18 mm, arrondie à 2 cm). La différence est si minime que, dans la pratique, les calculs sont effectués avec les cotes du plan. Et il est assez courant de trouver des plans où la cotation extérieure ne tient pas compte de ces enduits sauf pour les baies qui sont toujours cotés « cotes finies ».

3.1.2 Liste des articles à quantifier

- Arase étanche constituée d'une chape d'une épaisseur minimum de 4 cm, en mortier de ciment dosé à 500 kg de ciment par m^3 et additionné d'un hydrofuge.
- Murs en élévation en briques de terre cuite à alvéoles verticales de 20 cm, assemblées au mortier colle, résistance thermique minimum R = 0.990 m^2K/W.
- Raidisseurs verticaux en béton armé coulés en place dans blocs spéciaux.
- Linteaux droits en béton armé coulés en place dans des blocs « U » en terre cuite.
- Chaînage haut en béton armé coulé en place dans des blocs « U » en terre cuite.
- Poutre en béton armé au-dessus du porche.
- Arasement des pointes de pignon.
- Option de blocage entre chevrons.
- Appui de fenêtre.
- Seuil de porte.
- Option de majoration pour feuillures.
- Enduit extérieur monocouche projeté à la machine, parement gratté ton pierre, épaisseur minimale de 15 mm.

La chronologie de cette liste ne suit pas l'organisation courante des CCTP, mais elle est ainsi composée afin de montrer les liens entre les différents articles de la maçonnerie.

3.1.3 Données complémentaires

La lecture du CCTP et des plans ne suffit pas à l'élaboration de l'avant-métré. La technologie des matériaux employés, leur mise en œuvre dans le respect des normes et des notices techniques du fabricant, et la pratique du chantier sont autant d'éléments nécessaires à une quantification correcte.

Remarques :

Pour faciliter la compréhension, des croquis et perspectives sont fournis mais ils ne figurent pas dans un DCE (dossier de consultation des entreprises). C'est au métreur qui étudie le projet de faire les liens entre les ouvrages élémentaires décrits dans le CCTP et leurs représentations sur les plans. Il est même courant que des ouvrages élémentaires non représentés sur les plans soient à quantifier.

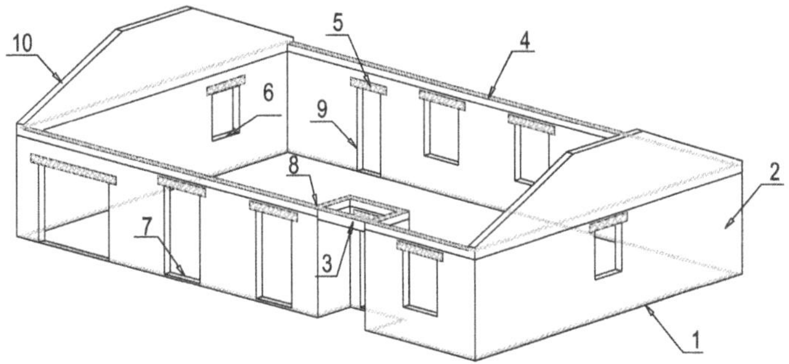

1 : Arase étanche
2 : Brique de 20 cm d'épaisseur
3 : Poutre en béton armé
4 : Chaînage horizontal en blocs « U »
5 : Linteaux en blocs « U »
6 : Position de l'appui de fenêtre
7 : Position du seuil de porte
8 : Raidisseur vertical dans les angles
9 : Feuillures pour pose de menuiserie dans le garage
10 : Arase de rampanage

Figure 2.3.8 – Repérage des articles

En règle générale, le niveau brut du plancher bas du RdC marque la limite entre maçonnerie en fondation et maçonnerie en élévation. C'est pourquoi l'arase étanche est le premier article de cet avant-métré.

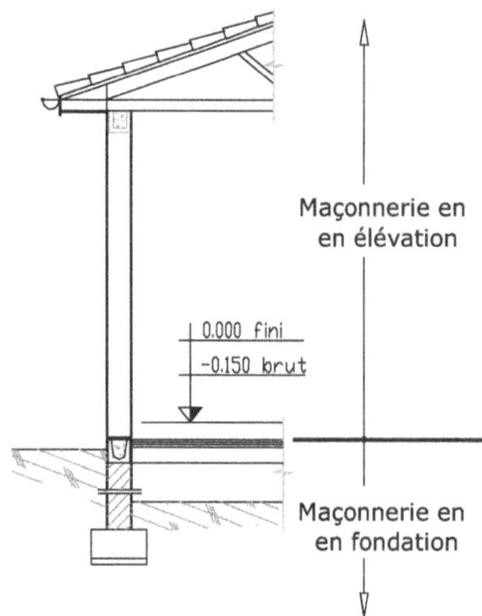

Figure 2.3.9 – Limite entre maçonnerie en fondation et maçonnerie en élévation[1]

3.1.4 Tableau utilisé pour l'avant-métré

Code	Désignation	Nbre	Long.	Larg.	Haut.	S-total	U	Qté

Voici la signification des intitulés des colonnes de ce tableau :

- **Code** : pour repérer l'ouvrage élémentaire décrit dans un autre document (CCTP appelé aussi devis descriptif) ou provenant d'une bibliothèque.
- **Désignation** : description de l'article avec croquis coté si nécessaire, détails des calculs avec résultats arrondis à 2 décimales pour les linéaires et surfaces, 3 décimales pour les volumes et les masses. Par la suite, les croquis et attachements précèderont les tableaux et le descriptif sera simplifié.
- **U** : unité de calcul de l'ouvrage élémentaire : le m^2 pour la brique, le kg pour l'acier, le m^3 pour le béton.
- **S-total** : indique les quantités intermédiaires. Comme il n'y a qu'une seule colonne, elle peut contenir des linéaires, des surfaces ou des volumes. Pour les distinguer, il faudrait diviser cette colonne en trois, ce qui alourdirait le tableau.
- **Qté** : c'est le résultat final du calcul de l'article. Cette quantité multipliée par le prix unitaire (P.U.) donne le prix de vente hors taxe (PV HT) et permet d'établir le devis quantitatif et estimatif (D.Q.E.).

3.2 Avant-métré de la maçonnerie en élévation

3.2.1 Arase étanche

Code : 01.

Désignation : arase étanche constituée d'une chape d'une épaisseur minimum de 4 cm, en mortier de ciment dosé à 500 kg de ciment par m^3 et additionné d'un hydrofuge.

Évaluation : au mètre (linéaire[2]) réellement mis en œuvre en précisant la nature, la largeur, l'épaisseur.

Méthode : calculer la somme des linéaires HO, DO.

1. Dans le CCTP de projets plus importants, une partie est désignée par infrastructure, l'autre par superstructure.
2. L'usage associait ces deux mots alors qu'ils sont redondants. C'était pour harmoniser l'expression des unités ml, m^2, m^3.

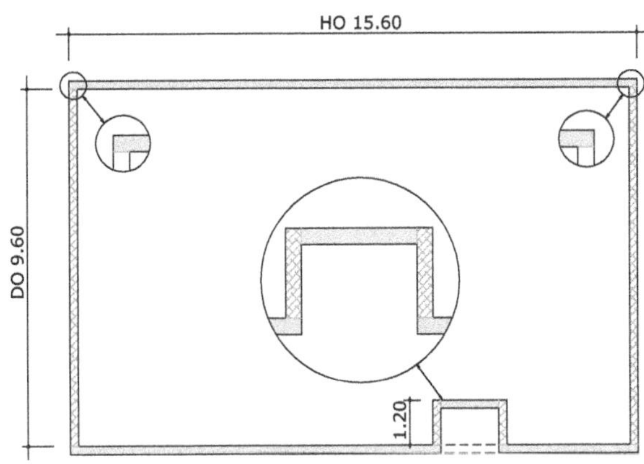

Figure 2.3.10 – Décomposition HO-DO de l'arase étanche (cotes finies)

Code	Désignation	Nbre	Long.	Larg.	Haut.	S-total	U	Qté
01	Arase étanche...							
	Linéaire HO	2	15.60			31.20		
	Linéaire DO	2	9.60			19.20		
	Linéaire	2	1.20			2.40		
	Ens. Lin.						m	**52.80**

Le calcul ci-dessous est effectué en tenant compte des cotes des enduits extérieurs (épaisseur arrondie à 2 cm), afin de pouvoir comparer avec le résultat ci-dessus et justifier ainsi si la différence est négligeable ou non.

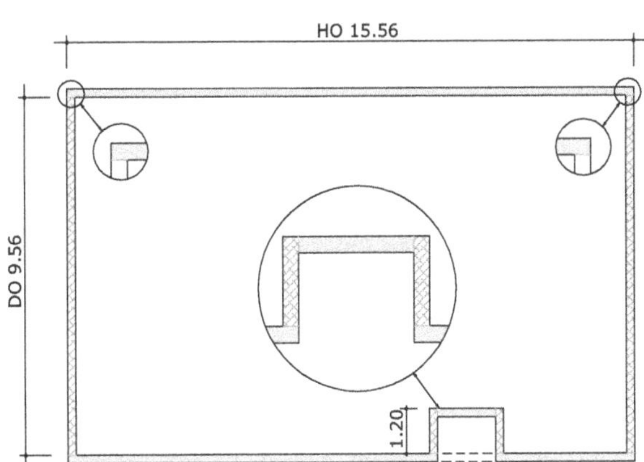

Figure 2.3.11 – Décomposition HO-DO de l'arase étanche (cotes brutes)

Code	Désignation	Nbre	Long.	Larg.	Haut.	S-total	U	Qté
01	Arase étanche...							
	Linéaire HO	2	15.56			31.12		
	Linéaire DO	2	9.56			19.12		
	Linéaire	2	1.20			2.40		
	Ens. Lin.						m	**52.64**

La différence de linéaires entre l'utilisation des cotes brutes et des cotes finies est 52.80 – 52.64 = 0.16 m pour environ 50 m, soit ≈ 0.3 %.

3.2.2 *Maçonnerie de briques*

Code : 02.

Désignation : maçonnerie de brique de terre cuite à alvéoles verticales de 0.20 m d'épaisseur, assemblées au mortier colle.

Évaluation : au m^2 réellement mis en œuvre, tous vides et matériaux étrangers de surface supérieure à 0.50 m^2 déduits.

Méthode[1] : calculer la surface aveugle puis déduire tout ce qui n'est pas de la brique courante.

1. Calculer la surface aveugle : **SA**, surface des murs comme s'il n'y avait aucune ouverture.

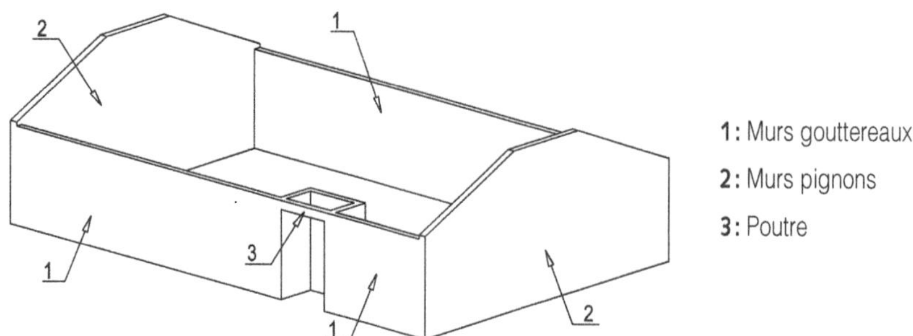

Figure 2.3.12 – Perspective de la surface aveugle

2. En déduire tout ce qui n'est pas de la brique courante : la surface **SB**.

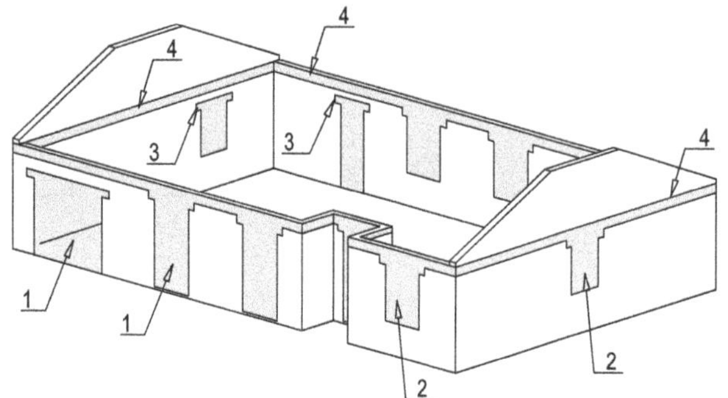

Figure 2.3.13 – Surfaces à déduire de la surface aveugle

> **Remarque** : linteaux et chaînages sont parfois disjoints, parfois imbriqués et, si la hauteur disponible n'est pas suffisante, le chaînage fait office de linteau. Il faut alors un renfort d'armatures dans le chaînage.

Le reste de **SA** – **SB** est la surface de briques à mettre en œuvre. Mais la surface à déduire **SB** est une somme de surfaces composées de :

- **SO** : surface des ouvertures ;
- **SL** : surface des linteaux.

Et, selon la technique employée lors du calcul la surface aveugle **SA**, il faut ou non déduire une surface **SC** qui correspond à la surface occupée par le chaînage horizontal haut (sous la charpente).

> **Remarque** : il existe une méthode simplifiée. Seules les ouvertures sont déduites de la surface aveugle, les linteaux et chaînages étant alors comptés en majoration. S'il en est tenu compte dans l'étude de prix, l'estimatif ne change pas, mais l'approvisionnement de chantier en briques courantes, basé sur l'avant-métré devient approximatif.

3.2.2.1 Pour calculer la surface aveugle SA

Du point de vue du système constructif qui assure, pour ce cas précis, la continuité entre la maçonnerie et la charpente, la décomposition consiste à :

- compter hors œuvre les murs pignons ;
- compter dans œuvre les murs gouttereaux.

---

1. Cette méthode est valable quelle que soit la nature des murs. Toutefois, lorsque l'évaluation se fait au m^3, comme pour la maçonnerie de moellons, la brique pleine ou le béton, il faut alors multiplier la surface obtenue par l'épaisseur.

En effet, l'arase supérieure des pignons est plus haute que l'arase supérieure des gouttereaux, afin de tenir compte de la hauteur de la ferme en ce point.

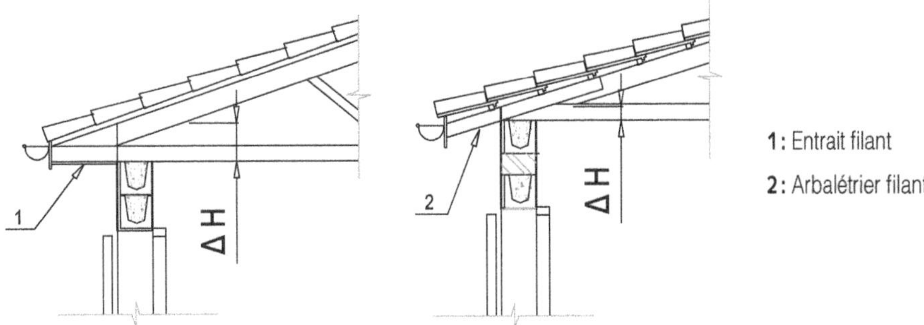

Figure 2.3.14 – ΔH : hauteur correspondant à la différence des arases, selon la charpente et la nature de l'avant toit

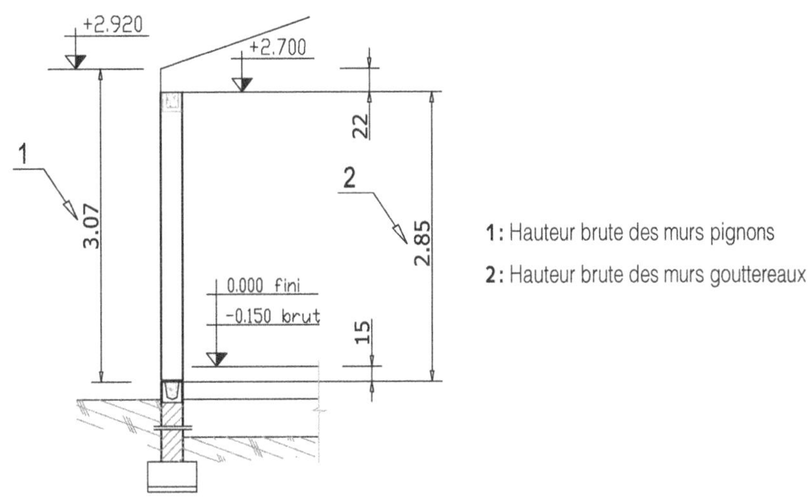

Figure 2.3.15 – Niveaux à prendre en compte pour l'arase supérieure des pignons et l'arase supérieure des murs gouttereaux

La coupe verticale détermine la hauteur[1] à prendre en compte :

- hauteur des murs gouttereaux : de –0.15 à +2.70 = 2.85 m ;
- hauteur de départ des murs pignons : de –0.15 à +2.95 = 3.10 m.

Remarque : Néanmoins, si le sous-détail de prix de l'arase de rampanage ne considère pas seulement la façon de la coupe des éléments mais prend aussi en compte les éléments nécessaires à sa réalisation, alors la décomposition est libre. Dans ce cas la quantité de l'article 02 s'en trouve modifiée. Mais le prix de vente global du lot reste identique car le prix unitaire de l'arase de rampanage est plus élevé et la surface est moindre pour l'article 02.

Indépendamment de la remarque précédente, la surface aveugle peut être décomposée de deux manières[2] :

- Soit le chaînage horizontal haut est compris dans la surface aveugle, et alors il faudra déduire la surface **SC** de la surface aveugle.
- Soit le chaînage horizontal haut est exclu de la surface aveugle, et alors il n'aura pas à être déduit de la surface aveugle.

Ce choix modifie la manière de conduire le calcul, sans en changer le résultat.

1. En toute rigueur, il faudrait tenir compte de l'épaisseur de l'arase étanche.
2. Au sens de la technique du métré, car, du point de vue géométrique, il y a d'autres options.

Méthode 1 : chaînage horizontal haut compris

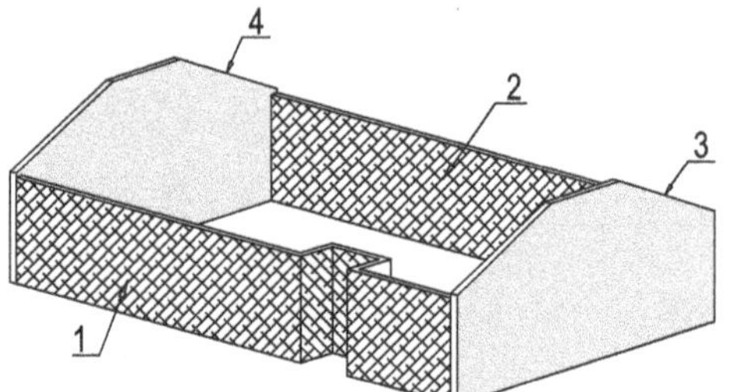

1 : Murs gouttereaux de la façade avant

2 : Mur gouttereau de la façade arrière

3 : Pignon droit

4 : Pignon gauche

Figure 2.3.16 – Décomposition incluant le chaînage haut

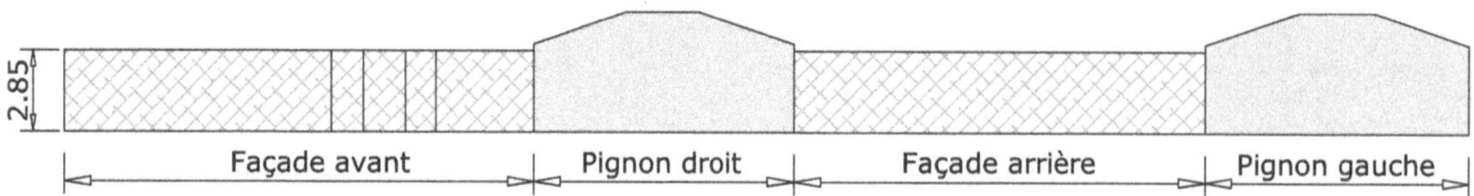

Figure 2.3.17 – Développement horizontal des surfaces à calculer

Remarque : la longueur de la façade avant est supérieure à la longueur de la façade arrière car il faut tenir compte des retours des murs du porche.

Méthode 2 : chaînage horizontal haut exclu

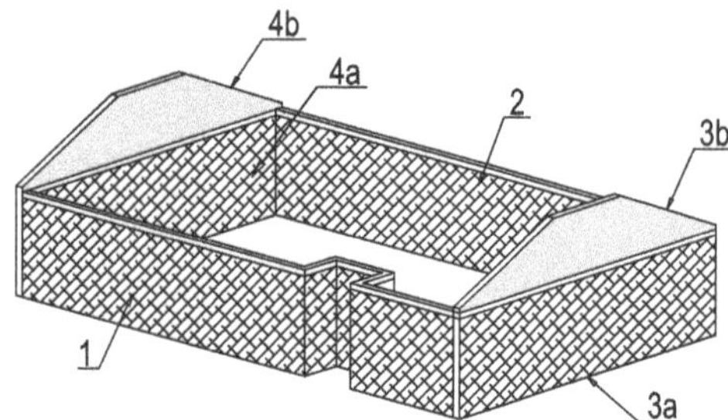

1 : Murs gouttereaux de la façade avant

2 : Mur gouttereau de la façade arrière

3a : Partie du pignon droit de même hauteur que le long-pan

3b : Surface du pignon droit à ajouter pour le total de ce pignon

4a : Partie du pignon gauche de même hauteur que le long-pan

4b : Surface du pignon gauche à ajouter pour le total de ce pignon

Figure 2.3.18 – Décomposition excluant le chaînage haut

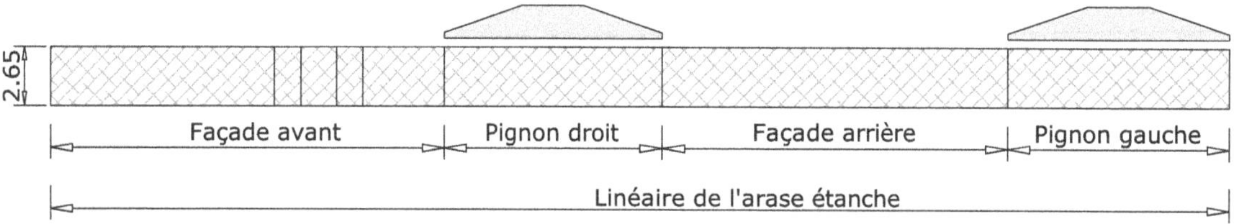

Figure 2.3.19 – Développement horizontal des surfaces à calculer

Selon la Figure 2.3.12 :

- hauteur des murs gouttereaux : de –0.15 à +2.70 – 0.20 de chaînage = 2.65 m ;
- hauteur de départ des murs pignons : correspond à la hauteur nécessaire à la charpente : 2.92 – 2.70 = .22 m.

Pour cet exemple, la méthode 2 est choisie car elle est plus simple, en reprenant aussi des données de l'article 01.

Comme la hauteur de la maçonnerie des murs gouttereaux est constante (voir les figures précédentes), la surface du rectangle hachurée = longueur x par la hauteur de 2.65 m. Cette longueur est la somme des linéaires HO-DO, déjà calculée pour l'arase étanche à l'article 01. Pour la surface des pignons situés au dessus des chaînages, il faut les décomposer en deux surfaces élémentaires : un rectangle et un trapèze.

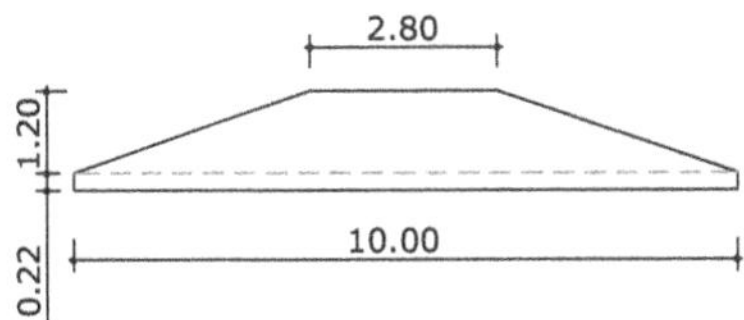

Figure 2.3.20 – Dimensions de la surface à calculer

Code	Désignation	Nbre	Long.	Larg.	Haut.	S-total	U	Qté
02	Maçonnerie de brique de 20 cm d'épaisseur...							
	Surface aveugle							
	Murs de hauteur constante							
	Rep L01		52.80					
	x hauteur brute = surface				2.65	139.92		
	Sur élévation pour murs pignons							
	Rectangle	2	10.00		0.22	4.40	b	
	Trapèze[1]	2	6.40		1.20	15.36	c	
	Ensemble a + b + c					159.68	A	

Les surfaces intermédiaires sont repérées par des lettres minuscules, la surface aveugle par une lettre majuscule. Une ligne horizontale matérialise l'addition des surfaces intermédiaires.

3.2.2.2 Pour calculer la surface à déduire SB

Il faut calculer :

- la surface des ouvertures **SO**, et
- la surface des linteaux **SL**.

3.2.2.3 Pour calculer la surface des ouvertures SO

Comme pour la surface aveugle, la méthode académique qualifie les surfaces à déduire de brutes. Or les cotes indiquées sur le plan sont des cotes finies désignées par :

- L.N.B. : Largeur Nominale de Baie ;
- H.N.B. : Hauteur Nominale de Baie.

En pratique, les enduits sur les tableaux sont négligés. Les appuis de fenêtre et les seuils de porte sont parfois déduits. Quand ils ne sont pas déduits, alors la surface des ouvertures SO = ∑ (L.N.B. x H.N.B.). Mais, dans cet exemple, et pour montrer le lien avec la technologie, il sera tenu compte des appuis et des seuils. En conséquence :

- les largeurs pour la déduction sont égales aux LNB ;
- les hauteurs pour la déduction sont augmentées soit du seuil pour les portes, soit de l'appui de fenêtre pour les fenêtres.

1. Le trapèze est assimilé à un rectangle dont la longueur est égale à la demi somme des bases.

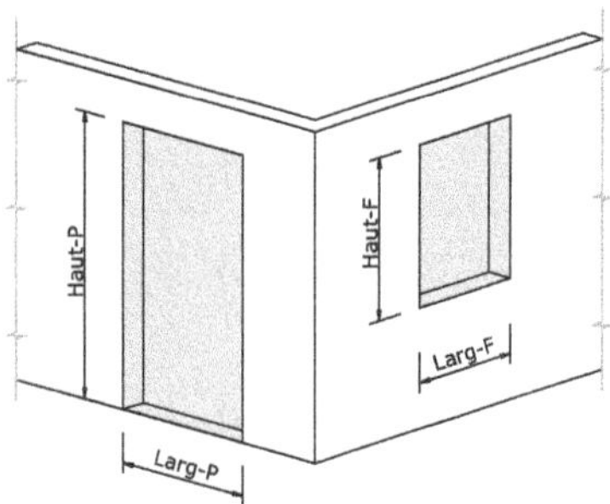

Figure 2.3.21 – Surfaces des ouvertures à déduire

Pour une ouverture de porte, il faut déduire : SP = Larg-P x Haut-P.

Pour une ouverture de fenêtre, il faut déduire : SF = Larg-F x Haut-F.

Avec des largeurs à prendre en compte égales aux LNB respectives.

Les coupes verticales ci-dessous illustrent le calcul des hauteurs brutes.

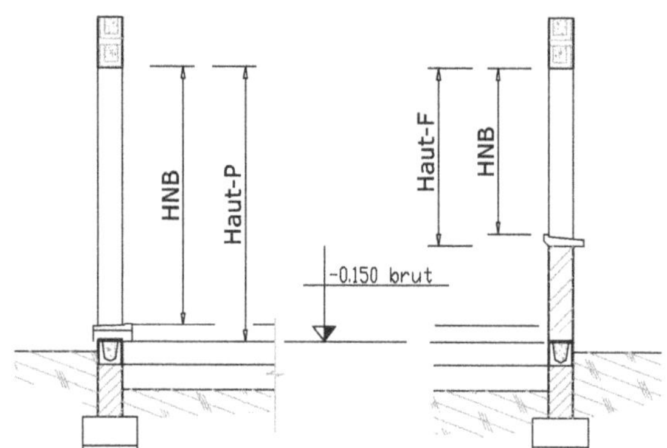

Figure 2.3.22 – Relation entre HNB et hauteurs à prendre en compte pour le calcul des surfaces

Pour une ouverture de porte, Haut-P = HNB + la hauteur du revêtement ou du seuil, ici 15 cm

Pour une ouverture de fenêtre, Haut-F = HNB + la hauteur de l'appui, ici 12 cm

> **Remarque** : les hauteurs des seuils et des appuis varient en fonction de leur nature et de leur mise en œuvre (préfabriqués ou coulés en place).

3.2.2.4 Pour calculer la surface des linteaux SL

Les linteaux, qui reportent sur les jambages les charges situées au-dessus des ouvertures (portes et fenêtres), ne sont pas de la maçonnerie de brique courante. Ce sont des blocs spéciaux soit avec béton et des armatures, soit des coffres pour volets roulants. Ils sont donc à déduire de la maçonnerie courante.

Pour un linteau, la surface à déduire SL = Long-L x Haut-L avec :

- Long-L : longueur du linteau variable selon le type et la largeur de l'ouverture ;
- Haut-L : hauteur du linteau : 20 cm pour ce projet.

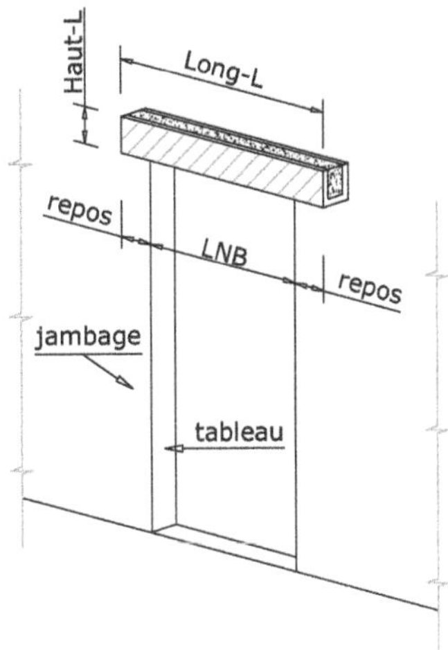

Figure 2.3.23 – Caractéristiques d'un linteau

Long-L = L.N.B. + 2 fois le repos ou l'appui du linteau

La portée du linteau = L.N.B. de l'ouverture

Cela, permet le calcul de la longueur du linteau Long-L suivant 2cas :

1. Linteau dont L.N.B. est ≤ à 2 m, alors repos = 0.20 m.
2. Linteau dont L.N.B. est > à 2 m, alors repos = L.N.B. / 10.

Exemples :

- Pour une porte de L.N.B = 0.90 : Long-L = 0.90 + 2 x 0.20 = 1.30
- Pour une porte de L.N.B = 2.50 : Long-L = 2.50 + 2 x 2.50 / 0.10 = 3.00

  Remarque : lorsque la portée est trop grande, le bloc « U » est remplacé par un bloc « U » de plus grande section ou par une poutre en béton armé.

Code	Désignation	Nbre	Long.	Larg.	Haut.	S-total	U	Qté
02	Maçonnerie de brique de 20 cm d'épaisseur (suite)...							
	Surfaces à déduire							
	1 Les ouvertures							
	Portes	2		1.20	2.40	5.76		
		1		0.90	2.40	2.16		
		1		0.80	2.20	1.76		
		1		2.40	2.05	4.92		
	Fenêtres	4		1.20	1.47	7.06		
		2		1.00	1.37	2.74		
	Ensemble des surf. d'ouvertures					24.40	a	
	2 Les linteaux	6	1.60					
		1	1.30					
		2	1.40					
		1	1.20					
		1	2.88					
	Total des linéaires[1]		17.78	L02.1				
	x par la hauteur = surface				0.20	3.56	b	
	Ensemble a + b à déduire					27.95	B	
	Reste A – B						m²	**131.73**

1. Ce linéaire est référencé (L02.1) car il est repris dans l'article des linteaux.

3.2.3 Majoration pour raidisseurs verticaux

Code : 03.

Désignation : raidisseurs verticaux dans des blocs d'angle compris béton et armatures.

Évaluation : au mètre réellement mis en œuvre.

Méthode : faire la somme des hauteurs comprises entre chaînages (ht. identiques dans ce projet).

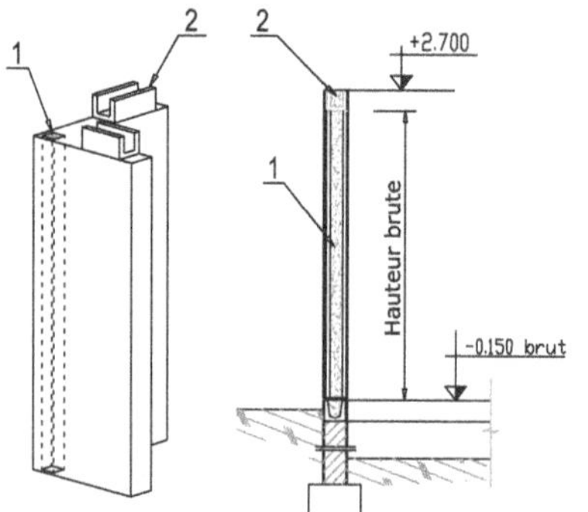

1 : Raidisseurs verticaux dans des blocs d'angle

Hauteur brute = 2.70 + 0.15 – 0.20 = 2.65

2 : Chaînage horizontal en blocs « U »

Figure 2.3.24 – Position et hauteur des raidisseurs verticaux

Code	Désignation	Nbre	Long.	Larg.	Haut.	S-total	U	Qté
03	Majoration pour raidisseurs verticaux dans des blocs...							
	Linéaire	10	2.65				m	**26.50**

Remarque : comme pour les chaînages horizontaux, l'avant-métré peut être plus détaillé :
- le béton au m³ (section 10 x 10 ou 12 x 12) ;
- les armatures au kg (section minimale et ratios identiques au chaînage horizontal).

3.2.4 Linteaux en blocs « U »

Code : 04.

Désignation : linteaux en blocs « U » de terre cuite compris blocs « U », béton et armatures.

Évaluation : au mètre réellement mis en œuvre compris blocs, étaiement, béton et armatures.

Méthode : faire la somme des linéaires. Comme elle a déjà été calculée dans l'article précédent, il suffit de la reprendre.

Code	Désignation	Nbre	Long.	Larg.	Haut.	S-total	U	Qté
04	Linteaux en blocs « U » de terre cuite compris...							
	Lin. : Rep L02.1						m	**17.78**

Remarque : l'avant-métré peut être plus détaillé en séparant :

1. Les blocs au m compris l'étaiement.
2. Le béton au m³.

   La section de béton varie selon la nature et la forme des blocs ; prendre 15 x 15 par défaut.
3. Les armatures au kg.

   La quantité d'armatures est fonction des sollicitations, de la portée et de la section de béton armé, de la zone sismique.

Si le ratio est au m, reprendre le linéaire de linteau multiplié par le ratio (3 kg/m).

Si le ratio est au m³, reprendre le volume de béton multiplié par le ratio d'acier (120 kg/m³). Le ratio d'acier varie selon la portée, la section de béton, les sollicitations, la zone sismique.

Code	Désignation	Nbre	Long.	Larg.	Haut.	S-total	U	Qté
04	Linteaux en blocs « U » de terre cuite compris...							
04.1	Blocs « U » de terre cuite de 20 x 20 x 50							
	Lin. : Rep L02.1						m	**17.78**
04.2	Béton type							
	Lin. : Rep L02.1		17.78					
	x section de 15 x 15 = volume			0.15	0.15		m³	**0.400**
04.3	Armatures haute adhérence							
	Soit selon un ratio au m de blocs (3 kg/m)							
	Rep L02.1 x 3 = masse		17.78				kg	**53.340**
	Soit selon un ratio au m³ de béton (120 kg/m³)							
	Rep V03.2 x 120 = masse						kg	**48.006**

3.2.5 *Chaînage horizontal*

Code : 05.

Désignation : chaînage haut en blocs « U » de terre cuite.

Évaluation : au mètre réellement mis en œuvre compris blocs, béton et armatures.

Méthode : faire la somme des linéaires HO-DO. Comme elle a déjà été calculée dans l'article 01 (le linéaire du chaînage sous la charpente correspond au linéaire de l'arase étanche), il suffit de la reprendre.

Code	Désignation	Nbre	Long.	Larg.	Haut.	S-total	U	Qté
05	Chaînage haut en béton armé dans des blocs « U » de terre cuite compris...							
	Lin. : Rep L01						m	**52.80**

Remarque : comme pour les linteaux, l'avant-métré peut être plus détaillé en séparant :

1. Les blocs au m.
2. Le béton au m³ (section 15 x 15 par défaut).
3. Les armatures au kg.

La section minimale des armatures est fixée par le DTU 20.1 à 1.5 cm² soit 3 Ø 8 HA ou 2 Ø 10 HA pour la zone sismique 0. Couramment, le ratio considéré est de 2.5 kg/m.

3.2.6 *Poutre[1] en béton armé*

Code : 06.

Désignation : poutre en béton armé de section 15 x 20, armatures, coffrage extérieur par une planelle en terre cuite.

Évaluation : au mètre réellement mis en œuvre ou en détaillant le béton, les coffrages (bois et terre cuite), les armatures.

Méthode : calcul du linéaire identique au linteau (portée + 2 appuis).

1. Selon la conception de la fermette, la poutre porte ou ne porte pas la charpente. Si la poutre porte la charpente, alors la maçonnerie du porche se trouve quelques centimètres plus bas, sinon c'est cette maçonnerie qui porte la charpente et la triangulation de la fermette est différente des fermettes courantes. Selon l'option choisie, les armatures de la poutre s'en trouvent modifiées.

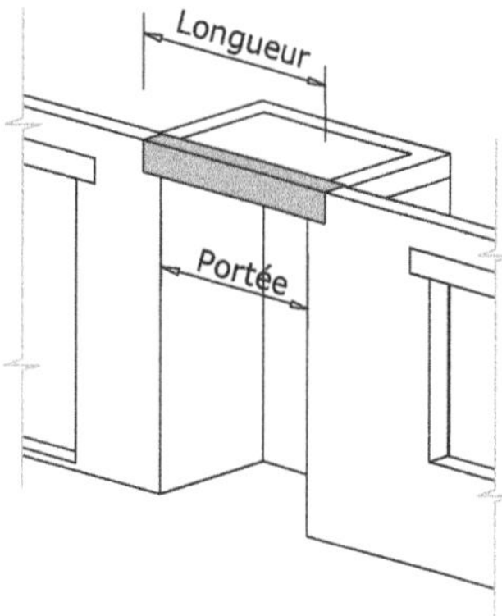

Figure 2.3.25 – Longueur et portée de la poutre en béton armé

Comme pour les linteaux, la longueur d'une poutre est égale à sa portée augmentée de ses appuis ou repos.

De même l'avant-métré peut être global, au m, comprenant coffrage, béton et armature, ou détaillé avec la surface de coffrage, le volume de béton, le poids des armatures. La méthode choisie dépend du sous-détail de prix qui inclut en une fois tous les éléments ou les détaille.

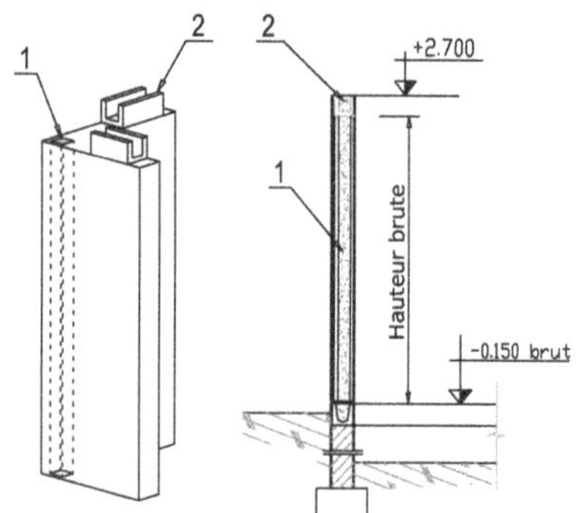

1 : Coffrage en brique (planelle)

2 : Coffrage bois (fond ou dessous)

3 : Coffrage bois (joue)

4 : Armatures longitudinales transversales (ou cadres)

5 : Section de béton

Figure 2.3.26 – Différents composants de la poutre

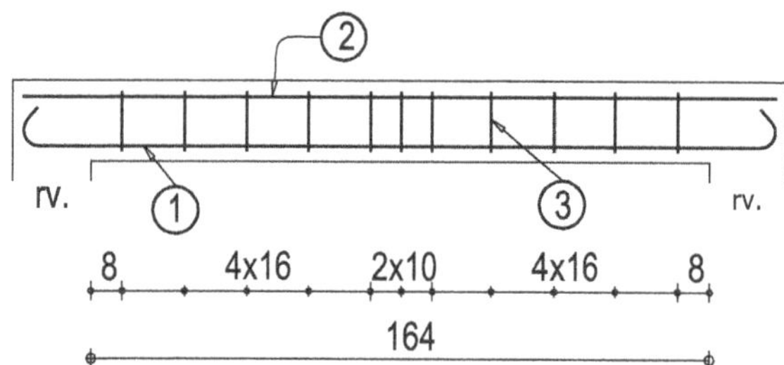

Figure 2.3.27 – Armatures de la poutre

Rep.	Désignation	long. dev.	Schéma
3	11HA6	ld = 59 es=16	10 / 15 (cadre)
2	2HA8	ld = 195	195
1	2HA8	ld = 212	8 195 8

Figure 2.3.28 – Nomenclature des armatures de la poutre

Code	Désignation	Nbre	Long.	Larg.	Haut.	S-total	U	Qté
06	Poutre section 15 x 20 en béton armé compris....							
	Lin. : 1.64 + 2fois 0.20						m	**2.04**

Remarque : en pratique, il est bien plus économique de préfabriquer la poutre plutôt que de la réaliser sur place.

3.2.7 Arasement des pointes de pignon

Code : 07.

Désignation : arasement des pointes de pignon.

Évaluation : au mètre réellement mis en œuvre.

Méthode : faire la somme des longueurs, en tenant compte de leurs pentes.

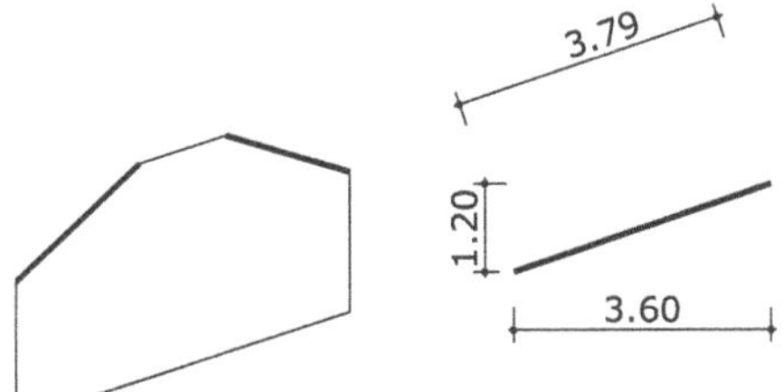

Figure 2.3.29 – Linéaires des arasements (pour 1 pignon)

La longueur est soit mesurée sur la façade (ou sur la coupe), soit calculée.

Pour le calcul : $l = \sqrt{3.60^2 + 1.20^2} \cong 3.80$

Code	Désignation	Nbre	Long.	Larg.	Haut.	S-total	U	Qté
07	Arasement des pointes de pignon							
	Lin. :	4	3.80				m	**15.20**

3.2.8 Option de blocage entre chevrons

Cet article n'existe que lorsque le lambris d'avant-toit est posé selon le rampant et au-dessus des chevrons. Le linéaire correspond aux murs gouttereaux. Dans cet exemple, si l'habillage de la charpente suit la pente du toit, alors les murs latéraux du porche sont aussi des murs pignons.

Code : 08.

Désignation : blocage entre chevrons

Évaluation : au mètre réellement mis en œuvre, DO des pignons.

Méthode : faire la somme des longueurs des murs gouttereaux.

Code	Désignation	Nbre	Long.	Larg.	Haut.	S-total	U	Qté
08	Blocage entre chevrons							
	Lin. :	2	15.20				m	**30.40**

3.2.9 Appuis de fenêtre

Code : 09.

Désignation : appuis de fenêtre moulés, saillants avec oreilles, en béton teinté ton pierre, compris coffrage, larmier et rejinguot, hauteur à préciser.

Évaluation : au mètre réellement mis en œuvre.

Méthode : faire la somme des L.N.B. des fenêtres (les oreilles sont incluses dans le sous détail de prix).

Code	Désignation	Nbre	Long.	Larg.	Haut.	S-total	U	Qté
09	Appuis de fenêtre...							
	Linéaire	4	1.20			4.80		
	Linéaire	2	1.00			2.00		
	Ens. Lin.						m	**6.80**

3.2.10 Seuils de porte

Code : 10.

Désignation : seuils de porte moulés, arasés, en béton teinté ton pierre, compris bouchardage et nez arrondi au fer.

Évaluation : au mètre réellement mis en œuvre.

Méthode : faire la somme des L.N.B. des portes (comprise celle du garage).

Code	Désignation	Nbre	Long.	Larg.	Haut.	S-total	U	Qté
10	Seuils de porte ...							
10.1	Pour la partie habitable	2	1.20			2.40		
		1	0.90			0.90		
	Ens. Lin						m	**3.60**
10.2	Pour le garage	1	0.80			0.80		
		1	2.40	1.20		2.40		
	Ens. Lin.						m	**3.20**

3.2.11 Option de majoration pour feuillures

Dans le garage, les menuiseries peuvent être posées en applique pour un doublage ultérieur ou en feuillure si le client souhaite qu'elles ne dépassent pas des murs. Dans ce cas il faut réaliser des feuillures pour y insérer les menuiseries.

Code : 11.

Désignation : majoration pour taille (ou réservation) de feuillure 5 x 5 dans les linteaux et les tableaux en briques pour pose de la menuiserie dans le garage.

Évaluation : au mètre.

Méthode : faire la somme des longueurs en faisant apparaître les longueurs pour taille et pour réservation.

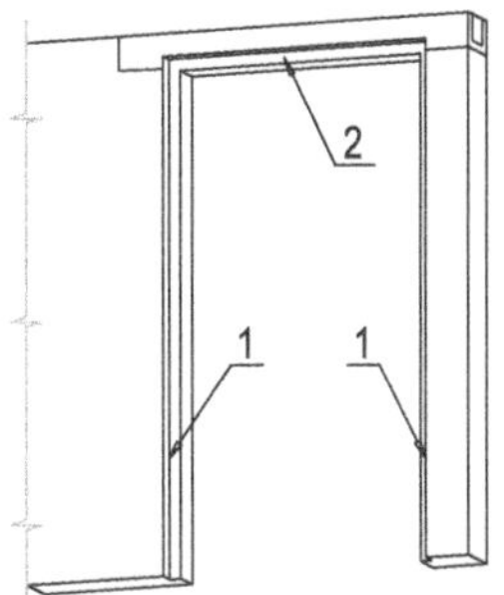

1 : Taille des feuillures dans les jambages, pour une ouverture, la longueur est égale à 2 fois la HNB

2 : Taille ou réservation de feuillure dans le linteau (selon la nature du linteau), la longueur est égale à la LNB augmentée de 2 fois 5 cm pour la continuité avec celles des jambages

Figure 2.3.30 – Repérage des feuillures

Code	Désignation	Nbre	Long.	Larg.	Haut.	S-total	U	Qté
11	Majoration pour feuillures 5 x 5...							
	Linéaire des jambages							
	Porte	2	2.15			4.30		
	Fenêtre	2	1.25			2.50		
	Linéaire des linteaux							
	Porte	1	0.90			0.90		
	Fenêtre	1	1.10			1.10		
	Ensemble						mM	**8.80**

3.3 Avant-métré des enduits extérieurs

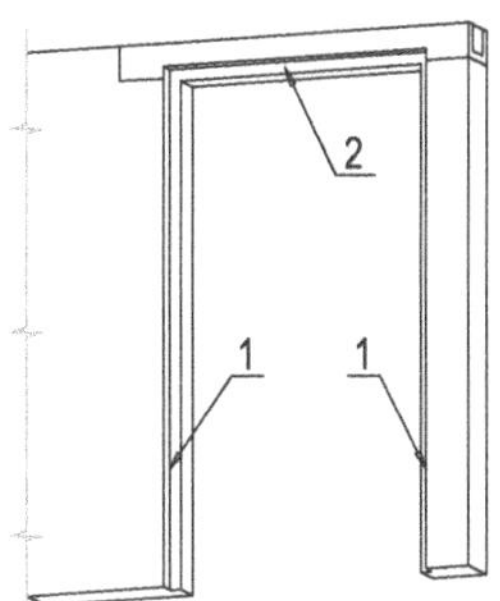

1 : Enduit extérieur en partie courante

2 : Enduit faible largeur sur les tableaux et voussures (sauf pour volets roulants, selon le type)

3 : Majoration pour baguettes d'angle

Figure 2.3.31 – Repérages des différents articles des enduits extérieurs

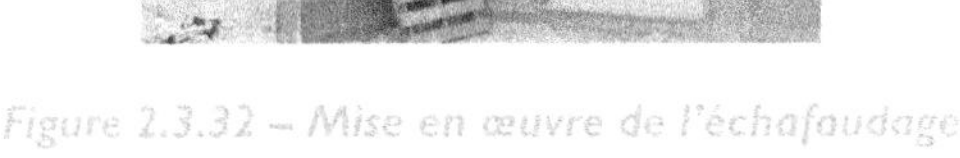

Figure 2.3.32 – Mise en œuvre de l'échafaudage

Figure 2.3.33 – Protection des menuiseries

Deux méthodes, qui donnent des quantités différentes mais des prix sensiblement équivalents selon l'architecture[1], sont utilisées.

1. Présence ou non de grandes baies vitrées qui modifient notablement la surface courante alors qu'il y a peu de variation pour les faibles largeurs et les baguettes.

3.3.1 Méthode détaillée

Code : 10.

Désignation : enduit extérieur monocouche projeté à la machine, compris renfort d'armature en fibres de verre, protection des menuiseries et montage d'échafaudage, parement gratté ton pierre, épaisseur minimale de 15 mm.

Évaluation : surface courante, au m² mis en œuvre, calculée avec les cotes finies vues en séparant les enduits sur parois verticales et les enduits en plafond.

Majoration pour faibles largeurs normalement comptées au m² pour l ≤ 0.35 m. Parfois, les faibles largeurs sont comptées au m avec l ≤ 0.40 m.

Majoration pour baguettes d'angle au m. Les façons de cueillies (angle rentrant) sont comprises dans la surface courante.

Méthode : calculer la surface aveugle **SA**.

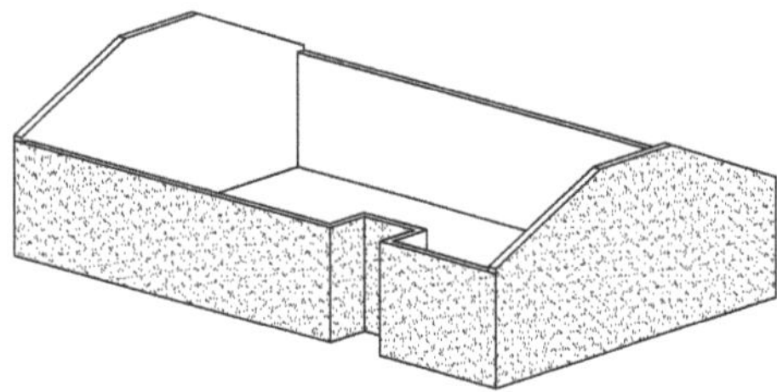

Figure 2.3.34 – Surface aveugle (différente de celle de la maçonnerie car le linéaire et la hauteur sont différents)

Linéaires à utiliser

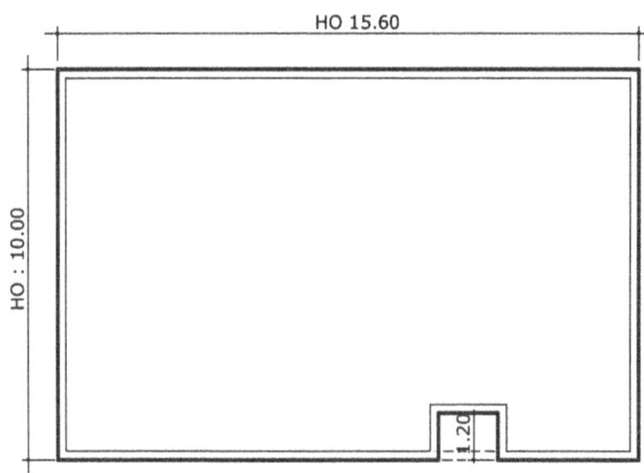

Figure 2.3.35 – Cotes finies vues pour les enduits extérieurs

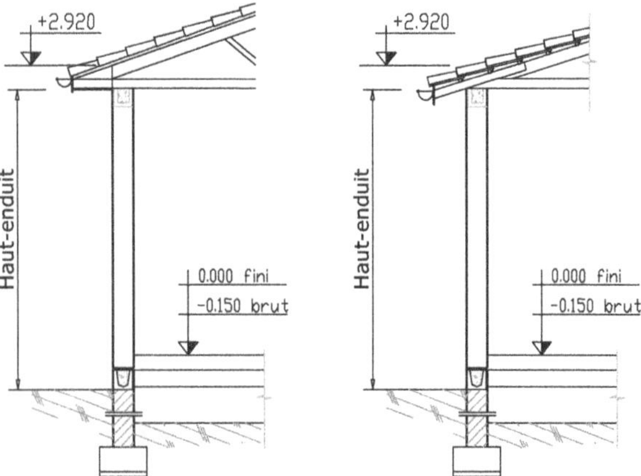

Figure 2.3.36 – Hauteur de l'enduit extérieur avec décalage entre les murs de soubassement et la maçonnerie en élévation

Remarques :

Cette hauteur est ainsi considérée dans cet exemple parce que le terrain fini est horizontal et en admettant le raccordement à ce niveau entre cet enduit extérieur et l'enduit sur les murs de soubassement. Souvent, la partie basse de l'enduit est de finition différente.

Si les hauteurs sont variables, alors il faut faire le calcul façade par façade.

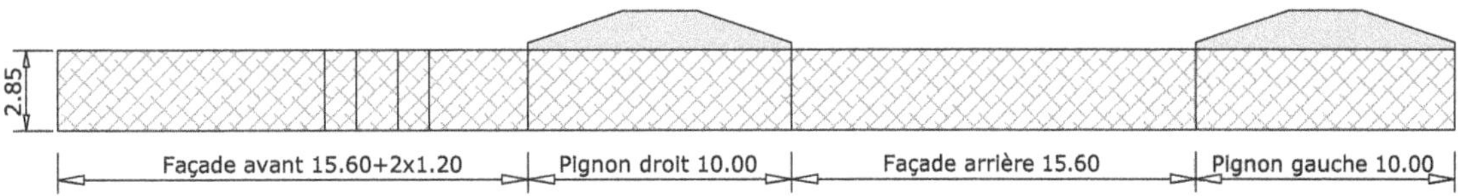

Figure 2.3.37 – Développement et décomposition des surfaces de l'enduit extérieur

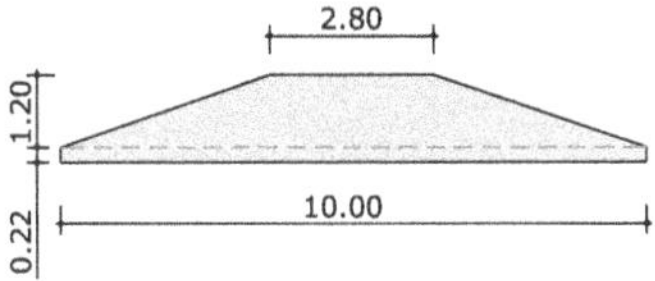

Figure 2.3.38 – Cotation des pointes de pignons tronqués

Déduire tout ce qui n'est pas enduit : **SB**.

En règle générale, **SB** correspond à la surface des ouvertures sauf lorsque les linteaux sont de nature différente : pierre ou bois.

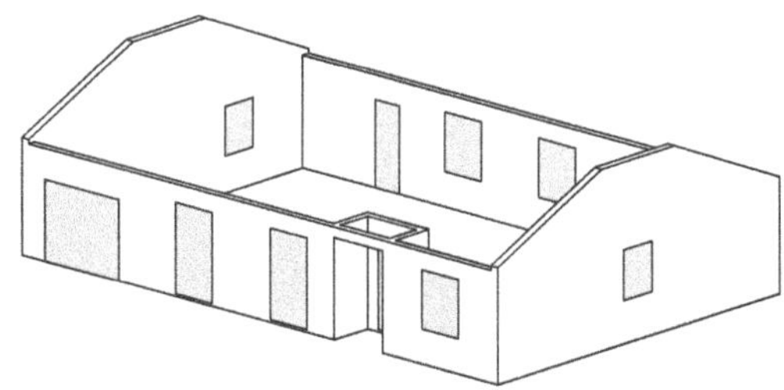

Figure 2.3.39 – Déduire les ouvertures

Le reste **SA** – **SB** est la surface d'enduit à mettre en œuvre.

Code	Désignation	Nbre	Long.	Larg.	Haut.	S-total	U	Qté
01	Enduit extérieur monocouche projeté à la machine…							
01-1	Partie courante							
	Surface aveugle							
	Sur une hauteur de 2.85 m							
	Linéaire HO	2	15.60			31.20		
	Linéaire DO	2		10.00		20.00		
	Linéaire	2		1.20		2.40		
	Ens. Lin.					53.60		
	x hauteur 2.85= surface					152.76	a	
	Ajout des pointes de pignons tronqués							
	Rectangle	2	10.00		0.22	4.40	b	
	Trapèze	2	6.40		1.20	15.36	c	
	Ensemble a + b + c					172.52	A	
	À déduire les ouvertures							
	Rep. S02.1					24.40	B	
	Reste A – B						m²	**148.12**

Majoration pour faibles largeurs

Elles sont essentiellement situées au niveau des ouvertures (tableaux et dessous de linteaux).

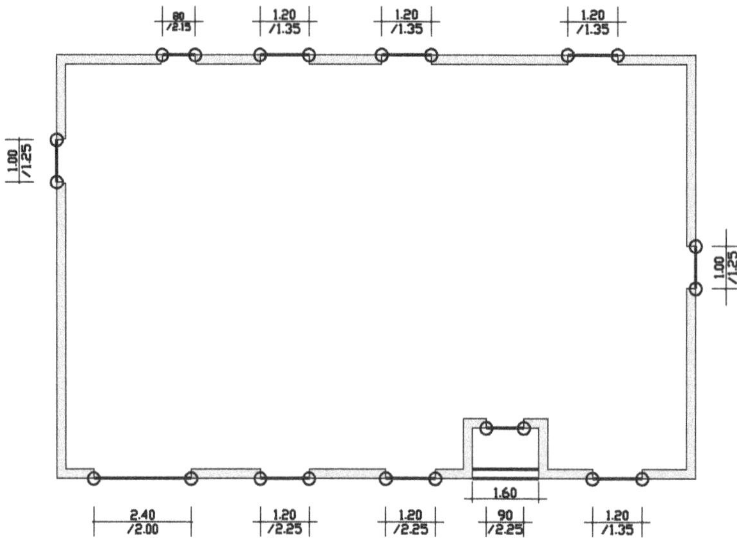

Figure 2.3.40 – Repérage des faibles largeurs longueurs et hauteurs (matérialisées par des cercles)

La poutre est aussi détaillée, plus d'un point de vue technique que des quantités ayant une influence sur le résultat final.

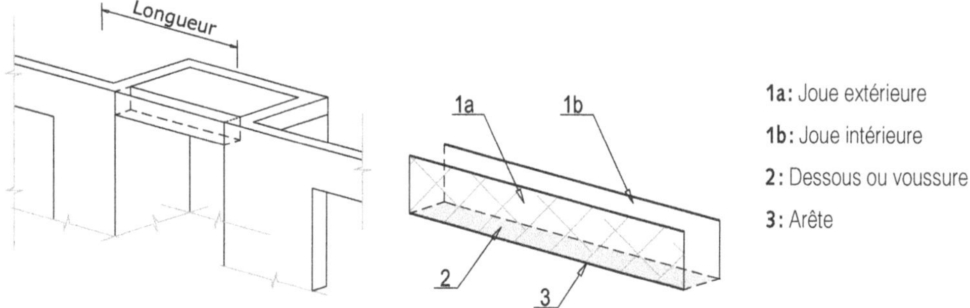

Figure 2.3.41 – Repérages des différents articles des enduits extérieurs

Code	Désignation	Nbre	Long.	Larg.	Haut.	S-total	U	Qté
01-2	Majoration pour faibles largeurs							
	Longueurs	1	2.40			2.40		
		6	1.20			7.20		
		2	1.00			2.00		
		1	0.90			0.90		
		1	0.80			0.80		
		3	1.60			4.80		
	Hauteurs	6			2.25	13.50		
		2			2.15	4.30		
		2			2.00	4.00		
		8			1.35	10.80		
		4			1.25	5.00		
	Ensemble						m	**55.70**

Majoration pour baguettes d'angle

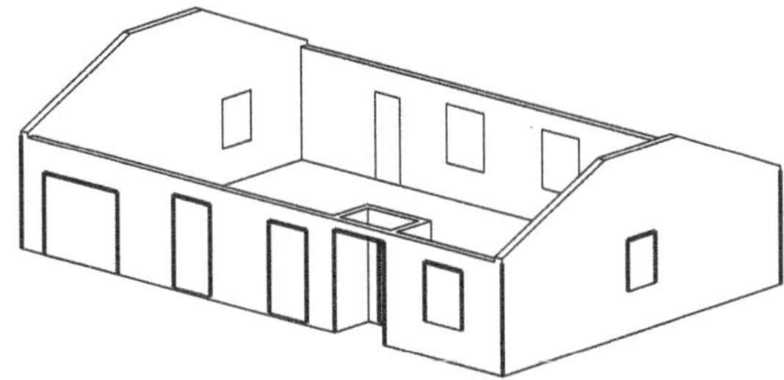

Figure 2.3.42 – Position des baguettes (certaines sont cachées

Dans cet exemple, le linéaire des baguettes d'angle correspond aux faibles largeurs, auxquelles il faut :

- ajouter les angles de la construction (pas toujours de même hauteur) ;
- déduire une longueur de poutre pour laquelle il y a 3 faibles largeurs mais seulement 2 baguettes.

Code	Désignation	Nbre	Long.	Larg.	Haut.	S-total	U	Qté
01-3	Majoration pour baguettes d'angle							
	Longueurs							
	Rep L11-02					55.70		
	Ajouter angles extérieurs	4	2.85			11.40		
	Angles du porche	2	2.65			5.30		
	Ensemble					72.40	a	
	Déduire une longueur de poutre					1.60	b	
	Reste a – b						m	**70.80**

3.3.2 Méthode rapide

Elle est qualifiée de « vide pour plein ». Dans ce cas, les ouvertures ne sont pas déduites. Cette surface majorée compense les plus values dues aux faibles largeurs et aux baguettes d'angle. La surface trouvée ne correspond pas à la surface aveugle du § 3.2.2.1 de la maçonnerie de brique. La variation vient des dimensions utilisées : cotes HO-DO pour la maçonnerie de brique et des cotes finies vues pour les enduits, ainsi que des hauteurs qui sont différentes, de la prise en compte ou non des chaînages dans le § 3.2.2.1 de la maçonnerie de brique.

La surface correspond à l'ensemble a + b + c trouvé dans l'article 01-1 détaillé précédemment, soit 172.52 m^2.

PARTIE 3

Études de cas

1. Projet Brive

1.1 Données du projet

1.1.1 *Plans du projet*[1]

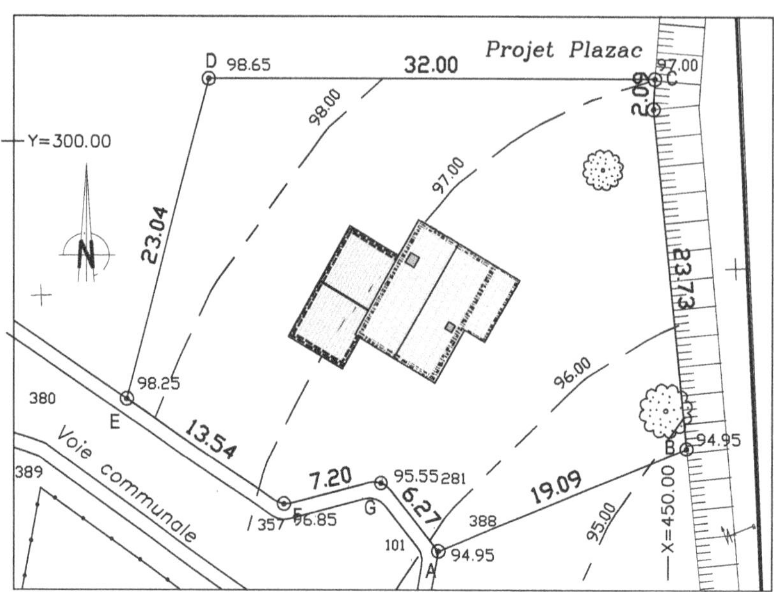

Figure 3.1.1 – Plan masse

Figure 3.1.2 – Perspective avant

Figure 3.1.3 – Perspective arrière

1. Extrait d'un projet élaboré par M. Laumond Jacques, architecte DPLG.

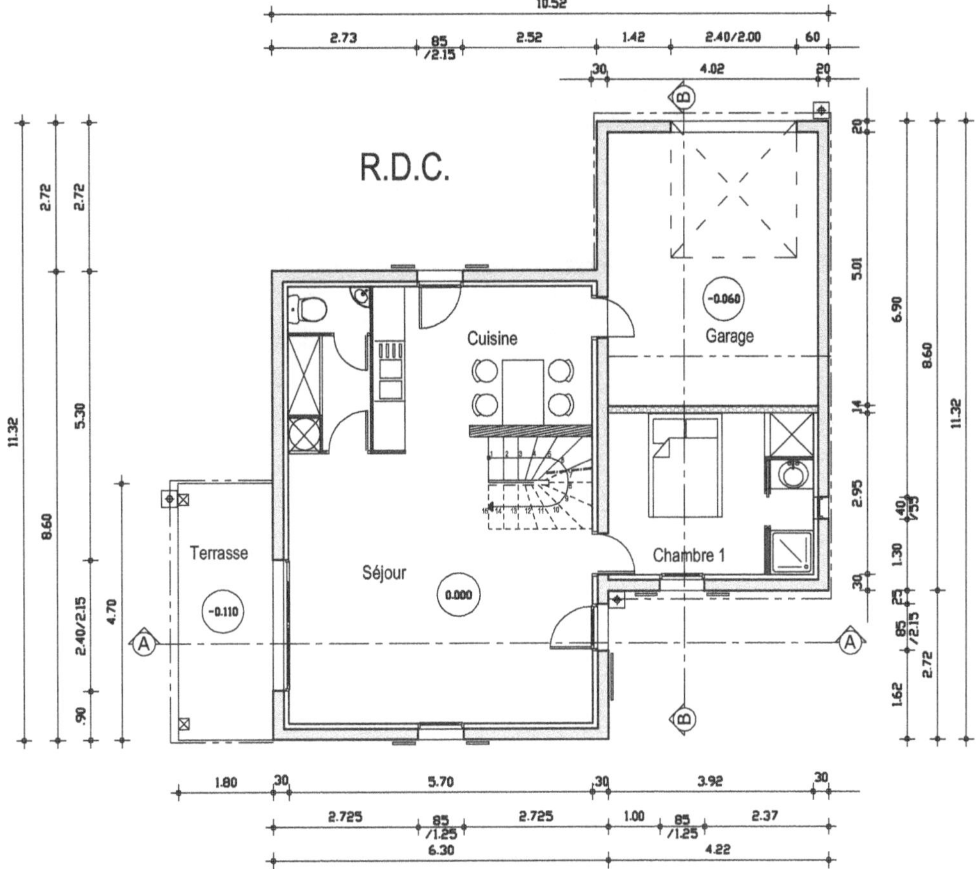

Figure 3.1.4 – Vue en plan du RdC

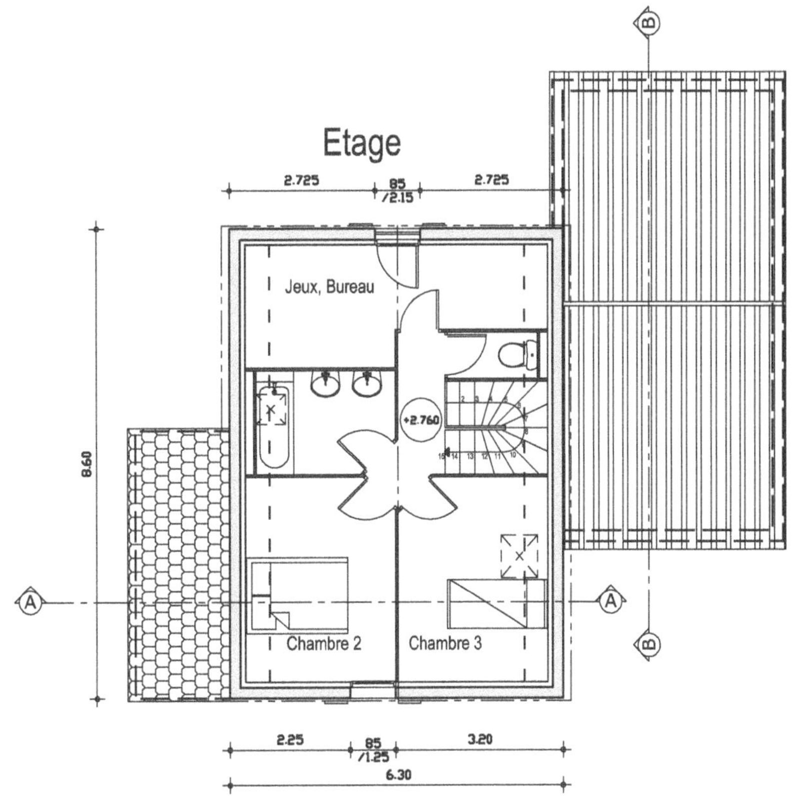

Figure 3.1.5 – Vue en plan de l'étage

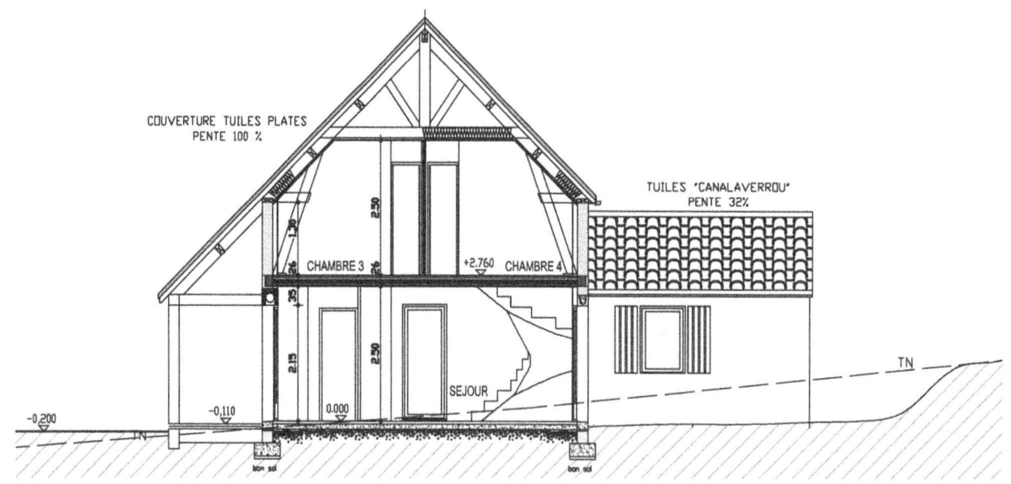

Figure 3.1.6 – Coupe AA

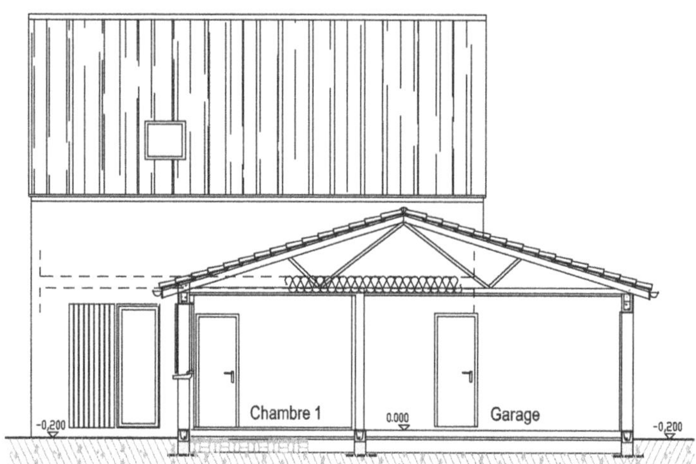

Figure 3.1.7 – Coupe BB

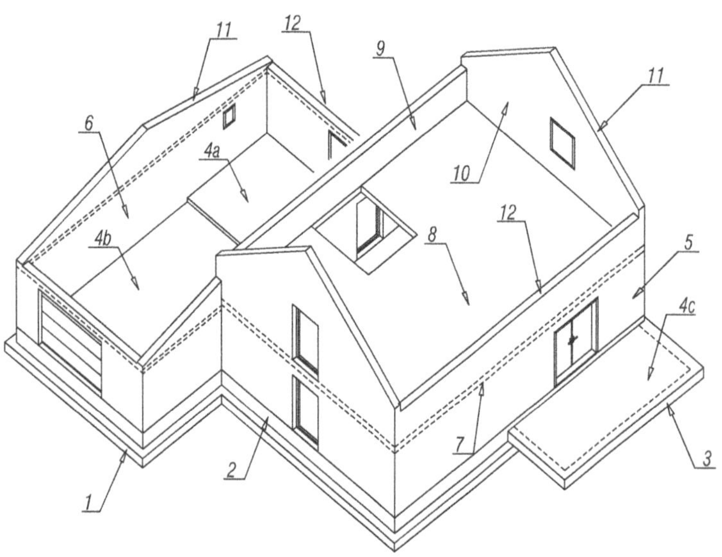

1 : Semelle filante

2 : Mur de soubassement

3 : Bêche

4a : Dallage pour partie habitable

4b : Dallage pour garage

4c : Dallage pour terrasse

5 : Mur en BBM du RdC

6 : Mur en BBM du garage

7 : Chaînage horizontal

8 : Plancher haut du RdC

9 : Mur gouttereau de l'étage

10 : Mur pignon de l'étage

11 : Arasement des pointes de pignon (ou arase de rampanage)

12 : Arase supérieure des murs gouttereaux du RdC

Figure 3.1.8 – Perspective de l'ensemble de la maçonnerie

1.1.2 *Trame[1] des lots « Terrassements-VRD » et « Gros œuvre »*

Selon l'importance des travaux et aussi la pratique du prescripteur, les travaux de terrassement, VRD et gros œuvre sont soit regroupés en un seul lot, soit dissociés en deux lots, l'un pour terrassements et les VRD, l'autre pour le gros œuvre. Néanmoins, même lorsqu'il y a deux lots, des terrassements et des réseaux se retrouvent dans chacun des lots, mais ils ne sont pas exactement de même nature.

	Lot N°01 Terrassements-VRD	U[2]	Quantité
01-1	**Travaux préparatoires**		
01-1.1	Prise de possession du chantier, panneau de chantier, constat d'huissier, accès au chantier, busage, débroussaillage	Ft	
01-1.2	Installation de chantier : voies d'accès, alimentations et branchements provisoires, cantonnements, clôtures de chantier, tri des déchets	Ens	
01-1.3	Implantations et piquetage	Ens	
01-2	**Terrassements**		
01-2.1	Décapage et mise en dépôt de la terre végétale pour réemploi	m^2	
01-2.2	Fouilles en pleine masse, compris talutages, pour réalisation des plates-formes en déblais/remblais	m^3	
01-2.3	Géotextile et empierrement suivant CCTP	Ens	
01-2.4	Essais à la plaque	Ft	
01-2.5	Évacuation des terres provenant des fouilles une fois l'ensemble des remblais effectués	m^3	
01-3	**Réseaux**[3]		
01-3.1	Tranchée commune (ou individuelle) pour AEP, électricité, télécommunication, gaz compris fourreaux aiguillés adaptés, grillages avertisseurs normalisés et remblaiement	m	
01-3.2	Tranchées et canalisations des réseaux extérieurs à la construction pour les eaux pluviales, compris grillage avertisseur normalisé et remblaiement	m	
01-3.3	Tranchées et canalisations des réseaux extérieurs à la construction pour les eaux usées, compris grillage avertisseur normalisé et remblaiement	m	
01-3.4	Regards[4] en béton préfabriqué pour le raccordement des différents réseaux, compris terrassements et liaison étanche des raccordements	U	
01-4	**Voieries**		
01-4.1	Voierie légère et stationnement	m^2	
01-4.2	Bordures[5] en béton	m	

	Lot N°02 Gros œuvre[6]	U	Quantité
02-1	**Terrassements complémentaires**		
02-1.1	Fouilles en rigoles	m^3	
02-1.2	Fouilles en trou	m^3	
02-1.3	Remblaiement après fondations	m^3	
02-1.4	Évacuation des terres en excès	m^3	
02-2	**Fondations**		
02-2.1	Béton de propreté[7] sous fondations	m^2	
02-2.2	Semelles filantes en béton armé, compris béton, armatures et coffrage éventuel Ou évaluation détaillée : béton au m^3, armatures au kg et coffrage au m^2	m^3	
02-2.3	Bêche en béton armé dito article 02-2.2	m^3	
02-2.4	Massif en béton armé sous le départ de l'escalier	U	

1. Elle n'est pas exhaustive, mais rend compte des activités d'avant-métré liées à ce projet. D'autres parties du livre complètent les articles non traités dans ce chapitre.
2. Ft pour forfait, Ens pour ensemble.
3. Ces réseaux sont extérieurs aux bâtiments. D'autres réseaux intérieurs, tels ceux passant dans les vides sanitaires ou sous les dallages, sont comptés dans le lot 02.
4. Ils sont répartis en sous-articles selon la nature des tampons (acier ou fonte) et leurs dimensions
5. De même les bordures sont séparées selon leurs caractéristiques
6. À partir du 02-3, pour les constructions de plus grande importance, les titres sont organisés différemment : infrastructure, superstructure…
7. Évaluation parfois au m^3, selon l'épaisseur

	LOT N°02 GROS ŒUVRE	U	QUANTITÉ
02-3	**Soubassements**		
02-3.1	Murs de soubassement en BBM pleins de 20/20/40	m²	
02-3.2	Chaînage bas en béton armé dans blocs « U », compris blocs, béton et armatures Ou avec précision des armatures au kg	m	
02-3.3	Majoration pour raidisseurs verticaux dito article 02-3.2	m	
02-3.4	Protection de la maçonnerie enterrée	m²	
02-3.5	Drainage en pied des murs enterrés	m	
02-4	**Réseaux enterrés sous bâtiment**		
02-4.1	Fouilles en tranchée	m³	
02-4.2	Canalisations enterrées EU-EU et EP	m	
02-4.3	Ensemble des fourreaux eau potable circulant sous le bâtiment	m	
02-4.4	Ensemble des fourreaux électricité et télécom circulant sous le bâtiment	m	
02-4.5	Ensemble des fourreaux gaz circulant sous le bâtiment	m	
02-5	**Dallages**[1]		
02-5-1	Dallage pour partie habitable	m²	
02-5-2	Dallage pour garage	m²	
02-5-3	Dallage pour terrasse	m²	
02-6	**Structure en élévation**[2]		
02-6-1	Arase étanche	m	
02-6-2	Mur en BBM creux de 20	m²	
02-6-3	Plancher hourdis type 15 + 5	m²	
02-6-4	Ouvrages B.A.[3]		
02-6-4-1	Chaînages horizontaux	m	
02-6-4-2	Raidisseurs verticaux	m	
02-6-4-3	Linteaux	m	
02-7	**Parachèvements, ouvrages divers**		
02-7-1	Arasement des pointes de pignons	m	
02-7-2	Seuil de porte	m	
02-7-3	Appuis de fenêtre	m	
02-7-4	Scellement et calfeutrement	Ens	
02-8	**Ravalement**		
02-8-1	Enduits extérieurs	m²	
02-8-2	Enduits faibles	m	
02-8-3	Majoration pour baguettes d'angles	m	

REMARQUE : ces titres se retrouvent dans le CCTP (cahier de clauses techniques particulières) mais en plus détaillé.

Le CCTP débute par un chapitre de prescriptions générales qui précise :

- la définition de la prestation, les DTU (documents techniques unifiés) et les normes ;
- la qualité des matériaux mise en œuvre ;
- les caractéristiques et exigences environnementales ;
- l'organisation générale de chantier, hygiène, sécurité et conditions de travail, sécurité incendie.

Il décrit ensuite de manière précise chaque ouvrage élémentaire (la nature et qualité des matériaux employés, leur mise en œuvre, leur localisation).

1.1.3 Liste et description des articles étudiés

Seuls certains articles sont développés ci-après, parce qu'ils permettent de mettre en évidence une technique du métré, des principes de lecture de plan, des méthodes de décomposition, une technologie du bâtiment très couramment rencontrée dans la pratique de l'avant-métré. La liste ci-dessous respecte le chronologie de mise en œuvre.

1. Selon les régions, il faut aussi prévoir un film et un traitement anti-termites.
2. Selon l'importance des travaux, ce titre est décliné selon les niveaux : RdC, R+1,...
3. Remarque identique à l'article 02-2.2.

Terrassements

Code	Désignation	U
01-2.1	Décapage de la terre végétale exécuté à l'engin mécanique sur une épaisseur moyenne de 20 cm	m^2
01-2.2	Fouilles en pleine masse, exécutées à l'engin mécanique en terrain de classe B pour la réalisation de la plate-forme, compris façons de talutage	m^3
02-1.1	Fouilles en rigoles exécutées à l'engin mécanique en terrain de classe B pour semelles filantes et bêches	m^3
02-1.3	Remblais en périphérie de la construction, avec reprise de terre sur le chantier avec une épaisseur minimale de 20 cm de terre végétale sur la surface remblayée	m^3
02-1.4	Évacuation des terres excédentaires	m^3

Gros œuvre

Code	Désignation	U
02-2.1	Béton de propreté, ep mini de 5 cm, ou gros béton de cailloux coulé en pleines fouilles	m^2
02-2.2	Semelles filantes en béton armé, coulé en pleines fouilles, compris béton et armatures H.A. (ratio 50 kg/m^3)	m^3
02-2.3	Bêche en béton armé, compris béton, coffrage et armatures	m^3
02-2.4	Massif en béton armé sous le départ de l'escalier	U
02-3.1	Murs de soubassement en BBM pleins de 20/20/40 hourdés au mortier de ciment	m^2
02-3.2	Chaînage bas en béton armé dans blocs « U », compris béton et armatures	m
02-3.3	Majoration pour raidisseurs verticaux dans éléments coffrant parpaing d'angle	m
02-3.4	Protection de la maçonnerie enterrée par enduit d'imperméabilisation sur mur de soubassement	m^2
02-5-1	Dallage de 13 cm d'épaisseur en béton armé de TS pour la partie habitable compris hérisson de pierres sèches, lit de sable, film polyane et isolant R= 4 m^2.K/W, compris remontées périphériques	m^2
02-5-2	Dallage de 13 cm d'épaisseur en béton armé de TS pour le garage, compris hérisson de pierres sèches, lit de sable, film polyane	m^2
02-5-3	Dallage de 13 cm d'épaisseur en béton armé de TS pour la terrasse, compris hérisson de pierres sèches, lit de sable, film polyane	m^2
02-6-1	Arase étanche par film bitumeux déroulé sur chaînages bas	m
02-6-2	Maçonnerie de BBM creux de 20/20/50 hourdés au mortier de ciment	m^2
02-6-3	Plancher hourdis type 15 + 5 pour le plancher bas de l'étage	m^2
02-6-3-1	Majoration pour chevêtre, compris béton, armatures et coffrage soignée des joues	U
02-6-4-1	Chaînages horizontaux en béton armé compris béton et armatures	m
02-6-4-2	Raidisseurs verticaux	m
02-6-4-3	Linteaux en béton armé dans des blocs « U »	m
02-7-1	Arasement des pointes de pignons après la pose des fermettes, compris béton, coffrage et armatures pour les pignons de l'étage	m
02-7-2	Seuil de porte plat de marche en pierre	m
02-7-3	Appuis de fenêtre en béton préfabriqué	m
02-8-1	Enduits extérieurs monocouche, finition grattée pour façade, compris mise en place d'un grillage à maille fine en polyéthylène sur les ouvrages béton et jonction avec la maçonnerie	m^2
02-8-2	Enduits faibles largeurs en tableaux et voussures	m
02-8-3	Majoration pour baguettes d'angles	m

1.2 Terrassements

Remarque : en pratique, la réalisation de la plate-forme n'est pas intégrée dans le même paragraphe que les fouilles en rigoles, mais ici, les ouvrages élémentaires du terrassement sont regroupés afin de montrer la continuité des travaux.

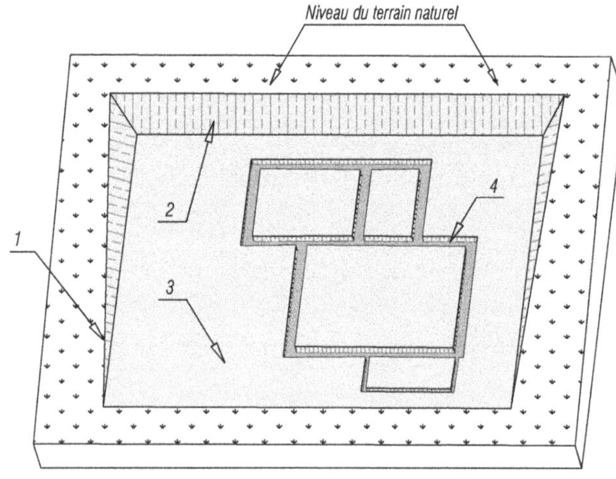

1 : Décapage de la terre végétale

2 : Talus de raccordement entre terrain naturel et plate-forme

3 : Plate-forme

4 : Fouilles en rigoles

Remarque : remblais et évacuation des terres ne sont pas représentés sur cette figure

Figure 3.1.9 – Perspective des articles du terrassement

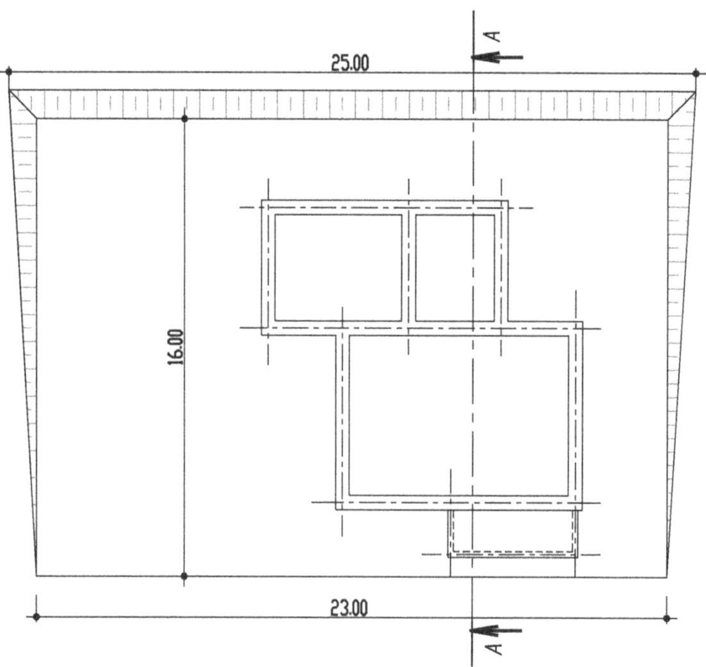

Figure 3.1.10 – Terrassements (plate-forme et fouilles en rigoles) en plan

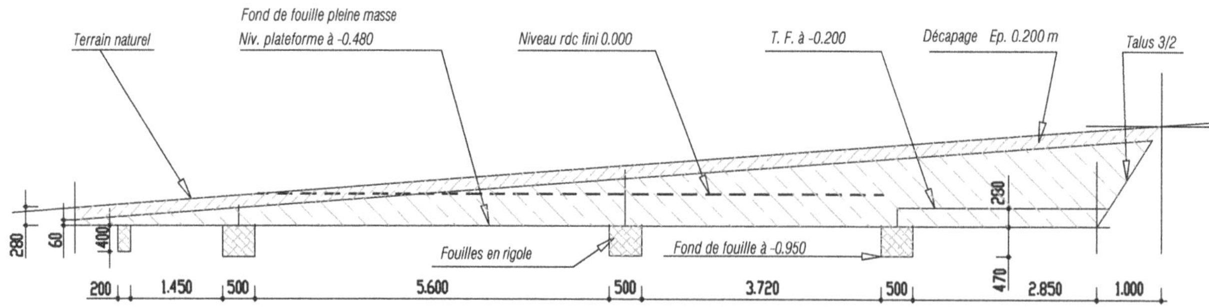

Figure 3.1.11 – Terrassements selon la coupe A-A

1.2.1 Décapage de la terre végétale

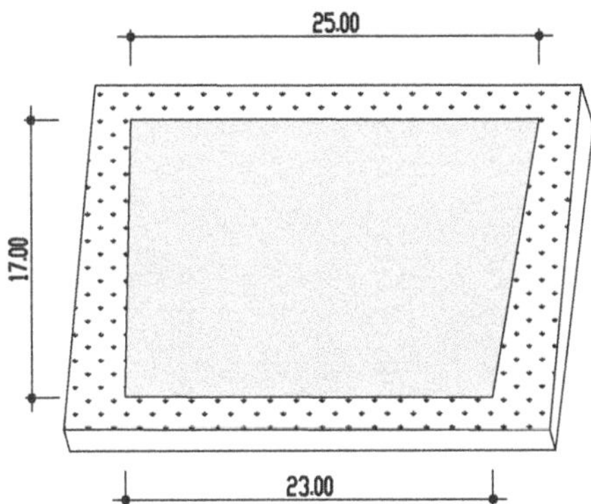

Figure 3.1.12 – Surface du décapage

Remarque : c'est un trapèze en plan. Il est déformé sur cette figure car il est représenté en perspective.

Code	Désignation	Nbre	Long.	Larg.	Haut.	S-total	U	Qté
01-2.1	Décapage de la terre végétale exécuté à l'engin mécanique sur une épaisseur moyenne de 20 cm							
	(trapèze calculé comme un rectangle dont la longueur est égale à la moyenne des bases)							
	Longueur moyenne ½ somme des longueurs (25.00 + 23.00) / 2		24.00					
	x par la largeur = surface			17.00			m^2	**408.00**

1.2.2 Fouilles en pleine masse

Elles correspondent à la réalisation de la plate-forme.

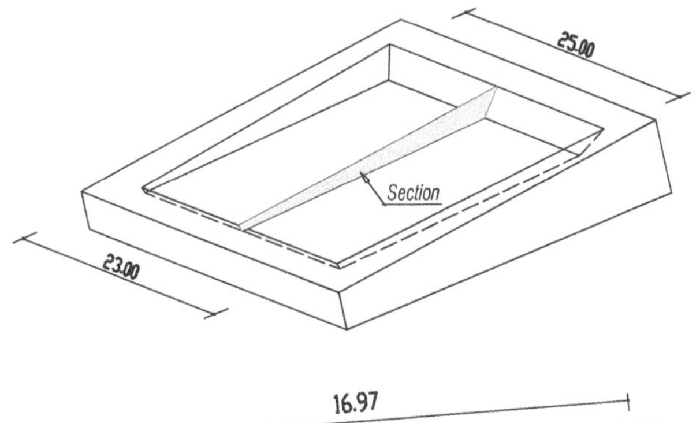

Figure 3.1.13 – Perspective des fouilles en pleine masse pour la plate-forme

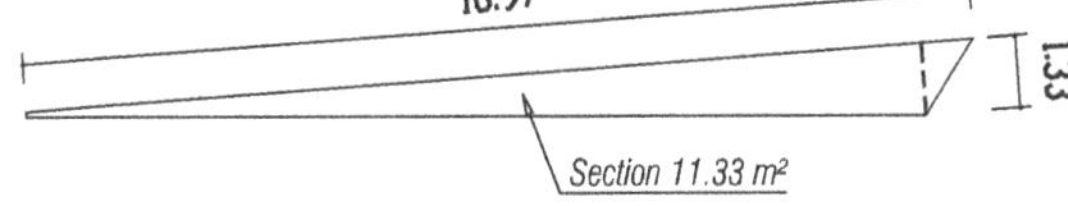

Figure 3.1.14 – Section des fouilles en pleine masse

Même si c'est un quadrilatère, la section peut être assimilée à un rectangle dont on connaît la base et la hauteur. Le volume peut être calculé comme la section (ou profil) x par la moyenne des longueurs.

Code	Désignation	Nbre	Long.	Larg.	Haut.	S-total	U	Qté
01-2.2	Fouilles en pleine masse, exécutées à l'engin mécanique en terraln de classe B pour la réalisation de la plate-forme, compris façons de talutage							
	Section (16.97 x 1.33 / 2)					11.33		
	x par la ½ somme des longueurs (25.00 + 23.00) / 2 = cube		24.00				m^3	**271.920**

1.2.3 Fouilles en rigoles

Leurs dimensions sont déduites des terrassements déjà effectués et des fondations à réaliser.

Dans cet exemple, les dimensions extérieures sont prises entre axes.

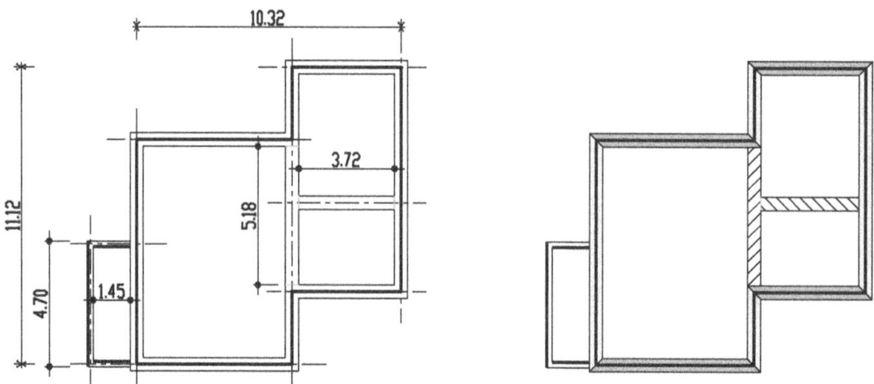

Figure 3.1.15 – Vue en plan et mode de décomposition des fouilles en rigole (entre axes pour l'extérieur et HO-DO sous les refends)

Les deux croquis ci-dessous montrent la déduction de la section des fouilles à partir des fondations à réaliser.

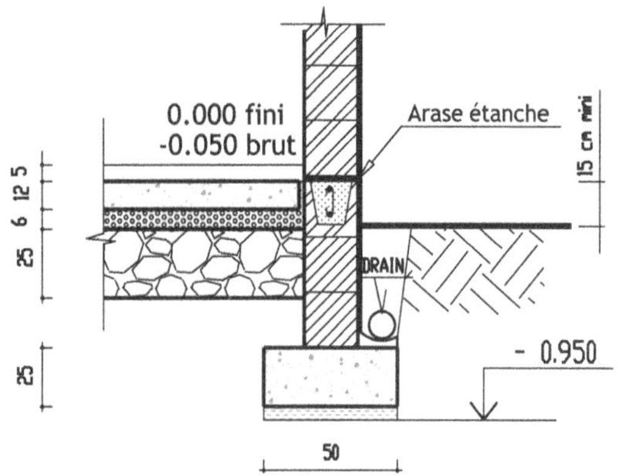

Figure 3.1.16 – Fondations à réaliser

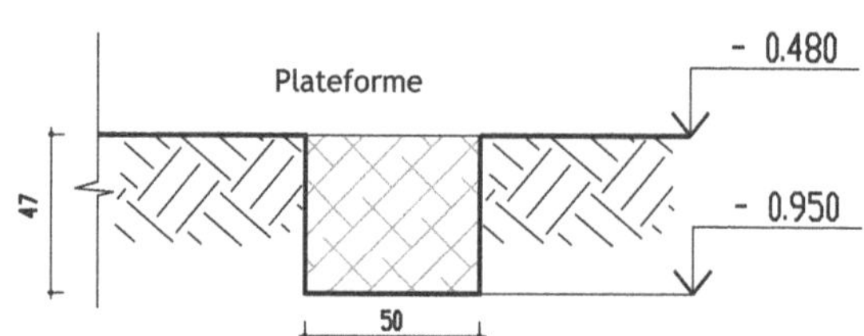

Figure 3.1.17 – Section des fouilles en rigoles

Code	Désignation	Nbre	Long.	Larg.	Haut.	S-total	U	Qté
02-1.1	Fouilles en rigoles exécutées à l'engin mécanique en terrain de classe B pour semelles filantes et bêches							
	a - <u>Section 50/47</u> pour semelles filantes							
	Linéaire entre axes	2	10.32			20.64		
	Linéaire entre axes	2	11.12			22.24		
	Linéaire DO	1	3.72			3.72		
	Linéaire DO	1	5.18			5.18		
	Linéaire total					51.78		
	x par la largeur de fouilles 0,50 = surface			0.50		25.89		
	x par la hauteur 0,47 = cube				0.47	12.168	(a)	
	b - <u>Section 20/40</u> pour bêches en limite de la terrasse							
	Linéaire HO	1	4.70			4.70		
	Linéaire DO (1,80 – (0,10 + 0,25))	2	1.45			2.90		
	Linéaire total					7.60		

Code	Désignation	Nbre	Long.	Larg.	Haut.	S-total	U	Qté
	x par la largeur[1] de fouilles 0,20 = surface			0.20		1.52		
	x par la hauteur 0,40 = cube				0.40	0.608	(b)	
	Cube total fouilles en rigoles (a + b)						m³	**12.776**

1.2.4 *Remblais*

Ils sont effectués pour combler, après réalisation des OE de la maçonnerie en fondation, les vides laissés par les fouilles précédentes[2]. Il faut distinguer les remblais avec reprise de terres du chantier et les remblais en fourniture (extérieur au chantier).

Le calcul ci-dessous n'est pas précis au 1/10e de m³ près car il tient compte uniquement de la remise à niveau de la plate-forme. Pour être très précis, il faudrait tenir compte des remblais intérieurs et des drains périphériques des canalisations des EP.

Code	Désignation	Nbre	Long.	Larg.	Haut.	S-total	U	Qté
02-1.3	Remblais soigneusement égalisés, en périphérie de la construction, avec reprise de terre et une épaisseur minimale de 20 cm de terre végétale sur la surface remblayée							
	Reprendre surface plate-forme S 01-2.1					408.00	(a)	
	Déduire emprise bâtiment							
	Terrasse		4.70	1.80		8.46		
	Zone séjour		8.60	6.10		52.46		
			2.72	0.20		0.54		
	Zone garage		8.60	4.42		38.10		
	Surface totale à déduire					99.48	(b)	
	Reste (a – b) surface à remblayer					308.52		
	x par la hauteur 0,28 = cube des remblais				0.28		m³	**86.387**

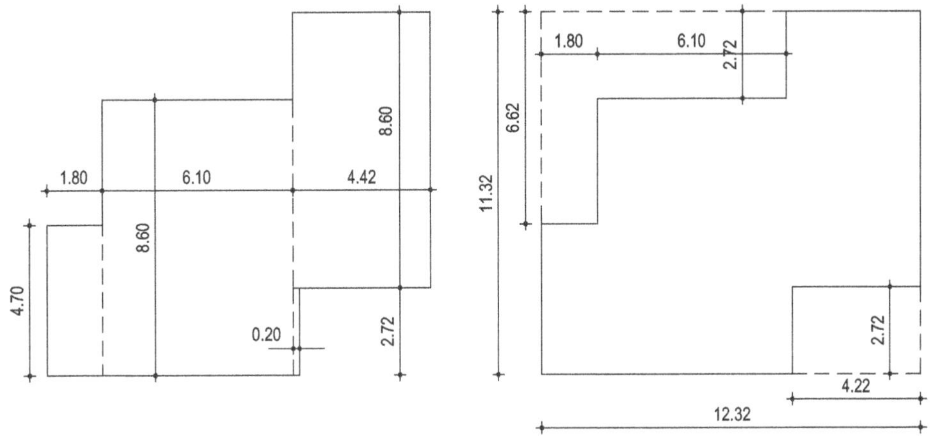

Figure 3.1.18 – Détail du calcul de la surface d'emprise du bâtiment (comptée HO des murs, selon deux décompositions possibles)

1.2.5 *Évacuation des terres en excès*

Le volume à calculer correspond au volume total des fouilles duquel on déduit le volume des terres utilisé pour les remblais. Le volume ainsi obtenu est multiplié par un coefficient de foisonnement qui dépend de la nature du sol. Ce coefficient tient compte de l'augmentation de volume liée à son extraction, de son volume initial à sa mise en dépôt. À l'inverse de l'extraction, le remblaiement d'un trou nécessite un volume de terre supérieur au volume du trou.

1. Calcul selon la dimension indiquée sur le plan même si c'est différent lors de l'exécution.
2. Certaines parties théoriques, en particulier les remblais intérieurs et extérieurs le long des murs ne sont pas prises en compte.

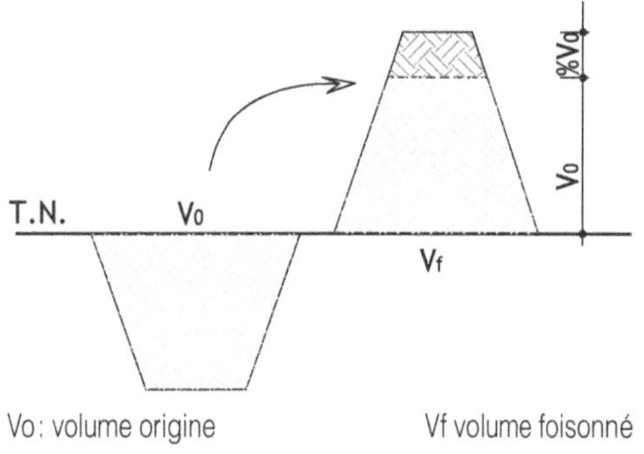

Figure 3.1.19 – Schéma du foisonnement lors du creusement des fouilles

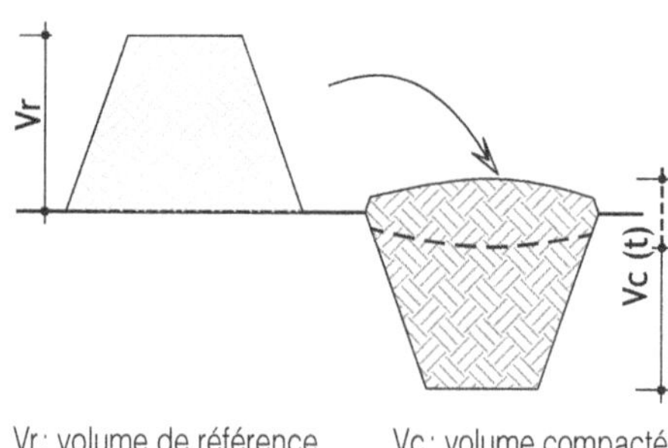

Figure 3.1.20 – Volume après compactage (ou tassement)

Pour l'évacuation des terres en excès, Vo correspond au volume initial des fouilles. Le volume foisonné, Vf, est alors égal à Vo plus un pourcentage de foisonnement de Vo : Vo (1 + %f). (1 + %f) correspond au coefficient de foisonnement Kf.

Nature su sol	Kf
Argiles, limons, sables argileux	1,25
Sable et graves sableuses	1,10
Sols meubles consolidés ou argiles et marnes en motte	1,35
Sols rocheux défoncés au rippeur, roches altérées	1,30
Matériaux rocheux de carrière	1,40

De même, le volume à prévoir pour le remblaiement, qui est compacté, doit être supérieur au volume à remblayer. Selon que le volume de référence est le volume foisonné ou le volume à remblayer, le coefficient à appliquer est différent.

Code	Désignation	Nbre	Long.	Larg.	Haut.	S-total	U	Qté
02-1.4	Évacuation des terres excédentaires à la décharge publique							
	Total des fouilles							
	Rep surface du décapage rep. S 01-2.1					408.00		
	x par la hauteur 0,20 m = cube				0.20	81.600		
	Rep volume des fouilles en pleine masse rep. V 01-2.2					271.920		
	Rep volume des fouilles en rigoles rep. V 02-1.1					12.776		
	Ensemble volumes des fouilles					366.296	(a)	
	Déduire le volume des remblais rep V 02-1.3					86.387	(b)	
	Reste à évacuer a – b					279.910		
	x par le foisonnement de 1.25						m³	**349.887**

1.3 Fondations et soubassements

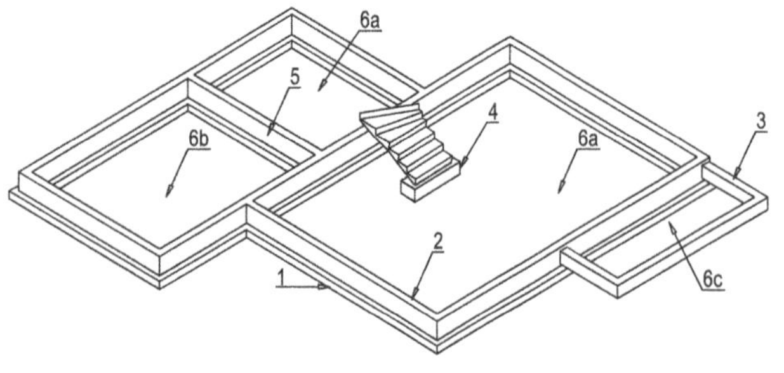

1 : Semelles filantes

2 : Mur de soubassement

3 : Bêche en limite de la terrasse

4 : Massif en béton armé sous le départ de l'escalier

5 : Mur de refend

6a : Dallage pour partie habitable

6b : Dallage pour garage

6c : Dallage pour terrasse

Figure 3.1.21 – Perspective des ouvrages élémentaires à métrer

La vue en plan des fondations, réalisée par un bureau d'études structure, est déduit à la fois de la structure du bâtiment et de l'étude géotechnique.

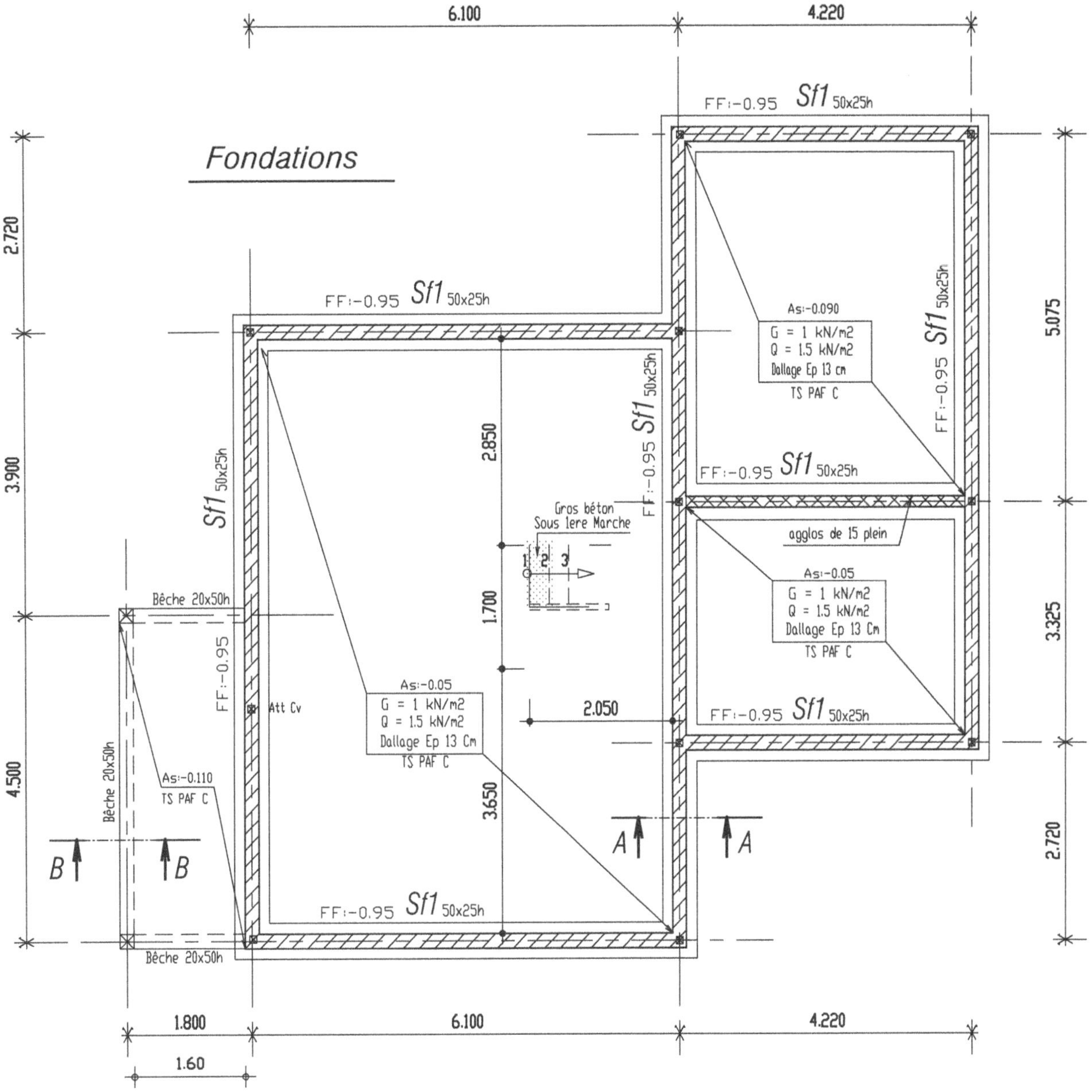

Figure 3.1.22 – Vue en plan des fondations

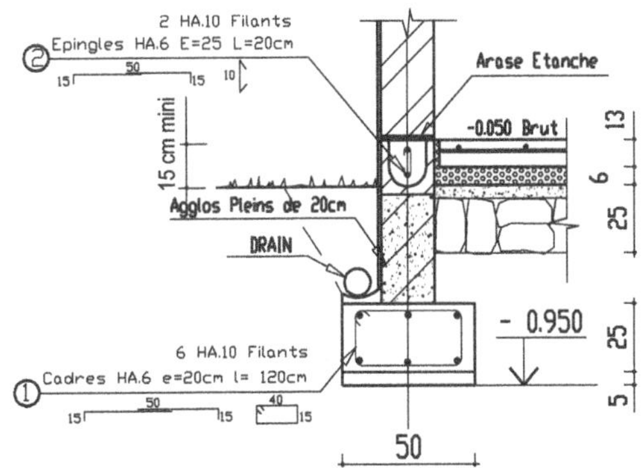

Figure 3.1.23 – Section A-A

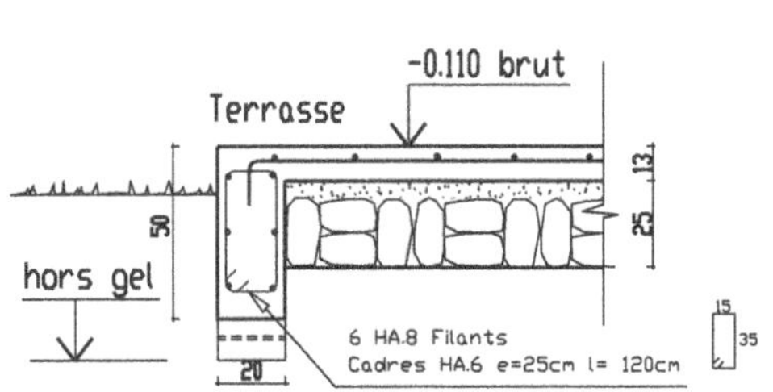

Figure 3.1.24 – Section B-B

1.3.1 Béton de propreté

Évalué au m² en précisant son épaisseur, sa surface horizontale correspond à la surface horizontale des fouilles en rigoles. Il suffit de reprendre la surface déjà calculée.

Code	Désignation	Nbre	Long.	Larg.	Haut.	S-total	U	Qté
02-2.1	Béton de propreté, ep mini de 5 cm, ou gros béton de cailloux coulé en pleines fouilles							
	Pour les semelles filantes, rep. S 02-1.1-a					25.89	(a)	
	Pour les bêches[1], rep. S 02-1.1-b					1.52	(b)	
	Ens. a + b						m²	**27.41**

1.3.2 Béton armé pour semelles filantes

Comme elles sont coulées en pleines fouilles, il n'y a pas de coffrage. Soit il y a un seul article comprenant le béton et les armatures, soit il y a un résultat pour chaque élément. Pour les armatures, il suffit de reprendre le cube de béton fois le ratio d'armatures.

Code	Désignation	Nbre	Long.	Larg.	Haut.	S-total	U	Qté
02-2.2	Semelles filantes en béton armé, coulé en pleines fouilles, compris béton et armatures H.A. (ratio 50 kg/m³)							
	Surface rep. S 02-1.1-a					25.89		
	x par la hauteur 0,25 = cube				0.25		m³	**6.473**

1.3.3 Béton armé pour bêche

Code	Désignation	Nbre	Long.	Larg.	Haut.	S-total	U	Qté
02-2.3	Bêche en béton armé compris béton, coffrage et armatures							
	Linéaire HO	1	4.70			4.70		
	Linéaire DO	2	1.60			3.20		
	Linéaire total[2]					7.90		
	x par la hauteur 0,50				0.50	3.95		
	x par l'épaisseur de la bêche 0,20 = cube			0.20			m³	**0.790**

1.3.4 Béton armé pour massif sous le départ de l'escalier

Il est évalué à l'unité, compris béton, armatures et coffrage ordinaire.

1.3.5 Murs de soubassement

Ce linéaire est légèrement différent du linéaire extérieur des semelles filantes. Mais, si les axes des murs sont identiques aux axes des semelles filantes, alors les linéaires sont égaux et seuls les linéaires intérieurs sont différents.

La hauteur est déduite de la section AA (en général, un multiple de 20 ou de 25 s'ils sont réalisés avec des blocs).

1. En théorie, il faudrait compter cet article à part, au m³, car son épaisseur est supérieure à 5 cm, pour atteindre la profondeur hors gel.
2. Ce linéaire est légèrement différent des fouilles pour la bêche car celles-ci sont comptées hors œuvre des fouilles pour semelles filantes. Cet écart est négligeable. Il est mentionné pour indiquer le lien entre les articles.

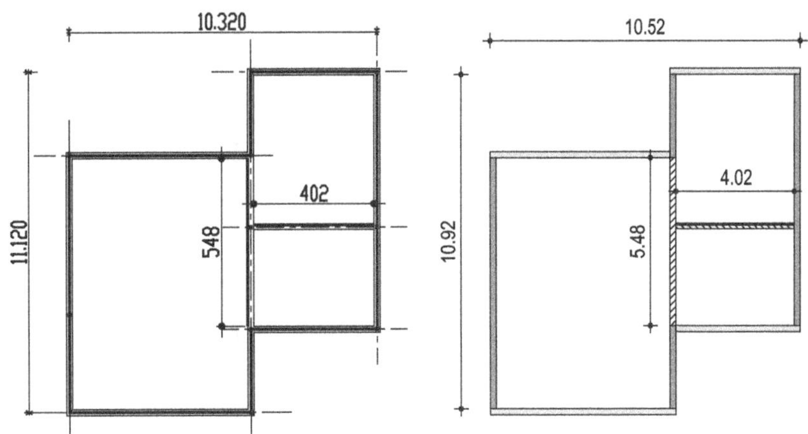

Figure 3.1.25 – Décomposition des murs de soubassement, selon deux options (soit entre axes soit HO-DO pour les murs extérieurs et HO-DO pour les murs des refends)

Dimensions extérieures prises entre axes.

Code	Désignation	Nbre	Long.	Larg.	Haut.	S-total	U	Qté
02-3.1	Murs de soubassement en BBM hourdés au mortier de ciment							
02-3.1.1	BBM de 20/20/40 de -0,65 m à -0,25 m							
	Linéaire HO	2	10.32			20.64		
	Linéaire HO	2	11.12			22.24		
	Linéaire DO	1	5.48			5.48		
	Linéaire total					48.36		
	x par la hauteur de 0.40 (0,65 – 0,25) = surface				0.40		m²	**19.34**
02-3.1.2	BBM de 15/20/40 de -0,65 m à -0,25 m							
	Linéaire DO	1	4.02					
	x par la hauteur de 0.40 = surface				0.40		m²	**1.61**

1.3.6 Chaînage en béton armé

Comme ils sont alignés avec les murs de soubassement, ils ont le même linéaire.

Code	Désignation	Nbre	Long.	Larg.	Haut.	S-total	U	Qté
02-3.2	Chaînage bas en béton armé dans blocs « U » compris béton et armatures							
	Longueur : rep.L 02-3.1						m	**52.38**

1.3.7 Majoration pour raidisseurs verticaux

Code	Désignation	Nbre	Long.	Larg.	Haut.	S-total	U	Qté
02-3.3	Majoration pour raidisseurs verticaux compris béton et armatures							
	Hauteur				0.40			
	Nombre	11						
	Longueur totale						m	**4.40**

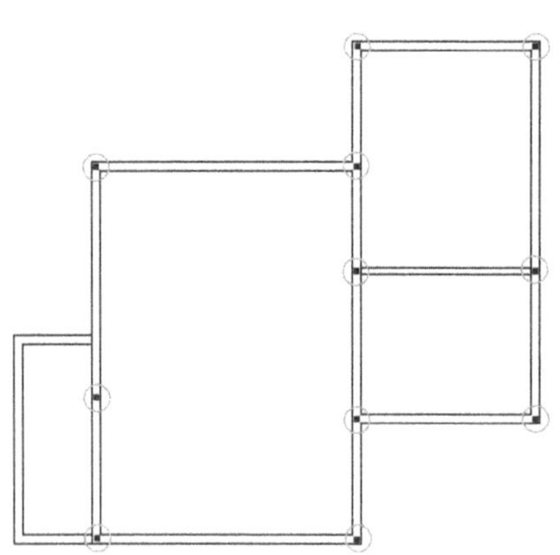

Figure 3.1.26 – Repérage des raidisseurs verticaux

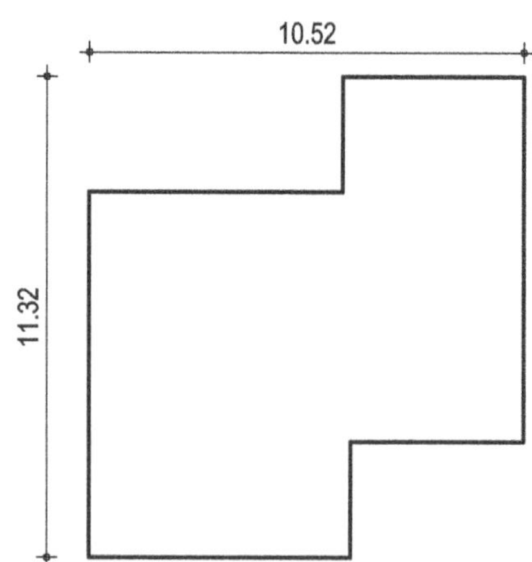

Figure 3.1.27 – Linéaire de l'extérieur des murs enterrés

1.3.8 Protection de la maçonnerie enterrée

Code	Désignation	Nbre	Long.	Larg.	Haut.	S-total	U	Qté
02-3.4	Protection contre l'humidité de la maçonnerie enterrée							
	Linéaire	2	10.52			21.04		
	Linéaire	2	11.32			22.64		
	Linéaire total					43.68		
	x par la hauteur de 0,60 = surface				0.60		m²	**26.21**

1.4 Dallages

Ils sont comptés dans œuvre des murs (désolidarisés des murs).

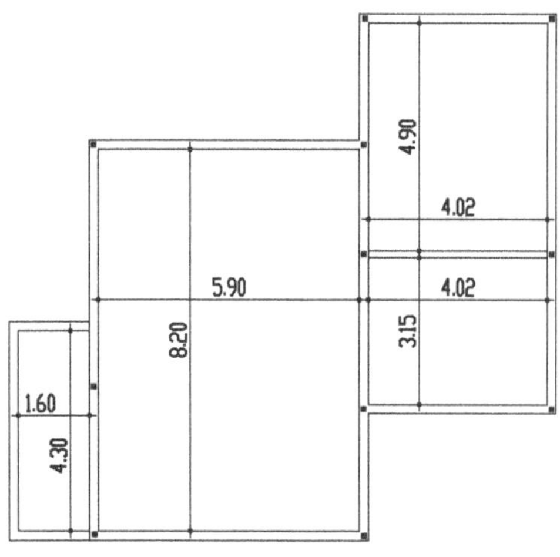

Figure 3.1.28 – Cotations pour le calcul des surfaces de dallage

Code	Désignation	Nbre	Long.	Larg.	Haut.	S-total	U	Qté
02-5-1	Dallage de 13 cm d'épaisseur en béton armé de TS pour la partie habitable compris hérisson de pierres sèches, lit de sable, film polyane et isolant R= 4 m².K/W							
	Surface DO zone séjour		8.20	5.90		48.38	(a)	
	Zone ch1		4.02	3.15		12.66	(b)	
	Ens a + b						m²	**61.04**

Code	Désignation	Nbre	Long.	Larg.	Haut.	S-total	U	Qté
02-5-2	Dallage de 13 cm d'épaisseur en béton armé de TS pour le garage, compris hérisson de pierres sèches, lit de sable, film polyane							
	Surface DO		4.90	4.02			m²	**19.70**
02-5-3	Dallage de 13 cm d'épaisseur en béton armé de TS pour la terrasse, compris hérisson de pierres sèches, lit de sable, film polyane							
	Surface DO		4.30	1.60			m²	**6.88**

1.4.1 Traitement anti-termites

Sans objet.

1.5 Structure en élévation

1.5.1 Perspectives et plans complémentaires pour réaliser l'avant-métré

Elles ne figurent pas dans le DCE mais elles sont insérées dans ce paragraphe afin d'en améliorer la compréhension.

Figure 3.1.29 – Perspective de la maçonnerie en élévation

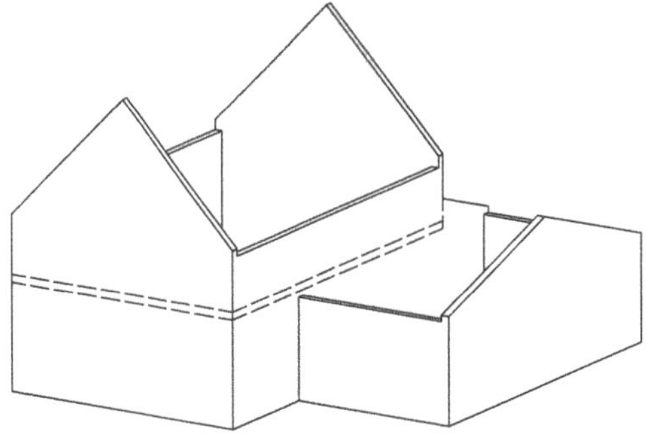

Figure 3.1.30 – Perspective de la maçonnerie dite aveugle (sans ouverture)

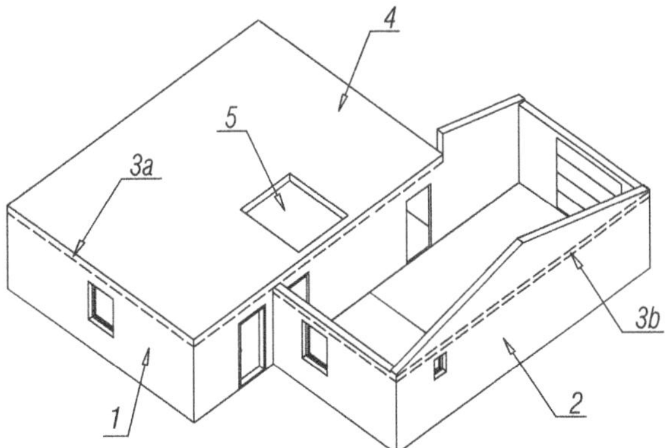

1 : Mur de hauteur constante

2 : Mur pignon

3a : Chaînage en limite du plancher hourdis

3b : Chaînage courant des murs

4 : Plancher hourdis

5 : Trémie (réservation) pour le passage entre les 2 niveaux

Figure 3.1.31 – Maçonnerie sans les murs de l'étage

1.5.2 Plan de coffrage

En complément des plans d'architecte, les plans de coffrage sont inclus dans le dossier. Le plan de coffrage peut être considéré comme une coupe horizontale vue de dessous, une fois les ouvrages de maçonnerie réalisés (béton coulé et décoffré).

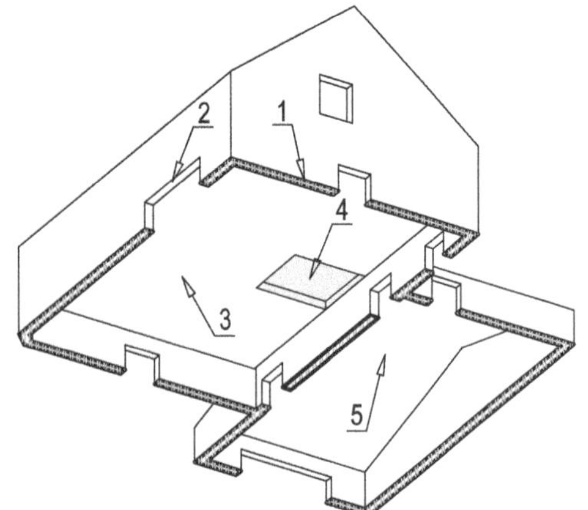

1 : Mur coupé (trait de 0.5 ou 0.7)

2 : Arêtes du linteau, en arrière du plan de coupe (trait de 0.3 ou 0.35)

3 : Plancher hourdis

4 : Trémie d'escalier contour en traits continus et pochage particulier pour indiquer que c'est une réservation de l'épaisseur totale du plancher (voir Figure 3.1.33)

5 : Vide sous charpente (absence de plancher)

Figure 3.1.32 – Éléments à représenter sur la vue en plan du coffrage du plancher haut du RdC

Cette vue en plan est nommée « plancher haut », suivi de nom de l'étage où a lieu la coupe.

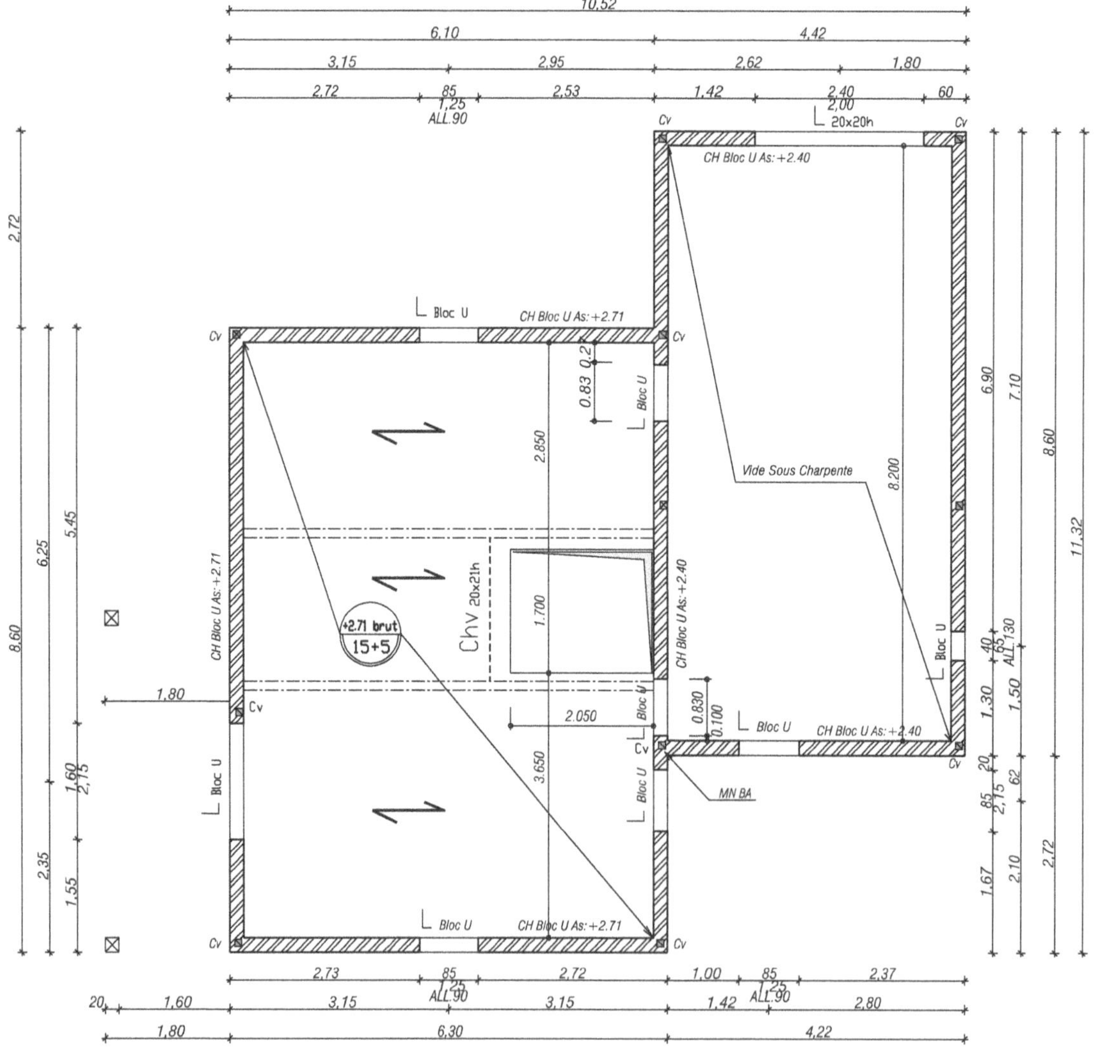

Figure 3.1.33 – Plan de coffrage du plancher haut du RdC

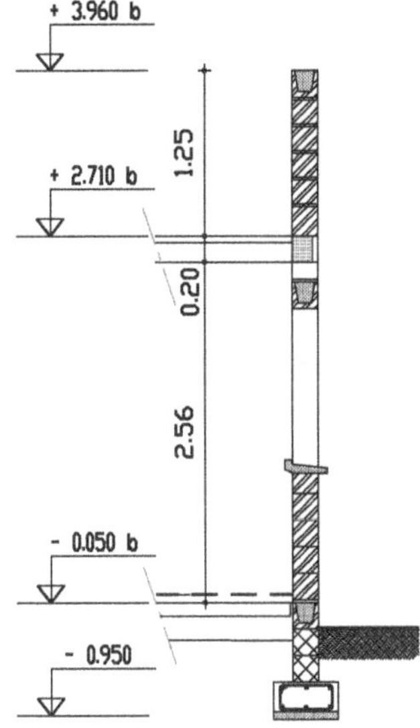

Figure 3.1.34 – Coupe verticale type

1.5.3 Arase étanche

Code	Désignation	Nbre	Long.	Larg.	Haut.	S-total	U	Qté
02-6-1	Arase étanche par film bitumeux déroulé sur chaînage bas Longueur : rep.L 02-3-1						m	52.38

1.5.4 Perspectives et cotations de la maçonnerie

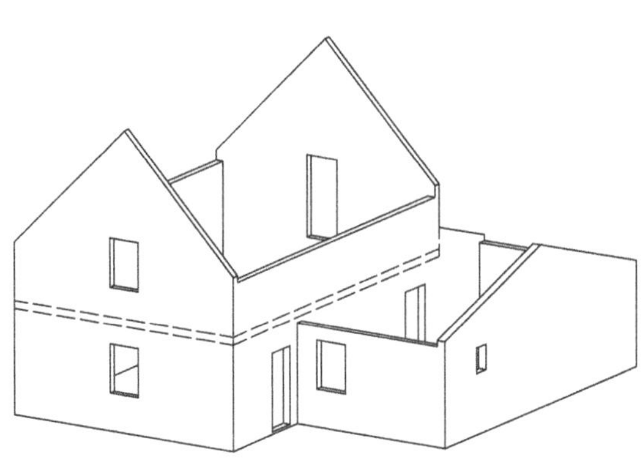

Figure 3.1.35 – Perspective de l'ensemble des murs

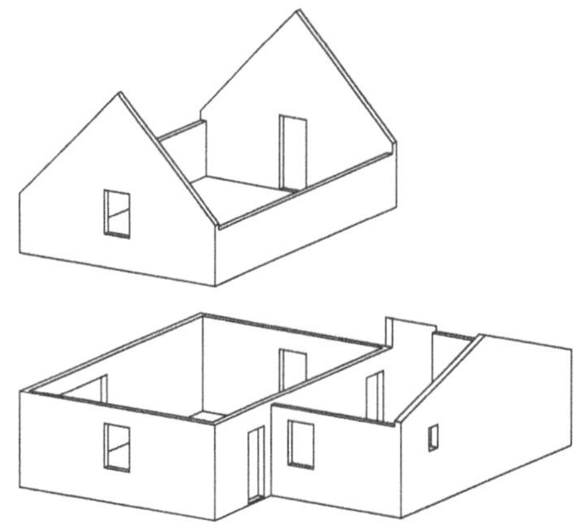

Figure 3.1.36 – Décomposition du calcul entre RdC et étage

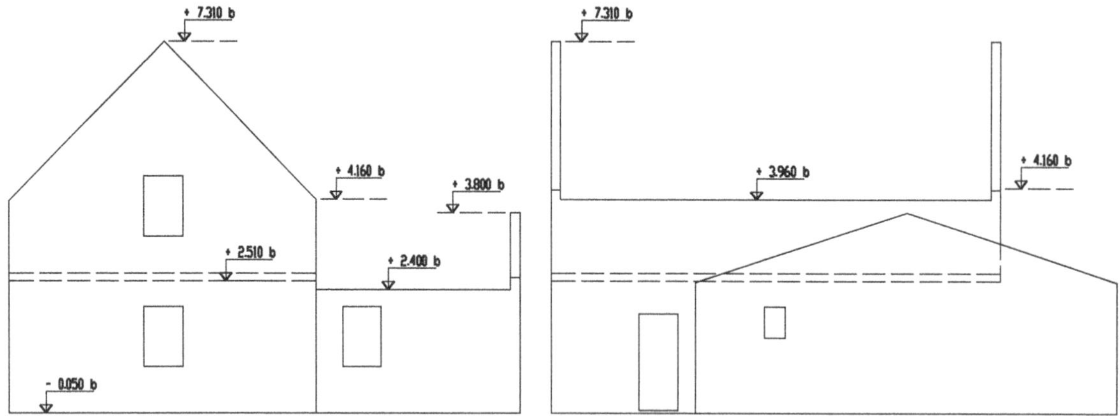

Figure 3.1.37 – Façades Sud et Est

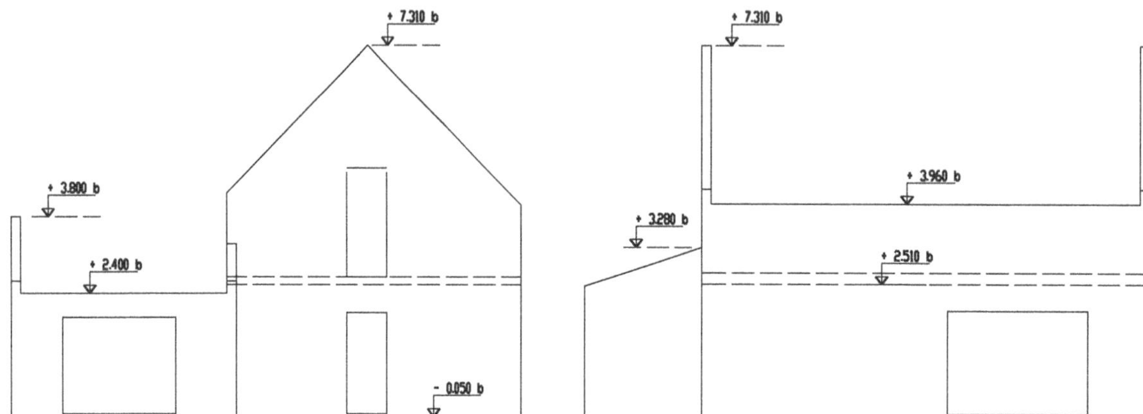

Figure 3.1.38 – Façades Nord et Ouest

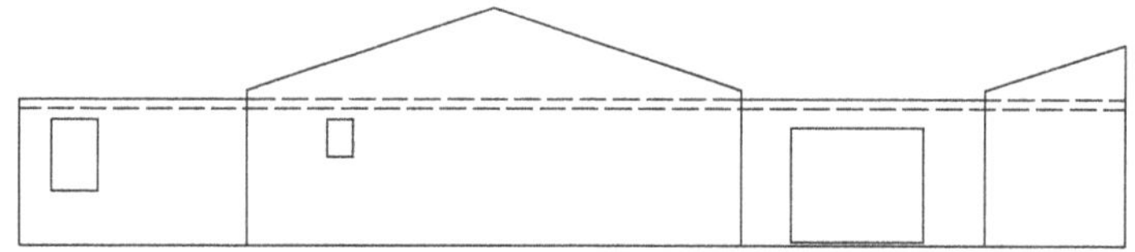

Figure 3.1.39 – Développé de la zone sans étage

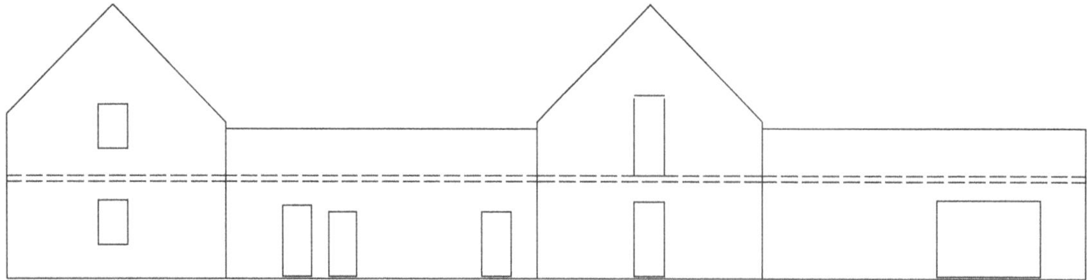

Figure 3.1.40 – Développé de la zone avec étage

Pour la suite, le calcul sera scindé en deux parties : une pour le RdC, l'autre pour l'étage.

1.5.5 Maçonnerie de BBM du RdC

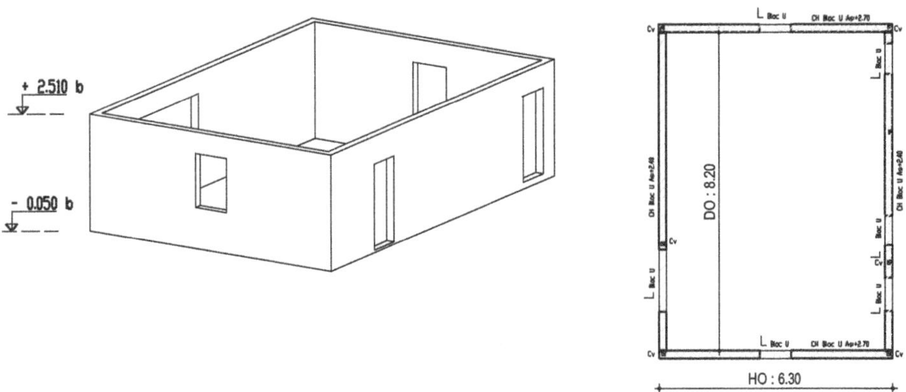

Figure 3.1.41 – Murs de hauteur constante pour la zone du séjour, en perspective et en plan

La surface aveugle est obtenue en multipliant la somme des linéaires par la hauteur brute, qui a pour valeur :

2.51 + 0.05 = 2.56 m

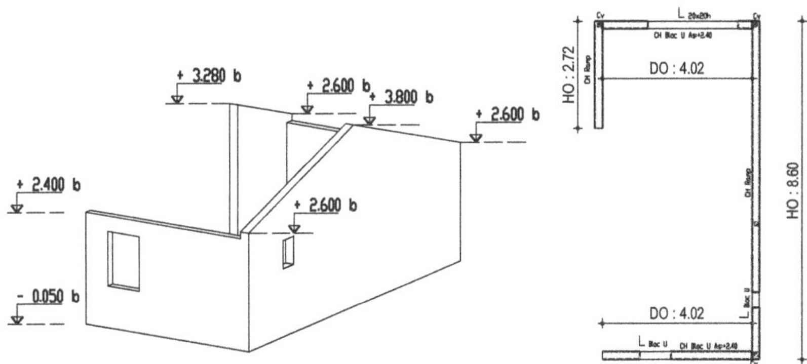

Figure 3.1.42 – Murs de hauteur variable pour la zone de la chambre et du garage

Pour cette zone, il ya deux murs gouttereaux de même hauteur et des murs dont l'arase supérieure suit la pente de la couverture.

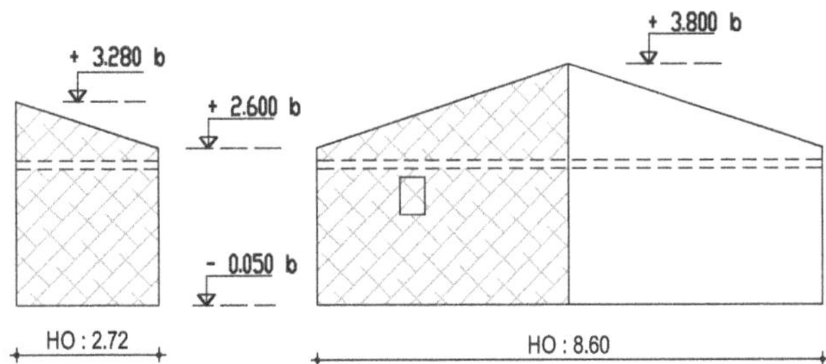

Figure 3.1.43 – Niveaux utilisés pour le calcul des pignons

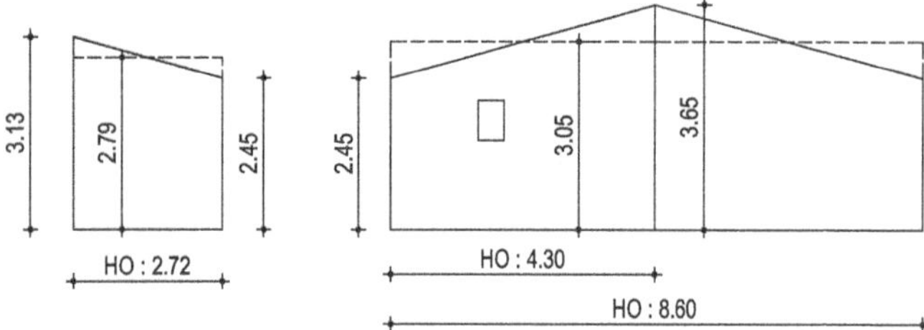

Figure 3.1.44 – Correspondances des cotes entre trapèzes et rectangles pour le calcul des surfaces des pignons

La surface du pignon tronqué est un trapèze, calculé comme un rectangle. Le pignon complet est la somme de deux trapèzes identiques ou d'un rectangle. Une autre décomposition est possible : rectangle plus triangle.

Après avoir calculé la surface aveugle, il faut déduire les baies, et les linteaux. Les chaînages sont déjà déduits dans la Figure 3.1.44.

Code	Désignation	Nbre	Long.	Larg.	Haut.	S-total	U	Qté
02-6-2	Maçonnerie de BBM creux de 20/20/50 hourdés au mortier de ciment							
	Rez-de-chaussée							
	Surface brute sans chaînages							
	Zone séjour, de -0,05 m à +2,51 m							
	Linéaire HO	2	6.30			12.60		
	Linéaire DO	2	8.20			16.40		
	Linéaire total					29.00		
	x par la hauteur 2,56 = surface				2.56	74.24		(a)
	Zone garage et chambre, de -0,05 m à +2,20 m							
	Surface HO (pignon complet)	1	8.60		3.05	26.23		
	Surface HO (pignon tronqué)	1	2.72		2.79	7.59		
	Surface DO (murs gouttereaux)	2	4.02		2.25	18.09		
	Total zone garage					51.91		(b)
	Ens. surface aveugle du RdC (a + b)					126.15		(A)
	À déduire							
	Les baies	2		0.85	1.37	2.33		
		1		2.40	2.20	5.28		
		2		0.85	2.20	3.74		
		1		2.40	2.05	4.92		
		1		0.40	0.67	0.27		
		2		0.83	2.10	3.49		
	Surface totale baies à déduire					20.02		(a)
	Les linteaux	2		1.25		2.50		
		1		2.88		2.88		
		2		1.25		2.50		
		1		2.60		2.60		
		1		0.80		0.80		
		2		1.20		2.40		
						13.68		L 02-6-2-1
	x par la hauteur[1] 0,20 m = surface des linteaux				0.20	2.74		(b)
	Ensemble des surfaces à déduire (a + b)					22.76		(B)
	Reste surface de la maçonnerie du RdC (A – B)					**103.39**		(C)

1. En toute rigueur, la hauteur du coffre du volet roulant est différente de 30 cm, ce qui implique une ligne supplémentaire.

1.5.6 Maçonnerie de BBM de l'étage

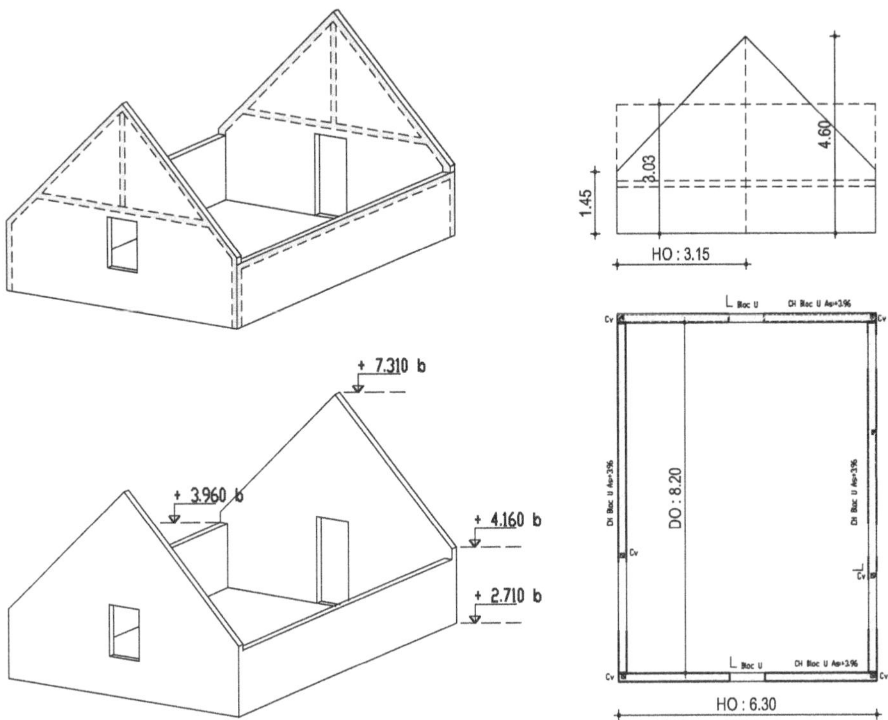

Figure 3.1.45 – Murs de l'étage, en perspectives, en plan et le détail du pignon en élévation

<u>Remarques</u> :

Pour un pignon, il y a 2 trapèzes. Pour 2 pignons, il y a donc 4 trapèzes, ou 2 rectangles si chaque pignon est assimilé à un rectangle.

La hauteur moyenne du trapèze des pignons est de 3.03 m sur la figure, mais de 2.83 m dans le tableau car il faut déduire les 20 cm du chaînage[1]. De même pour les murs gouttereaux, la différence de niveaux est de 1.25 m sur la figure, mais de 1.05 m pour le calcul.

Code	Désignation	Nbre	Long.	Larg.	Haut.	S-total	U	Qté
	<u>Étage</u>							
	Surface brute sans chaînages							
	Murs gouttereaux de +2,71 m à +3,96 m							
	Surface DO	2	8.20		1.05	17.22		(a)
	Murs pignon							
	Surface HO	2	6.30		2.83	35.60		(b)
	Surface totale brute (a + b) des murs de l'étage					52.82		(A)
	À déduire							
	Les baies	1		0.85	1.37	1.16		
		1		0.85	2.18	1.85		
	Surface totale baies					3.02		(a)
	Les linteaux							
	Linéaire	2	1.25			2.50		L 02-6-2-2
	Surface linteaux				0.20	0.50		(b)
	Surface totale à déduire (a + b)					3.52		(B)
	Reste surface maçonnerie étage (A – B)					**49.30**		(D)

1. Cette méthode est applicable dans les cas courants mais discutable ici, compte tenu à la fois de la présence des ouvertures, qui rendent le chaînage discontinu, et le pignon dont la pointe est très élevée. Ainsi, comme le montre la Figure 3.1.45, les chaînages horizontaux ne sont pas au même niveau.

1.5.7 Ensemble maçonnerie de BBM RdC plus l'étage

Code	Désignation	Nbre	Long.	Larg.	Haut.	S-total	U	Qté
	Surface maçonnerie du RdC					103.39		
	Surface maçonnerie de l'étage					49.30		
02-5-2	Surface totale C + D de la maçonnerie, RdC + étage						m²	**152.69**

1.5.8 Plancher bas de l'étage, hourdis type 15 + 5

Sa surface est comptée dans œuvre[1] des murs du RdC.

Code	Désignation	Nbre	Long.	Larg.	Haut.	S-total	U	Qté
02-5-3	Plancher hourdis type 15 + 5 pour le plancher bas de l'étage							
	Surface DO		8.20	6.10		50.02		(a)
	Déduire la trémie		2.05	1.70		3.49		(b)
	Reste (a – b)						m²	**46.54**
	Majoration pour chevêtre, compris béton, armatures et coffrage soignée des joues						U	1

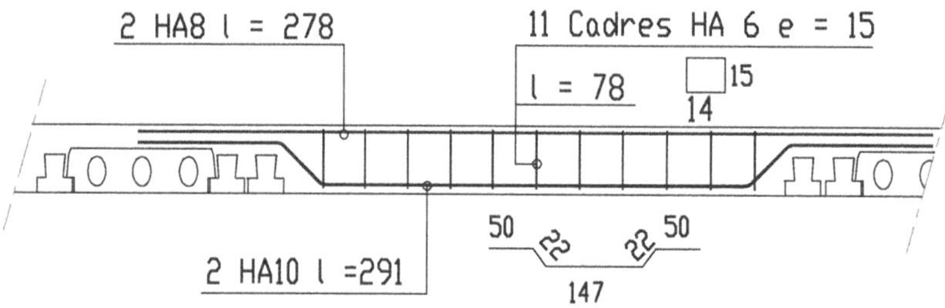

Figure 3.1.46 – Représentation du chevêtre

1.5.9 Chaînages horizontaux

Ils doivent être différenciés selon leur nature : coffrés par une planelle, inclus dans des blocs « U ».

Code	Désignation	Nbre	Long.	Larg.	Haut.	S-total	U	Qté
02-6-4-1	Chaînages horizontaux en béton armé compris béton et armatures							
	1-Chaînage section 16/20 coffré par planelles en périphérie du plancher hourdis, compris rupteur de pont thermique							
	Longueur HO	2	8.60			17.20		(a)
	Largeur DO	2	5.90			11.80		(b)
	Ensemble a + b						m	**29.00**
	2-Chaînage en blocs « U » du RdC							
	Zone garage et chambre							
	Linéaires des pignons	1	8.60			8.60		(a)
		1	2.72			2.72		(b)
	Linéaires des murs gouttereaux	2	4.02			8.04		(c)
	Ensemble a + b + c						m	**19.36**

1. Selon leurs types, les planchers peuvent être aussi comptés hors œuvre des murs, incluant les chaînages. Alors c'est le sous-détail de prix qui est adapté à ce mode de calcul.

Code	Désignation	Nbre	Long.	Larg.	Haut.	S-total	U	Qté
	3-Chaînage en blocs « U » de l'étage							
	Linéaires des pignons[1]	2	8.20			16.40		(a)
	Linéaires des murs gouttereaux	2	6.30			12.60		(b)
	Ensemble a + b						m	**29.00**

Remarque 1 : comme pour les linteaux, l'avant-métré peut être plus détaillé en séparant :

1. Les blocs au m.
2. Le béton au m³ (section 15 x 15 par défaut).
3. Les armatures au kg.

La section minimale des armatures est fixée par le DTU 20.1 à 1.5 cm² soit trois ∅ 8 HA ou deux ∅ 10 HA pour la zone sismique 0. Couramment, le ratio considéré est de 2.5 kg/m.

Remarque 2 : faire le total des chaînages n'a aucun sens car ils ont tous des déboursés différents.

1.5.10 *Majoration pour raidisseurs verticaux*

Code	Désignation	Nbre	Long.	Larg.	Haut.	S-total	U	Qté
02-6-4-2	Majoration pour raidisseurs verticaux							
	Hauteur de –0,05 m à +4,16 m en zone séjour : (4,16 + 0,05) – (chaînage de 0,20)							
	Hauteur de 2.40 pour pignons de l'étage	2			2.40	4.80		(a)
	Linéaire	6			4.01	24.06		(b)
	Hauteur de –0,06 m à +2,40 m en zone garage : 2,40 + 0,05 – 0,20 de chaînage							
	Linéaire	5			2.25	11.25		(c)
	Ensemble a + b + c						m	**40.11**

1.5.11 *Linteaux en blocs « U »*

C'est la somme des linéaires, qui a déjà été calculée dans l'article précédent. Il suffit de les reprendre.

Code	Désignation	Nbre	Long.	Larg.	Haut.	S-total	U	Qté
02-6-4-3	Linteaux en béton armé dans des blocs « U »							
	Linéaire rep L 02-6-2-1					13.68		
	Linéaire rep. L 02-6-2-2					2.50		
	Linéaire total des linteaux						m	**16.18**

1. Ce qui est une simplification compte tenu de sa position

1.6 Parachèvements, ouvrages divers

1.6.1 Arasement des pointes de pignon

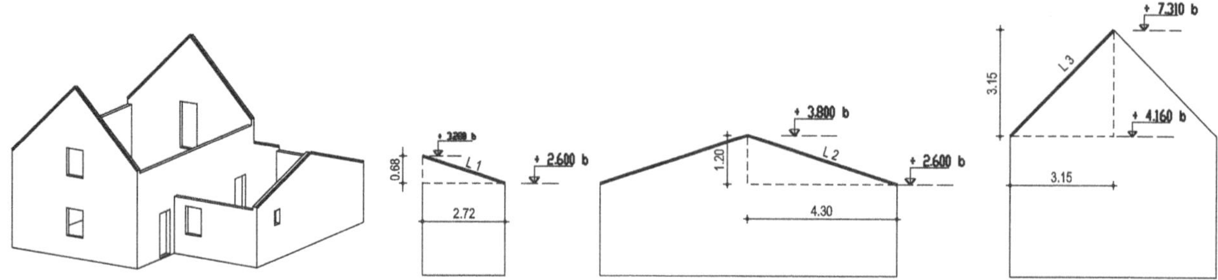

Figure 3.1.47 – Position et calcul des longueurs d'arasement des pointes de pignon

Le calcul des longueurs L1, L2 et L3 peut être fait en utilisant les pentes ou le théorème de Pythagore, mais aussi par la mesure sur les pignons.

Code	Désignation	Nbre	Long.	Larg.	Haut.	S-total	U	Qté
02-7-1	Arasement[1] des pointes de pignon							
02-7-1.1	Pour le RdC							
	L1	1	2.80			2.80		(a)
	L2	2	4.46			8.92		(b)
	Ens a + b						m	**11.72**
02-7-1.2	Pour l'étage : L3	4	4.45				m	**17.80**

1.6.2 Appuis de fenêtre

Code	Désignation	Nbre	Long.	Larg.	Haut.	S-total	U	Qté
02-7-2	Appuis de fenêtre en béton moulé							
	Linéaire	3		0.85		2.55		(a)
		1		0.40		0.40		(b)
	Ens a + b						m	**2.95**

1.6.3 Seuils de porte

Code	Désignation	Nbre	Long.	Larg.	Haut.	S-total	U	Qté
02-7-3	Seuils de porte							
02-7-3.1	Plat de marche en pierre							
	Linéaire (largeur nominale)	3		0.85		2.55		(a)
		1		2.40		2.40		(b)
	Ens a + b						m	**4.95**
02-7-3.1	En béton moulé						m	**3.25**

1. En deux sous-articles, compte tenu de leur mise en œuvre, même si cela a peu d'importance pour ce projet.

1.7 Ravalements

Cette partie est détaillée en surface courante, faibles largeurs et baguettes d'angles pour les angles saillants, même s'il n'y a qu'une seule ligne dans le DPGF qui englobe l'ensemble.

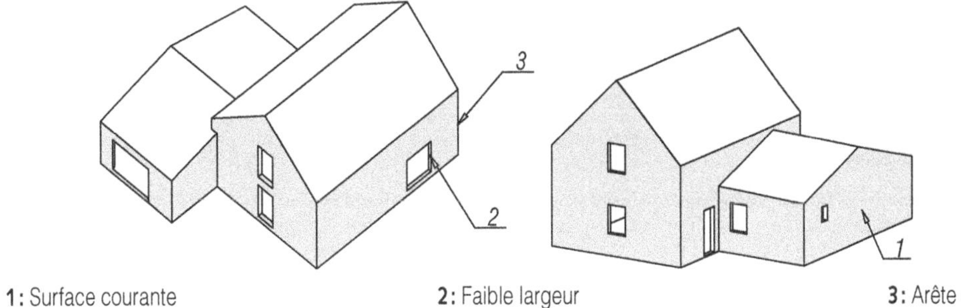

1 : Surface courante **2 :** Faible largeur **3 :** Arête

Figure 3.1.48 – Surface des enduits extérieurs

1.7.1 Surface courante

Il faut calculer la surface aveugle **SA**, à laquelle il faut déduire la surface des baies **SB**.

> **Remarque** : cette surface aveugle est différente de celle de la maçonnerie car les linéaires et les hauteurs sont différents. En effet, pour les enduits, les dimensions sont prises cotes finies vues.

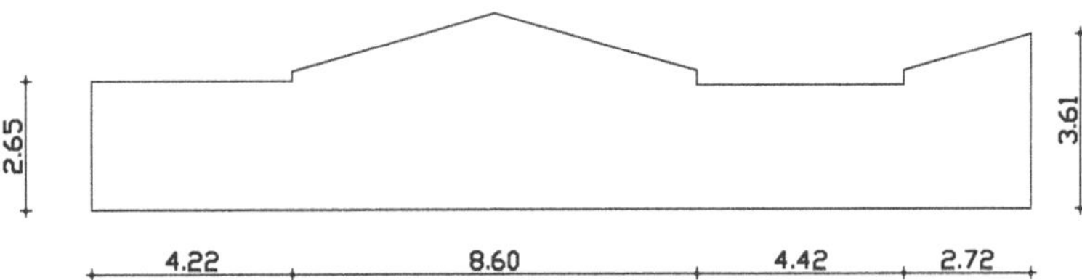

Figure 3.1.49 – Surface aveugle des murs limités par la couverture basse

Figure 3.1.50 – Emprise du garage à déduire

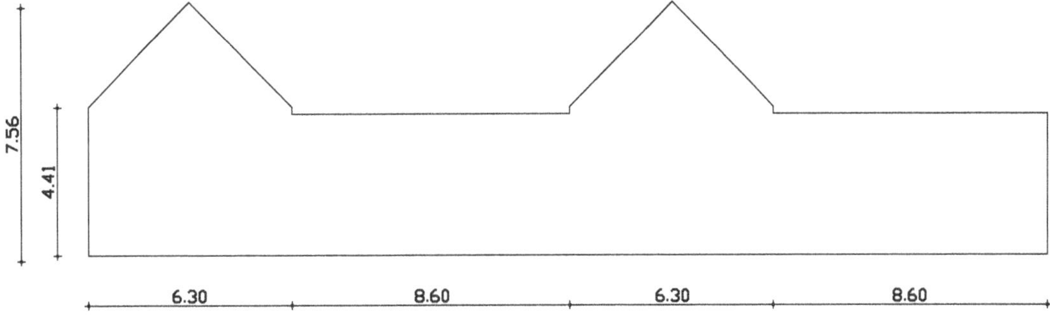

Figure 3.1.51 – Surface aveugle des murs avec étage avec représentation de l'emprise du garage

Pour le calcul des surfaces, les pignons seront calculés comme des rectangles. Selon les avants-toits, les hauteurs des angles peuvent être égaux.

Code	Désignation	Nbre	Long.	Larg.	Haut.	S-total	U	Qté
02-8-1	Enduits extérieurs							
02-8-1.1	Surface courantes							
	Surface aveugle des murs limités par la couverture basse							
	Murs gouttereaux	1	4.22		2.65	11.18	(a)	
		1	4.42		2.65	11.71	(b)	
	Pignon complet	1	8.60		3.45	29.67	(c)	
	Pignon partiel	1	2.72		3.23	8.79	(d)	
	Surface aveugle des murs avec étage							
	Murs gouttereaux	2	8.60	4.21		72.41	(e)	(a)
	Pignons[1]	2	6.30	5.99		75.41	(f)	
	Ensemble a +...+ f					209.18	(A)	
	Déduire emprise garage[2]	1	5.88	3.23		18.99	(B)	
	Reste A – B surface aveugle					190.18	(C)	
	Déduire les baies							
		3		0.85	1.25	3.19		(a)
		1		2.40	2.15	5.16		(b)
		3		0.85	2.15	5.48		(c)
		1		2.40	2.00	4.80		(d)
		1		0.40	0.55	0.22		(e)
	Ensemble a +...+ e des baies à déduire					18.85	(D)	
	Reste C-D						m²	**171.33**

1.7.2 *Enduits faibles largeurs*

Code	Désignation	Nbre	Long.	Larg.	Haut.	S-total	U	Qté
02-8-1.2	Enduits faibles largeurs en 0,22 m							
	Tableaux de baies	6			1.25	7.50	m	
		8			2.15	17.20	m	
		2			2.00	4.00	m	
		2			0.55	1.10	m	
	Sous faces linteaux	6	0.85			5.10	m	
		1	2.40			2.40	m	
		1	0.40			0.40	m	
	Linéaire total						m	**37.70**

1.7.3 *Majoration pour baguettes d'angles*

Code	Désignation	Nbre	Long.	Larg.	Haut.	S-total	U	Qté
02-8-1.3	Majoration pour baguettes d'angles							
	Linéaire des arêtes des baies, rep. L 02-8-1.2	1			37.70	37.70		
	Hauteurs des angles de la construction	3			4.41	13.23		
		3			2.85	8.55		
		1			0.50	0.50		
	Linéaire total						m	**59.98**

1. En toute rigueur, comme le montre la perspective de la Figure 3.1.48, les deux pignons ne sont pas identiques. Il faudrait déduire une surface d'environ 0.70 m² au pignon situé à coté de la porte du garage.

2. Assimiler cette surface à un rectangle est une approximation peu préjudiciable pour le résultat de cet article.

2. Esprit LOFT

2.1 Projet

Le projet « ESPRIT LOFT » est un ensemble immobilier comprenant 36 logements, 55 places de stationnement (41 en sous-sol et 14 en surface), un local à poubelles et un local à vélos. Il est composé de deux bâtiments séparés par un joint de dilatation, sur quatre niveaux dont un sous-sol, pour une surface de plancher de 2068 m^2.

2.1.1 Intervenants

Maître d'ouvrage

Maître de l'ouvrage
SCI D'ANVILLE 4
Groupe GEORGE SAS
34 Avenue Jean Monnet
17000 LA ROCHELLE

Maître d'œuvre

Architecte
GDV Architecture
S.C.P. - DUMET - VAULET
Bâtiment A – Rue des 3 Frères
17000 LA ROCHELLE

Conducteur d'opération

Bureau d'études Structures

Bureau d'études Thermique – Fluides -Electricité

Bureau de Contrôle

Coordonnateur Sécurité Protection de la Santé

Bureau de Coordination - OPC

2.1.2 Visuels et perspectives extérieurs du projet

Dans la chronologie de production des documents graphiques définissant le projet, ces visuels ne sont générés qu'au terme du processus de création de l'ouvrage. Ils ont cependant été insérés en premier afin de donner un aperçu du projet étudié.

2.1.2.1 Visuels

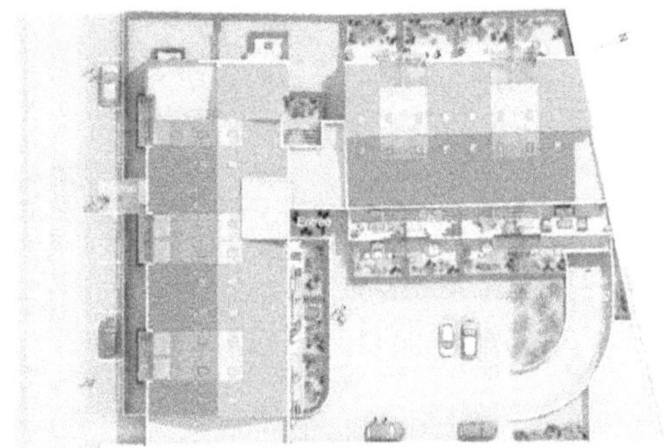

Figure 3.2.1 – Vue de dessus, à l'image d'un plan de masse

Figure 3.2.2 – Perspective côté cour intérieure

Figure 3.2.3 – Perspective côté terrain limitrophe et angle de rue

Figure 3.2.4 – Perspective rapprochée côté rue et stationnement

2.1.2.2 Perspectives extérieures

Figure 3.2.5 – Perspective type rendu

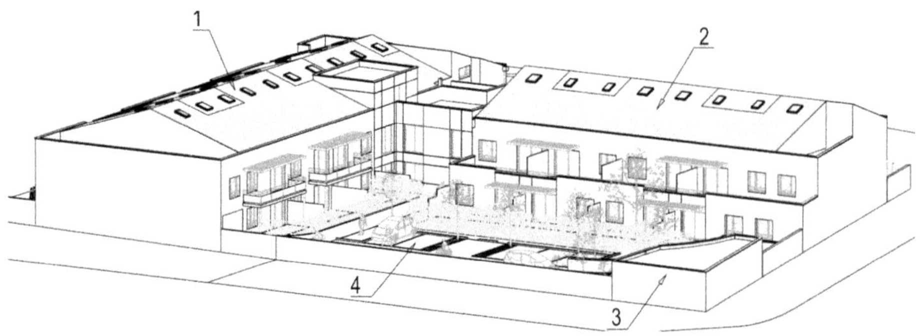

1: Bâtiment A

2: Bâtiment B

3: Local à poubelles et local à vélos

4: Stationnements en surface

Figure 3.2.6 – Perspective type lignes cachées, côté cour

2.1.3 DCE (dossier de consultation des entreprises)

2.1.3.1 Extraits des pièces écrites

- La lettre de consultations de l'appel d'offre qui précise les dates et cordonnées de la mise à disposition du dossier, de la remise de des offres
- Le CCAP (cahier des clauses administratives particulières) qui précise :

  La liste des lots
  L'objet du marché
    Les phases de travaux (délai prévisionnel d'exécution et hypothèse de démarrage
    Les coordonnées des participants à l'acte de construire : maître de l'ouvrage, architecte, bureau de contrôle, bureau de coordination, bureaux d'études : structures, thermique, fluides, électricité
    Le contrôle technique
  Les pièces constitutives du marché
  Le prix et le mode d'évaluation des ouvrages, la variation dans les prix le règlement des comptes
  Les délais d'exécution, les pénalités et primes.
  Les clauses de financement et de sureté
  La provenance, la qualité, le contrôle et la prise en charge des matériaux et produits
  La préparation, coordination et exécution des travaux
  Les contrôles et réception des travaux
  Une annexe qui précise la répartition des dépenses communes de chantier, (Compte prorata)

- Les CCTP (cahier des clauses techniques particulières) de chacun des lots :

  01 – VRD
  02 – Gros œuvre
  03 – Charpente
  04 – Couverture
  05 – Bardage extérieur
  06 – Étanchéité
  07 – Enduits extérieurs
  08 – Menuiseries extérieures logements aluminium (sauf verrières)
  09 – Menuiseries extérieures. Communs (compris verrières logements)
  10 – Serrurerie
  11 – Cloisons – doublages
  12 – Menuiseries intérieures
  13 – Électricité
  14 – Plomberie sanitaire – ventilation – chauffage
  15 – Revêtements de sols souples
  16 – Revêtements de sols carrelés
  17 – Peinture intérieure et extérieure
  18 – Isolation sous plancher
  19 – Cuisines aménagées
  20 – Ascenseur
  21 – Clôtures et portail motorise
  22 – Espaces verts

- L'étude énergétique du projet pour la conformité à la RT[1] 2012

  Coefficient Bbio : besoin bioclimatique conventionnel, exprimé en points, qui prend en compte les besoins en chauffage, refroidissement et d'éclairage artificiel

  Cep : consommations maximales d'énergie primaire

  Tic : température intérieure conventionnelle

1. Études de cas détaillées dans l'ouvrage intitulé « Plans topographiques, plans d'architecte, permis-de-construire & RT 2012 » aux éditions Eyrolles, <http://www.eyrolles.com/>.

- Le rapport d'étude géotechnique qui précise :

  La nature du sol, la présence d'eau dans le sol, les caractéristiques mécaniques du sol, la classification selon le risque sismique, la perméabilité des sols pour l'infiltration des eaux claires

  Les fondations de la structure : niveaux minimum d'assise, contraintes aux états limites, évaluation des tassements, conseils de mise en œuvre

  Les fondations des dallages

  Les terrassements

  Le prédimensionnement des chaussées et parkings : méthodologie, couche de forme, constitution des chaussées, couche de surface, couche de base, couche de fondation

- Le plan général de coordination sécurité et protection de la santé

  1 – Les renseignements généraux sur l'opération
  2 – L'organisation du chantier : mesures arrêtées par le maitre d'œuvre en concertation avec le coordonnateur SPS
  Les modalités d'accès des différents intervenants
  Les installations de chantier
  Les dangers lies à l'environnement du chantier
  3 – Les mesures de coordination prises par le coordonnateur SPS
  Conditions de stockage d'élimination ou d'évacuation des déchets et décombres
  Mesures prises en matière d'interactions sur le site
  4 – Les mesures générales prises pour assurer le maintien du chantier en bon ordre et en état de salubrité satisfaisant : opérations de bâtiment supérieures à 760 k : VRD préliminaires à la charge du maître d'ouvrage à réaliser avant toute intervention d'entreprises
  5 – Modalités de coopération entre entrepreneurs employeurs ou travailleurs indépendants
  6 – Annexes
  Annuaire
  Calendrier des travaux
  Plan installations de chantier
  PPSPS (plan particulier de sécurité et de protection de la santé)

2.1.3.2 Extraits des pièces graphiques

Plans d'architecte

Dans cette section, compte tenu du grand nombre de plans nécessaires à la définition du projet, tous ne sont pas utiles à l'activité proposée. Seuls les plans indispensables à la compréhension de l'ouvrage pour les articles de l'avant-métré et de l'étude de prix traités dans ce chapitre sont reproduits ci-après. Ils peuvent être classés en quatre types :

1. Les vues en plan, autant que de niveaux, qui correspondent à des coupes horizontales vues de dessus.

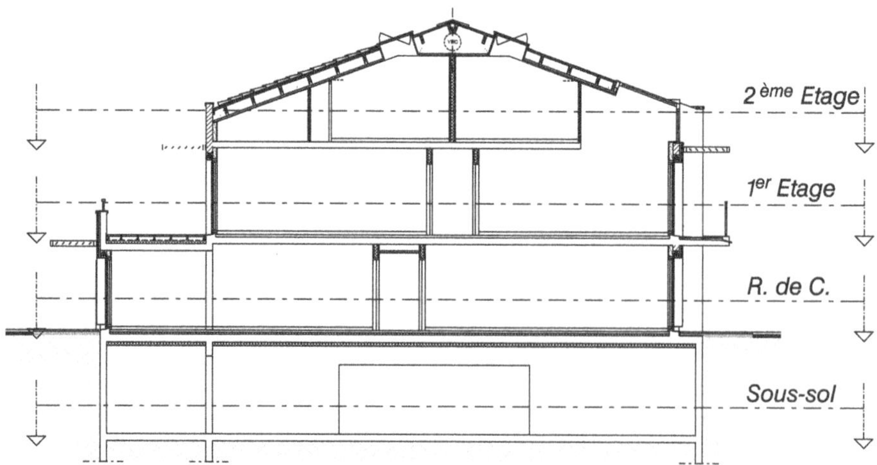

Figure 3.2.7 – Position des plans de coupe horizontaux

2. Les coupes verticales, dont les plans de coupe sont repérés sur les vues en plan.

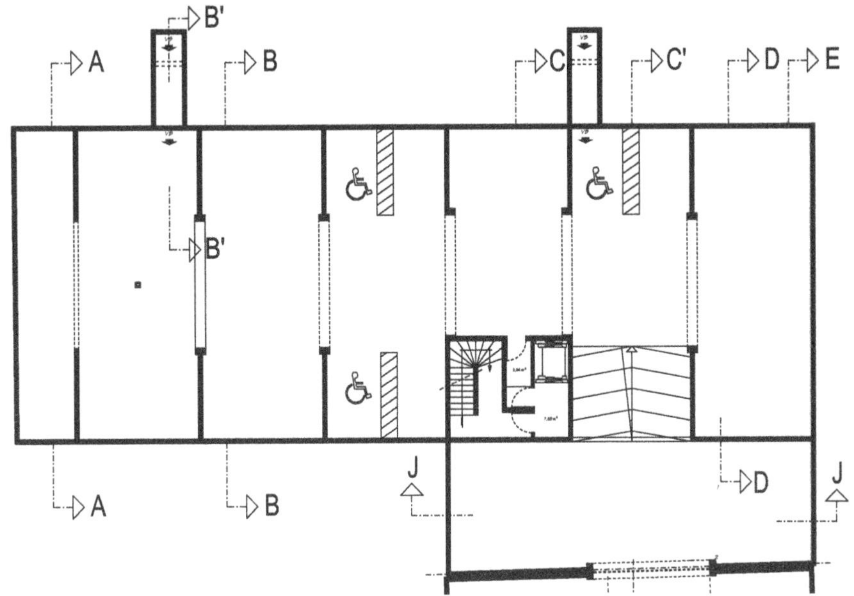

Figure 3.2.8 – Repérage des plans de coupe verticaux sur la vue en plan du sous sol (bâtiment A seul)

3. Les façades, qui correspondent aux vues extérieures du bâtiment.
4. Les détails, qui précisent des points particuliers non définis dans les plans précédents.

Les vues en plan

Le sous-sol

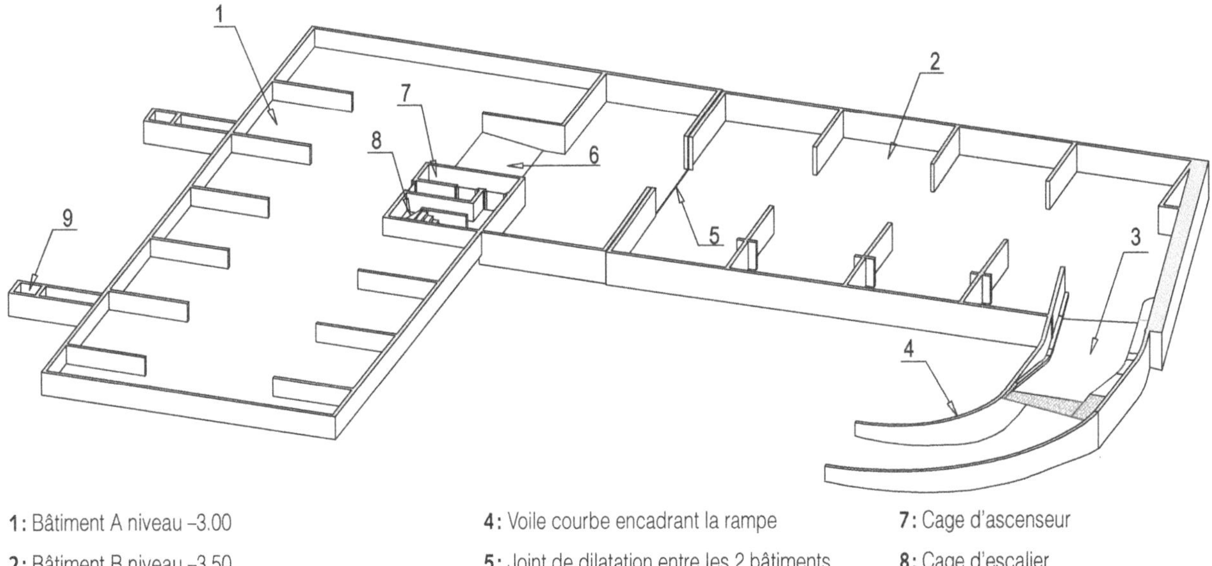

1 : Bâtiment A niveau –3.00

2 : Bâtiment B niveau –3.50

3 : Partie de la rampe d'accès au parking souterrain située au dessous du plan de coupe

4 : Voile courbe encadrant la rampe

5 : Joint de dilatation entre les 2 bâtiments

6 : Rampe reliant les niveaux –3.50 et –3.00

7 : Cage d'ascenseur

8 : Cage d'escalier

9 : Ventilation basse du parking

Figure 3.2.9 – Perspective de la coupe horizontale à représenter en projection

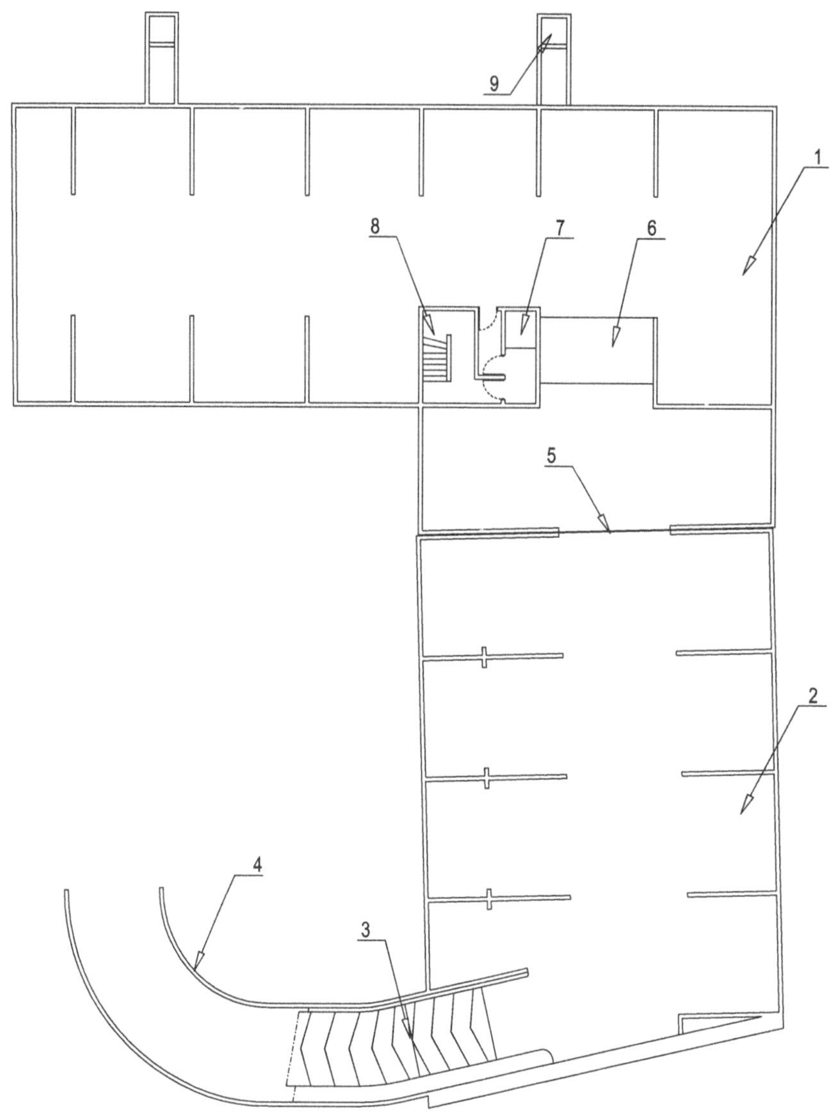

1 : Bâtiment A niveau -3.00

2 : Bâtiment B niveau -3.50

3 : Partie vue de la rampe d'accès au parking souterrain

4 : Voile courbe situé sous la rampe

5 : Joint de dilatation entre les 2 bâtiments

6 : Rampe reliant les niveaux -3.50 et -3.00

7 : Cage d'ascenseur

8 : Cage d'escalier

9 : Ventilation basse du parking

Figure 3.2.10 – Vue en projection (vue de dessus) des éléments coupés

Cette vue en plan est complétée par :

- des axes ;
- des éléments situés au-dessus du plan de coupe (poutres en plafond) ;
- des repères pour les plans de coupe ;
- les places de parking numérotées, avec pour certaines le symbole pour les PMR ;
- des cotations.

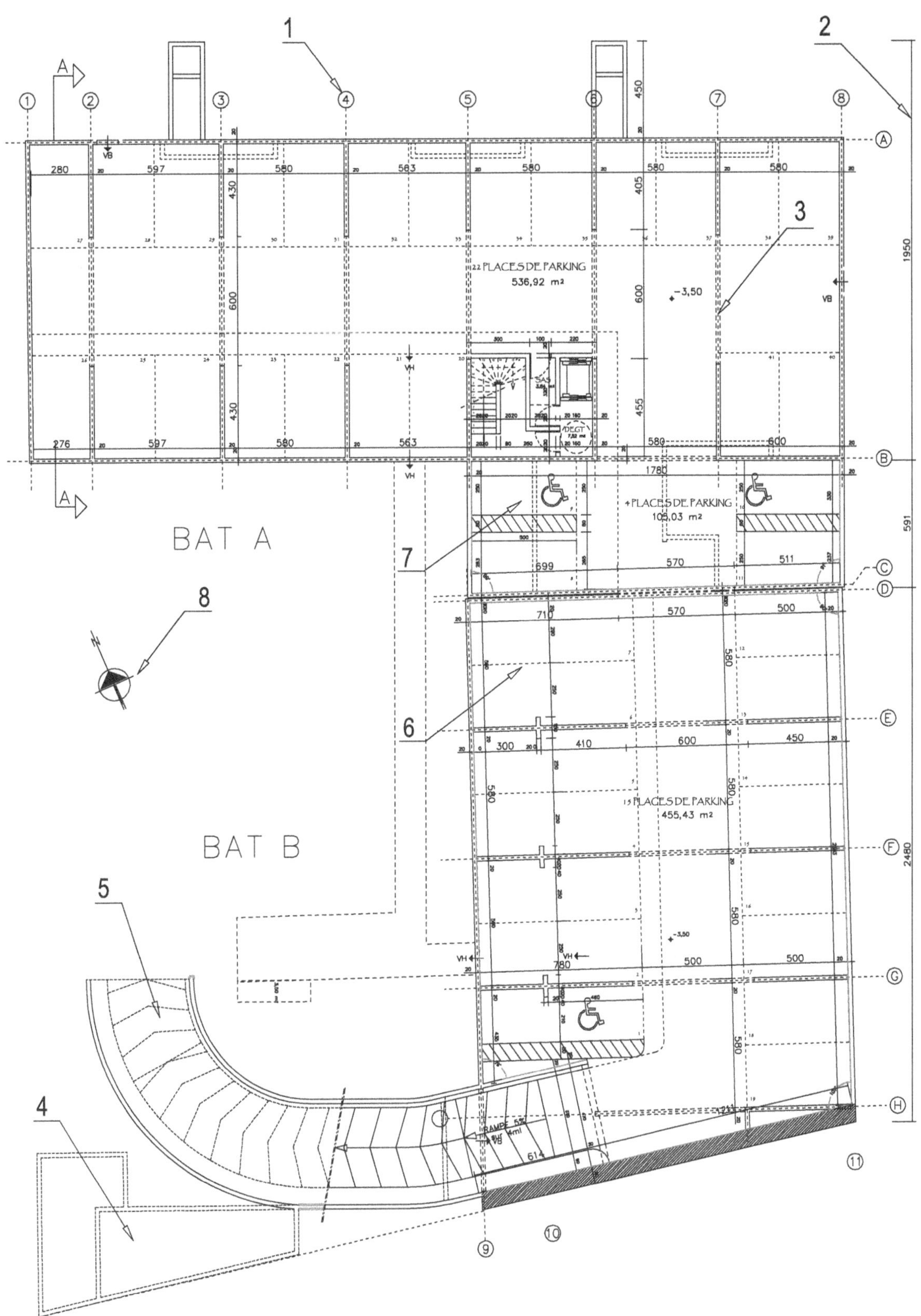

1 : Axes d'implantation du projet

2 : Cotations du projet (linéaires, de niveaux)

3 : Poutre située au-dessus du plan de coupe

4 : Murs en fondation du local à poubelles et du local à vélos

5 : Rampe d'accès au parking souterrain scindée en 2 parties (une située en dessous du plan de coupe et l'autre située au-dessus)

6 : Matérialisation et numérotation des places du parking souterrain

7 : Symbolisation des places de parking réservées aux personnes à mobilité réduite (PMR)

8 : Orientation géographique

Figure 3.2.11 – Vue en plan du sous-sol complétée

Le rez-de-chaussée

De la même manière, la vue en plan du RdC résulte d'une projection, en vue de dessus, de la coupe horizontale à laquelle on ajoute des cotations, des annotations, des hachures, mais aussi quelques objets situés au-dessus du plan de coupe (poutres,...).

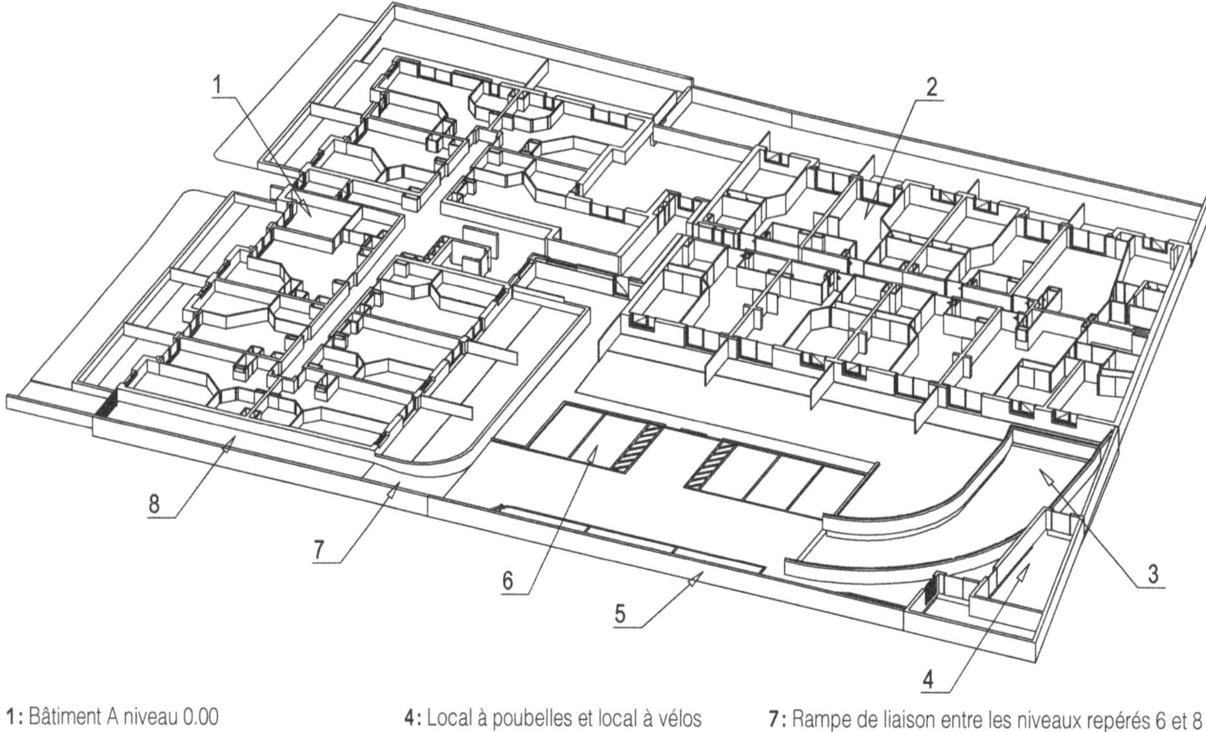

1 : Bâtiment A niveau 0.00

2 : Bâtiment B niveau -0.50

3 : Rampe d'accès au parking souterrain

4 : Local à poubelles et local à vélos

5 : Mur de clôture

6 : Parking aérien au niveau -0.50

7 : Rampe de liaison entre les niveaux repérés 6 et 8

8 : Passage couvert au niveau -0.02, qui permet l'accès à la cour intérieure et aux stationnements

Figure 3.2.12 – Vue en perspective des éléments vus et coupés du RdC

Pour une meilleure lisibilité du plan, les zones de circulation pour l'accès aux logements, les terrasses, les jardins privatifs et les clôtures sont matérialisées par des hachures et trames différentes.

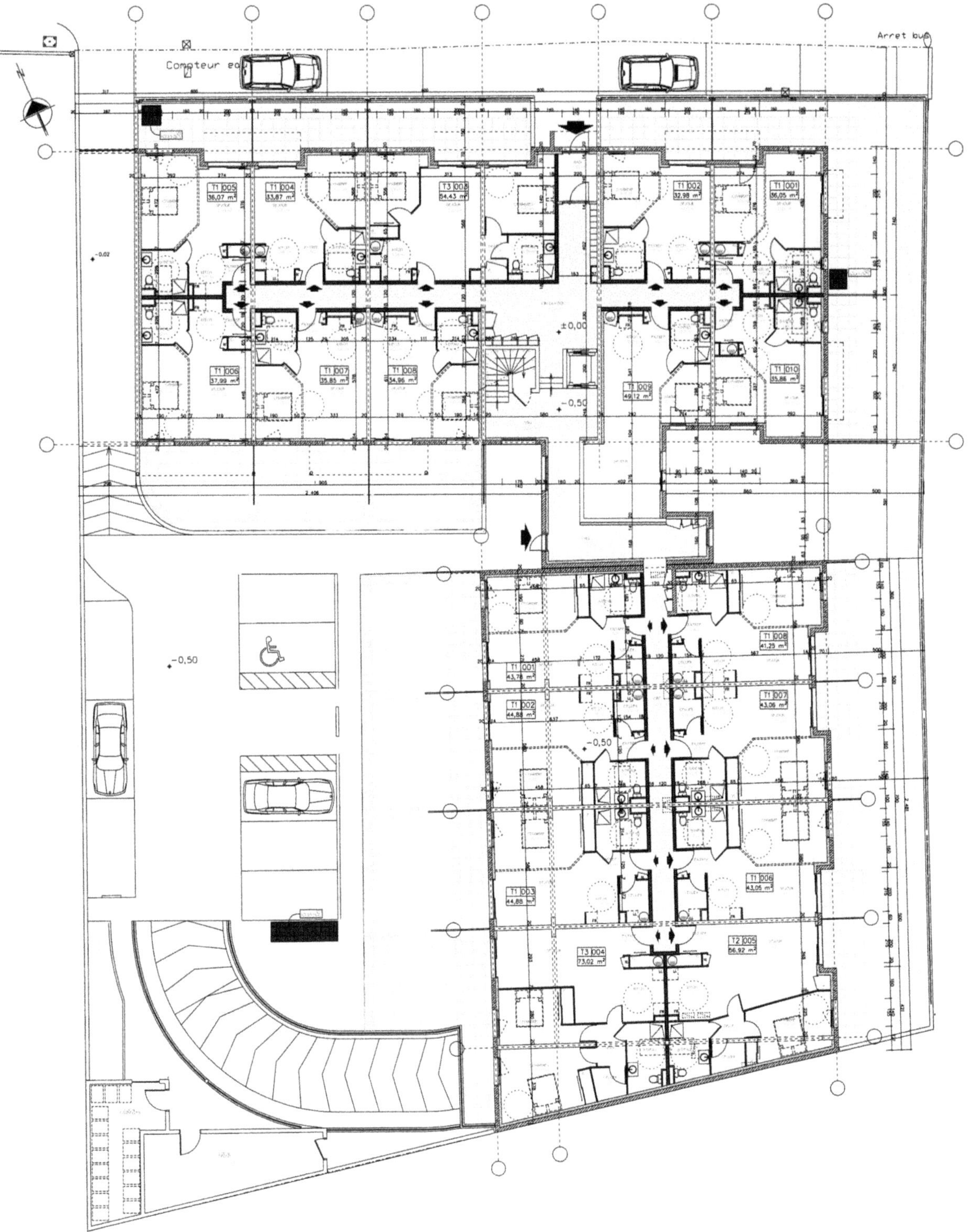

Figure 3.2.13 – Vue en plan du RdC finalisée

Les coupes verticales

Elles sont repérées sur la vue en plan par des lettres (ou des chiffres) associées à des flèches pour indiquer le sens d'observation.

Coupe BB

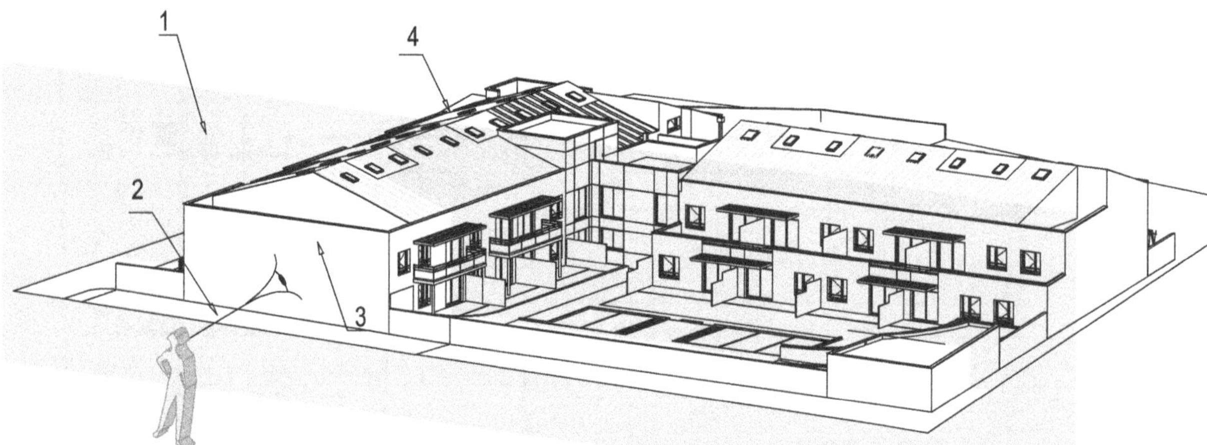

1 : Plan de coupe

2 : Sens d'observation

3 : Éléments, situés en avant du plan de coupe, à supprimer

4 : Éléments à représenter

Figure 3.2.14 – Principe de la coupe BB

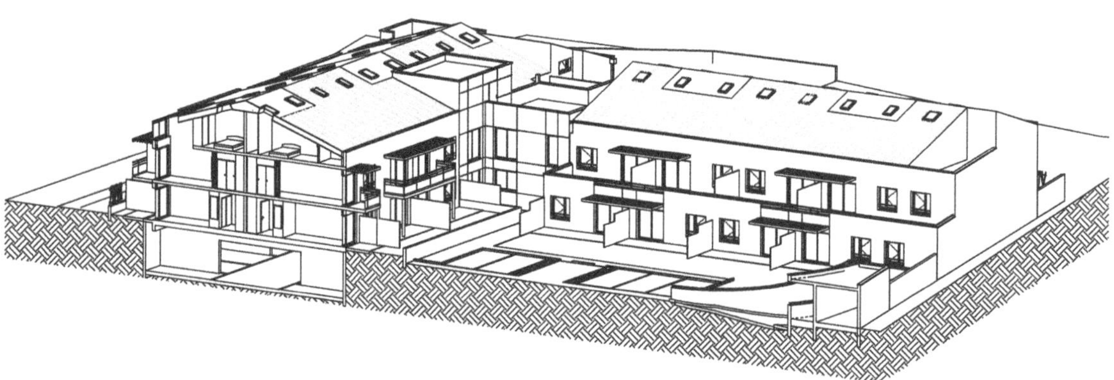

Figure 3.2.15 – Coupe BB en perspective

Le respect des principes du dessin technique imposerait de représenter l'ensemble de cette vue. Mais l'intérêt de cette coupe est de visualiser l'intérieur du bâtiment A. Et, comme le bâtiment B n'est pas coupé (semblable à une façade), la représentation se limite au bâtiment A.

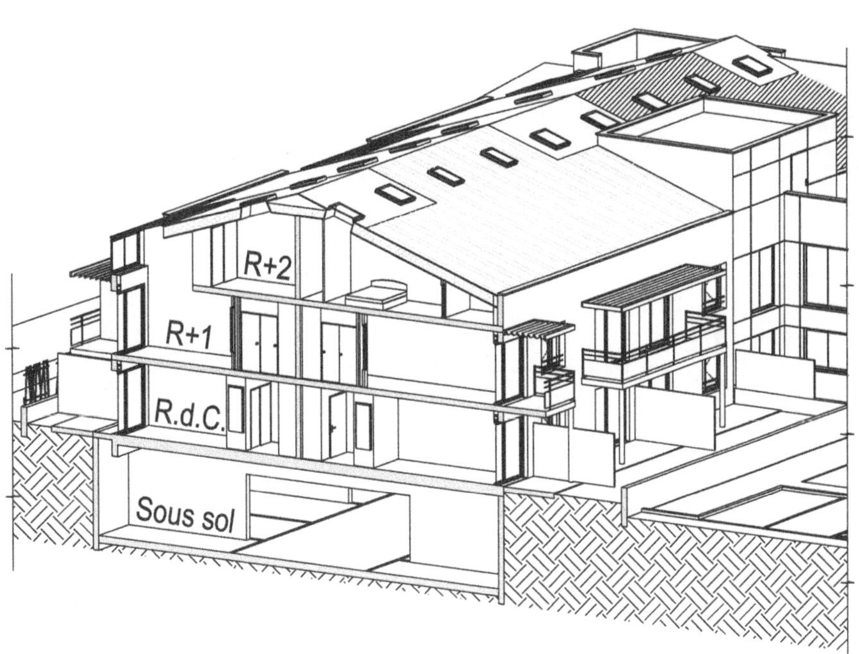

Figure 3.2.16 – Zoom sur les éléments à représenter

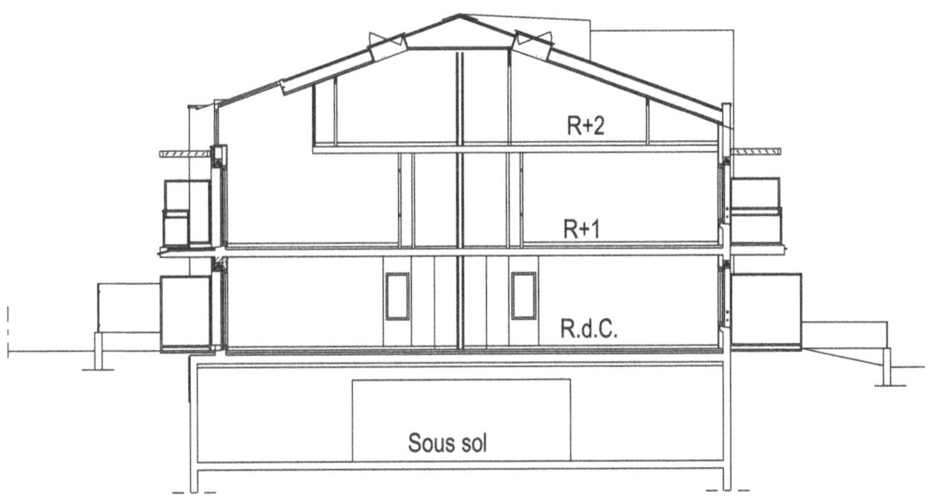

Figure 3.2.17 – Coupe verticale brute sur le bâtiment A

> **Remarque** : à ce stade du projet, les fondations ne sont pas représentées sur les coupes verticales car elles sont déterminées par le BE structure.

Puis des compléments de cotation, de description, d'habillage sont ajoutés.

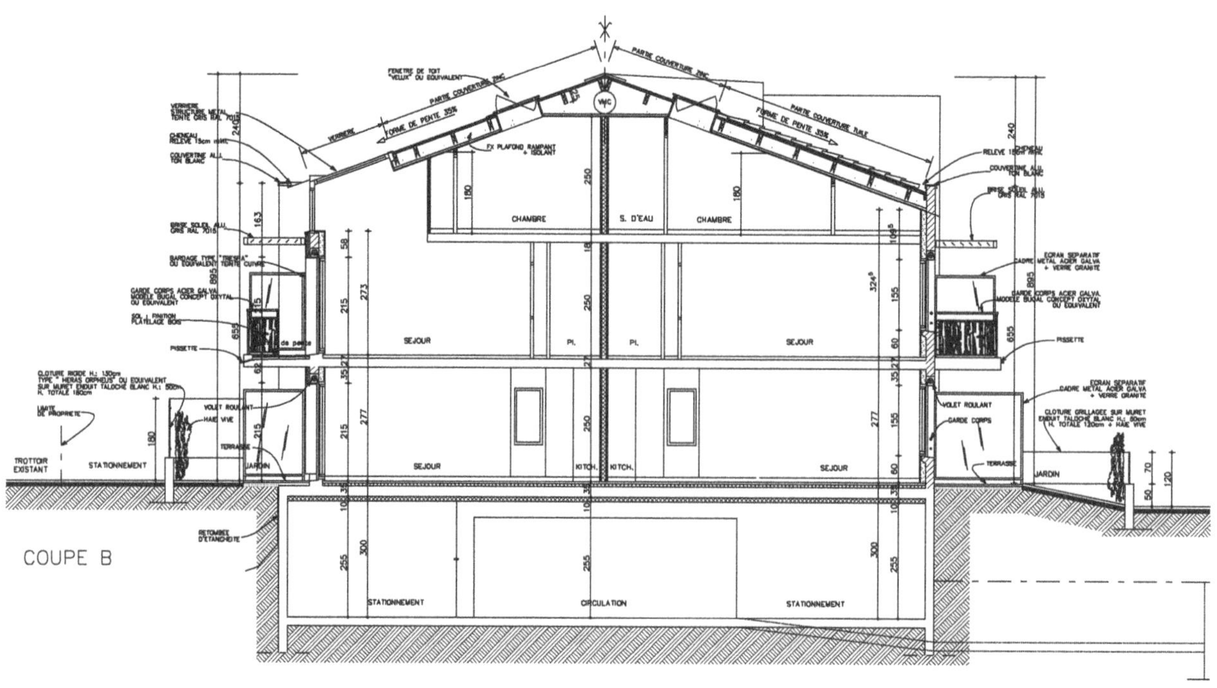

Figure 3.2.18 – Coupe verticale BB finie, sur le bâtiment A

Coupe CC

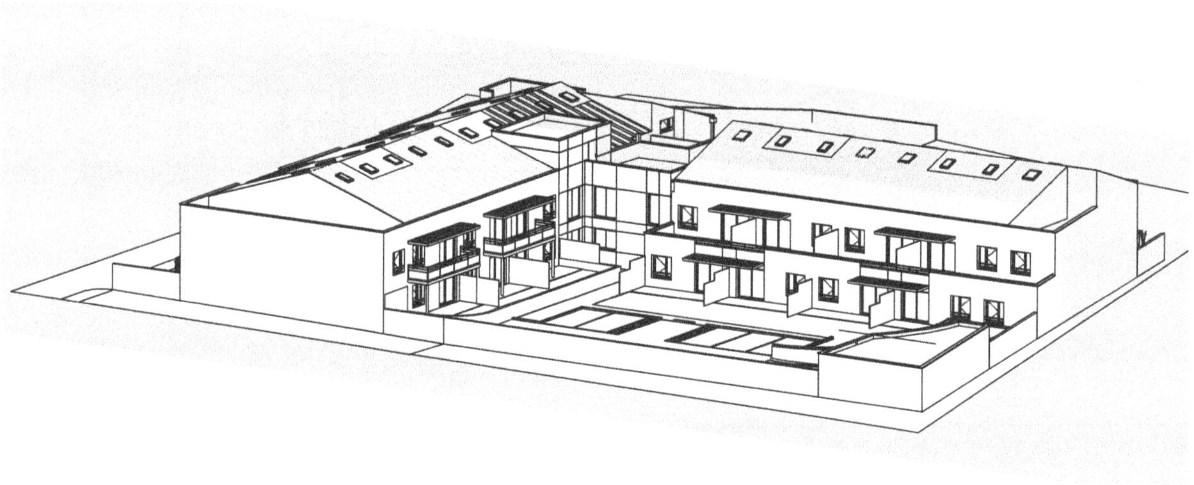

Figure 3.2.19 – Perspective montrant la position du plan de la coupe verticale CC

Il s'agit d'une coupe transversale sur le bâtiment A et d'une coupe longitudinale sur le bâtiment B.

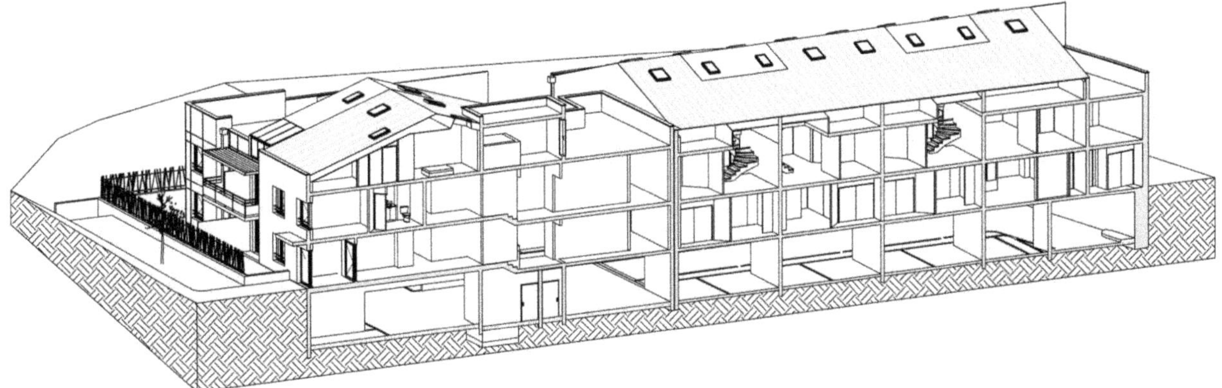

Figure 3.2.20 – Perspective des éléments situés en arrière du plan de coupe

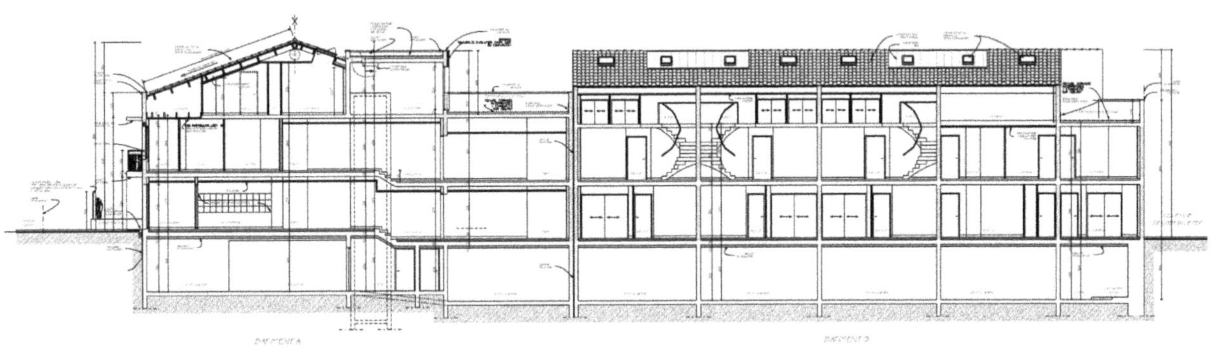

Figure 3.2.21 – Coupe transversale CC (à la fois sur les bâtiments A et B)

Les façades

Parmi les quatre à produire, une seule est représentée.

Figure 3.2.22 – Façade Est

Plans du gros œuvre

Élaborés par le bureau d'études structure, ils sont de deux types : plans de coffrage et plans d'armatures.

Pour les plans de coffrage, le projeteur du BET structure ne conserve que les éléments de structure du projet. Si nécessaire, il les modifie ponctuellement, puis dimensionne les poutres, les poteaux, les dalles, les fondations. De la structure ainsi validée, sont extraits les vues en plan, les coupe et les détails. Pour les planchers, le sens d'observation correspond à une vue de dessous (contrairement aux plans d'architecte) avec une désignation du type « Plancher haut du... » comme précisé dans les figures ci-après.

Quant aux plans d'armatures, ils ne figurent pas dans le dossier l'appel d'offres. Une liste de ratios[1] est utilisée pour effectuer l'avant-métré. Voici des exemples de ratios d'armatures liés au projet :

- semelles filantes : 90 kg/m^3 ;
- semelles isolées : 60 kg/m^3 ;
- bêche : 90 kg/m^3 ;
- longrine : 90 kg/m^3 ;
- dallage : 11.5 kg/m^2.

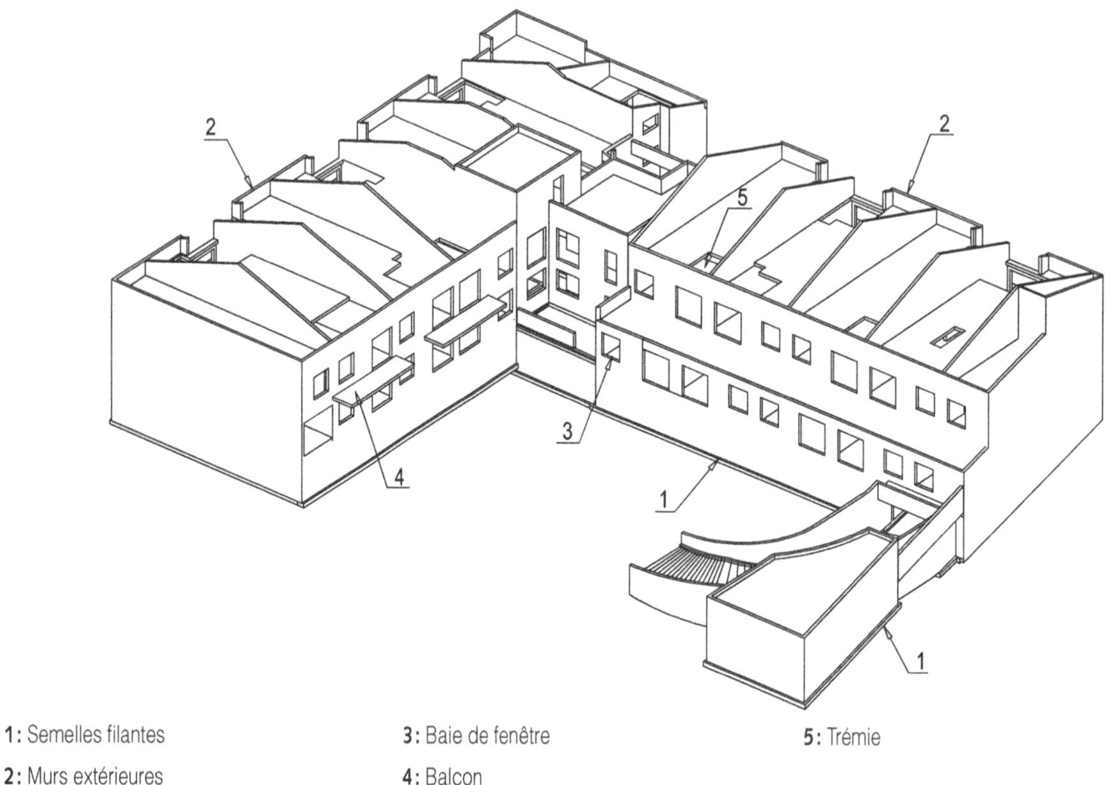

1 : Semelles filantes
2 : Murs extérieures
3 : Baie de fenêtre
4 : Balcon
5 : Trémie

Figure 3.2.23 – Perspective de la structure béton du projet

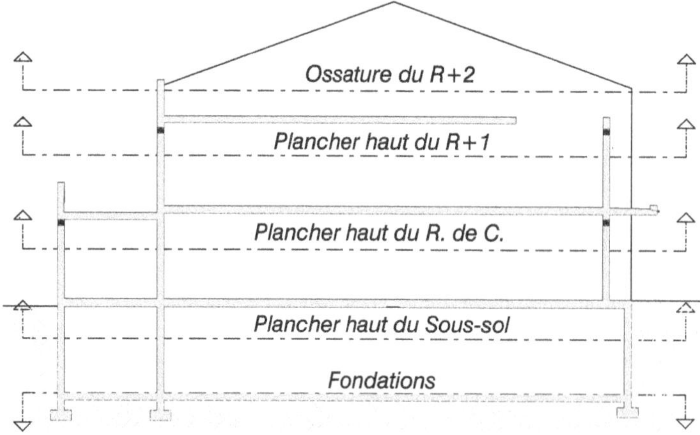

Figure 3.2.24 – Position et désignation des plans de coffrage

1. Quantité d'acier, en kg, à mettre en œuvre par m^3 de béton, par m^2 de dallage ou par m de raidisseurs.

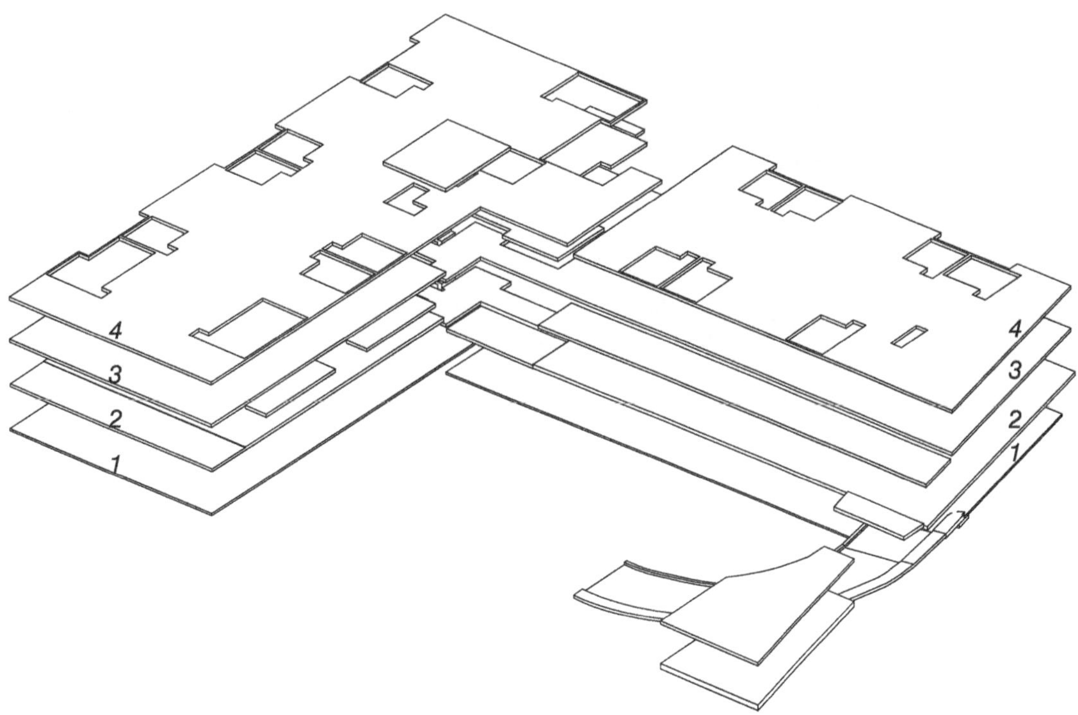

1 : Dallage du sous-sol (associé à la vue en plan des fondations)

2 : Plancher haut du sous-sol

3 : Plancher haut du RdC

4 : Plancher haut du R+1

Figure 3.2.25 – Représentation des planchers seuls[1]

Vue en plan des fondations

Les fondations sont dimensionnées par le BET structure à partir :

- des éléments porteurs définis par l'architecte et le BET structure ;
- des charges appliquées et subies par la structure ;
- du rapport d'étude géotechnique qui, à partir de sondages et coupes géologiques, décrit la nature du sol, ses caractéristiques mécaniques, la présence d'eau (nappe phréatique), le risque sismique.

Ainsi, compte tenu des charges produites par le bâtiment et son environnement, sont préconisés les systèmes de fondations, la structure des dallages, des chaussées et du parking, les niveaux minimum d'assise, associés à des conseils de mise en œuvre.

1. Le dallage et les planchers sont simplifiés dans cette représentation, car elle ne tient pas compte des voiles, des poteaux ni des réservations liés aux réseaux qui les traversent.

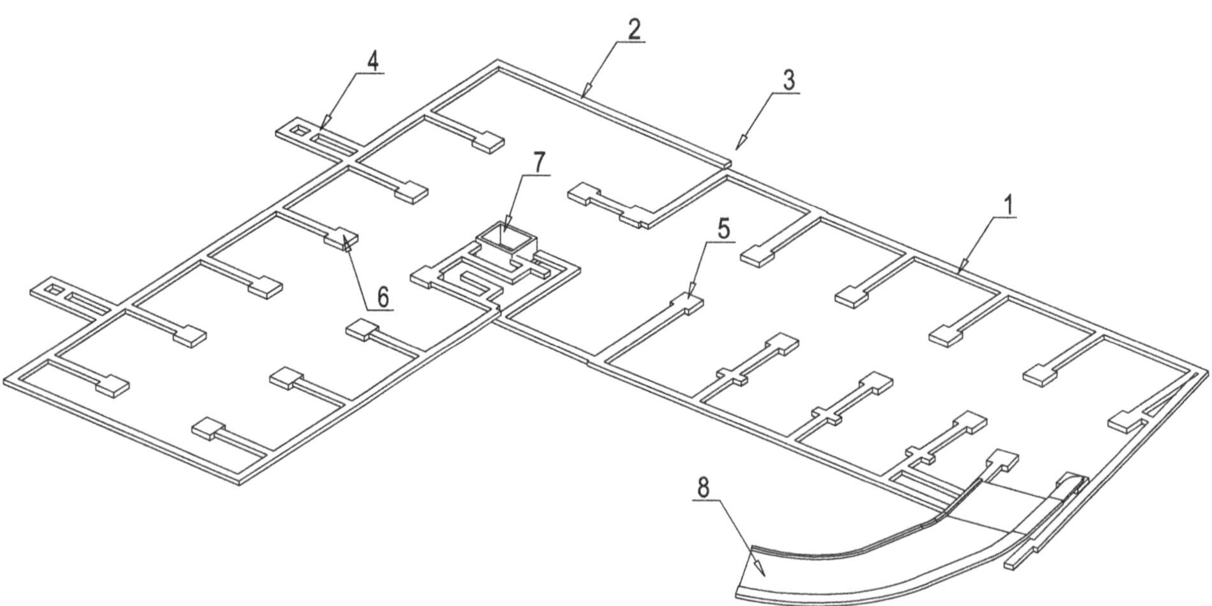

1 : Semelle filante centrée sous voile au niveau -3.50

2 : Semelle filante centrée au niveau -3.00

3 : Redans en gros béton à prévoir afin de rattraper la différence de niveau

4 : Semelle filante centrée de la ventilation basse du parking

5 : Semelle isolée sous poteau au niveau -3.50

6 : Semelle isolée sous poteau au niveau -3.00

7 : Fosse d'ascenseur

8 : Une partie de la rampe d'accès au parking

Figure 3.2.26 – Perspective des fondations du projet

À la stricte représentation des éléments vus de la Figure 3.2.26, sont ajoutés :

- des cotations de longueur, épaisseur et niveau du plancher (dallage) ;
- des repérages (SF pour semelle filante suivie de la section, M pour massif, B pour bêche) ;
- les charges appliquées au dallage (G : charges permanentes, Q : charges d'exploitation) ;
- des équipements tels que siphons de sol, bac à sable… ;
- une légende (identique à tous les plans de coffrage).

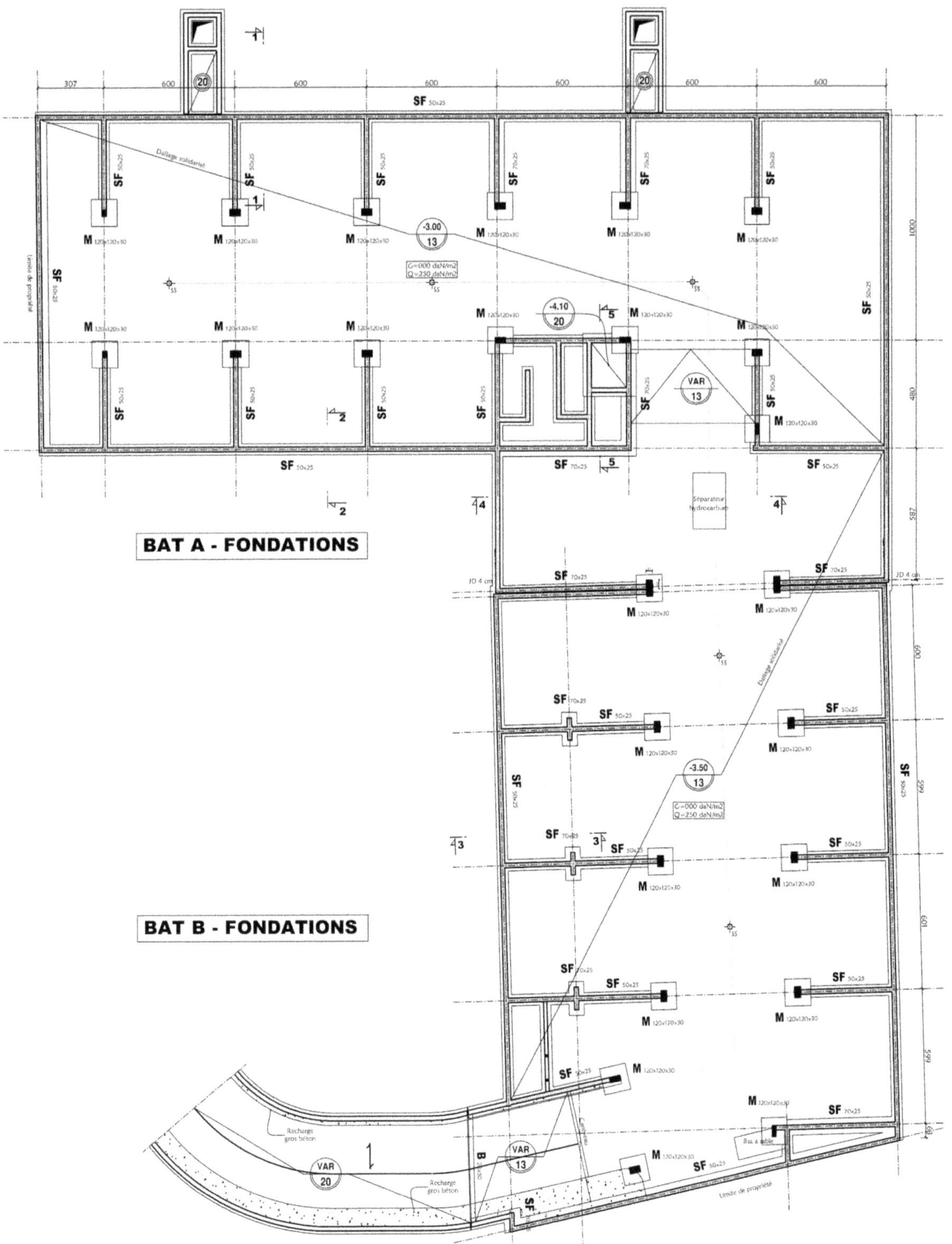

Figure 3.2.27 – Vue en plan des fondations

Vue en plan du plancher haut du sous-sol

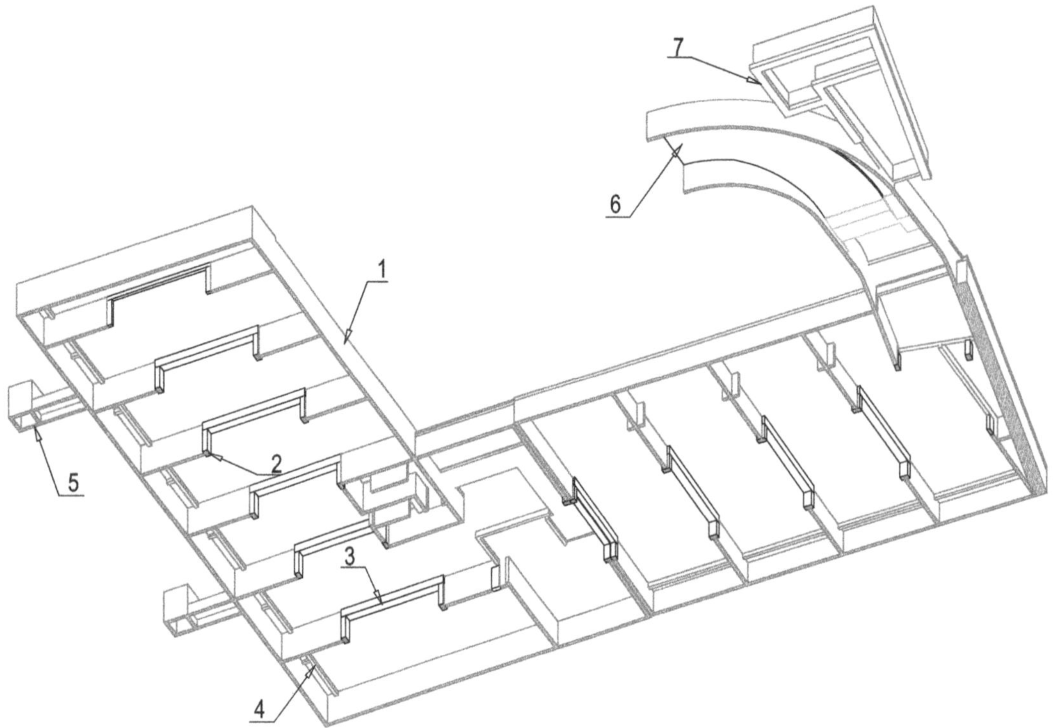

1: Voile extérieur du bâtiment A

2: Poteau

3: Poutre (seule la retombée est visible)

4: Poutre au niveau des terrasses portées du RdC

5: Voiles de la ventilation basse du parking

6: Rampe d'accès au parking

7: Semelle filante sous le local des poubelles et le local à vélos

Figure 3.2.28 – Perspective (vue de dessous) des éléments à représenter sur le plan de coffrage du plancher haut du sous-sol

Comme pour la vue en plans des fondations, aux éléments vus et coupés sont ajoutés :

- des cotations de longueur ;
- le repérage des poteaux suivi de leur section ;
- le repérage des poutres suivi de leur section (la hauteur indiquée inclut l'épaisseur du plancher) ;
- les caractéristiques du plancher : arase supérieure brute, épaisseur, charges appliquées, durée de coupe-feu, sens de la portée ;
- des éléments porteurs situés au-dessus du plancher haut du sous-sol.

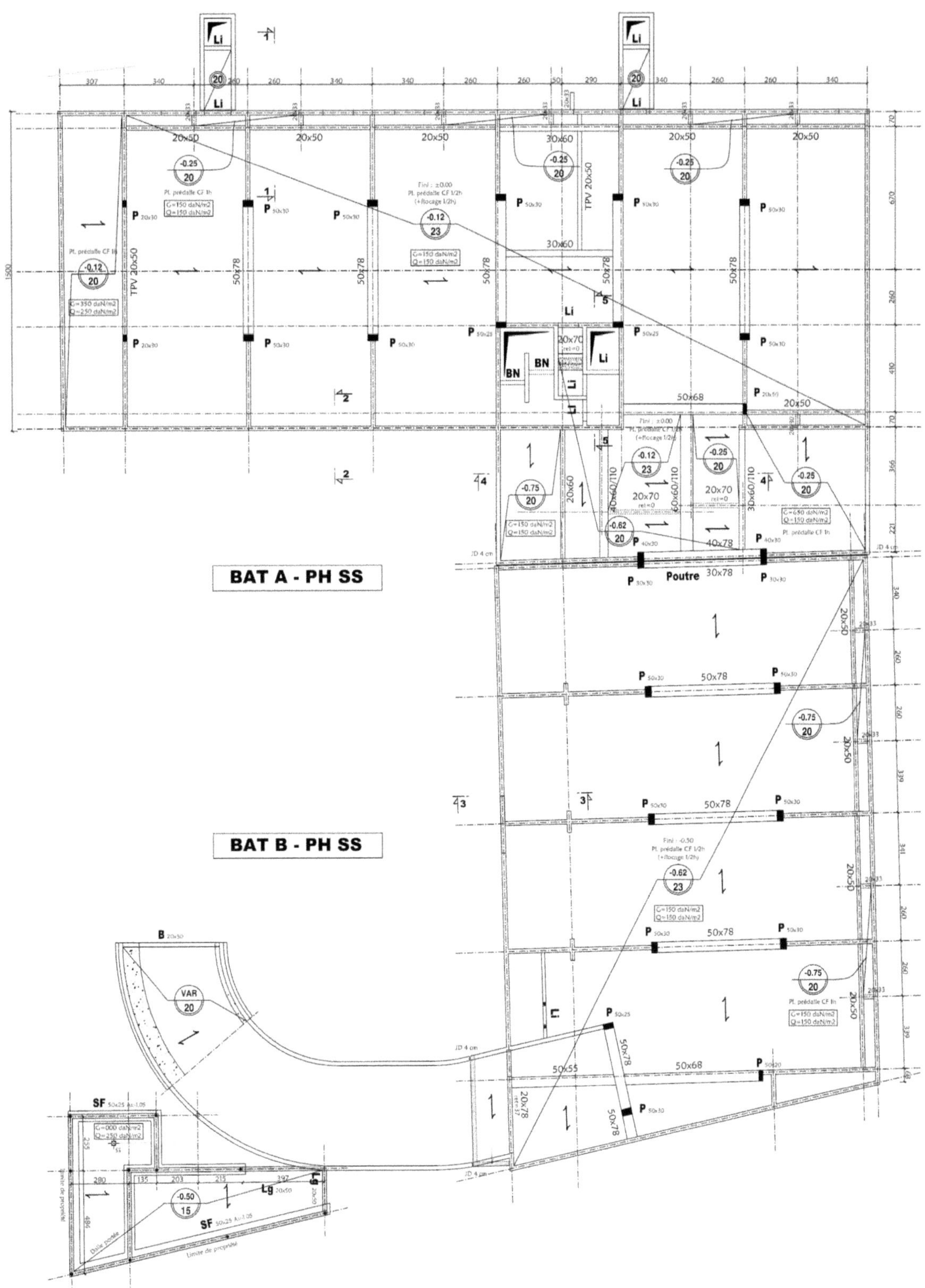

Figure 3.2.29 – Plan de coffrage du plancher haut du sous-sol

Des coupes verticales

Contrairement aux coupes verticales des plans d'architecte, ces coupes verticales sont dites de principe. Elles ne représentent pas le bâtiment dans son entier mais seulement des points singuliers.

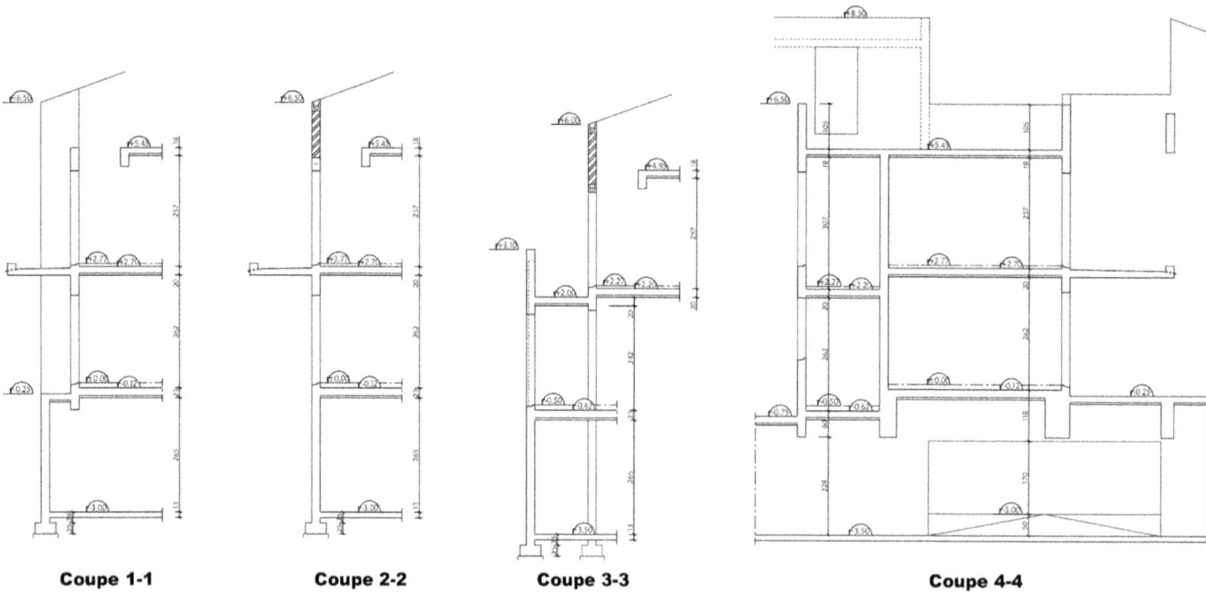

Figure 3.2.30 – Coupes verticales du gros œuvre

Une légende composée de deux tableaux

Béton : Classe d'exposition	Classe de résistance	Acier :	Fondations :
XC [2] Ouvrages intérieurs SS et entérrés	C25/30	FeE500 pour aciers HA	Hypothése: q ELS = 0.50 MPa
XC [1] Ouvrages intérieurs étages	C25/30	FeE500 pour treillis	cf étude de sol n°W-12-224
XS [1] Ouvrages extérieurs exposés	C30/37	FeE235 pour aciers doux	de Compétence Géotechnique
XF [1] Ouvrages extérieurs enduits	C25/30	FeE500 pour boîtes d'attentes dépliables	Zone sismique : 3 (modérée)

Figure 3.2.31 – Tableau des caractéristiques mécaniques des bétons et des armatures

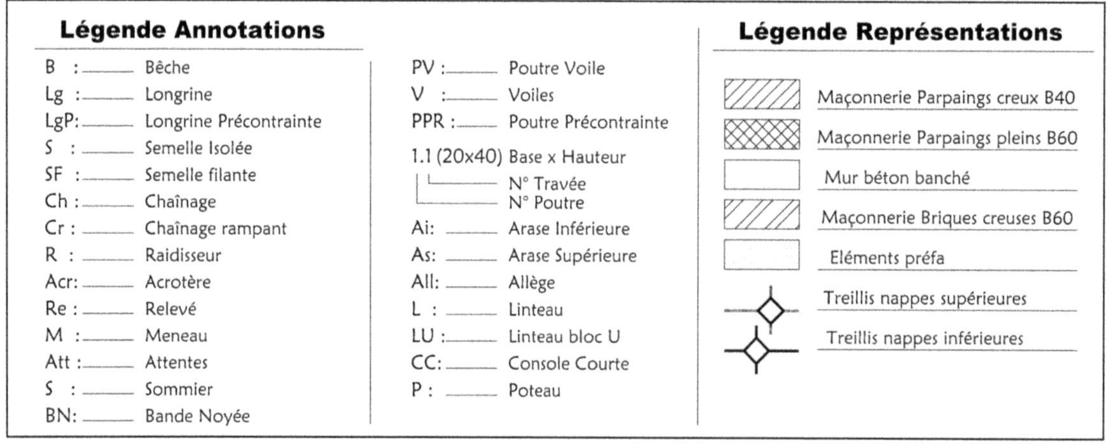

Légende Annotations

B :	Bêche	PV :	Poutre Voile
Lg :	Longrine	V :	Voiles
LgP:	Longrine Précontrainte	PPR :	Poutre Précontrainte
S :	Semelle Isolée	1.1 (20x40)	Base x Hauteur
SF :	Semelle filante		N° Travée N° Poutre
Ch :	Chaînage	Ai:	Arase Inférieure
Cr :	Chaînage rampant	As:	Arase Supérieure
R :	Raidisseur	All:	Allège
Acr:	Acrotère	L :	Linteau
Re :	Relevé	LU :	Linteau bloc U
M :	Meneau	CC:	Console Courte
Att :	Attentes	P :	Poteau
S :	Sommier		
BN:	Bande Noyée		

Légende Représentations

- Maçonnerie Parpaings creux B40
- Maçonnerie Parpaings pleins B60
- Mur béton banché
- Maçonnerie Briques creuses B60
- Eléments préfa
- Treillis nappes supérieures
- Treillis nappes inférieures

Figure 3.2.32 – Tableau des symboles utilisés sur les plans béton

Autres plans techniques

D'autres plans sont fournis pour les lots :

- plan des terrassements ;
- plan des VRD (vue en plan et profil en long) ;

- plan des espaces verts ;
- plans d'électricité ;
- plans du chauffage, du sanitaire, de la ventilation.

2.2 Avant-métré du lot « Gros œuvre »

Il s'agit de calculer les quantités d'ouvrages élémentaires décrits dans le CCTP qui, au final, sont récapitulés dans le bordereau quantitatif estimatif (BQE).

Toutes les quantités sont calculées selon l'expression « réellement mises en œuvre », c'est-à-dire comme s'il n'y avait ni chute ni perte de matériaux lors de la mise œuvre. Ces chutes et pertes sont intégrées dans les sous-détails de prix.

Le CCTP de ce lot N°02 est organisé en 10 chapitres, eux-mêmes décomposés en sous-chapitres et en articles :

02.1 GÉNÉRALITÉS RELATIVES AUX OUVRAGES DU PRÉSENT LOT
02.2 TRAVAUX PRÉPARATOIRES
02.3 TERRASSEMENTS GÉNÉRAUX
02.4 FONDATIONS
02.5 VOLUMES DE TRANSITION
02.6 DALLE BASSE
02.7 RÉSEAUX
02.8 MURS ET OUVRAGES EN ELÉVATION
02.9 PLANCHERS HAUTS
02.10 OUVRAGES DE PARACHEVEMENT

Par exemple, le chapitre 02.1 est composé de 9 sous-parties : objet du marché, normes et règlements, documents techniques relatifs au chantier, visite et connaissance des lieux, limites de prestations, essais, prescriptions relatives aux terrassements, accès au chantier, essais analyse contrôle documents techniques.

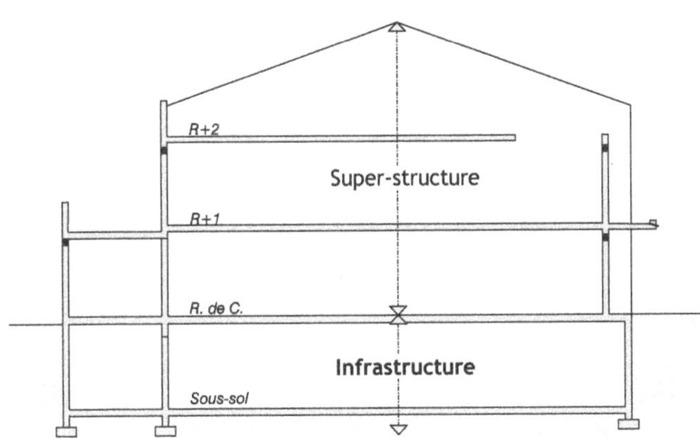

Figure 3.2.33 – Distinction entre infrastructure et superstructure

La partie « Infrastructure » comporte :

- l'encaissement des ouvrages ;
- les fondations ;
- les volumes de transition, eux-mêmes décomposés en ossatures (poteaux et poutres, compris protection contre l'incendie), murs et refends des volumes de transition, planchers des volumes de transition.

La partie « Superstructure » comporte :

- le système porteur (porteurs verticaux, porteurs horizontaux) ;
- les toitures (ossatures, étanchéité de toiture) ;

- les parois extérieures (remplissage d'ossatures, bardages formant parois extérieures, ouvertures extérieures, protection et fermeture des baies extérieures, rraitement des parements extérieurs, saillies de façades) ;
- escaliers et rampes.

Seuls sont développés ci-après quelques articles significatifs du projet, dans la limite du bâtiment A.

2.2.1 Fondations

Articles extraits du CCTP :

- principe des fondations ;
- béton sous fondations ;
- semelles et massifs en béton armé ;
- longrines et bêches ;
- radier et cuvette ascenseur.

2.2.1.1 Principe des fondations

Conformément au rapport d'étude de sol, les fondations seront du type fondations superficielles par semelles filantes sous les murs et/ou isolées au droit des charges ponctuelles. La profondeur minimale de ces semelles au-dessous du terrain fini extérieur sera partout au moins égale à 0,50 m pour assurer leur mise hors gel, avec gros béton coulé en pleines fouilles pour un ancrage minimum de 20 cm dans les marnes et calcaires.

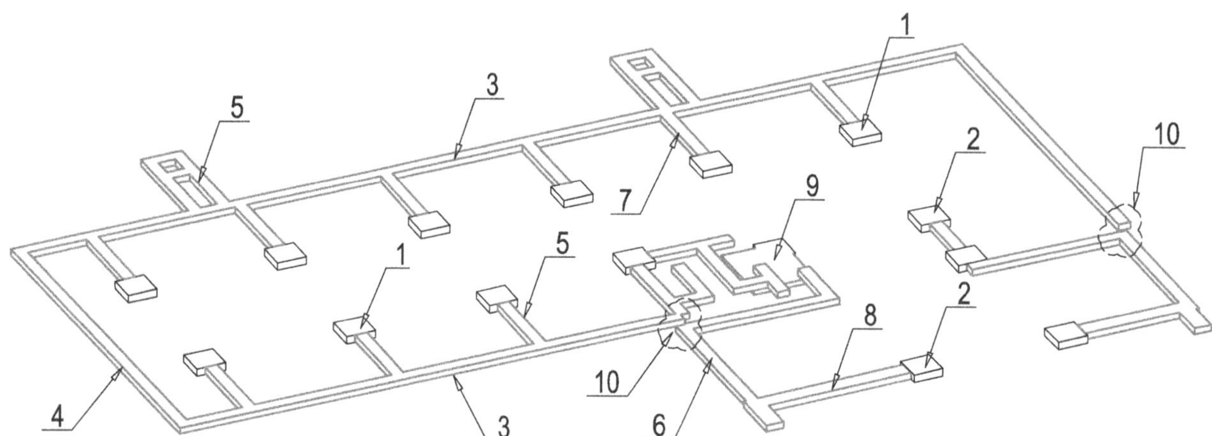

1 : Semelle isolée sous poteau d'arase supérieure -3.25

2 : Semelle isolée sous poteau d'arase supérieure -3.75

3 : Semelle filante centrée en 0.50 de large sous voile (arase supérieure -3.25)

4 : Semelle filante excentrée (à cause du voile situé en limite de propriété) sous voile

5 : Semelle filante centrée de la ventilation basse du parking

6 : Semelle filante centrée sous voile (arase supérieure -3.75)

7 : Semelle filante intérieure en 0.70 de large

8 : Semelle filante intérieure au niveau du joint de dilatation

9 : Radier de la fosse d'ascenseur

10 : Redans en gros béton à prévoir afin de rattraper la différence de niveau.

Figure 3.2.34 – Visualisation des articles des fondations à quantifier

Les niveaux indiqués correspondent à l'arase supérieure des fondations.

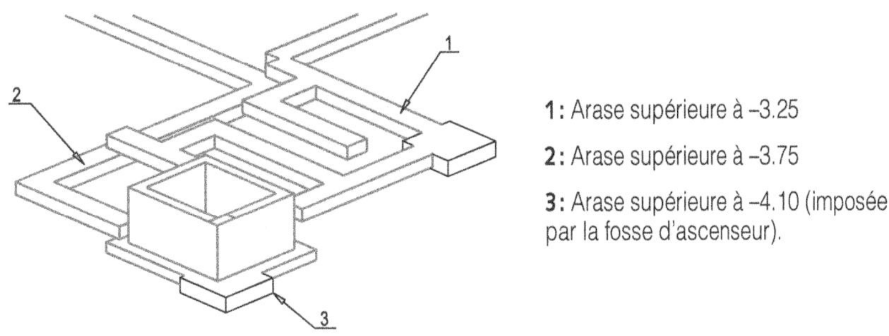

Figure 3.2.35 – Détails des niveaux des fondations

REMARQUES :

– L'étude se limite aux ouvrages en béton et, comme le béton est coulé en pleines fouilles, la technique de calcul des surfaces horizontales des terrassements est identique à celle des surfaces de béton pour les fondations.

– L'article « Longrines et bêches» est situé dans le bâtiment B.

2.2.1.2 Béton sous fondations

Évaluation : au m^2 en précisant l'épaisseur (ou au m^3, dans ce cas reprendre la surface à multiplier par l'épaisseur moyenne).

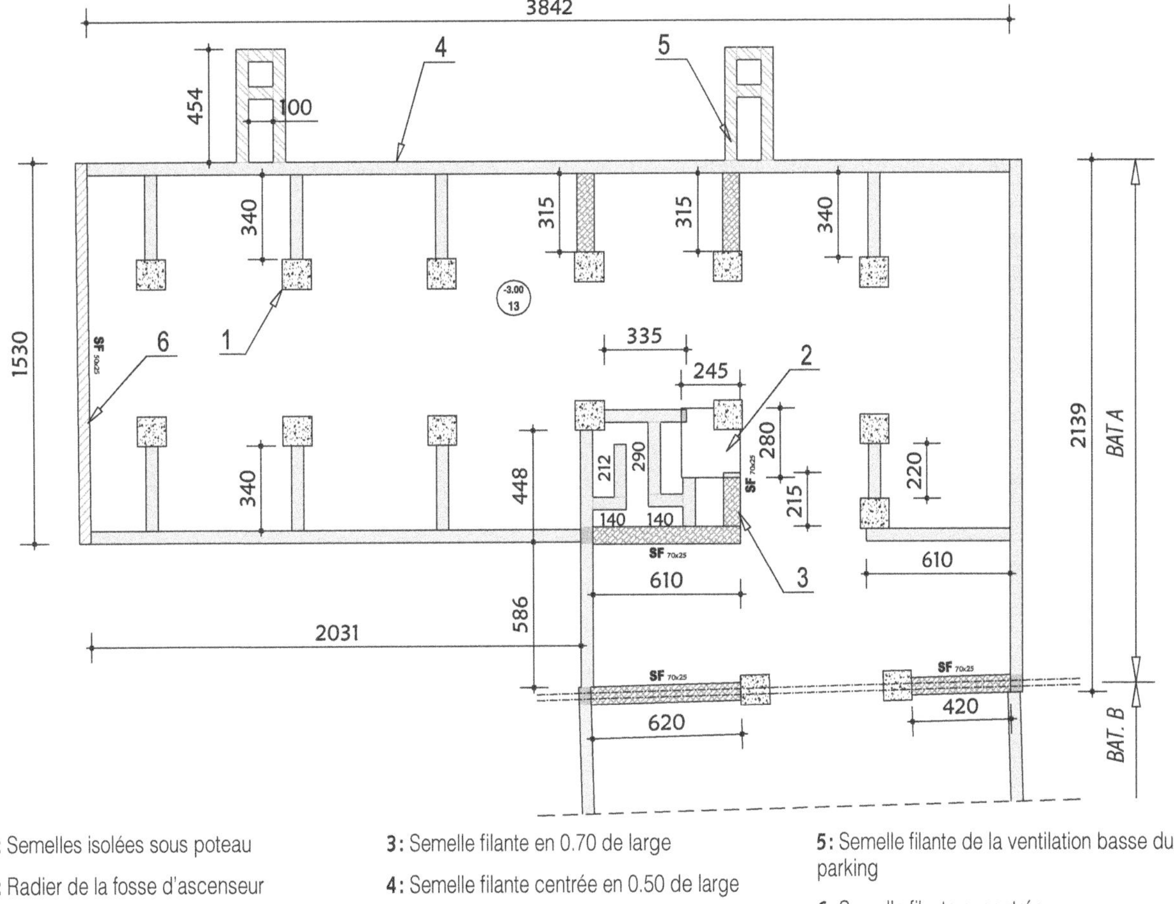

Figure 3.2.36 – Exemples de décomposition, selon la catégorie des fondations

Code	Désignation	Nbre	Long.	Larg.	Haut.	S-total	U	Qté
02.4.4	**Béton sous fondations**							
	Béton maigre C20/25 coulé en fond de fouille sur une épaisseur moyenne de 10 cm afin de rattraper le niveau d'assise préconisée par le rapport d'étude, compris gros béton de rattrapage dans le cas de fondations réalisées sur plusieurs niveaux, avec respect d'une pente maximale de 3/2							
	Semelles isolées[1]	13	1,20	1,20		18,72	(a)	S02.4.4.1
	Fosse ascenseur	1	2,80	2,50		7,00	(b)	
	Semelles filantes en 0.70 de large							
	Linéaires	2	3,15					
		1	2,12					
		1	6,10					
		1	6,20					
		1	4,20					
	Ensemble des linéaires du bât A		24,95					
	x largeur			0,70				
	= surface					17,47	(c)	S02.4.4.2
	Semelles filantes en 0.50 de large							
	Linéaires	1	38,42					
		1	20,31					
		1	3,35					
		1	6,10					
		2	1,40					
		1	2,12					
		1	2,90					
		7	3,40					
		1	4.48					
		1	2,20					
		1	5,86					
		1	21,40					
	Ventilation basse	4	4,55					
		4	1,00					
	Semelle excentrée	1	15,30					
	Ensemble des linéaires du bat A		171.24					
	x largeur			0,50				
	= surface					85,62	(d)	S02.4.4.3
	Ensemble surf. a + b + c + d					128.81		
	x épaisseur				0.10			
	= volume						m³	**12.881**
	Redans en gros béton pour assurer la transition entre les niveaux de –3.50 à –3.00						**U**	**6**

Remarque : ce béton, aussi désigné par béton de propreté, peut également être compté au m² en précisant l'épaisseur.

2.2.1.3 Semelles et massifs en béton armé

Évaluation : béton au m³, armatures au kg, coffrage au m² (si les fondations doivent être coffrées).

Comme dans ce projet, le béton est coulé en pleines fouilles, il n'y a pas de coffrage des faces latérales des semelles et les linéaires (ou les surfaces en plan) des articles 02.4.4 et 02.4.5 sont identiques. Il suffit de les reprendre, en gardant le lien[2].

1. Dans cet article, des résultats partiels sont repris pour calculer d'autres articles. Afin de marquer ce lien, les valeurs sont repérées par une lettre « L » ou « S » ou « V », selon l'unité de la quantité reprise, suivie par le code de l'article et par un chiffre qui indique son rang dans l'article de référence. Ce lien ne figure que dans les deux premiers articles afin de ne pas alourdir le tableau.

2. Ainsi, avec l'utilisation d'un tableur, les linéaires de l'article 02.4.4 et de l'article 02.4.5 sont chaînés.

Code	Désignation	Nbre	Long.	Larg.	Haut.	S-total	U	Qté
02.4.5	**Semelles et massifs en béton armé**							
	Semelles et massifs en béton C25/30 – XC2, dimensions selon calculs et dessins, compris coffrage et armatures correspondantes, réservations et renforts éventuels pour passage des réseaux. Semelles excentrées en limite de propriété							
	Béton pour massifs							
	Reprendre surface des semelles isolées S02.4.4.1					18.72		
	x hauteur				0.30			
	= volume						m^3	**5,616**
	Acier HA[1] pour massifs 60 kg/m^3							
	Reprendre volume de béton V02.4.5.1					5,616		
	x ratio	60						
	= poids[2]						kg	**336,96**
	Béton pour semelles filantes							
	Reprendre surface des semelles filantes en 0.70 de large S02.4.4.2					17.47	(a)	
	Reprendre surface des semelles filantes en 0.50 de large S02.4.4.3					85.62	(b)	
	Ensemble surf. a + b					103.09		
	x hauteur				0.25			
	= volume						m^3	**25.770**
	Acier HA pour semelles filantes 90 kg/m^3							
	Reprendre volume de béton V02.4.5.2					25.770		
	x ratio	90						
	= poids						kg	**2319.41**

2.2.1.4 Longrines et bêches

Elles sont situées dans le bâtiment B.

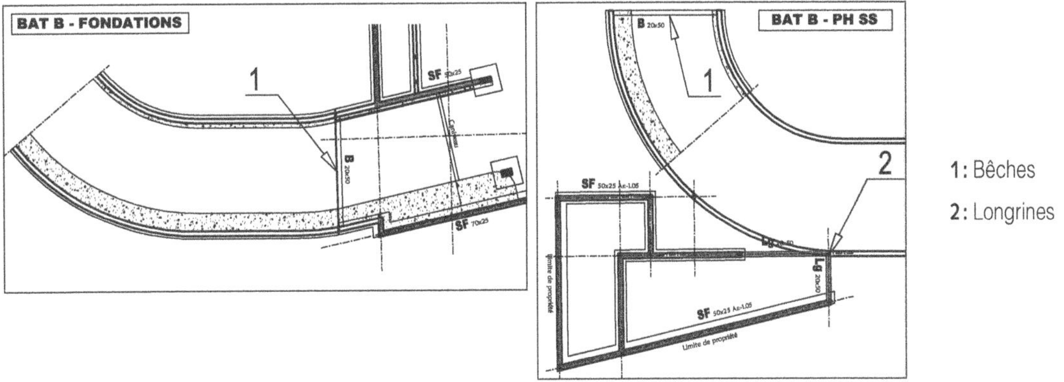

Figure 3.2.37 – Position des bêches et longrines du bâtiment B

Évaluation : au m en précisant la section, la portée et les charges, ou au m^3 de béton, kg d'acier (90 kg/m^3) et m^2 de coffrage.

1. HA pour acier haute adhérence sous forme de barre.
2. Au sens de la physique, il faudrait parler de « masse », mais le terme de « poids » est le plus utilisé. Très souvent aussi, il est indiqué « kg d'acier » sans la précision de masse ou de poids.

2.2.1.5 Radier et cuvette ascenseur

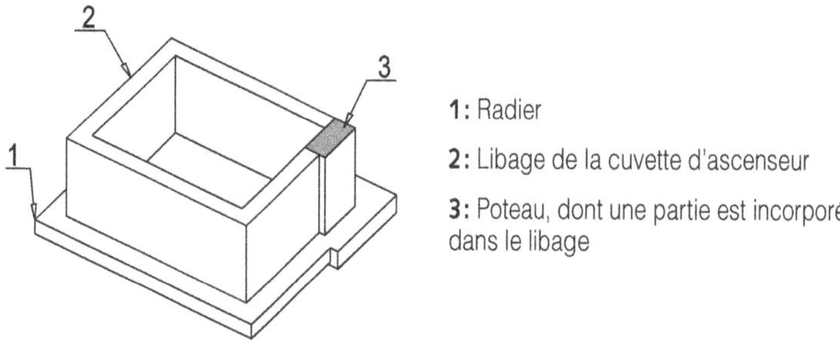

Figure 3.2.38 – Perspective de l'article[1]

Code	Désignation	Nbre	Long.	Larg.	Haut.	S-total	U	Qté
02.4.7	**Radier et cuvette ascenseur**							
	Cuvette ascenseur 2.00 x 1.60 x 1.10 compris cuvelage et parachèvement, radier en béton C25/30, épaisseur 20 cm, compris armatures et coffrage des rives pour la fosse ascenseur à créer, suivant plan de structure 0.3 compris étanchéité et dalle de protection de 20 cm							
02.4.7.1	**Radier ép 0.20**							
	Long.		2,80					
	x Larg.			2,40				
	= surface				6.72			
	Béton							
	x épaisseur de 0,20 = cube de béton						m³	**1.344**
	Coffrage périphérique							
	Linéaire	2	2.80					
		2	2.40					
	Ensemble linéaire		10.40					
	x épaisseur de 0,20 =surface				0,20		m²	**2.08**
	Acier HA pour radier 65 kg/m³							
	Reprendre cube de béton					1.344		
	x ratio	65						
	= poids d'acier						kg	**87,360**
02.4.7.2	**Libages (ou gaine) ép 0.20**							
	Béton							
	Long HO	2	2,20			4,40	(a)	
	Long DO	2	1,80			3,60	(b)	
	Ensemble linéaire a + b					8,00		
	x hauteur				1,10			
	= surface					8.80		
	x épaisseur de 0,20				0.20			
	= cube de béton						m³	**1.760**
	Coffrage							
	Reprendre surface des voiles, 2 fois	2				8.80	m²	**17.20**
	Acier HA pour libage 65 kg/m³							
	Reprendre volume					1.760		
	x ratio	65						
	= poids d'acier						kg	**114.400**

1. Libage et poteau, ainsi que leurs fondations, sont imbriqués. Pour ne pas compter deux fois le volume de béton de chacun d'eux, il faudrait les différencier dans les calculs ci-dessous, mais cela n'est pas fait compte tenu de l'influence négligeable sur le résultat global.

Remarque : en toute rigueur il faudrait déduire le poteau inclus dans le libage, soit un linéaire en plan de (8.00 – 0.50) = 7.50 m. Cela implique un cube de béton de 1.650 m³ (au lieu de 1.760 m³) et 107 kg (au lieu de 114 kg). Compte tenu de ces différences, la déduction du poteau est négligée.

2.2.1.6 Récapitulatif, type DPGF[1]

Ce tableau n'en donne qu'un aperçu, car il ne prend en compte que les articles calculés précédemment, pour le bâtiment A.

	Désignation	U	Quantité	Prix unitaire	Montant total
02.4	**Fondations**				
02.4.4	Béton de propreté sous fondations				
	Béton de propreté en 5 cm d'épaisseur mini	m²	12.881		
	Redans en gros béton, long 0.75, ht 0.50, larg 0.50	u	6		
02.4.5	Massifs et semelles en béton armé				
	Béton massifs	m³	5,616		
	Béton semelles	m³	25.770		
	Acier HA pour massifs	kg	336,96		
	Acier HA pour semelles filantes	kg	2319.41		
02.4.7	Radier et cuvette ascenseur[2]				
	Béton radier	m³	1.344		
	Coffrage radier	m²	2.08		
	Acier HA pour radier	kg	87.360		
	Béton libages	m³	1.760		
	Coffrage libages	m	17.20		
	Acier HA pour libages	kg	114.400		
02.4	**Total Fondations**	**H.T.**	**1.00**		

Remarque : la présentation peut légèrement varier, par exemple en regroupant par article, le béton, les aciers et le coffrage de telle sorte à n'avoir que deux ou trois lignes par article. Néanmoins, des clauses particulières peuvent exiger que le devis soit à chiffrer de manière détaillée, sans regroupement et ni modification.

2.2.2 *Volumes de transition*

2.2.2.1 Description

En se référant à l'UNTEC (Union nationale des économistes de la construction) « les volumes de transition concernent les ouvrages partiellement ou totalement enterrés assurant la transition entre le dessus des fondations et les volumes utiles. La limite inférieure de ces volumes utiles est déterminée par le dessus des planchers situés au niveau ou immédiatement au-dessus du sol extérieur ».

Ainsi la grille analytique est organisée comme suit :

- ossatures des volumes de transition : poteaux et poutres ;
- murs et refends des volumes de transition ;
- planchers des volumes de transition.

1. DPGF : décomposition du prix global et forfaitaire.
2. Cet article peut aussi être présenté comme un ensemble réunissant en une seule ligne le béton, le coffrage et les armatures.

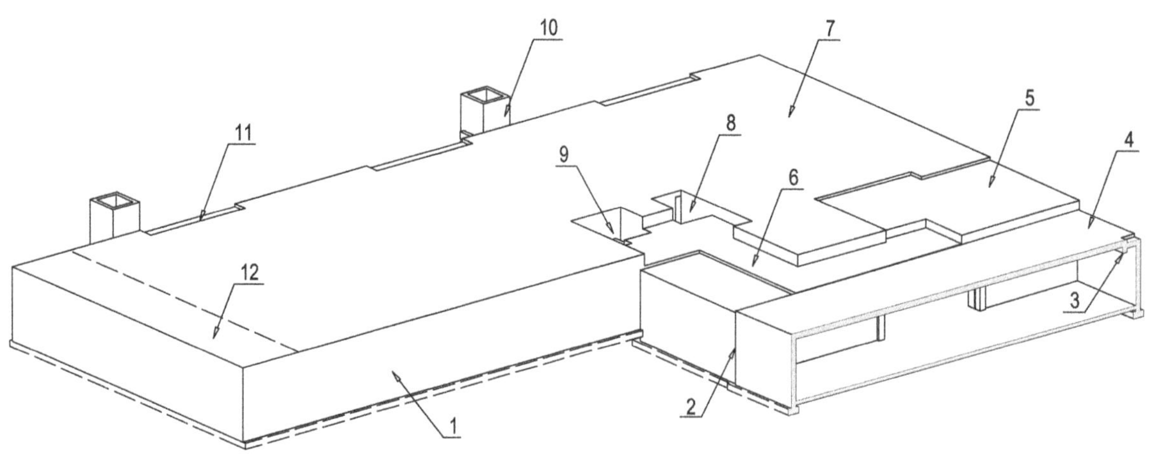

1 : Voile extérieur du bâtiment A

2 : Joint de dilatation entre le bâtiment A et le bâtiment B

3 : Poutre

4 : Plancher du bâtiment B (–0.62 brut)

5 : Plancher du bâtiment A (–0.25 brut)

6 : Plancher du bâtiment A (–0.62 brut)

7 : Plancher du bâtiment A (–0.12 brut)

8 : Cage d'ascenseur

9 : Cage d'escalier

10 : Ventilation basse du parking

11 : Terrasse (–0.25 brut)

12 : Plancher bas du passage couvert (–0.12 brut)

Figure 3.2.39 – Perspective extérieure des ouvrages élémentaires du volume de transition

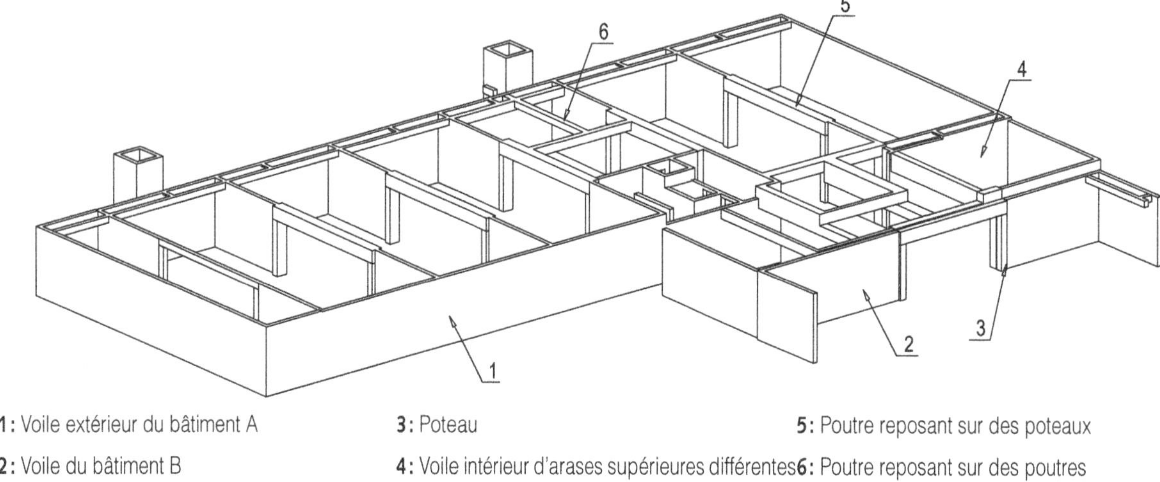

1 : Voile extérieur du bâtiment A

2 : Voile du bâtiment B

3 : Poteau

4 : Voile intérieur d'arases supérieures différentes

5 : Poutre reposant sur des poteaux

6 : Poutre reposant sur des poutres

Figure 3.2.40 – Perspective extérieure sans la représentation du plancher haut du sous-sol

2.2.2.2 Principes généraux de décomposition

Compte tenu des liaisons entre les éléments en béton armé (voiles, poteaux, poutres, planchers) qui composent ce volume de transition, il y aurait différentes options pour les quantifier de telle sorte que les intersections soient correctement métrées.

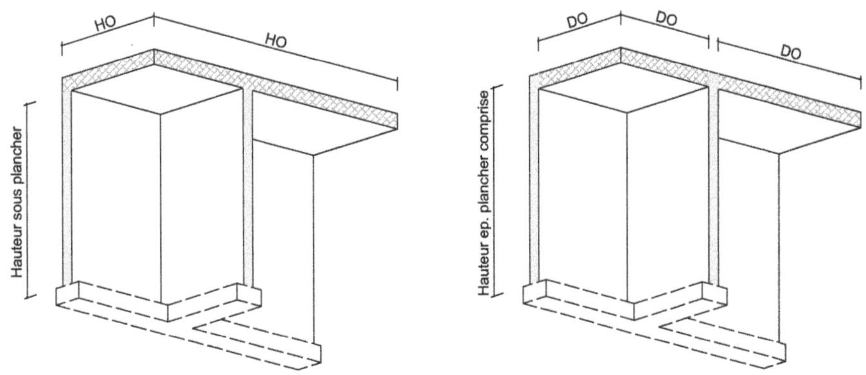

Figure 3.2.41 – Options de décomposition pour la liaison voile-plancher

Soit le voile est compté sous le plancher, et le plancher est compté en continuité et hors œuvre, soit le voile est compté jusqu'à l'arase supérieure du plancher et le plancher est compté dans œuvre des voiles. Mais, compte tenu des différents niveaux des planchers, tous les voiles n'ont pas la même hauteur.

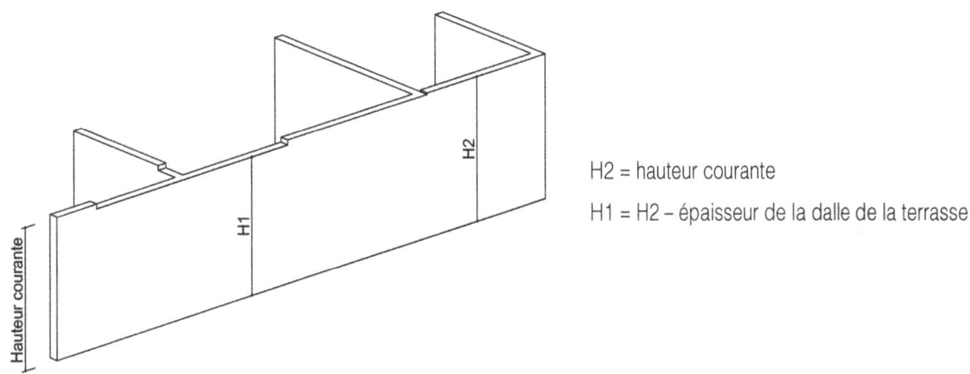

Figure 3.2.42 – Hauteurs modifiées

Lorsque la structure est aussi composée de poutres et de poteaux, le plancher peut être compté en continu ou dans œuvre des poutres. Les poutres sont alors comptées soit selon leurs retombées, soit selon leurs sections totales.

Option 1

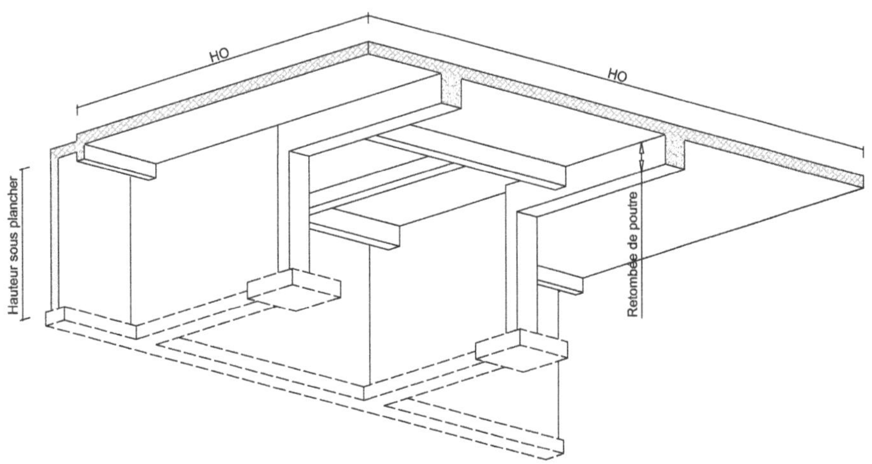

Figure 3.2.43 – Plancher compté hors œuvre et poutres comptées pour leurs retombées

Option 2

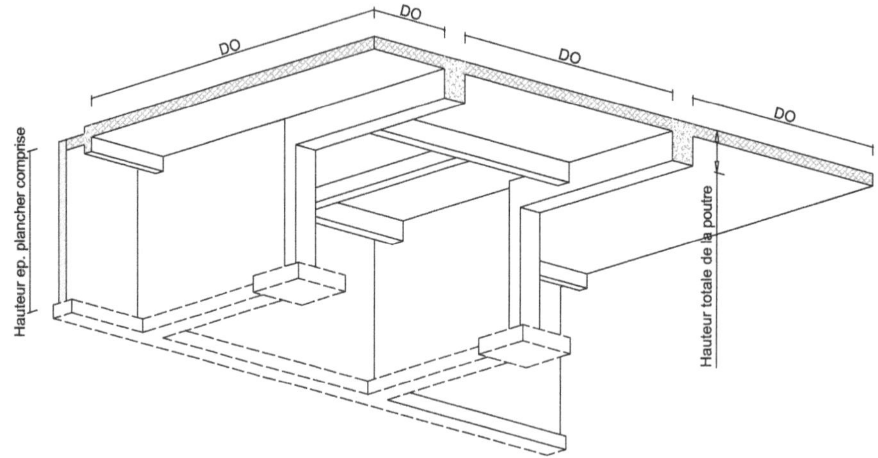

Figure 3.2.44 – Plancher compté dans œuvre et poutres comptées pour leurs sections totales

Dans la pratique, l'option 1 est adoptée pour la décomposition de ces articles.

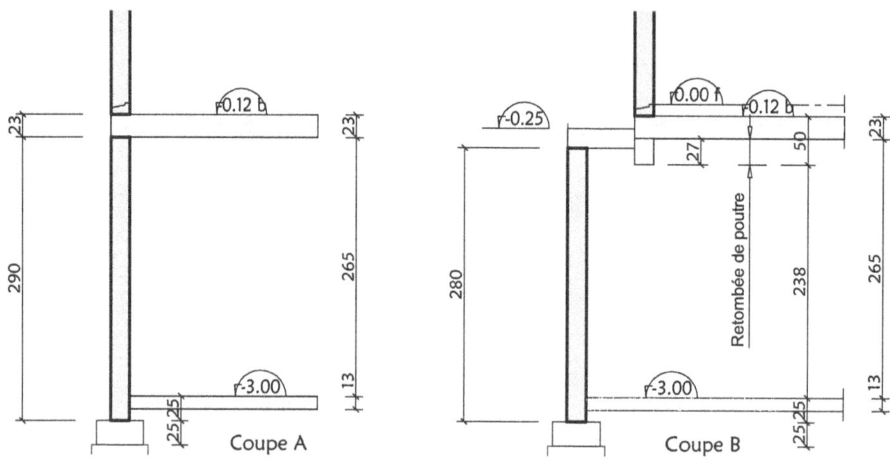

Figure 3.2.45 – Vue en coupe de l'option 1

2.2.2.3 Voiles en béton

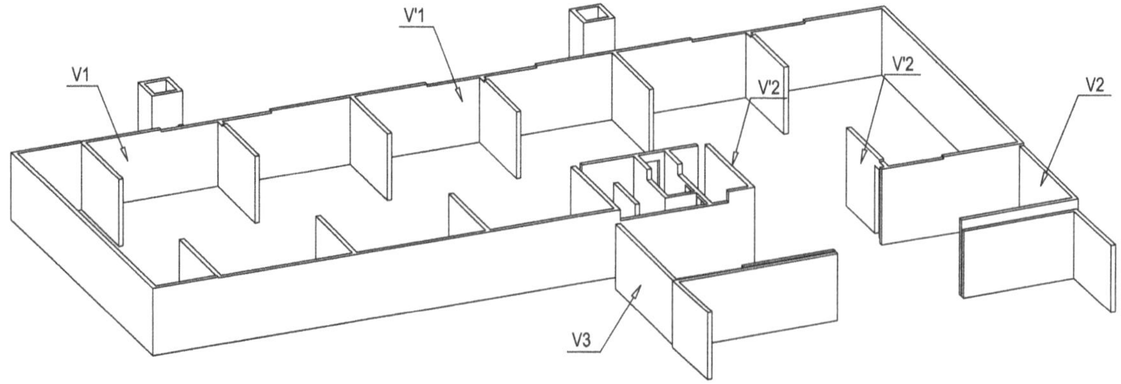

Figure 3.2.46 – Perspective des voiles du sous-sol, avec repérage des différentes hauteurs détaillées ci-après

Compte tenu des différents niveaux d'arase inférieure, d'arase supérieure et des différentes épaisseurs du plancher haut du sous-sol, tous les voiles n'ont pas la même hauteur.

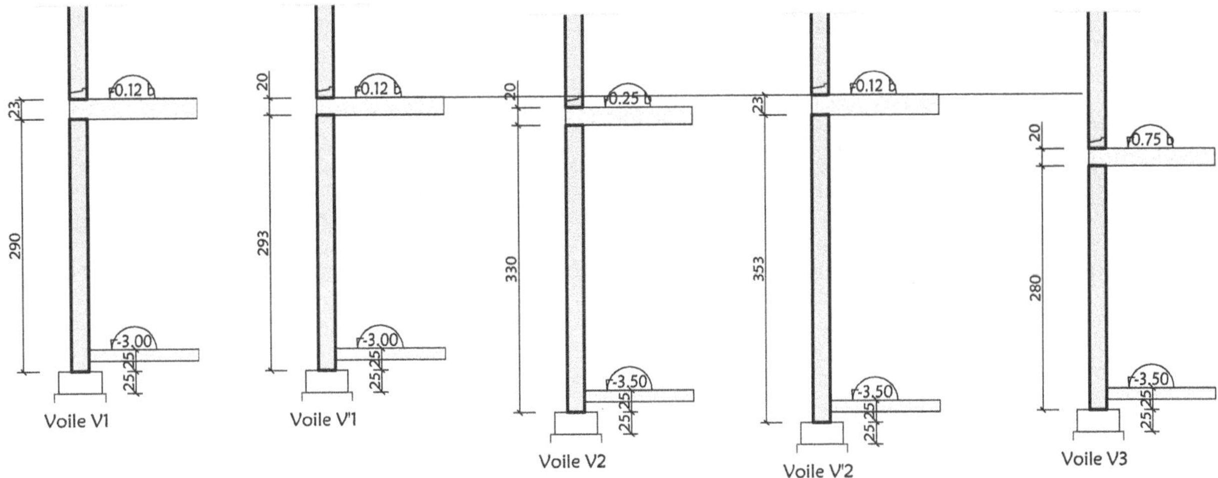

Figure 3.2.47 – Principe de calcul des différentes hauteurs des voiles du sous-sol

Comme les voiles de la cuvette d'ascenseur ont été comptés pour une hauteur de 1.10 m, la hauteur de ces voiles est encore différente.

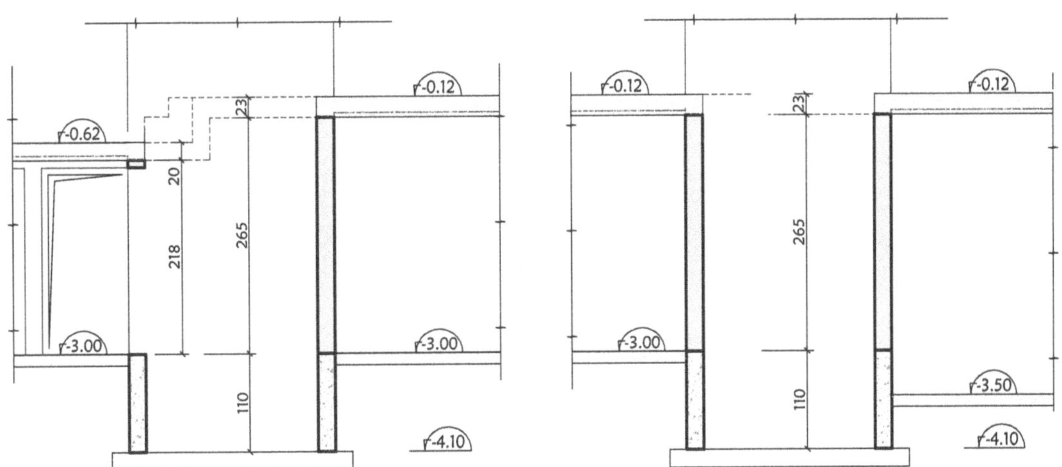

Figure 3.2.48 – Coupe longitudinale et transversale des voiles de la cage d'ascenseur du volume de transition

Pour être exhaustif, d'autres schémas seraient nécessaires pour définir la hauteur exacte de tous les voiles, mais l'expérience montre que, dans le cadre de ce projet, choisir une hauteur moyenne de 2.90 m est justifié. En effet, détailler tous les voiles selon leur vraie hauteur ou prendre une hauteur moyenne conduit à une différence de seulement quelques m^2 pour un total de plus de 600 m^2.

Dans une approche didactique et pour justifier la méthode rapide, un premier calcul sera mené avec des voiles décomposés en trois types : V1, V2 et V3. Un second calcul reprendra ensuite les linéaires trouvés en les multipliant par une hauteur moyenne.

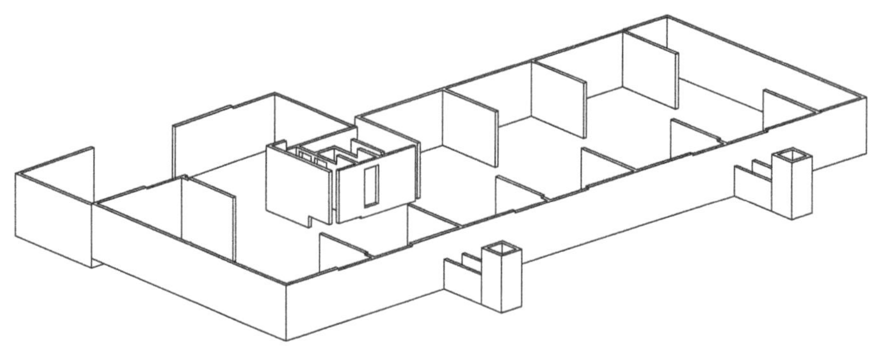

Figure 3.2.49 – Perspective des voiles du sous-sol (vus côté des ventilations basses du parking)

Indépendamment de la méthode choisie, il faut aussi faire la distinction entre voiles périphériques (extérieurs) et voiles intérieurs.

Évaluation : voiles au m² regroupés selon leur type (épaisseur, hauteur, extérieurs ou intérieurs), béton pour voiles au m³, coffrage au m², armatures au kg.

> **Remarque** : les calculs précédents sont présentés de manière très détaillée, avec un calcul par ligne. Pour la suite, afin de réduire la longueur des tableaux, certains calculs sont effectués sur une même ligne.

Code	Désignation	Nbre	Long.	Larg.	Haut.	S-total	U	Qté
02.5.1	**Voiles béton banché du volume de transition (bâtiment A seul)**							
02.5.1.1	**Pour ventilations basses du parking (pour 2 éléments)**							
	Béton compris hydrofuge							

Figure 3.2.50 – Représentation en perspectives, coupe verticale et plan de la ventilation basse du parking[1]

Code	Désignation	Nbre	Long.	Larg.	Haut.	S-total	U	Qté
	Surface en 4.00 m de haut[2]	8	1,50		4,00	48,00	(a)	
	Surface en 1.75 m de haut	4	2,80		1,75	19,60	(b)	
	Ensemble surface a + b					67,60		
	À déduire ouvertures pour ventilations	2	1,30		1,30	3,38		
	Reste pour voiles de ventilation					64,22	(A)	
	x épaisseur de 0,20 = cube béton hydrofugé				0.20		m³	**12.844**
	Coffrage							
	Reprendre surface (aveugle) des voiles, 2 fois	2				67.60	m²	**135.20**
	Acier HA 3.8 kg/m²							
	Reprendre surface des voiles					64.22		
	x ratio =poids	3.8					kg	**244.036**
	Acier TS[3] 8 kg/m²							
	Reprendre surface des voiles					64.22		
	x ratio = poids	8					kg	**513.760**

1. Feuillures et grille métallique non représentées.
2. Les linéaires sont pris entre axes.
3. TS pour acier sous forme de treillis soudé.

Pour les autres voiles, il faut distinguer les voiles périphériques des voiles intérieurs.

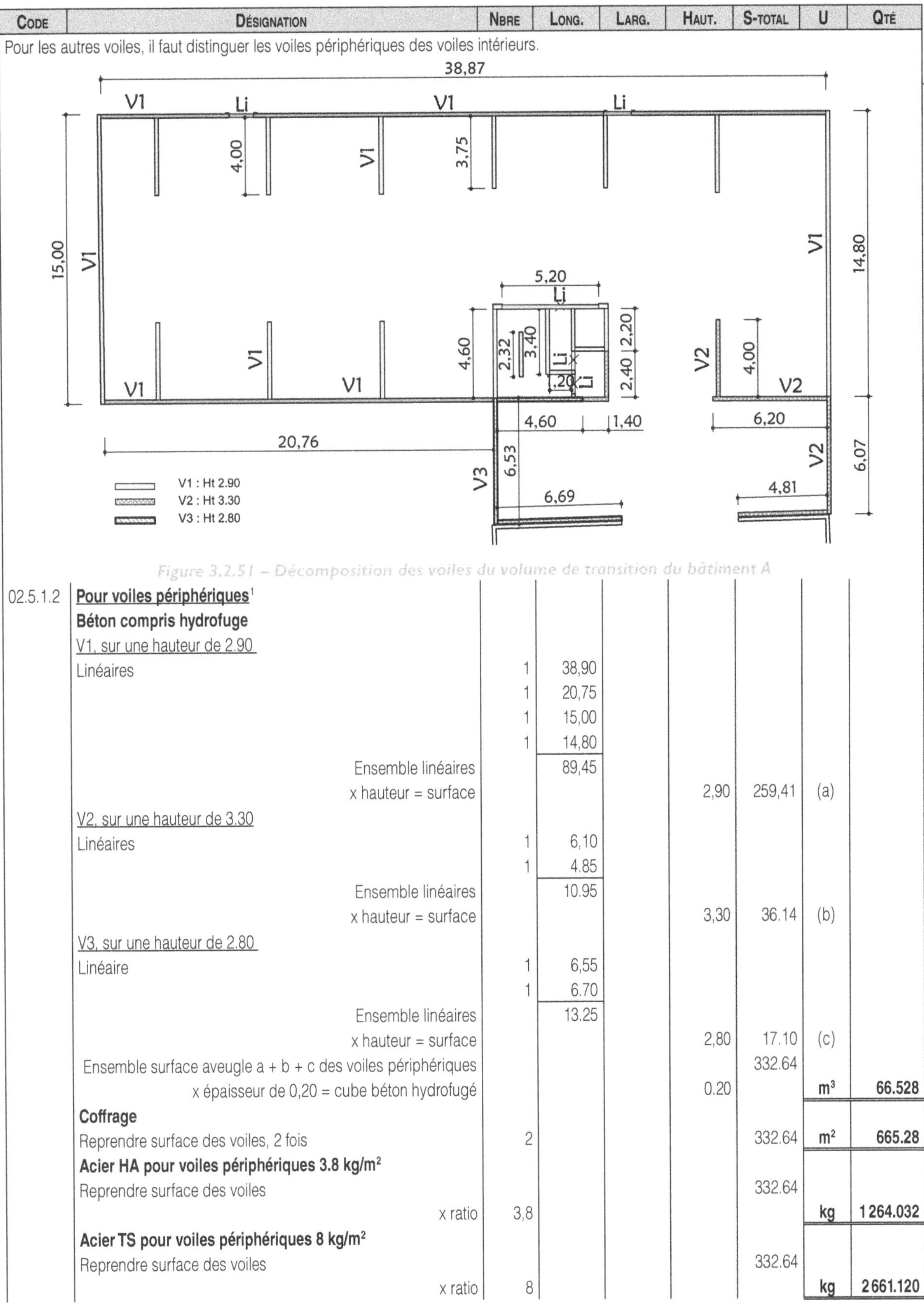

Figure 3.2.51 – Décomposition des voiles du volume de transition du bâtiment A

Code	Désignation	Nbre	Long.	Larg.	Haut.	S-total	U	Qté
02.5.1.2	**Pour voiles périphériques**[1]							
	Béton compris hydrofuge							
	V1, sur une hauteur de 2.90							
	Linéaires	1	38,90					
		1	20,75					
		1	15,00					
		1	14,80					
	Ensemble linéaires		89,45					
	x hauteur = surface				2,90	259,41	(a)	
	V2, sur une hauteur de 3.30							
	Linéaires	1	6,10					
		1	4.85					
	Ensemble linéaires		10.95					
	x hauteur = surface				3,30	36.14	(b)	
	V3, sur une hauteur de 2.80							
	Linéaire	1	6,55					
		1	6.70					
	Ensemble linéaires		13.25					
	x hauteur = surface				2,80	17.10	(c)	
	Ensemble surface aveugle a + b + c des voiles périphériques					332.64		
	x épaisseur de 0,20 = cube béton hydrofugé				0.20		m³	**66.528**
	Coffrage							
	Reprendre surface des voiles, 2 fois	2				332.64	m²	**665.28**
	Acier HA pour voiles périphériques 3.8 kg/m²							
	Reprendre surface des voiles					332.64		
	x ratio	3,8					kg	**1 264.032**
	Acier TS pour voiles périphériques 8 kg/m²							
	Reprendre surface des voiles					332.64		
	x ratio	8					kg	**2 661.120**

1. Les voiles situés de part et d'autre du joint de dilatation sont comptés comme voiles périphériques.

Code	Désignation	Nbre	Long.	Larg.	Haut.	S-total	U	Qté
02.5.1.3	**Pour voiles intérieurs**							
	Béton compris hydrofuge							
	V1. sur une hauteur de 2.90							
	Linéaires	7	4,00					
		2	3,75					
		2	4,60					
		1	2,35					
		1	3,40					
		1	1,20					
		1	5,20					
			2.20					
	Ensemble linéaires		59.05					
	x hauteur = surface				2,90	171.25	(a)	
	V2. sur une hauteur de 3.30							
	Linéaires	1	1,40					
		1	6,20					
		1	4,00					
		1	2.40					
	Ensemble linéaire		14.00					
	x hauteur = surface				3,30	46.20	(b)	
	V3. sur une hauteur de 2.80							
	Linéaires		4,60					
	x hauteur = surface				2,80	12.88	(c)	
	Ensemble surface aveugle a + b + c des voiles intérieurs					230.33	(A)	
	À déduire							
	Baies de portes	3	0,90		2,04	5,51	(B)	
	Reste A – B voiles intérieurs					224.82		
	x épaisseur de 0,20 = cube béton hydrofugé						m³	44.963
	Coffrage							
	Reprendre surface des voiles, 2 fois	2				230.33	m²	460.65
	Acier HA pour voiles intérieurs 3.8 kg/m²							
	Reprendre surface des voiles					224.82		
	x ratio	3,8					kg	854.305
	Acier TS pour voiles intérieurs 5 kg/m²							
	Reprendre surface des voiles					224.82		
	x ratio	5					kg	1 124.085
02.5.1.4	**Mannequins pour huisseries (1.00/2.10)**						U	3
02.5.1.5	**Réservations (feuillures dans voiles) et grille de ventilation de 1.30 x 1.30**						U	2

Ainsi, le total des surfaces aveugles, en tenant compte des différentes hauteurs, est de :

voiles périphériques 332.64 m² + voiles intérieurs 230.33 m² = 562.97 m²

En considérant une même hauteur de 2.90 m pour l'ensemble des voiles :

linéaire voiles périphériques 113.65 m + linéaire voiles intérieurs 77.65 m = 191.30 m

Soit une surface aveugle de 191.30 x 2.90 = 554.77 m².

L'écart entre 562.97 et 554.77, environ 8 m², est essentiellement dû à la différence des niveaux des fondations de 0.50 m (de –3.50 à –3.00). Cet écart de surface correspond au linéaire des voiles assurant ce décalage multiplié par la différence de niveaux, soit 14.40 x 0.50 = 7.20 m². Et si l'on considère les bâtiments A et B, l'écart entre les deux méthodes est réduit à environ 5 m² pour un total de plus de 1 100 m².

L'objet de cette comparaison est de montrer que, pour ce projet, il n'y a pas lieu de se préoccuper des différentes hauteurs des voiles. C'est par expérience que le métreur choisit la méthode : tenir compte ou non des hauteurs variables, ou considérer une hauteur moyenne.

Remarque : les voiles courbes doivent être comptés séparément.

2.2.2.4 Poteaux et poutres

Principe de décomposition

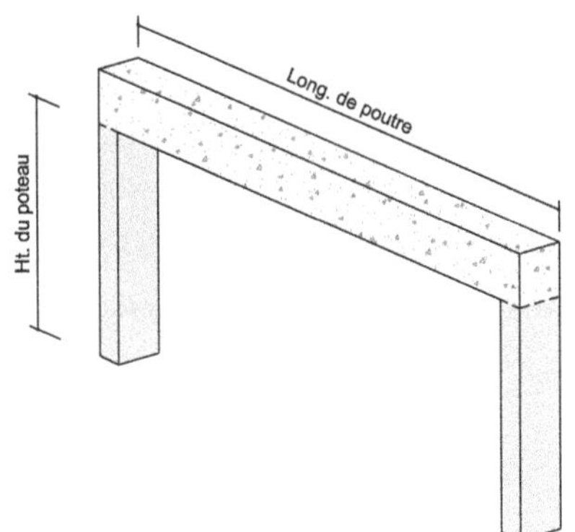

Figure 3.2.52 – Béton pour poteau[1] et poutre

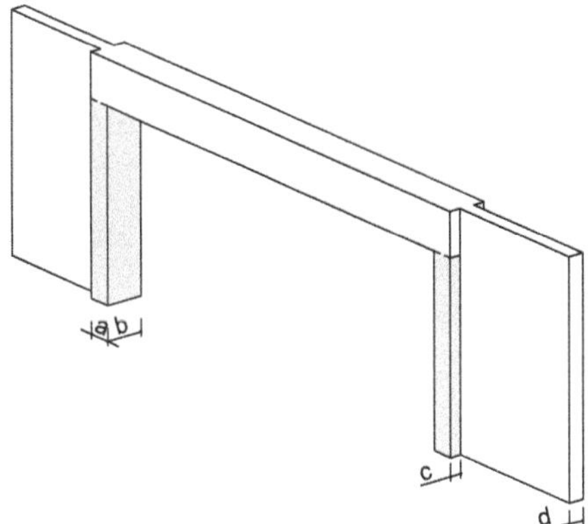

Figure 3.2.53 – Coffrage pour poteau

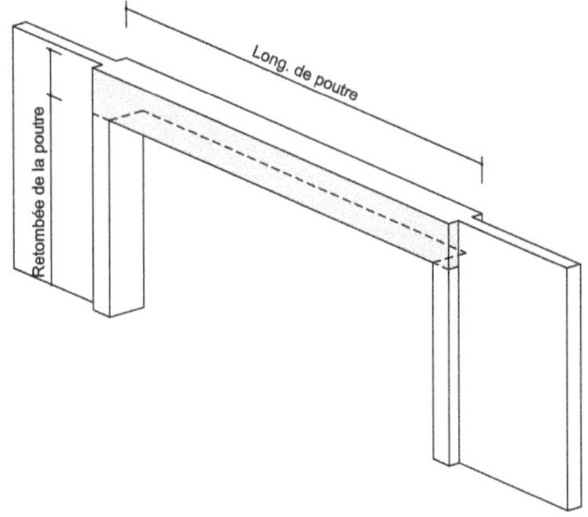

Figure 3.2.54 – Coffrage pour poutre (jouée, 2 fois)

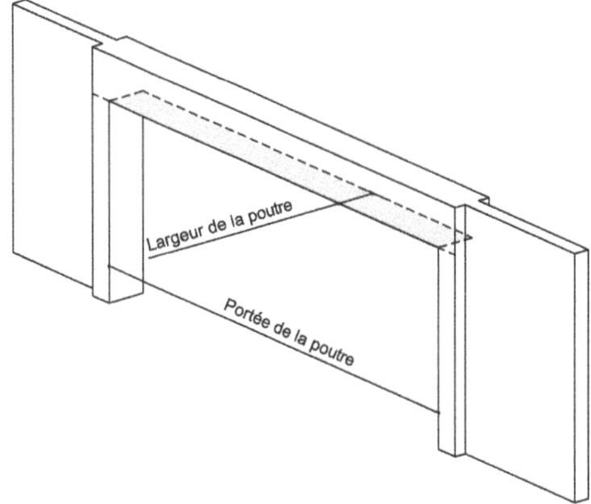

Figure 3.2.55 – Coffrage pour poutre (dessous)

Béton pour poteau = hauteur du poteau x section du poteau.

Dans ce cas (la largeur de la poutre est supérieure ou égale à celle du poteau), la hauteur du poteau est comptée sous la poutre. Elle est égale à la différence des niveaux des planchers bruts moins la hauteur de la poutre.

Béton pour poutre = longueur hors œuvre (des poteaux) x section de la poutre[2].

Coffrage pour poteau = hauteur du poteau x développé. Pour un poteau lié à un voile, le développé est égal à 2 (a + b) – d ou 2 (a + c) + b[3].

Coffrage pour poutre = surface du dessous + 2 fois surface de la jouée[4].

1. C'est la hauteur réelle. Ainsi, à chaque retombée de poutre correspond une hauteur de poteau, ce qui alourdit le calcul. En pratique toutes les hauteurs de poteau sont considérées comme identiques, prises égales à une hauteur moyenne ou à la hauteur sous plafond. Dans cette dernière option, pour des poutres de forte section, le cube obtenu est très supérieur au cube réel (voir calculs ci après).
2. Le calcul du cube de béton pour les poutres est lié à la manière dont le plancher est compté. Cette interdépendance entre ces 2 articles est explicitée dans leurs § respectifs.
3. En pratique, le coffrage pour poteaux est calculé comme le développé de la section x les hauteurs correspondantes.
4. Contrairement aux poteaux, la surface théorique de coffrage d'une poutre ne peut pas être calculée comme une longueur multipliée par un développé car la longueur du dessous est différente de la longueur des jouées. Mais en pratique cette distinction n'est pas faite, d'autant plus que les poutres sont très souvent préfabriquées.

Remarques :

– Dans les schémas précédents, comme la largeur de la poutre est supérieure à l'épaisseur du voile, il faudrait également compter un retour de coffrage.

– Lorsque les planchers sont à des niveaux différents, l'arase supérieure de la poutre doit s'y adapter. Ainsi, les sections et les retombées sont différentes sur la longueur.

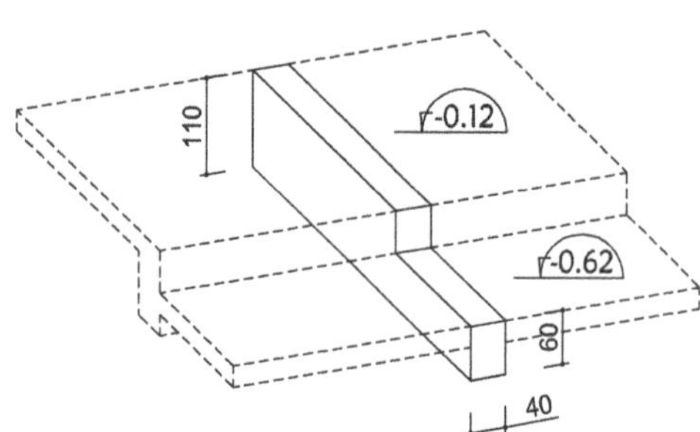

Figure 3.2.56 – Poutre désignée par 40 x 60/110 sur le plan de coffrage

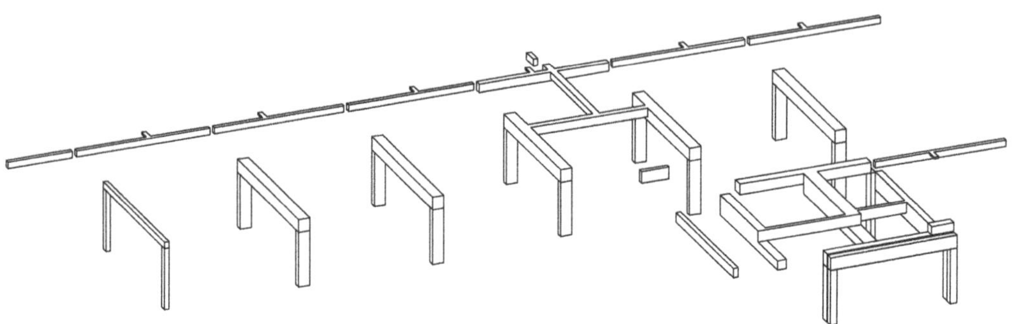

Figure 3.2.57 – Ossature[1] poteaux et poutres du volume de transition

Poteaux

Évaluation : béton au m^3, coffrage au m^2, armatures au kg.

Remarques : selon les types d'ouvrages, les poteaux sont comptés au mètre (ordonnés par sections) ou à l'unité (ordonnés par sections, hauteurs et charges).

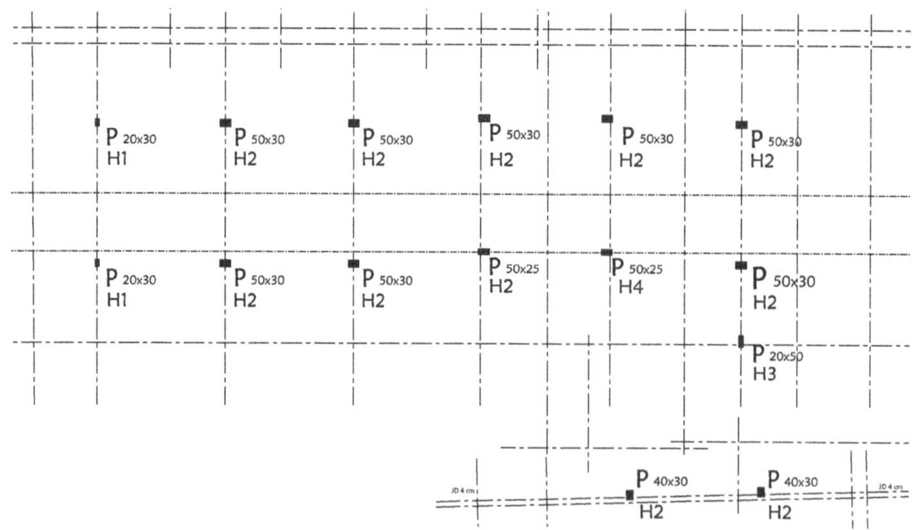

Figure 3.2.58 – Repérage des sections et hauteurs des poteaux du volume de transition

1. Les lignes fictives de séparation entre poteaux et poutres sont conservées.

Hauteur d'un poteau = distance du niveau de l'arase supérieure de la fondation au niveau de l'arase supérieure du plancher brut, puis déduire poutre.

Repère	Arase supérieure de la fondation	Niveau supérieur du plancher brut	Hauteur de la poutre	Hauteur du poteau
H1	-3,25	-0,12	0,50	2,63
H2	-3,25	-0,12	0,78	2,35
H3	-3,75	-0,12	0,78	2,85
H4	-4,10	-0,12	0,68	3,30

Code	Désignation	Nbre	Long.	Larg.	Haut.	S-total	U	Qté
02.5.2	**Poteaux du volume de transition (bâtiment A seul)**							
	Béton							
	Section 20 x 30							
	Linéaire	2			2,63			
	x section 20 x 30 = cube					0,316		
	Section 50 x 30							
	Linéaire	8			2,35			
	x section 50 x 30 = cube					2,820		
	Section 40 x 30							
	Linéaire	2			2,35			
	x section 40 x 30 = cube					0,564		
	Section 50 x 25							
	Linéaires	1			2,35			
		1			3,30			
	Ensemble linéaires				5,65			
	x section 20 x 50 = cube					0,706		
	Section 20 x 50							
	Linéaire	1			2,85			
	x section 20 x 50 = cube					0,285		
	Ensemble cube de béton pour poteaux						m^3	**4,691**
	Coffrage pour poteaux (méthode 1 : développé réel)							
	Poteau de 2,63 de hauteur							
	Poteau 20 x 30, développé de 0,80 (2 x 0,30 + 0,20)							
	Linéaire	2	2,63					
	x développé de 0,80 = surface					4,21		
	Poteau de 2,35 de hauteur							
	Poteau 50 x 30, développé de 1,40 (2 x (0,30 + 0,50) – 0,20)							
	Linéaire	8	2,35					
	x développé de 1,40 = surface					26,32		
	Poteau 50 x 25, développé de 0.60 (2 x 0,05 + 0,50)							
	Linéaire	1	2,35					
	x développé de 0.60 = surface					1,41		
	Poteau 40 x 30, développé de 1,20 (2 x 0,30 + 0,40 + 0,20)							
	Linéaire	2	2,35					
	x développé de 1,20 = surface					5,64		
	Poteau de 2,85 de hauteur							
	Poteau 50 x 30, développé 0,30 + 0,50 (0,80)							
	Linéaire	1	2,85					
	x développé de 0,80 = surface					2,28		
	Poteau de 3,30 de hauteur							
	Poteau 50 x 25, développé 0,50 + 0,25 + 0,05 (0,80)							
	Linéaire	1	3,30					
	x développé de 0,80 = surface					2,64		
	Ensemble surface de coffrage pour poteaux						m^2	**42,50**

Code	Désignation	Nbre	Long.	Larg.	Haut.	S-total	U	Qté
	coffrage pour poteaux (méthode 2 : développé complet)							
	Poteau de 2.63 de hauteur							
	Poteau 20 x 30, développé de 1.00							
	Linéaire	2	2,63					
	x développé de 1.00 = surface					5.26		
	Poteau de 2.35 de hauteur							
	Poteau 50 x 30, développé de 1,60							
	Linéaire	8	2,35					
	x développé de 1,60 = surface					30.08		
	Poteau 50 x 25, développé de 1.50							
	Linéaire	1	2,35					
	x développé de 1.50 = surface					3.53		
	Poteau 40 x 30, développé de 1,40							
	Linéaire	2	2,35					
	x développé de 1,40 = surface					6.58		
	Poteau de 2.85 de hauteur							
	Poteau 50 x 30, développé 1.60							
	Linéaire	1	2,85					
	x développé de 1.60 = surface					4.56		
	Poteau de 3.30 de hauteur							
	Poteau 50 x 25, développé 1.50							
	Linéaire	1	3,30					
	x développé de 1.50 = surface					4.95		
	Ensemble surface de coffrage pour poteaux						m^2	**54.96**
	Armatures HA pour poteaux, ratio 115 kg/m³							
	Reprendre cube de béton pour poteaux					4,691		
	x ratio 115 kg/m³	115					kg	**539,448**

Autre option de calcul du cube de béton obtenu avec une hauteur moyenne de 2.63. Le calcul s'en trouve simplifié.

Code	Désignation	Nbre	Long.	Larg.	Haut.	S-total	U	Qté
	Cube de béton avec poteaux de 2.35 m de haut							
	Section 20 x 30							
	Linéaire	2			2,63			
	x section 20 x 30 = cube					0,316		
	Section 50 x 20							
	Linéaire	1			2,63			
	x section 50 x 20 = cube					0.263		
	Section 50 x 25							
	Linéaire	2			2,63			
	x section 50 x 25 = cube					0.658		
	Section 40 x 30							
	Linéaire	2			2,63			
	x section 40 x 30 = cube					0,631		
	Section 50 x 30							
	Linéaires	8			2.63	3.156		
	Ensemble cube de béton pour poteaux						m^3	**5.023**

Ce mode de calcul augmente le cube de béton de 5.023 – 4.691 = 0.332 m³.

Si la hauteur est prise sous plafond, en négligeant la retombée des poutres, alors le cube de béton pour les poteaux passe à 5.539 m³, soit une différence de 5.539 – 4.691 = 0.848 m³, c'est-à-dire15 % d'écart.

Poutres, bandes noyées et linteaux

Évaluation : béton au m^3, coffrage au m^2, armatures au kg.

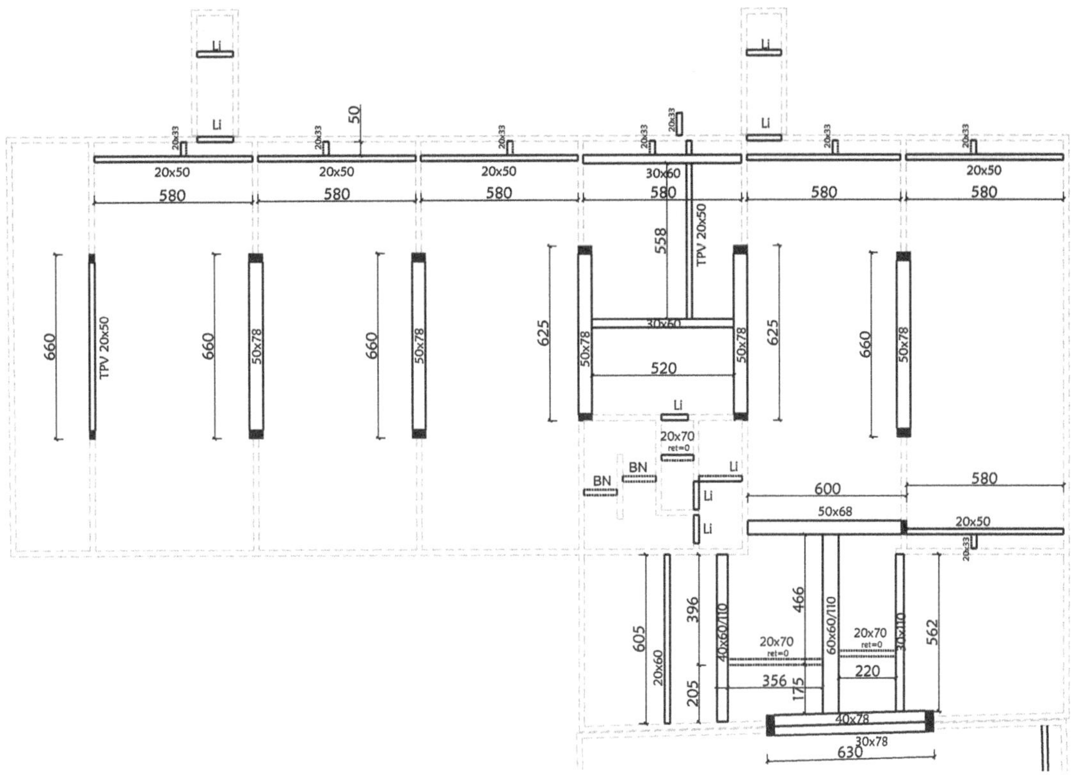

Figure 3.2.59 – Repérage des sections et longueurs des poutres, bandes noyées et linteaux du volume de transition du bâtiment A

Les longueurs des poutres sont prises hors œuvre des poteaux. Quant à leurs sections, elles peuvent être considérées selon deux options.

Option 1 : si les planchers sont comptés hors œuvre des voiles extérieurs alors le cube de béton pour les poutres est égal aux linéaires des poutres multipliés par la section des retombées.

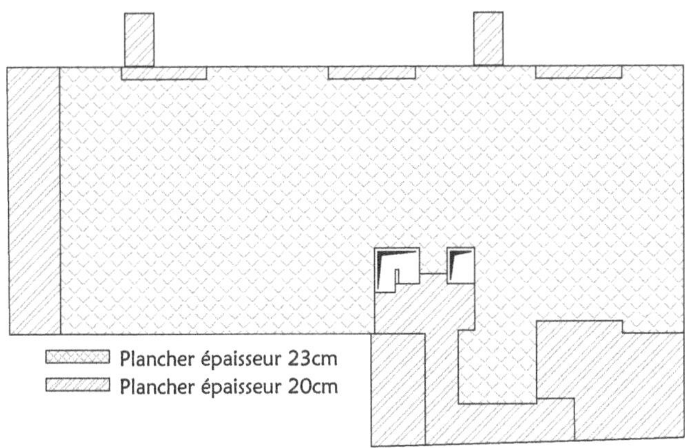

Figure 3.2.60 – Surface de plancher à considérer selon cette option

Option 2 : si les planchers sont comptés dans œuvre des voiles et des poutres alors le cube de béton pour les poutres est égal aux linéaires des poutres multipliés par la section entière des poutres.

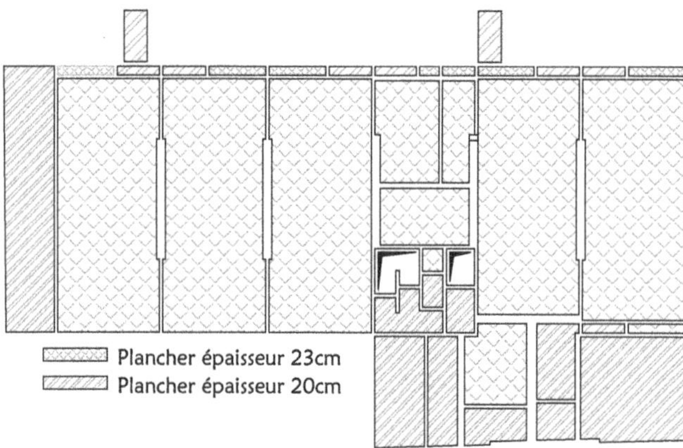

Figure 3.2.61 – Surface de plancher à considérer selon cette option

Remarque : au regard de ces deux figures, il est bien plus rapide de calculer la surface de plancher dans l'option 1 que dans l'option 2. Dans la pratique, c'est l'option 1 qui est choisie, comme ce qui a été développé précédemment

Mais le ratio d'acier s'applique à la section totale des poutres.

En conséquence, dans le premier cas, le ratio ne peut pas être directement appliqué au cube de béton car il est incomplet (manque les épaisseurs de plancher). Par contre il est justifié de l'appliquer directement dans le second cas.

Code	Désignation	Nbre	Long.	Larg.	Haut.	S-total	U	Qté
02.5.3	**Poutres**							
	Béton (calculé selon leur retombée)							
	Section 20 x 33							
	Linéaires	7	0,50					
		1	0,80					
	Ensemble linéaires		4,30					
	x section 20 x (33 – 23) = cube					0.112		
	Section 20 x 50							
	Linéaires	6	5,80					
	x section 20 x (50 – 23) = cube					1.879		
	Section 50 x 78							
	Linéaires	3	6,60					
		2	6,25					
	Ensemble linéaires		32,30					
	x section 50 x (78 – 23) = cube					6.802		
	Section 30 x 60							
	Linéaires	1	5,20					
		1	5,80					
	ensemble linéaires		11,00					
	x section 30 x (60 – 23) = cube					1.221		
	Section 50 x 68							
	Linéaires	1	6,00					
	x section 50 x (68 – 23) = cube					1.350		
	Section 20 x 70[1]							
	Linéaire	1	3,56					
		1	2,20					
		1	1,20					
	ensemble linéaires		6,96					
	x section 20 x (70 – 23) = cube					0.654		

1. En toute rigueur, il faudrait distinguer les poutres situées dans les zones où l'épaisseur du plancher est de 23 ou 20 cm.

Code	Désignation	Nbre	Long.	Larg.	Haut.	S-total	U	Qté
	Section 20 x 60							
	Linéaire	1	6,05					
	x section 20 x (60 – 20) = cube					0.484		
	Section 40 x 78							
	Linéaire	1	6,30					
	x section 40 x (78 – 20) = cube					1.462		
	Section 40 x 60							
	Linéaire	1	2,05					
	x section 40 x (60 – 20) = cube					0.328		
	Section 60 x 60							
	Linéaire		1,75					
	x section 60 x (60 – 20) = cube					0.420		
	Section 30 x 110							
	Linéaire		5,65					
	x section 30 x (110 – 23) = cube					1.475		
	Section 40 x 110							
	Linéaire		4,00					
	x section 40 x (110 – 23) = cube					1.392		
	Section 60 x 110							
	Linéaire		4,70					
	x section 60 x (110 – 23) = cube					2.453		
	Section TPV 20 x 50							
	Linéaires	1	6,60					
		1	5.60					
			0.50					
	Ensemble linéaires		12,70					
	x section 20 x (50 – 23) = cube					0.686		
	Ensemble cube de béton pour poutres						m³	**20.718**

Remarques :

Le ratio d'acier ne peut être appliqué à ce cube de béton car il ne considère que les retombées de poutre. La véritable quantité d'acier doit prendre en compte la section totale des poutres. Pour l'obtenir, il suffit de reprendre leurs linéaires fois leurs sections réelles.

La différence en cube de béton est : 33.165 m³ – 20.718 m³ = 12.447 m³. Pour les armatures, avec un ratio de 150 kg/m³, la différence est de 12.447 m³ x 150 kg/m³ = 1 867 kg, soit près de 2 tonnes.

Code	Désignation	Nbre	Long.	Larg.	Haut.	S-total	U	Qté
	Armatures pour poutres[1]							
	Section 20 x 33							
	Linéaires x section =cube		4,30			0,284		
	Section 20 x 50							
	Linéaires x section = cube	6	5,80			3,480		
	Section 50 x 78							
	Linéaires x section = cube		32,30			12,597		
	Section 30 x 60							
	Linéaires x section = cube		11,00			1,980		
	Section 50 x 68							
	Linéaires x section = cube		6,00			2,040		
	Section 20 x 70							
	Linéaires x section = cube		6,96			0,974		
	Section 20 x 60							
	Linéaires x section = cube	1	6,05			0,726		

1. En premier lieu, il faut calculer le cube béton pour poutres à partir des sections figurant sur le plan de coffrage.

CODE	DÉSIGNATION	NBRE	LONG.	LARG.	HAUT.	S-TOTAL	U	QTÉ
	Section 40 x 78							
	Linéaires x section = cube	1	6,30			1,966		
	Section 40 x 60							
	Linéaires x section = cube	1	2,05			0,492		
	Section 60 x 60							
	Linéaires x section = cube		1,75			0,630		
	Section 30 x 110							
	Linéaires x section = cube		5,65			1,865		
	Section 40 x 110							
	Linéaires x section = cube		4,00			1,760		
	Section 60 x 110							
	Linéaires x section = cube		4,70			3,102		
	Ensemble cube de béton pour poutres					31.895		
	x ratio 150 kg/m³ = poids d'acier	150					kg	**4784,295**
	Armatures HA pour poutres TPV[2]							
	Section TPV 20 x 50							
	Linéaire		12.70					
	x ratio 30 kg/m = poids d'acier	30					kg	**381.000**
	Armatures TS pour poutres TPV							
	Section TPV 20 x 50							
	Surface = linéaire x 0.50					6.35		
	x ratio 12 kg/m² = poids d'acier	12					kg	**95.250**
	Coffrage pour poutres (retombées)							
	Section 20 x 33							
	Linéaires		4.30					
	x développé 20 + 2 x 13 = surface					1.98		
	Section 20 x 50							
	Linéaires		34,80					
	Linéaires		12.70					
	Ensemble linéaires		47.50					
	x développé 20 + 2 x 27= surface					35.15		
	Section 50 x 78							
	Linéaires		32.30					
	x développé 50 + 2 x 55 = surface					51.68		
	Section 30 x 60							
	Linéaires		11.00					
	x développé 30 + 2 x 37 = surface					11.44		
	Section 50 x 68							
	Linéaire		6,00					
	x développé 50 + 2 x 45 = surface					8.40		
	Section 20 x 70							
	Linéaire		6.96					
	x développé 20 + 2 x 47 = surface					10.02		
	Section 20 x 60							
	Linéaire		6,05					
	x développé 20 + 2 x 40 = surface					6.05		
	Section 40 x 78							
	Linéaire		6,30					
	x développé 40 + 2 x 58 = surface					9.83		
	Section 40 x 60							
	Linéaire		2,05					
	x développé 40 + 2 x 40 = surface					2.46		

2. Le ratio d'acier des poutres voiles est supérieur aux poutres courantes. Pour cet exemple, même s'il est peu significatif en raison du peu de poutres voiles, les compter comme poutres courantes revient à un oubli de près de 300 kg d'acier.

Code	Désignation	Nbre	Long.	Larg.	Haut.	S-total	U	Qté
	Section 60 x 60							
	Linéaire		1,75					
	x développé 60 + 2 x 40 = surface					2.45		
	Section 30 x 110							
	Linéaire		5,65					
	x développé 30 + 2 x 87 = surface					11.53		
	Section 40 x 110							
	Linéaire		4,00					
	x développé 40 + 2 x 87 = surface					8.56		
	Section 60 x 110							
	Linéaire		4,70					
	x développé 60 + 2 x 87 = surface					11.00		
	Ensemble coffrage pour poutres						m²	170.54
02.5.4	**Bandes noyées 20x23**[1]							
	Linéaires	2	1,20					
	x section 20 x 23= cube de béton					0.110		
	x ratio 125 kg/m³ = poids d'acier	125					kg	13.800
02.5.5	**Linteaux (ratio 60kg/m³)**							
	Linéaires	4	1,30					
		3	1,00					
		1	1,60					
	Ensemble linéaires linteaux						m	9,80

2.2.2.5 Plancher haut du sous-sol en béton

Comme les voiles sont comptés sous plancher et le béton des poutres pour leurs retombées, le plancher est compté hors œuvre en différenciant les épaisseurs de 23 et de 20 cm.

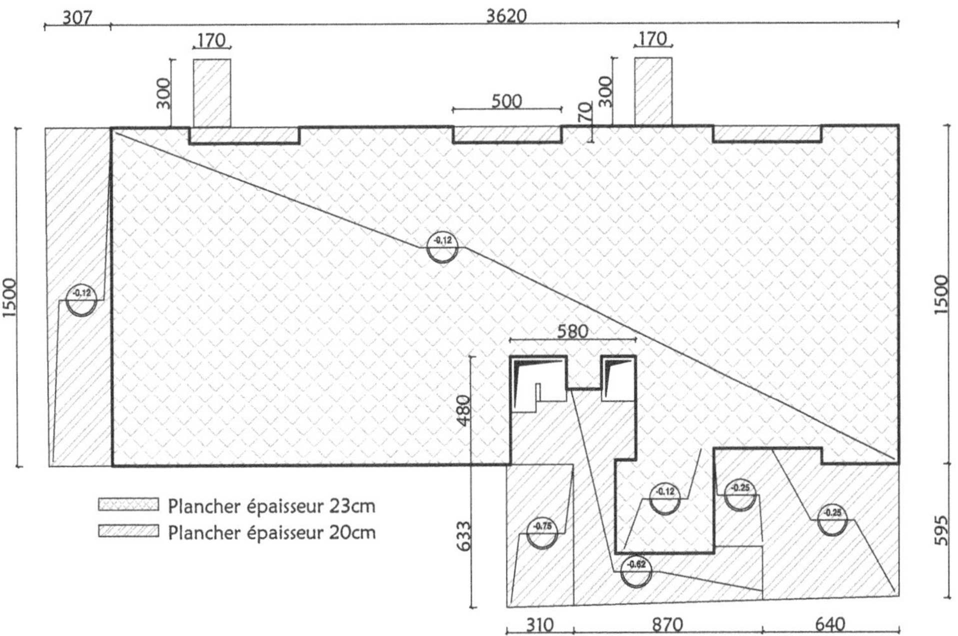

Figure 3.2.62 – Répartition des planchers selon leurs épaisseurs

1. Si la décomposition des planchers englobe ces poutres, alors le béton est déjà compté. Il reste à quantifier les armatures.

Avec un logiciel de dessin, les surfaces sont déterminées par leur contour et immédiatement quantifiées.

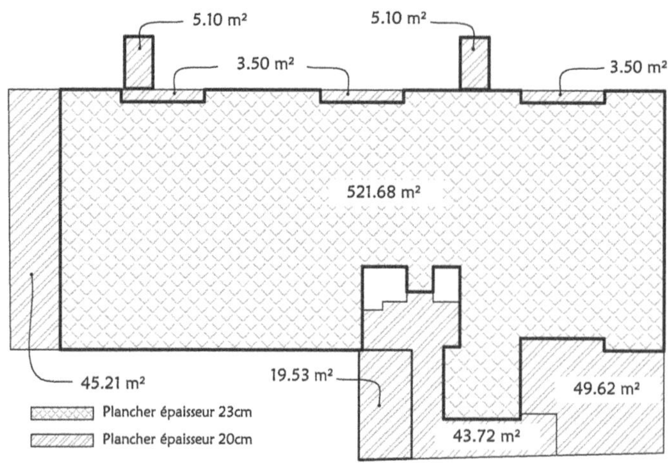

Figure 3.2.63 – Contours et valeurs des différentes surfaces

Code	Désignation	Nbre	Long.	Larg.	Haut.	S-total	U	Qté
02.5.6	**Plancher béton: CF 1 H**							
	Plancher ép 23 cm							
	Surface						m²	521,68
	Flocage coupe-feu 1/2 h plancher + poutre							
	Plancher ép 20 cm							
	Surfaces	2				5,10		
		3				3,50		
		1				45,21		
		1				19,53		
		1				43,72		
		1				49,62		
	Ensemble surfaces[1]						m²	178,78
	Coffrage des rives							
	Plancher haut des ventilations basses							
	Linéaires	4	2.80			11.20		
		2		1.70		3.40		
	Ensemble linéaires						m	14.60
	Plancher haut du sous-sol							
	Linéaires[2]	2	39.30			78.60		
		2		21.30		42.60		
	Ensemble linéaires						m	121.20
	Coffrage des réservations pour trémies						U	2
	Marches de rehausse (du niveau –0.62 à –0.12)						U	2
	Acier HA pour dalles portées 3.8 kg/m²							
	Reprendre surface des planchers					700.46		
	x ratio 3.8 kg/m² = poids d'acier	3.8					kg	2661.75
	Acier TS pour dalles portées 7 kg/m²							
	Reprendre surface des planchers					700.46		
	x ratio 7 kg/m² = poids d'acier	7					kg	4603.22

Si les plans ne sont pas disponibles sous un format numérique, alors il faut en revenir à la traditionnelle décomposition. Un résultat très précis impose une décomposition détaillée. Mais, dans un compromis entre précision et rapidité des calculs, une décomposition légèrement simplifiée suffit.

1. Compte tenu de la décomposition, il n'y a pas lieu de déduire les trémies pour la cage d'ascenseur et la cage d'escalier.
2. La Figure 3.2.39 montre qu'il y a aussi des coffrages intérieurs, mais ils correspondent à des poutres qui assurent les différences de niveaux entre les planchers.

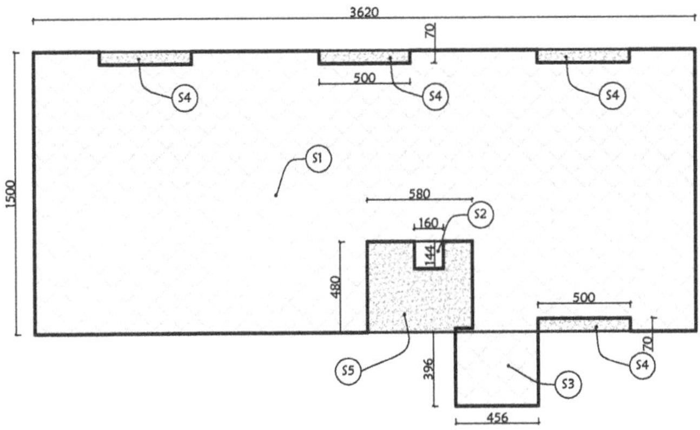

Figure 3.2.64 – Exemple de décomposition du plancher de 23 cm d'épaisseur

Calcul de la surface de plancher de 23 cm d'épaisseur par décomposition.

Code	Désignation	Nbre	Long.	Larg.	Haut.	S-total	U	Qté
	Plancher ép 23 cm							
	s1	1	36,20	15,00		543,00		
	s2	1	1,60	1,44		2,30		
	s3	1	4,56	3,96		18,06		
	Ensemble surfaces					563,36		
	À déduire							
	s4	4	5,00	0,70		14,00		
	s5	1	5,80	4,80		27,84		
	Ensemble à déduire					41,84		
	Reste						m²	521,52

Remarque : la différence entre ces deux options est négligeable.

Lorsque la surface des planchers est calculée dans œuvre des murs et des poutres, les surfaces sont morcelées.

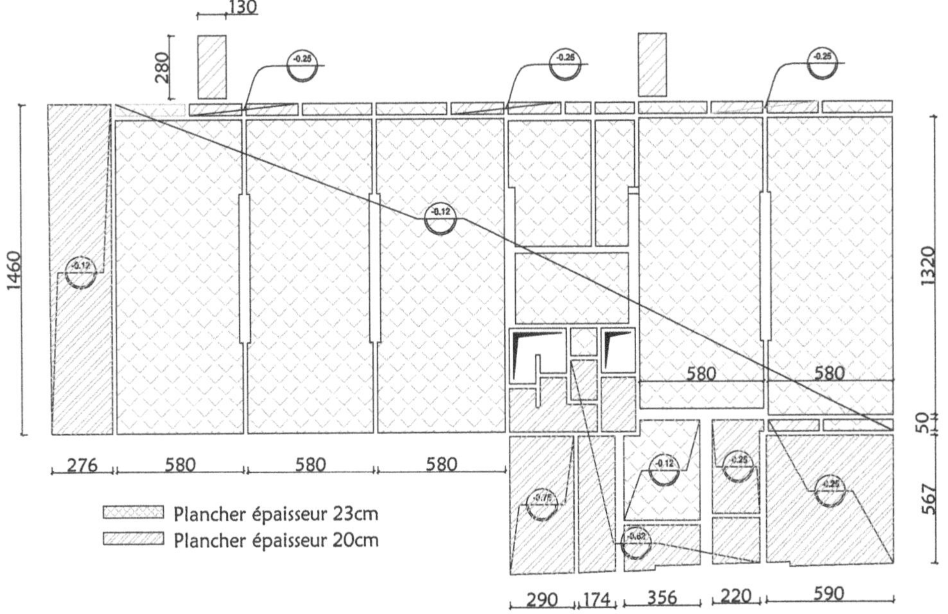

Figure 3.2.65 – Décomposition du plancher dans œuvre des murs et des poutres

Le calcul de chacune de ces surfaces est plus laborieux. Avec un logiciel de reconnaissance des surfaces, il suffit de les comptabiliser.

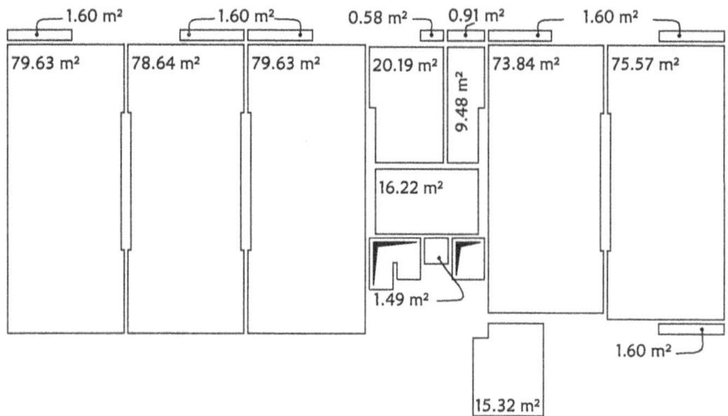

Figure 3.2.66 – Décomposition du plancher de 23 cm d'épaisseur obtenue par reconnaissance automatique des surfaces

Au total, la surface le plancher de 23 cm d'épaisseur est de 459.61 m². Cela correspond à la véritable surface de coffrage du plancher.

Si le calcul est fait manuellement, les surfaces sont comptées dans œuvre des murs périphériques auxquelles il faut déduire les surfaces (en vue de dessus) des voiles et des poutres. Et ces surfaces à déduire sont calculées[1] :

- pour les voiles : additionner les linéaires fois 0.20 (l'épaisseur des voiles) ;
- pour les poutres : additionner les linéaires, classées selon l'épaisseur des poutres, fois l'épaisseur respective de ces poutres.

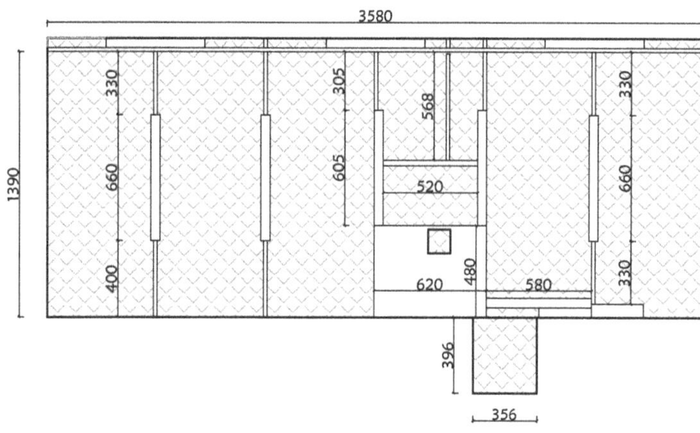

Figure 3.2.67 – Mode de calcul des surfaces pour le plancher de 23 cm d'épaisseur

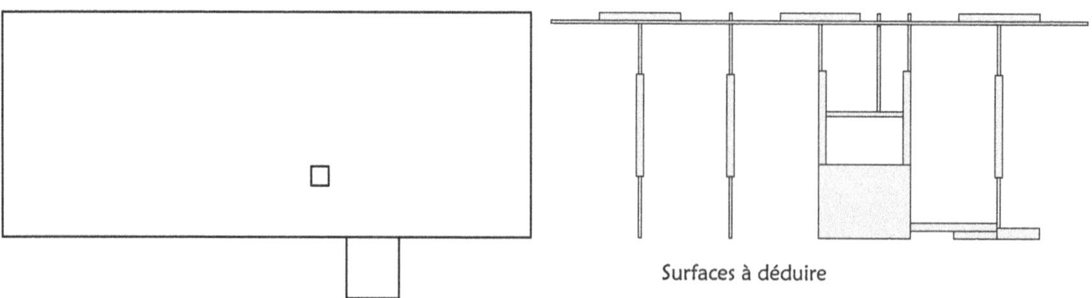

Figure 3.2.68 – Schémas des surfaces sans voiles ni poutres et des surfaces à déduire

1. Tout en respectant les différentes épaisseurs de plancher.

Désignation	Linéaire	Surfaces	Sous total	Total
Surfaces sans tenir compte ni des voiles ni des poutres				
Rectangle		522.68		
Rectangle		14.07		
Rectangle		1.49		
Ensemble			538.24	(a)
À déduire				
Poutres en 0.58 de large				
Linéaire	37.70			
x larg .0.58 = surface		21.87		
Poutres en 0.30 de large				
Linéaire	5.20			
x larg .0.30 = surface		1.56		
Poutres et voiles en 0.20 de large				
Linéaire	70.28			
x larg .0.20 = surface		14.06		
Surfaces rectangulaires		41.27		
Ensemble des surfaces à déduire			78.75	(b)
Reste a – b				**459.49 m²**

Remarque : dans cette seconde méthode, la surface obtenue est légèrement différente de la précédente car quelques simplifications ont été faites.

2.2.2.6 DPGF volume de transition[1]

	Désignation	U	Quantité	Prix unitaire	Montant total
02.5	**Volumes de transition**				
02.5.1	Voiles béton banché				
	Béton hydrofugé pour voiles	m³	123.835		
	Coffrage voiles	m²	624.69		
	Acier HA pour voiles	kg	2352.873		
	Acier TS pour voiles	kg	4276.325		
02.5.2	Poteaux BA				
	Béton	m³	4.691		
	Coffrage	m²	54.96		
	Acier HA	kg	539.448		
02.5.3	Poutres BA				
	Béton	m³	20.718		
	Coffrage	m²	170.54		
	Acier HA	kg	5165.291		
	Acier TS	kg	95.250		
02.5.4	PV pour bandes noyées	m	2.40		
02.5.5	Linteaux	m	9.80		
02.5.6	Plancher béton				
	Plancher ép 23 cm	m³	521.68		
	Plancher ép 20 cm	m²	178.78		
	Coffrage des rives	m	121.20		
02.5	**Total Volume de transition**	H.T.	1.00		

1. En réalité, le DPGF est un document unique dans lequel sont regroupés tous les articles du lot (préparation - installation - démolitions, terrassements, canalisations enterrées, fondations, etc.). Parfois, certains articles, comme le coffrage pour trémies, les marches de rehausse et les grilles de ventilation, sont rassemblés dans une rubrique « divers ».

2.2.3 *Dalle basse*

2.2.3.1 Articles extraits du CCTP

02.7.1 Détermitage du sol
02.7.2 Préparation de la forme (reprofilage de la plate-forme, nivellement sable)
02.7.3 Dallage et plancher sur terre-plein
Dallage solidarisée ép. 13 formant dalle basse de l'ensemble de sous-sol,
Dalle portée ép. 20 pour les ouvrages formant ventilation basse du sous-sol,
02.7.4 Traitement de surface
Au sous-sol : en pied de la cage d'escalier, du sas et du dégagement

2.2.3.2 Détermitage du sol

Prestation sous traitée, évaluation de l'ensemble à l'unité.

2.2.3.3 Préparation de la forme

Même si le lot VRD livre une plate-forme empierrée, la réalisation des articles précédents et la précision nécessaire à la mise en œuvre du dallage exige une surface réglée et résistante. C'est l'objet du reprofilage de la plate-forme et de la forme d'assise drainante compactée en sable.

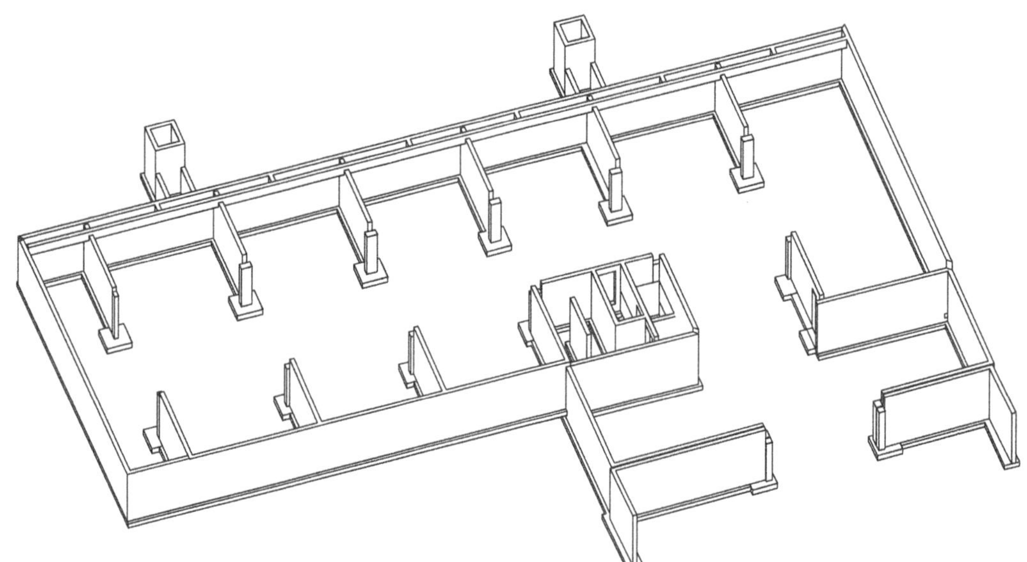

Figure 3.2.69 – Perspective des voiles et poteaux délimitant forme et dallage du bâtiment A (au dessus des fondations)

Comme pour le calcul des surfaces du plancher haut du rez-de-chaussée, ces surfaces sont :

- soit métrées à l'aide d'un logiciel ;
- soit décomposées en surfaces élémentaires.

La préparation de la forme et le dallage sur terre-plein sont comptés dans œuvre des voiles et des poteaux.

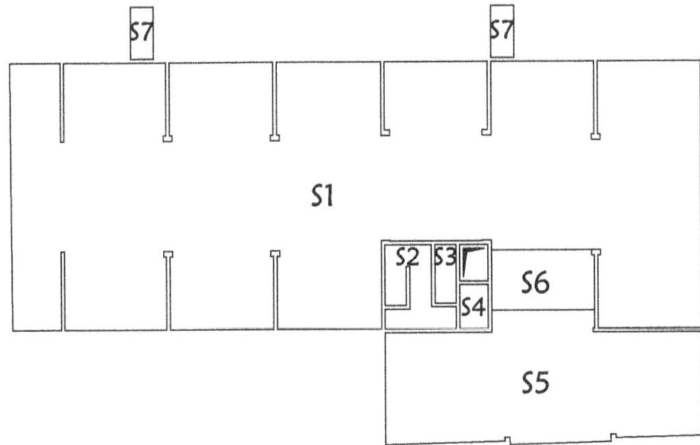

Figure 3.2.70 – Surface en plan des décompositions des différentes zones

Code	Désignation	Nbre	Long.	Larg.	Haut.	S-total	U	Qté
02.7.2	Préparation de la forme (reprofilage de la plate-forme, nivellement sable)							
	Surfaces sous dallage							
	S1	1				502,76		
	S2	1				12,94		
	S3, S4	2				3,84		
	S5					112,99		
	S6					19,10		
	Ensemble						m²	**655,47**
	Surface sous dalle portée pour les ouvrages formant ventilation basse du sous-sol							
	Surfaces S7	2				3,70	m²	**7,40**

Remarque : ne pas tenir compte de l'emprise des voiles et des poteaux pour la seule surface S1 entraîne une différence de plus de 10 m².

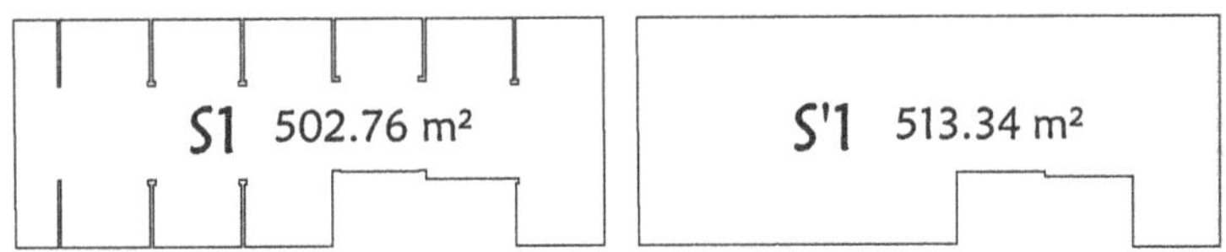

Figure 3.2.71 – Représentation des deux surfaces, avec ou sans voiles et poteaux

Remarque : comme pour la méthode de calcul de la surface dans œuvre du plancher haut du sous-sol, la surface S1 est égale à la surface S'1 moins les surfaces d'emprise des voiles et des poteaux.

2.2.3.4 Dallage et plancher sur terre-plein

Pour cet article, il y a lieu de différencier les différentes zones.

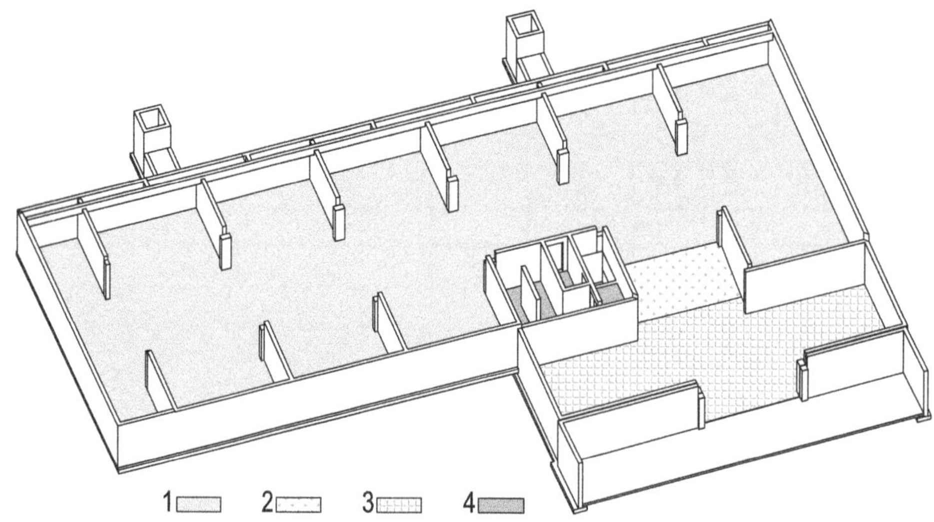

1 : Dallage ép. 13 cm au niveau -3.00

2 : Rampe de transition entre les dallages

3 : Dallage ép. 13 cm au niveau -3.50

4 : Exemple de plus-value pour traitement de surface (les surfaces des dalles portées des ventilations basses du sous-sol ne sont pas visibles sur cette perspective)

Figure 3.2.72 – Différentes zones du dallage du bâtiment A

Code	Désignation	Nbre	Long.	Larg.	Haut.	S-total	U	Qté
02.7.3	**Dallage et plancher sur terre-plein**							
	Dallage désolidarisé ép. 13 formant dalle basse de l'ensemble de sous-sol							
	Au niveau -3,00							
	Surfaces	1				502,76		
		1				12,94		
		2				3,84		
	Au niveau -3,50					112,99		
	Ensemble surfaces						m²	**636.37**
	Acier HA pour dallage 11.5 kg/m²							
	Reprendre surface des planchers					636,37		
	x ratio 11.5 kg/m² = poids d'acier	11.5					kg	**7 328.26**
02.7.4	**Radier pour rampe**							
	surface						m²	**19.10**
	Acier HA pour rampe 2.8kg/m²							
	Reprendre surface du radier pour rampe					19,10		
	x ratio 2.8 kg/m² = poids d'acier	2.8					kg	**53.480**
	Acier TS pour dalles portées 10 kg/m²							
	Reprendre surface du radier pour rampe					19,10		
	x ratio 10 kg/m² = poids d'acier	10					kg	**191.000**

Code	Désignation	Nbre	Long.	Larg.	Haut.	S-total	U	Qté
02.7.5	**Dalle portée ép. 20 pour les ventilations basses du sous-sol**							
	Surfaces	2				3,70	m²	7,40
	Acier HA pour dalles portées 3.8kg/m²							
	Reprendre surface des planchers							
	x ratio 3.8 kg/m² = poids d'acier	3.8					kg	28.120
	Acier TS pour dalles portées 7kg/m²							
	Reprendre surface des planchers							
	x ratio 7 kg/m² = poids d'acier	7					kg	51.800
02.7.5	**Traitement de surface**							
	Au sous-sol: en pied de la cage d'escalier, du sas et du dégagement							
	Surfaces	1				12,94		
		2				3,84		
	Ensemble surfaces						m²	20.62

2.2.4 *Murs et ouvrages en élévation du RdC*

2.2.4.1 Articles extraits du CCTP

02.10 Murs et ouvrages en élévation
- 02.10.1 Murs en maçonnerie
  - 02.10.1.1 Murs en briques
  - 02.10.1.2 Raidisseurs verticaux
  - 02.10.1.3 Linteaux dans blocs « U »
  - 02.10.1.4 Coffre de volets roulants en demi-linteau
- 02.10.2 Eléments d'ossature en béton armé
  - 02.10.2.1 Voiles béton
  - 02.10.2.2 Poteaux et meneaux
  - 02.10.2.3 Poutres et linteaux

02.11 Planchers hauts
- 02.11.1 Planchers
  - 02.11.1.1 Planchers béton ép. 20 cm
  - 02.11.1.2 Dalle en porte à faux ép. 18 cm
  - 02.11.1.3 Balcon en porte à faux ép. 16 cm
  - 02.11.1.4 Planelles pour coffrage de rive
  - 02.11.1.5 P.V. pour relevés des balcons

2.2.4.2 Visualisation des articles

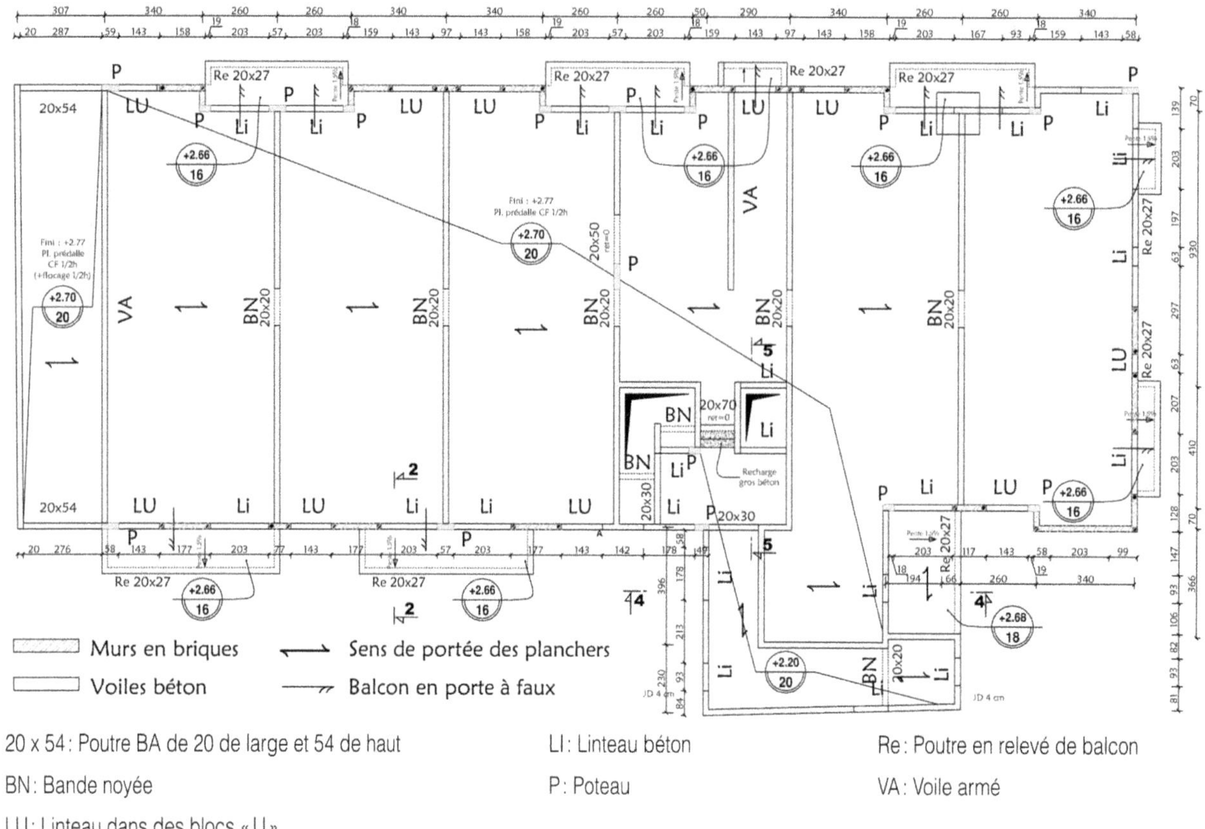

Figure 3.2.73 – Plan de coffrage du plancher haut du RdC (bâtiment A seul)

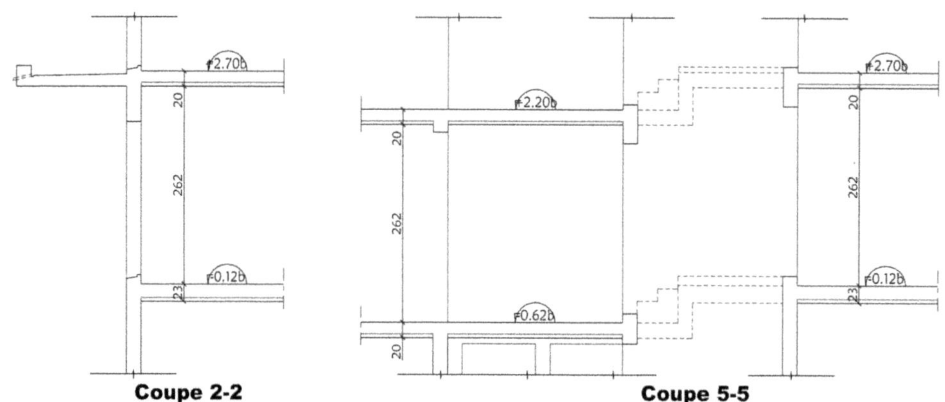

Figure 3.2.74 – Coupes verticales : 2-2 dans la partie courante et 5-5 dans la cage d'ascenseur

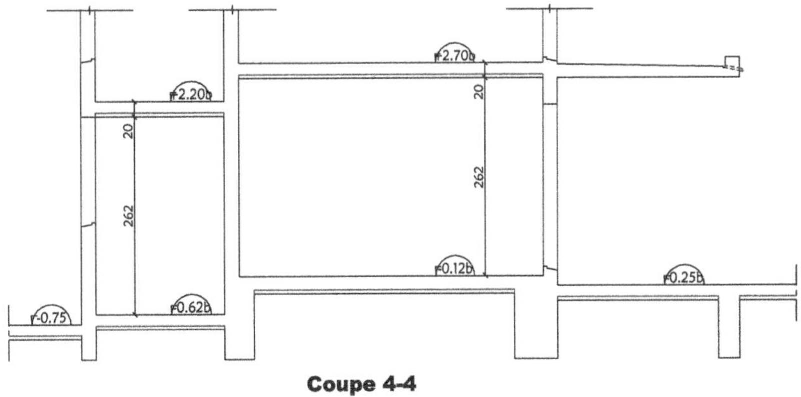

Figure 3.2.75 – Coupe verticale transversale

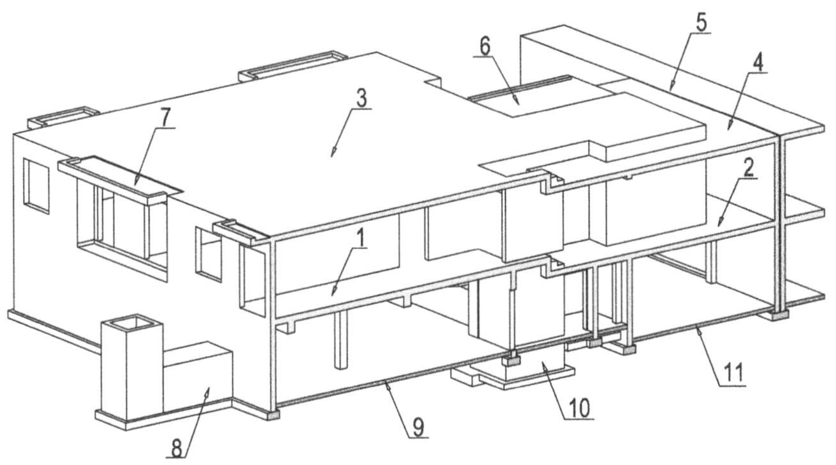

1 : Plancher AS - 0.12 brut
2 : Plancher AS - 0.62b
3 : Plancher AS +2.72b
4 : Plancher AS +2.20b
5 : Joint de dilatation
6 : Dalle en porte à faux
7 : Balcon en porte à faux
8 : Ventilation basse du parking
9 : Dallage AS -3.00
10 : Fosse ascenseur
11 : Dallage AS -3.50

Figure 3.2.76 – Coupe verticale en perspective

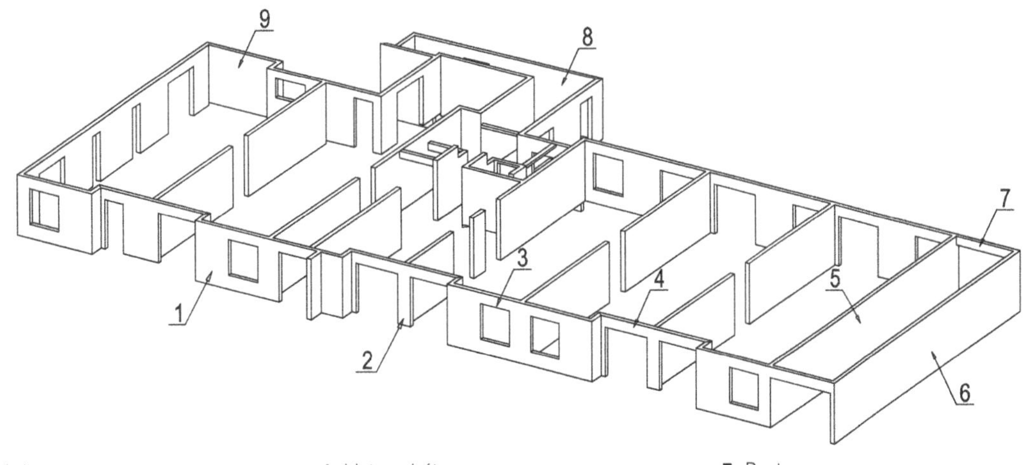

1 : Mur en brique
2 : Poteau BA
3 : Linteau bloc « U »
4 : Linteau béton
5 : Voile armé
6 : Voile en béton banché
7 : Poutre
8 : Mur de –0.62 à +2.00 (hauteur 2.62 m)
9 : Mur de –0.12 à +2.50 (hauteur 2.62 m)

Figure 3.2.77 – Murs, voiles, poteaux, poutres et linteaux du bâtiment A

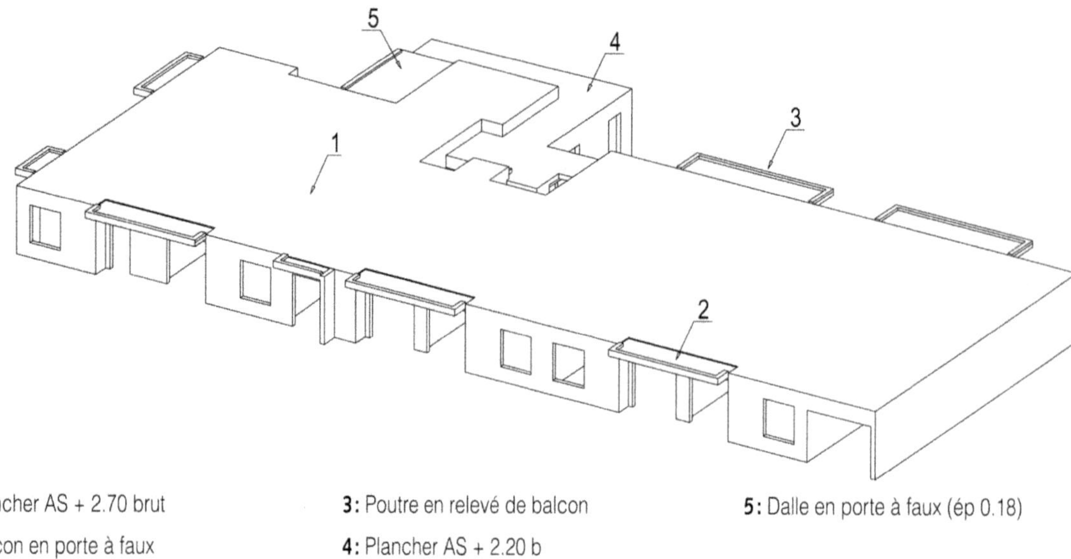

Figure 3.2.78 – Planchers et balcons du bâtiment A

2.2.4.3 Murs en maçonnerie et ossature BA

- 02.10.1 Murs en maçonnerie
  - 02.10.1.1 Murs en briques
  - 02.10.1.2 Raidisseurs verticaux
  - 02.10.1.3 Linteaux dans blocs « U »
  - 02.10.1.4 Coffres de volets roulants en demi-linteau
- 02.10.2 Eléments d'ossature en béton armé
  - 02.10.2.1 Voiles béton
  - 02.10.2.2 Poteaux et meneaux
  - 02.10.2.3 Poutres et linteaux

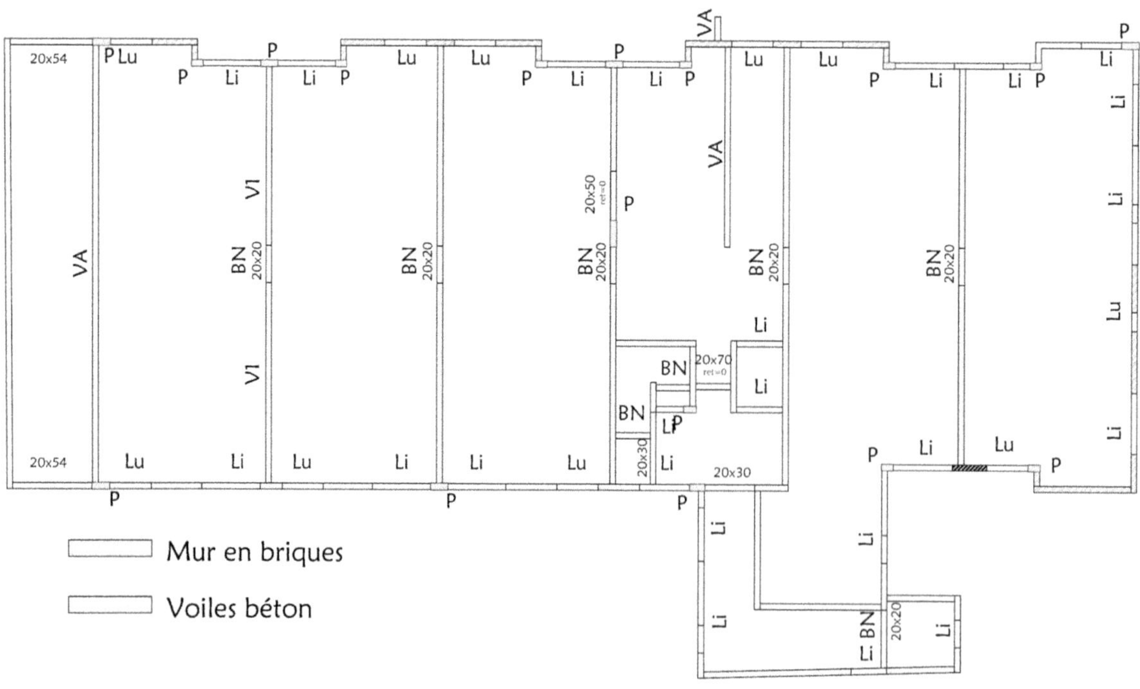

Figure 3.2.79 – Emplacement des articles

Code	Désignation	Nbre	Long.	Larg.	Haut.	S-total	U	Qté
02.10.1	**Murs en maçonnerie**							
02.10.1.1	**Murs en briques**							
	Surface aveugles						(a)	
	Linéaires		50.40				(b)	
	x hauteur 2.62 = surface				2.62	132.00		
	À déduire les ouvertures					38.00		
	x reste surface de maçonnerie de briques						m²	94.00
02.10.1.2	**PV pour raidisseurs verticaux**							
	Linéaires	33			2.62		m	86.46
02.10.1.3	**Linteaux dans blocs « U »**							
	Portée de 0.63						U	1
	Portée de 1.43						U	9
02.10.1.4	**Coffre de volets roulants en demi-linteau**							
	Portée de 2.03						U	10

2.2.4.4 Éléments d'ossature en béton armé

Code	Désignation	Nbre	Long.	Larg.	Haut.	S-total	U	Qté
02.10.2	**Eléments d'ossature en béton armé**							
02.5.1.1	**Voiles en béton**[1]							
	Béton							
	Voiles armés							
	Linéaires		22.10					
	x hauteur 2.62 = surface voiles armés				2.62	57.90	(A)	
	Voiles courants							
	Surface aveugle							
	Linéaires		153.75					
	x hauteur 2.62 = surface				2.62	403.00	(a)	
	À déduire ouvertures							
	Ouvertures extérieures					18.50		
	Ouvertures intérieures					20.00		
	Ensemble des ouvertures à déduire					38.50	(b)	
	Reste a – b : surface voiles courants					364.50	(B)	
	Ensemble A + B : surface totale des voiles					422.50		
	x épaisseur de 0,20 = cube béton pour voiles						m³	84.500
	Coffrage							
	Reprendre surface (aveugle) des voiles, 2 fois	2					m²	922.00
	Acier HA 3.8 kg/m² pour voiles courants et 30 kg/m pour les voiles armés							
	Reprendre surface des voiles courants et linéaire pour voiles armés[1]						kg	2050.00
	Acier TS 8 kg/m² pour voiles courants et 15 kg/m² pour les voiles armés	8					kg	2690.00

1. Pour les voiles de type V1, soit ils sont comptés en une fois et il faut déduire le passage, soit ils sont comptés en deux fois et alors le passage n'est pas à déduire.

2.2.4.5 Planchers

02.11.1 Planchers
- 02.11.1.1 Planchers béton ép. 20 cm
- 02.11.1.2 Dalle en porte à faux ép. 18 cm
- 02.11.1.3 Balcon en porte à faux ép. 16 cm
- 02.11.1.4 Planelles pour coffrage de rive
- 02.11.1.5 P.V. pour relevés des balcons

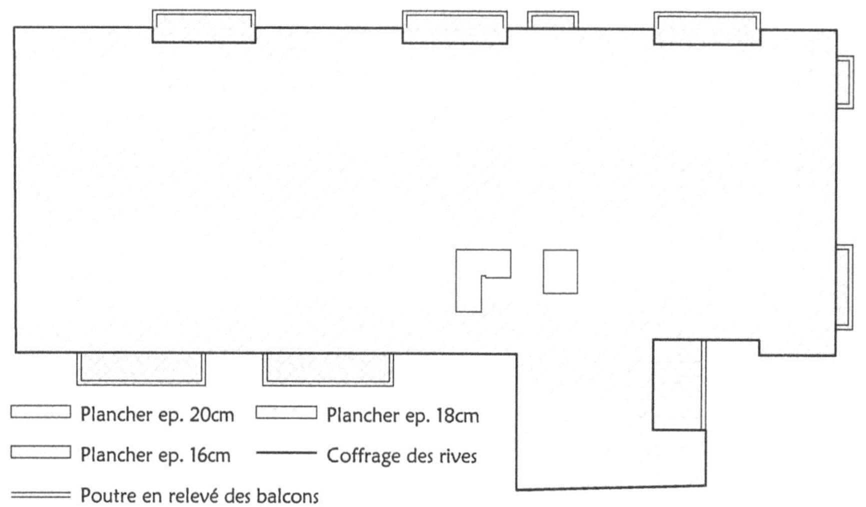

Figure 3.2.80 – Emplacement des articles

Code	Désignation	Nbre	Long.	Larg.	Haut.	S-total	U	Qté
02.11.1.1	**Plancher béton**							
	Plancher ep 20 cm: CF 1/2 H							
	Surface					620.80		
	À déduire trémies					8.43		
	Reste						m²	**612.37**
	Acier HA pour dalles portées 3.8 kg/m²							
	Reprendre surface des planchers					612.37		
	x ratio 3.8 kg/m² = poids d'acier[1]	3.8					kg	**2 327.00**
	Acier TS pour dalles portées 7 kg/m²							
	Reprendre surface des planchers					612.37		
	x ratio 7 kg/m² = poids d'acier[2]	7					kg	**4 287.00**
	Coffrage des réservations pour trémies, ht 20 cm						m	**18.32**
	Marches de rehausse (du niveau +2.20 à +2.70)	2	1.20				m	**2.40**
02.11.1.2	**Dalle en porte à faux ép. 18 cm**						m²	**10.39**

1. Ratio pour acier en barres.
2. Ratio pour acier en panneaux.

Code	Désignation	Nbre	Long.	Larg.	Haut.	S-total	U	Qté
02.11.1.3	**Balcon en porte à faux ép. 16 cm**						m²	**48.06**
	Acier HA pour balcons 2.8 kg/m²							
	Reprendre surface des planchers							
	x ratio 2.8 kg/m² = poids d'acier	2.8					kg	**135.00**
	Acier TS pour balcons 25kg/m²							
	Reprendre surface des planchers							
	x ratio 25 kg/m² = poids d'acier	25					kg	**1 200.00**
02.11.1.4	**Planelles pour coffrage de rive du plancher de 20 cm**						m²	**131.31**
02.11.1.5	**P.V. pour relevés des balcons**						m	**56.00**

PARTIE 4

Applications

1. Silo de stockage

1.1 Données du projet

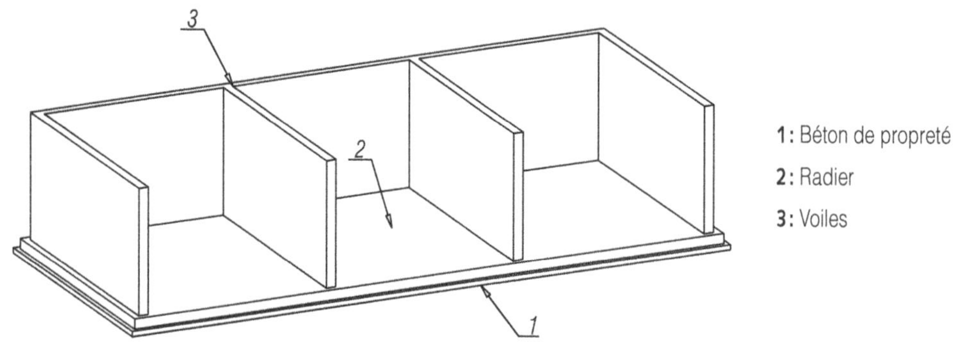

Figure 4.1.1 – Perspective de l'ouvrage en béton

1.1.1 Plans de coffrage

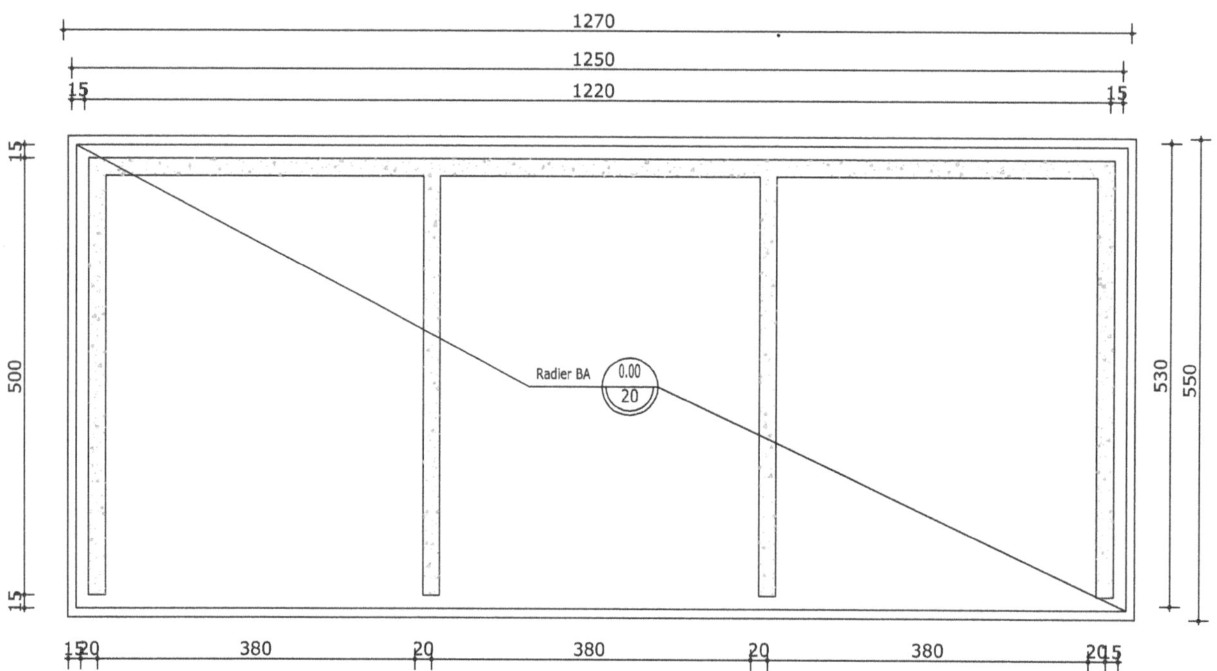

Figure 4.1.2 – Fondations

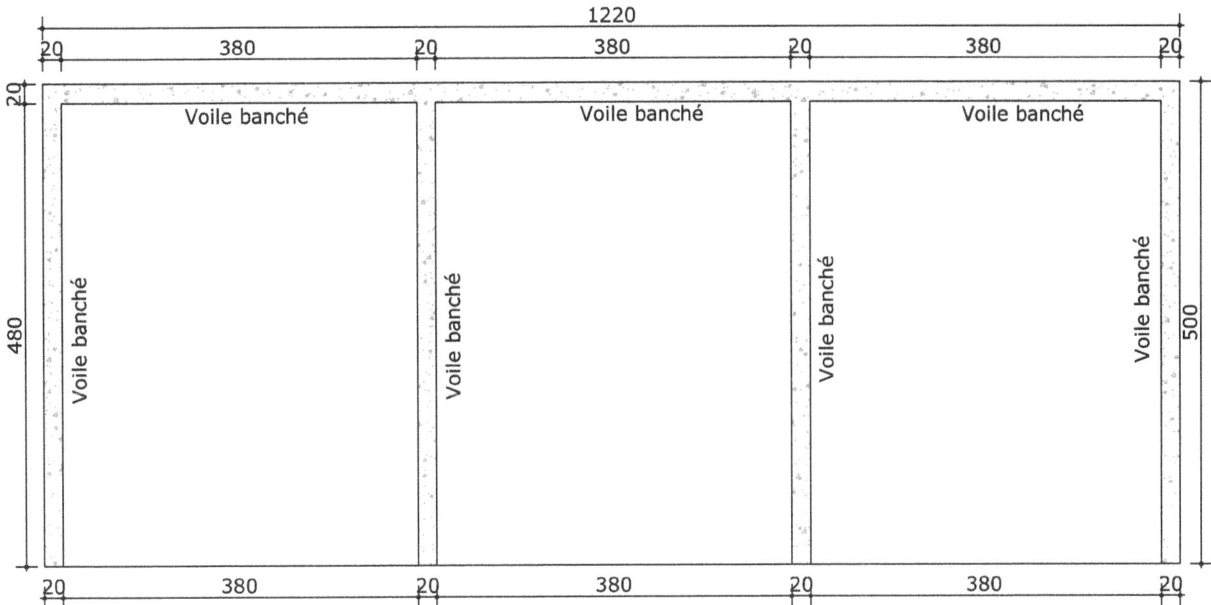

Figure 4.1.3 – Élévation

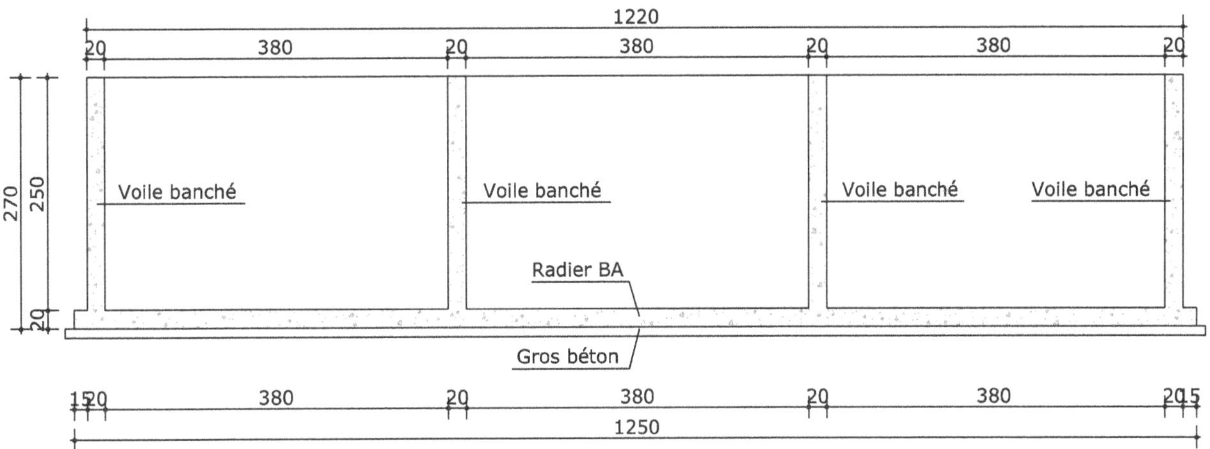

Figure 4.1.4 – Coupe longitudinale

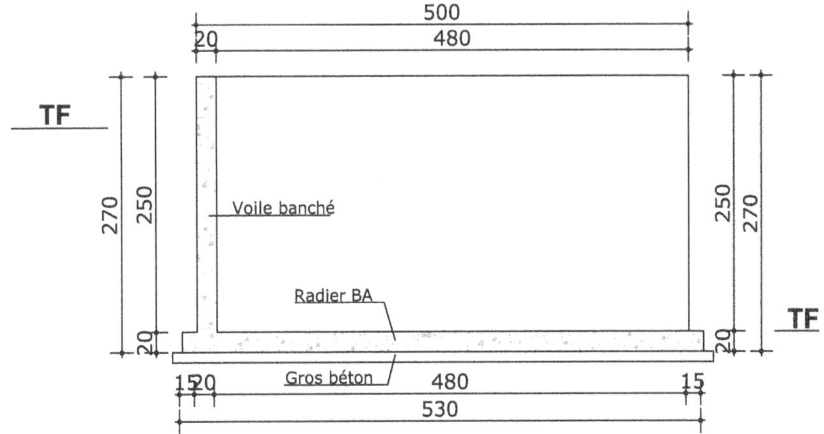

Figure 4.1.5 – Coupe transversale

1.1.2 Articles à métrer

Code	Désignation	U
1	Béton de propreté	m3
2	Radier	
2-1	Béton pour radier	m3
2-2	Coffrage pour radier	m2
2-3	Armatures pour radier	
3	Voiles	
3-1	Béton banché pour voiles	m3
3-2	Coffrage pour voiles	m2
3-3	Armatures pour voiles	

1.2 Avant-métré

1.2.1 Béton de propreté

Code	Désignation	Nbre	Long.	Larg.	Haut.	S-total	U	Qté
1	Béton de propreté ép 0.10…							
	Surface		12.70	5.50				
	x ép de 0.10 = volume						m3	**6.985**

1.2.2 Radier

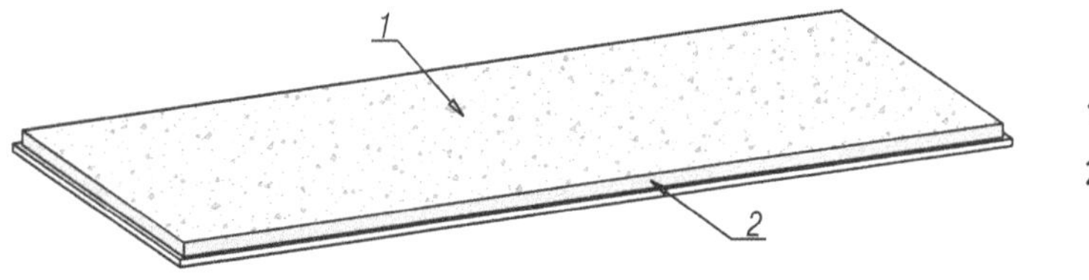

1 : Béton pour radier (volume)

2 : Coffrage (surface)

Figure 4.1.6 – Repérage des éléments

Code	Désignation	Nbre	Long.	Larg.	Haut.	S-total	U	Qté
2	Radier							
2-1	Béton pour radier							
	Surface		12.50	5.30				
	x ép de 0.20 = volume						m3	**13.250**
2-2	Coffrage pour radier							
	Périmètre	2	12.50	5.30				
	x ht de 0.20 = surface						m2	**7.21**

1.2.3 Voiles

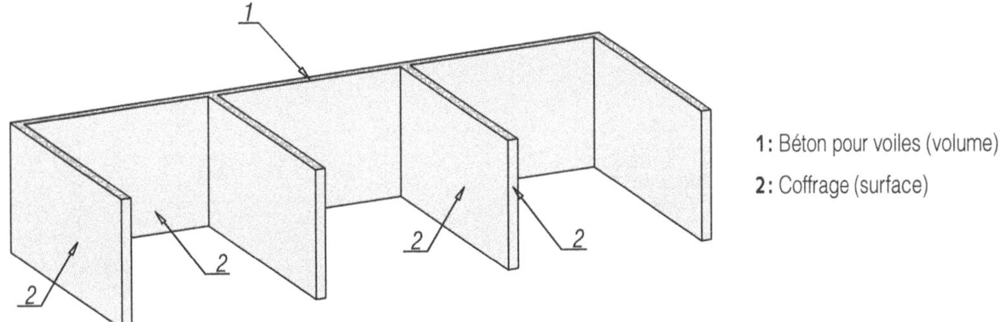

Figure 4.1.7 – Repérage des éléments

Code	Désignation	Nbre	Long.	Larg.	Haut.	S-total	U	Qté
3	Voiles							
3-1	Béton pour voiles							
	Linéaires		31.40					
	x ht de 2.50 = surface					78.50		
	x ép de 0.20 = volume						m³	**15.700**
3-2	Coffrage pour voiles							
	Linéaires		63.20					
	x ht de 2.50 = surface				2.50		m²	**86.00**

1.2.4 Armatures

Dans les projets précédents, les masses d'acier étaient calculées à partir de ratios. Les armatures représentées ci-après donnent la possibilité de calculer ces ratios de kg d'acier par m³ de béton.

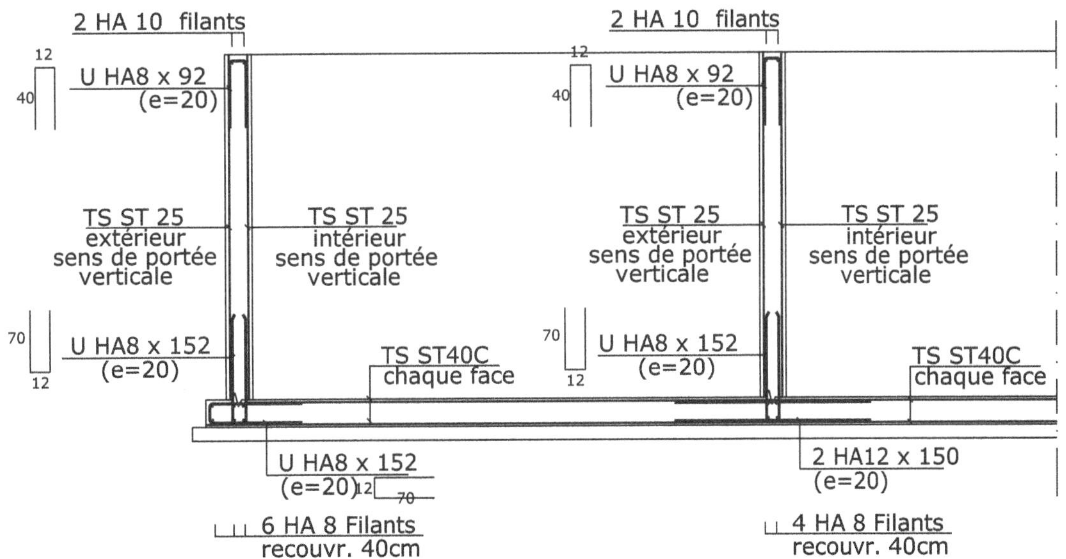

Figure 4.1.8 – Armatures en élévation

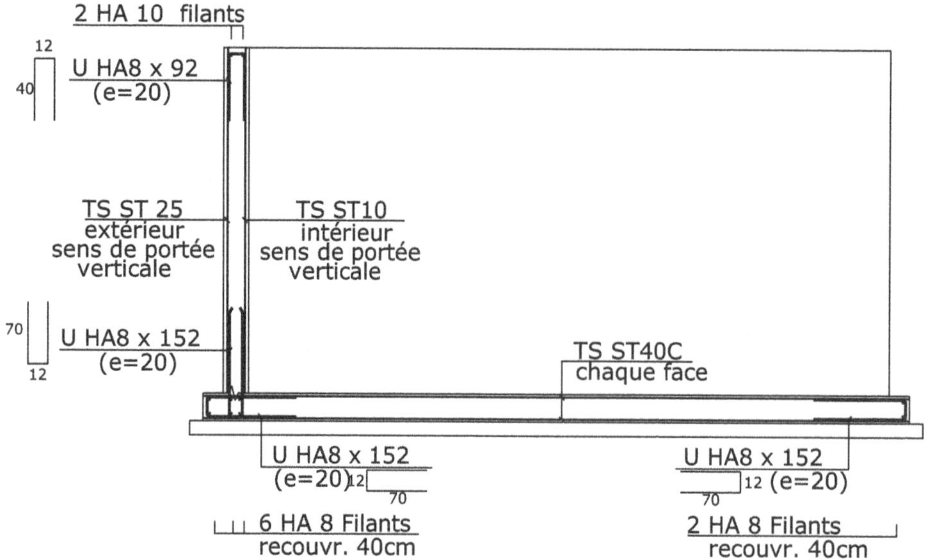

Figure 4.1.9 – Armatures en coupe verticale

Pour ce calcul, les armatures seront séparées par articles, radier et voiles, et par types, filants et treillis soudés, à l'exemple du tableau suivant.

Code	Désignation	Nbre	Long.	S-total	U	Qté
2-3	Armatures pour radier					
	Filants					
	HA 8					
	U HA 8 x 152					
	Ens. HA 8					
	x masse au m (0.395 kg/m)					
	HA 12					
	x masse au m (0.888 kg/m)					
	Ens. Masse des aciers filants				kg	
	TS ST40C					
	Surface					
	x masse au m² (6.040 kg/m²)				kg	
2-3	Armatures pour voiles					
	Filants					
	U HA 8 x 92					
	U HA 8 x 152					
	Ens. HA 8					
	x masse au m (0.395 kg/m)					
	HA 10					
	x masse au m (0.616 kg/m)					
	Ens. Masse des aciers filants				kg	
	TS ST10					
	Surface					
	x masse au m² (1.870 kg/m²)					
	TS ST25					
	Surface					
	x masse au m² (3.020 kg/m²)					
	Ens. Masse des treillis soudés				kg	

Ainsi, les ratios d'acier sont déterminés en ramenant les masses d'acier trouvées aux volumes de béton calculés aux paragraphes 2.1 et 3.1, respectivement.

Le tableau pour le calcul de la masse d'aciers filants peut aussi être présenté sous cette forme

Rep	Désignation	Nuance	Nbre	Ø	Long unitaire	Long totale	Poids en kg/m	Poids total
1	Armatures pour radier							
1.1	Armatures en barre							
1.1.1	Filants	HA	4	8			0.395	
1.1.2	Filants	HA	6	8			0.395	
1.1.3	Filants	HA		12	1.50		0.888	
1.1.4	U	HA		8	1.52		0.395	

Remarque : en toute rigueur, d'autres aciers, dits de couture ou de liaison, sont nécessaires.

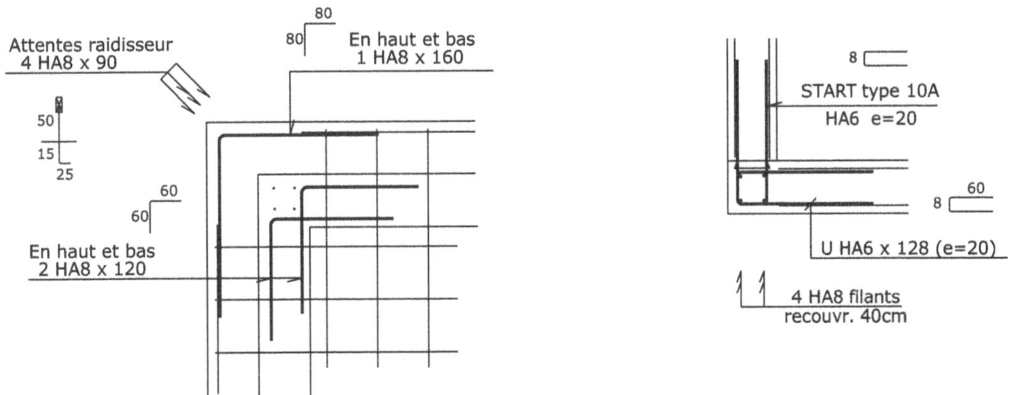

Figure 4.1.10 – Aciers de couture aux angles du radier et dans les angles des voiles

2. Fondations dallage

2.1 Données du projet

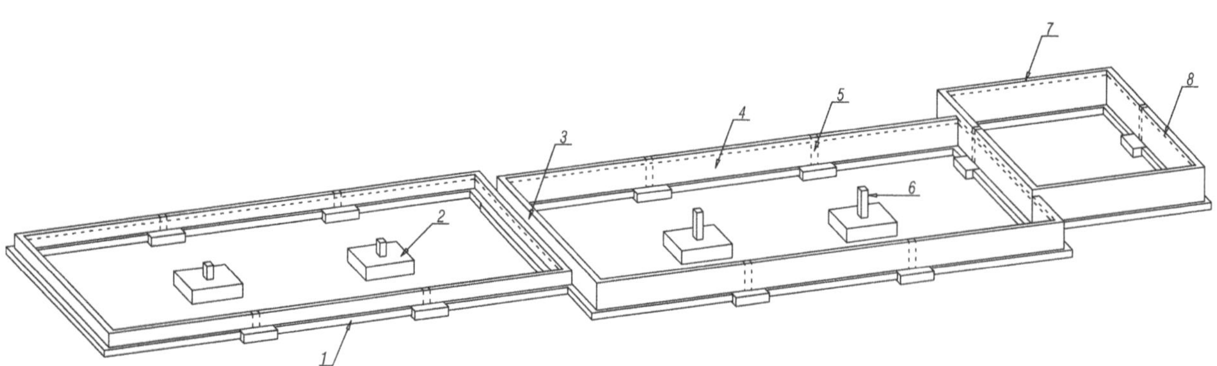

1 : Semelle filante
2 : Semelle isolée
3 : Joint de dilatation
4 : Mur de soubassement (ou libage)
5 : Poteau incorporé au mur
6 : Poteau isolé
7 : Arase supérieure du chaînage horizontal
8 : Trace de l'arase inférieure de la dalle BA

Figure 4.2.1 – Perspective des articles à quantifier

2.1.1 Vue en plan

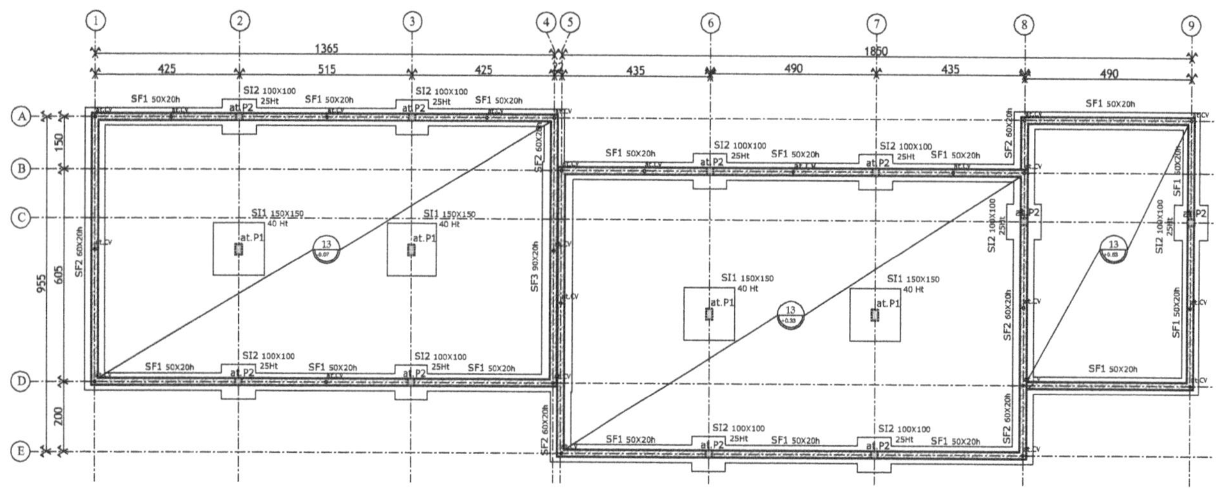

Figure 4.2.2 – Vue en plan du coffrage des fondations

2.1.2 Carnet de détails

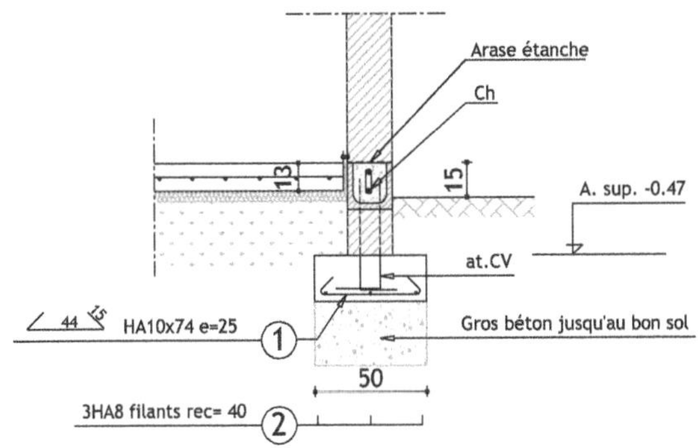

Figure 4.2.3 – Semelle filante de type 1

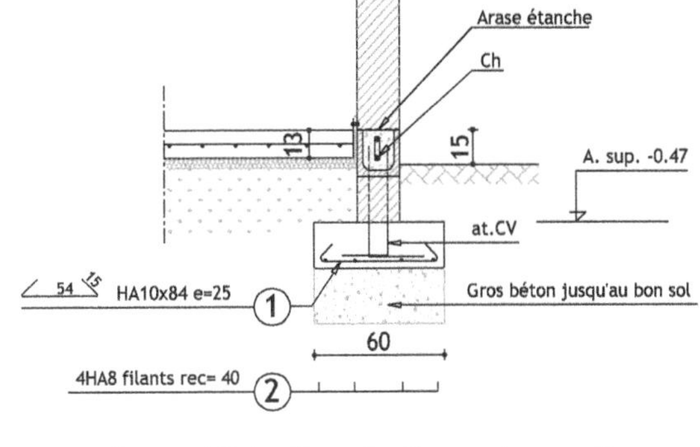

Figure 4.2.4 – Semelle filante de type 2

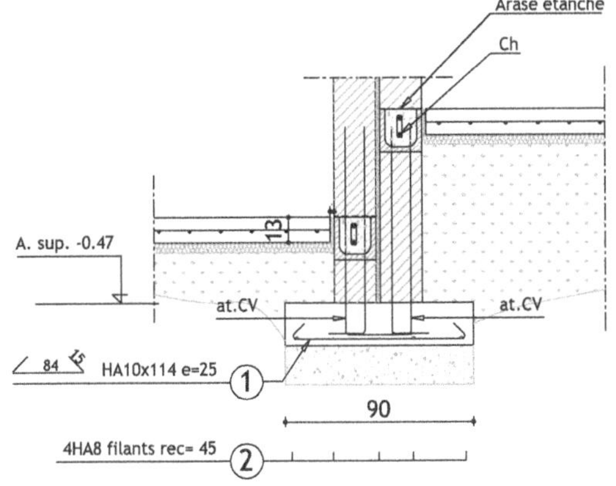

Figure 4.2.5 – Semelle filante de type 3

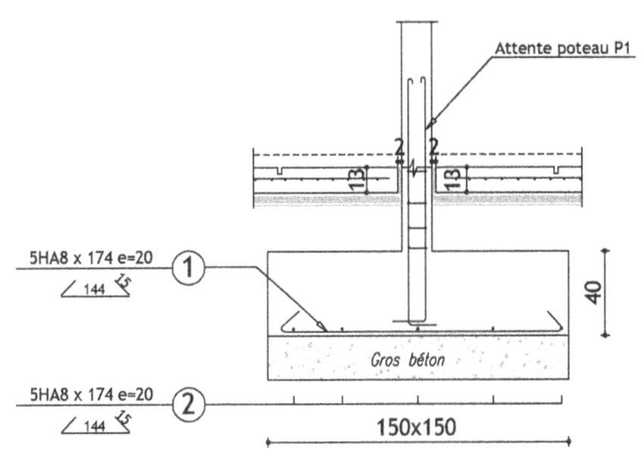

Figure 4.2.6 – Semelle isolée de type 1

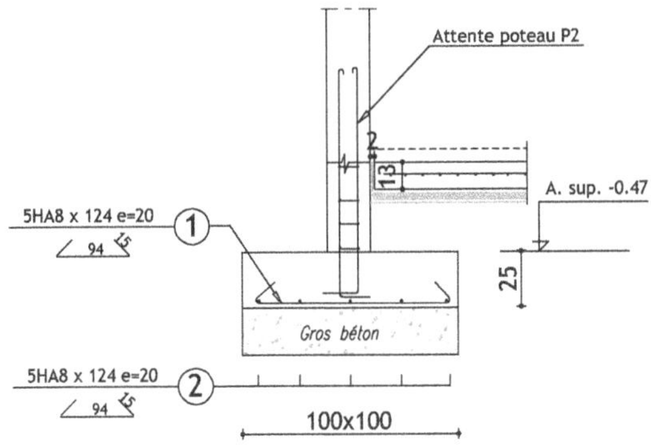

Figure 4.2.7 – Semelle isolée de type 2

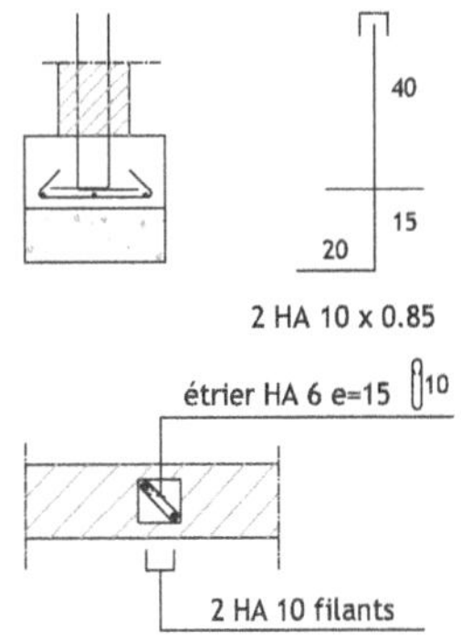

Figure 4.2.8 – Armatures du chaînage vertical

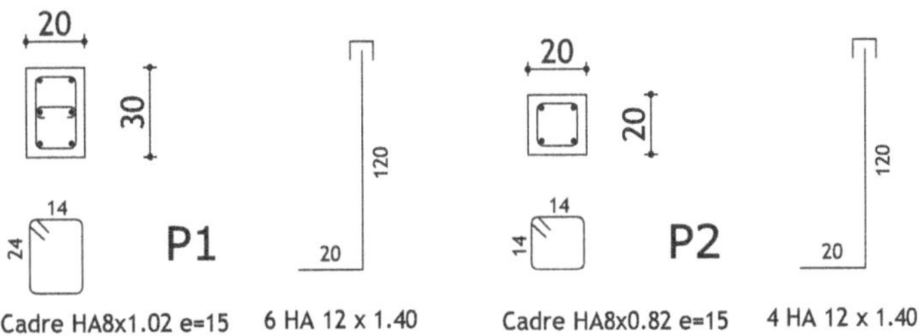

Figure 4.2.9 – Armatures en attente de P1 et P2

2.1.3 *Articles à métrer*

Code	Désignation	U
01	Béton armé pour semelles	m³
02	Murs en agglomérés pleins de 20 cm	m²
03	Béton armé pour poteaux 20 x 20	m³
04	Béton armé pour poteaux 30 x 20	m³
05	Chaînage horizontal coulé dans des blocs « U »	m
06	Majoration pour chaînages (ou raidisseurs) verticaux	m
07	Dallage	m²

2.2 Avant-métré

2.2.1 *Béton armé pour semelles*

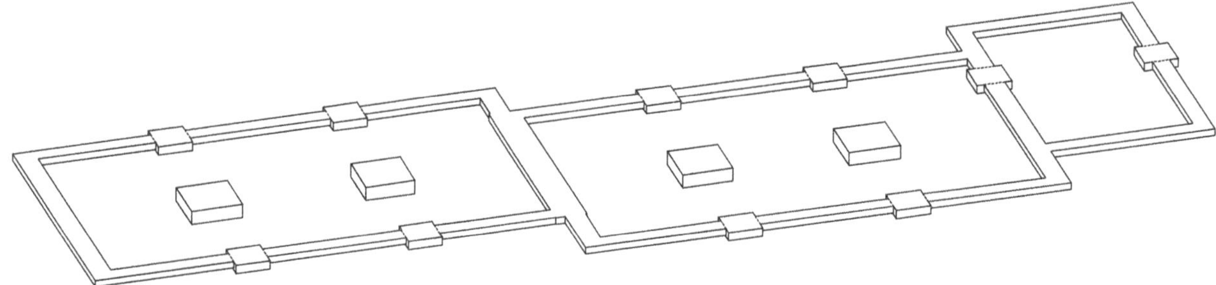

Figure 4.2.10 – Perspective des semelles

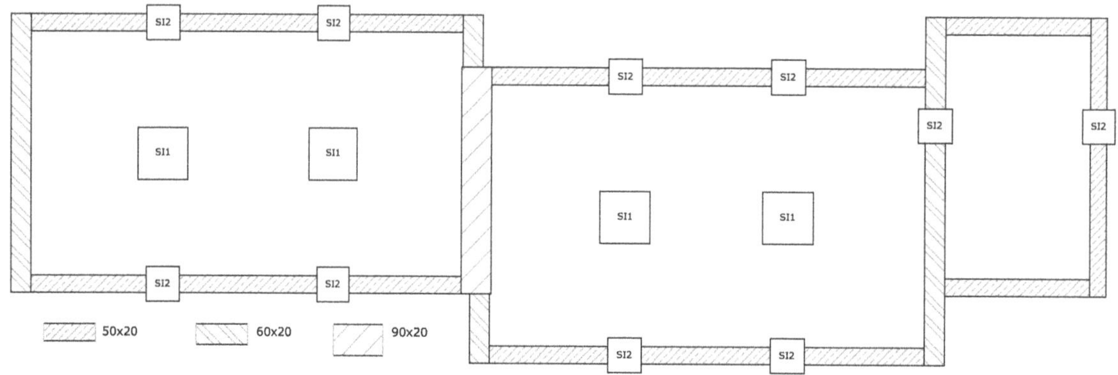

Figure 4.2.11 – Exemple de décomposition

Code	Désignation	Nbre	Long.	Larg.	Haut.	S-total	U	Qté
01	Béton pour semelles							
01-1	Semelles filantes							
	Section 50 x 20							
	Linéaire		59.77					
	x section 50 x 20 = volume					5.977		
	Section 60 x 20							
	Linéaire		20.60					
	x section 60 x 20 = volume					2.472		
	Section 90 x 20							
	Linéaire		6.55					
	x section 90 x 20 = volume					1.179		
	Ens. volume						m³	**9.628**
01-2	Semelles isolées							
	Section 150 x 150 x 40	4	1.50	1.50	0.40	3.600		
	Section 100 x 100 x 25	10	1.00	1.00	0.25	2.500		
	Ens. volume						m³	**6.100**

2.2.2 *Murs de soubassement et poteaux BA*

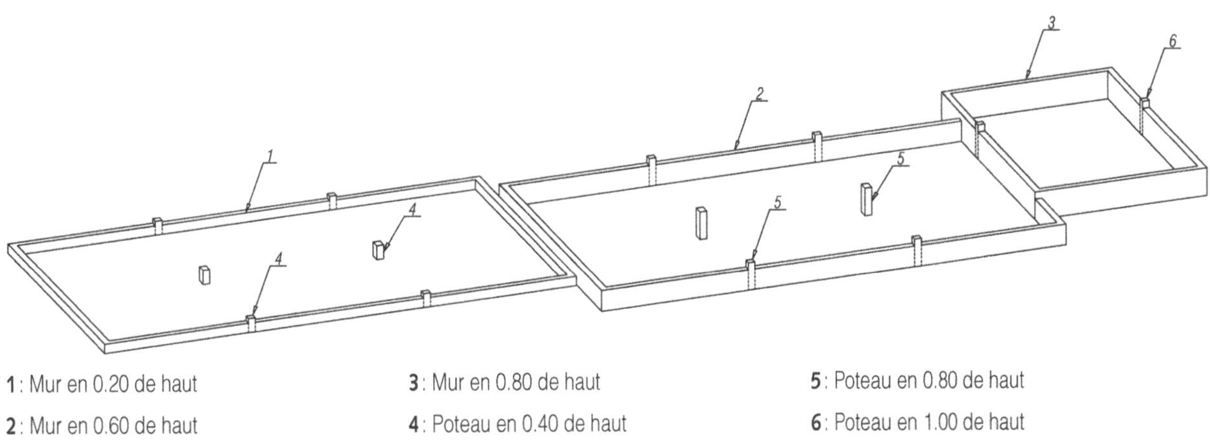

1 : Mur en 0.20 de haut
2 : Mur en 0.60 de haut
3 : Mur en 0.80 de haut
4 : Poteau en 0.40 de haut
5 : Poteau en 0.80 de haut
6 : Poteau en 1.00 de haut

Figure 4.2.12 – Repérage, par hauteurs, des murs et des poteaux

Remarque : sur cette figure, comme le chaînage horizontal n'est pas représenté, l'arase supérieure des poteaux se trouve 20 cm au-dessus de l'arase supérieure des murs.

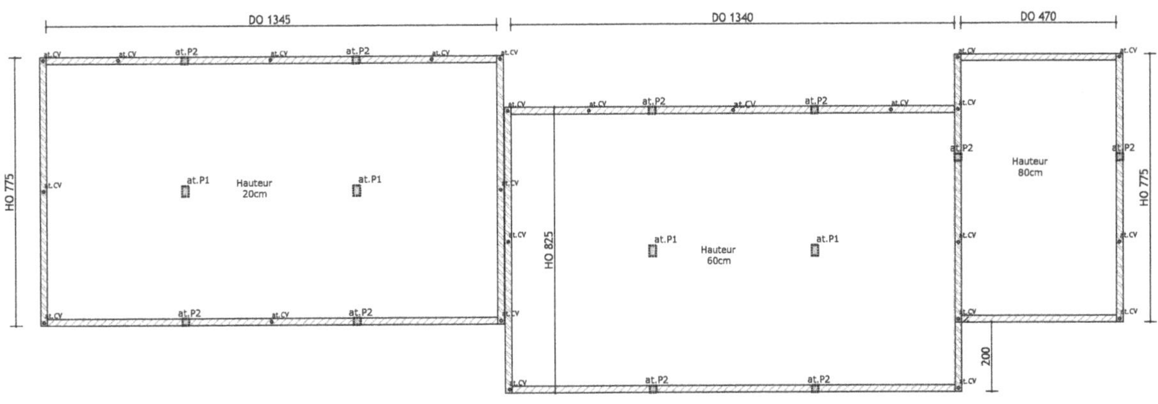

Figure 4.2.13 – Vue en plan des murs, des raidisseurs verticaux et des poteaux

Code	Désignation	Nbre	Long.	Larg.	Haut.	S-total	U	Qté
02	Murs[1] en agglomérés pleins de 20 cm							
	En 0.20 de haut							
	Linéaire		42.40					
	x hauteur de 0.20 = surface				0.20	8.48		
	En 0.60 de haut							
	Linéaire		37.05					
	x hauteur de 0.60 = surface				0.60	22.23		
	En 0.80 de haut							
	Linéaire		24.90					
	x hauteur de 0.80 = surface				0.80	19.92		
	Ens. surfaces						m²	**50.63**
03	Béton armé pour poteaux 20 x 20							
	En 0.40 de haut	8						
	x hauteur de 0.40 = linéaire		3.20					
	En 0.80 de haut	8						
	x hauteur de 0.80 = linéaire		6.40					
	En 1.00 de haut	2						
	x hauteur de 1.00 = linéaire		2.00					
	Ens. linéaire					11.60		
	x section 20 x 20 = volume						m³	**0.464**
04	Béton armé pour poteaux 30 x 20							
	En 0.40 de haut	2						
	x hauteur de 0.40 = linéaire		0.80					
	En 0.80 de haut	2						
	x hauteur de 0.80 = linéaire		1.60					
	Ens. linéaire					2.40		
	x section 30 x 20 = volume						m³	**0.144**
05	Chaînage horizontal coulé dans des blocs « U » (ce linéaire correspond au total des linéaires calculés dans l'article 02)							
	Linéaire		42.40					
	Linéaire		37.05					
	Linéaire		24.90					
	Ens. linéaires						m	**104.35**
06	Majoration pour chaînages[2] (ou raidisseurs) verticaux							
	En 0.20 de haut	10						
	x hauteur de 0.20 = linéaire		2.00					
	En 0.60 de haut	7						
	x hauteur de 0.60 = linéaire		4.20					
	En 0.80 de haut	7						
	x hauteur de 0.80 = linéaire		5.60					
	Ens. linéaires						m	**11.80**

1. Pour être au plus près des valeurs réelles des linéaires des murs, les emprises des poteaux de 20 x 20 devraient être déduites. Comme elles n'entraînent qu'un écart de moins de 1 m² sur le résultat final, elles sont ici négligées.
2. Comme le chaînage horizontal est calculé en continuité, les hauteurs des chaînages verticaux sont comptées du dessus des semelles au dessous du chaînage horizontal.

2.2.3 *Dallage*

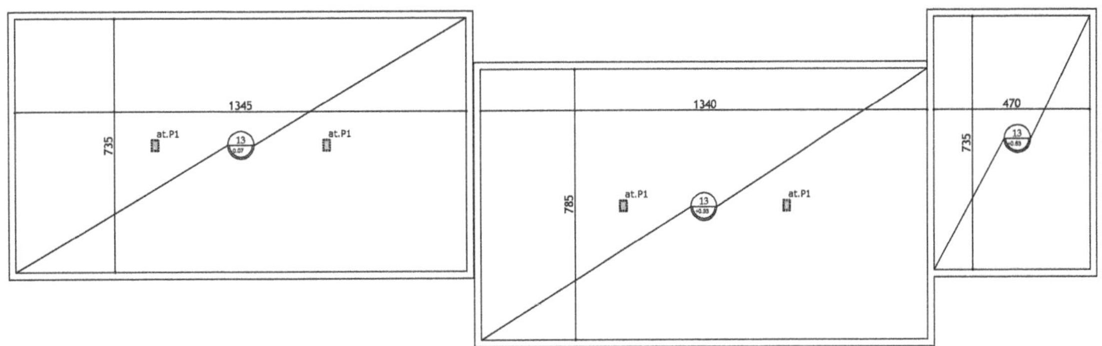

Figure 4.2.14 – Cotation du dallage

Code	Désignation	Nbre	Long.	Larg.	Haut.	S-total	U	Qté
07	Dallage							
	Niveau brut à -0.07					98.86		
	Niveau brut à +0.33					105.19		
	Niveau brut à +0.53					34.55		
	Ens. surfaces						m²	**238.89**

Remarque : le dallage, constitué de plusieurs couches, est désolidarisé des murs et des poteaux. Compte tenu de la surface négligeable des poteaux, ils ne sont pas déduits dans le tableau précédent.

3. Logements

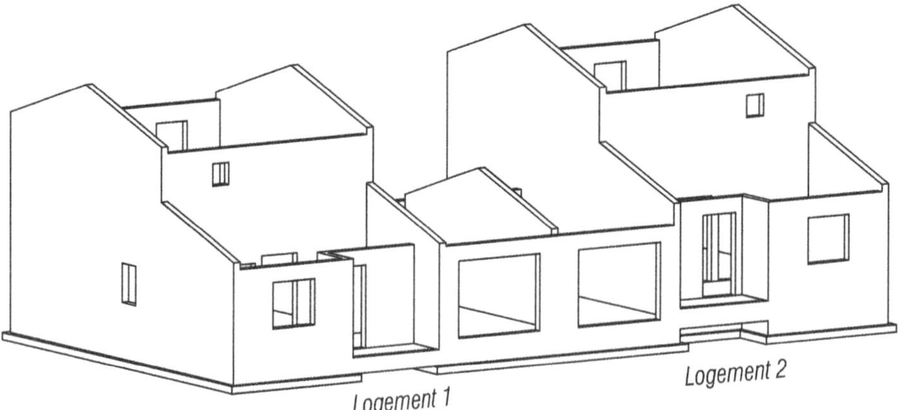

Figure 4.3.1 – Perspective avant

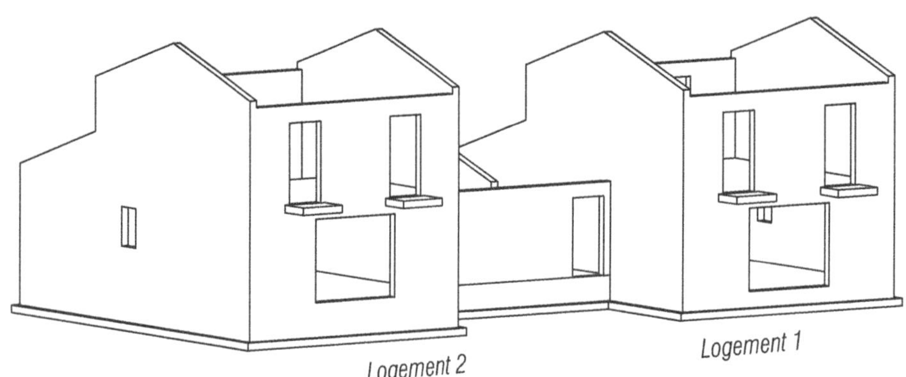

Figure 4.3.2 – Perspective arrière

3.1 Données du projet

3.1.1 Fondations, dallage

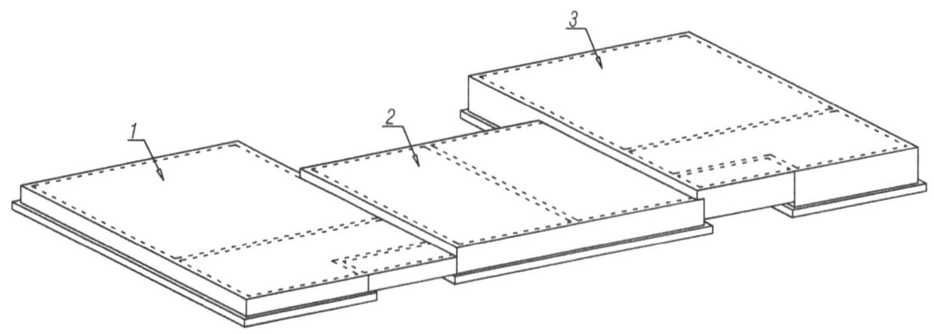

1 : Logement 1 : niveau –0.100 brut **2 :** Garages : niveau +0.150 brut **3 :** Logement 2 : niveau +0.400 brut

Figure 4.3.3 – Perspective de l'infrastructure

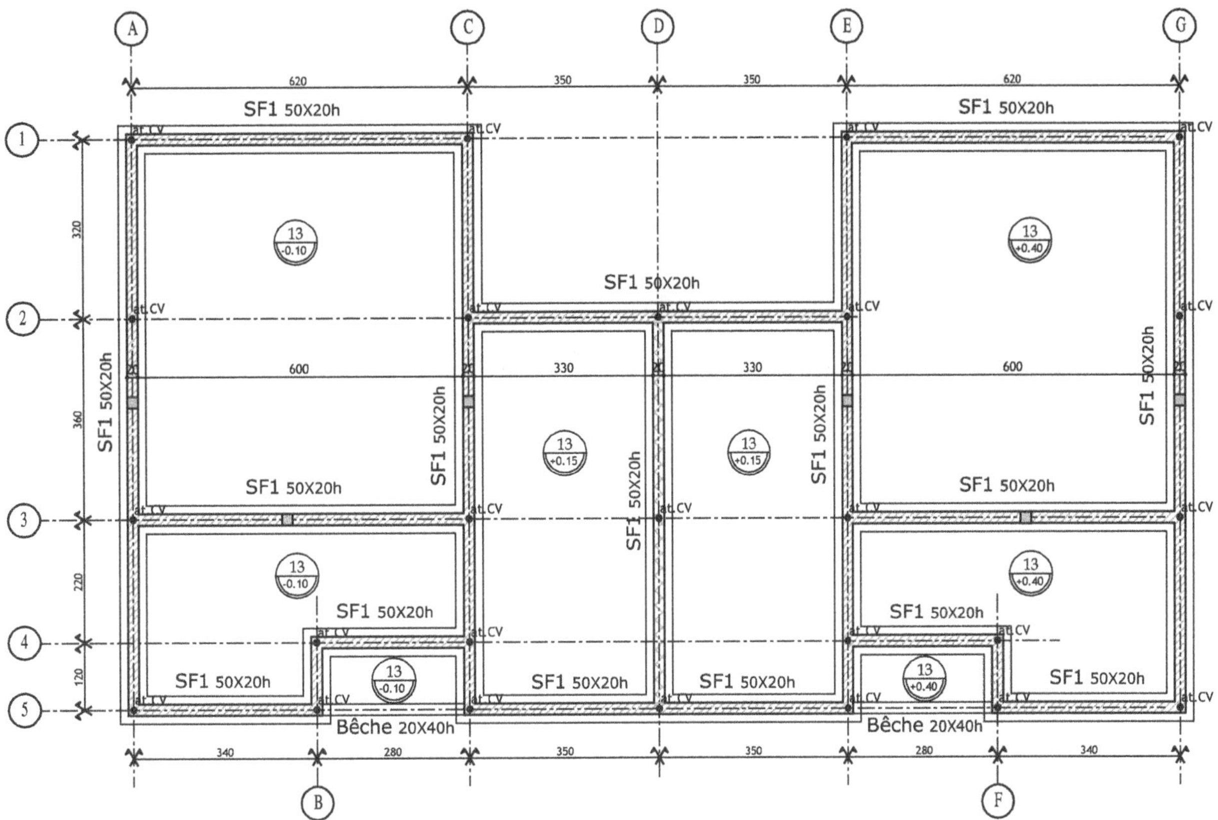

Figure 4.3.4 – Vue en plan du coffrage des fondations

3.1.2 Plan de coffrage du rez-de-chaussée

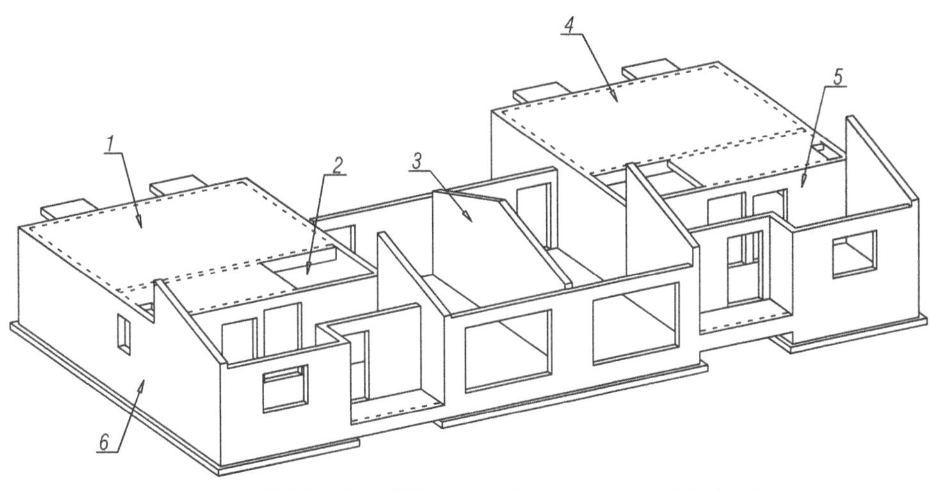

1 : Plancher haut du RdC

2 : Trémie pour le passage de l'escalier

3 : Mur séparatif des logements

4 : Balcon

5 : Refend

Figure 4.3.5 – Perspective extérieure

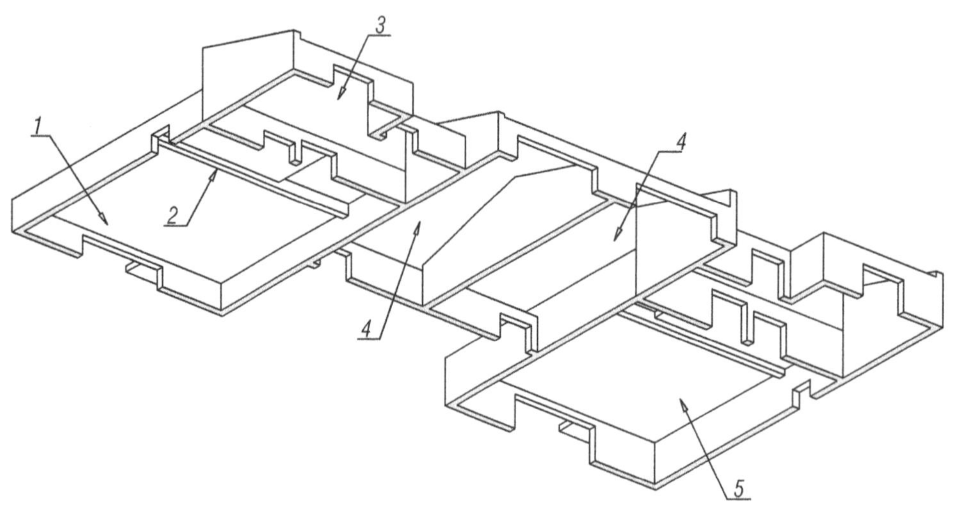

1 : Plancher haut du RdC du logement 1
2 : Poutre en béton armé
3 : Vide sous charpente du logement 1
4 : Vide sous charpente pour le garage
5 : Plancher haut du RdC du logement 2

Figure 4.3.6 – Éléments coupés et vus à représenter sur le plan de coffrage

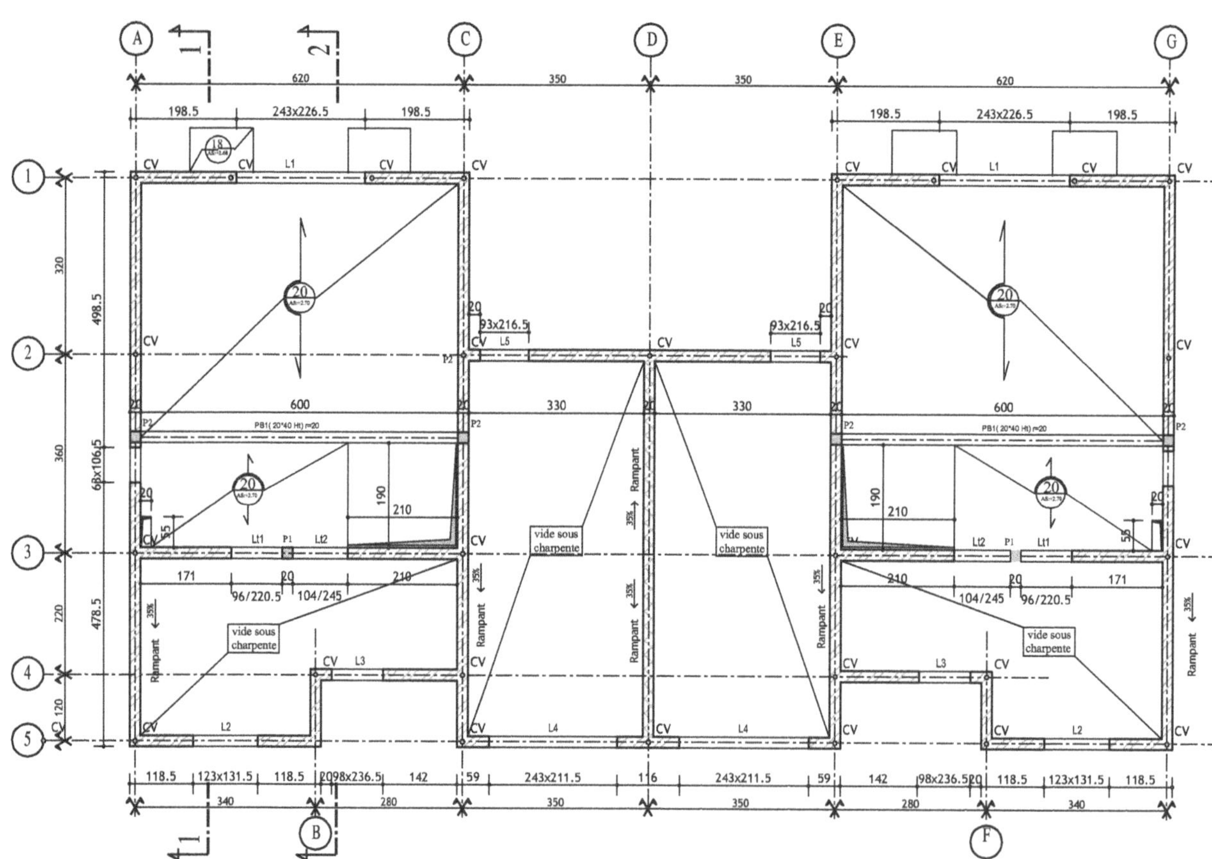

Figure 4.3.7 – Plan de coffrage du plancher haut du rez-de-chaussée

3.1.3 Plan de coffrage de l'étage

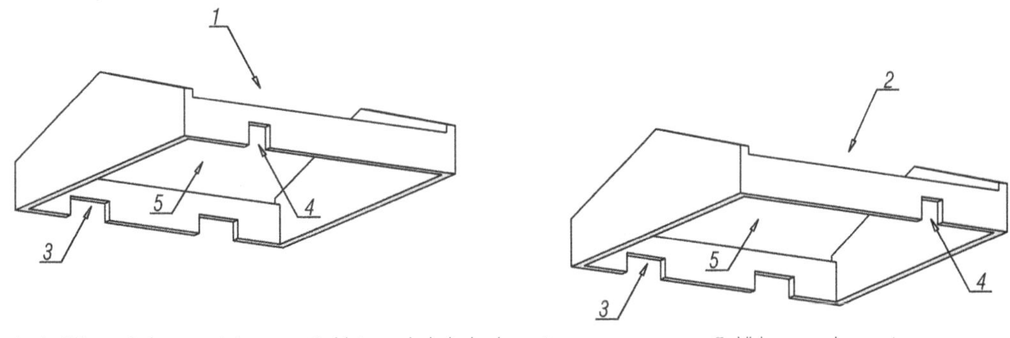

1 : Maçonnerie de l'étage du logement 1

2 : Maçonnerie de l'étage du logement 2

3 : Linteau de la baie de porte

4 : Linteau de la baie de fenêtre

5 : Vide sous charpente

Figure 4.3.8 – Perspective des éléments à représenter

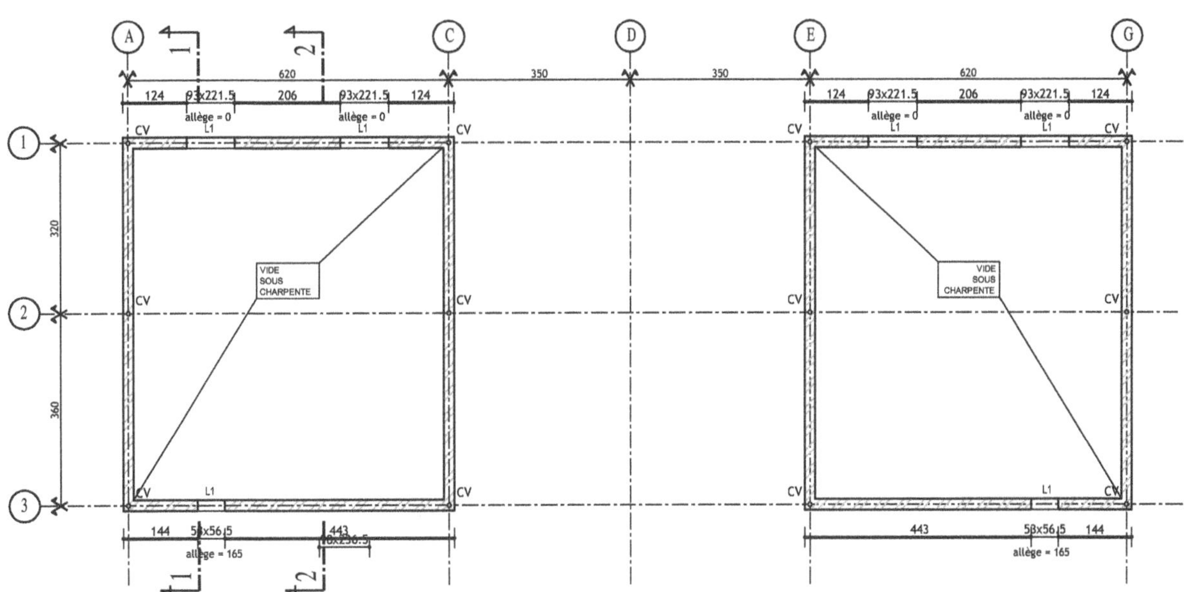

Figure 4.3.9 – Résultat de la projection, complétée par la cotation

3.1.4 Coupes de principe

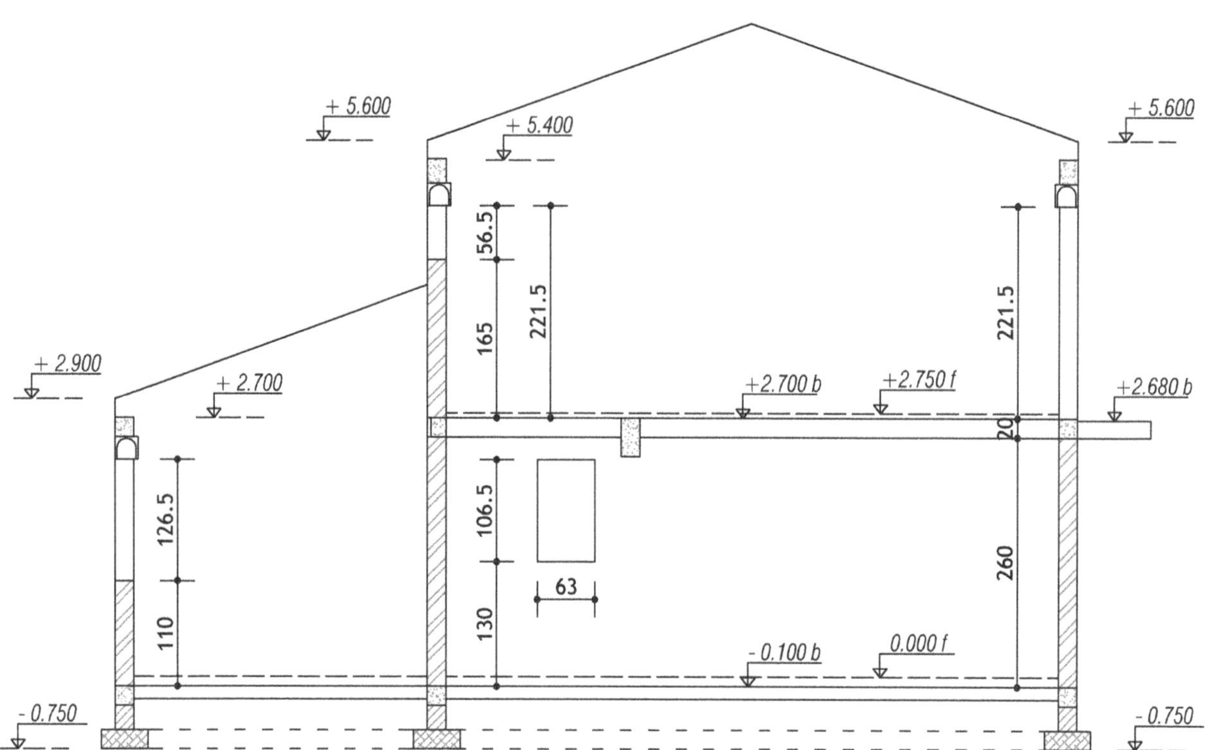

Figure 4.3.10 – Coupe verticale 1-1

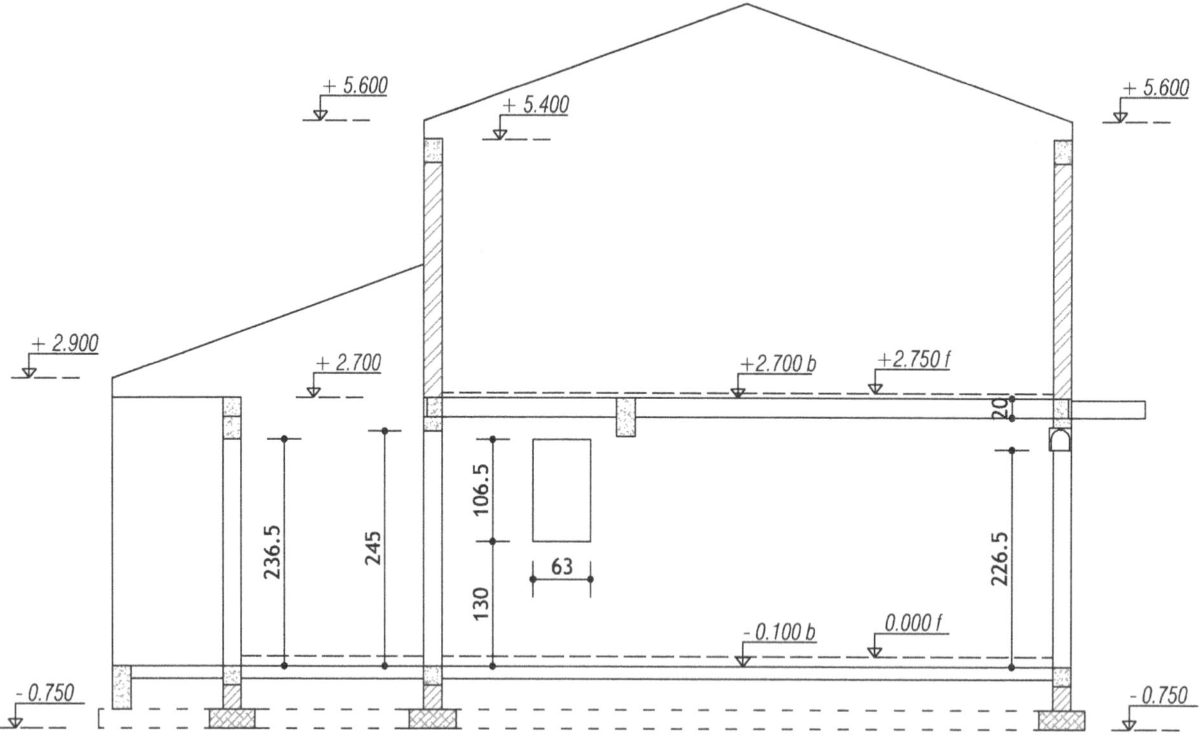

Figure 4.3.11 – Coupe verticale 2-2

3.1.5 *Articles à métrer*

Code	Désignation	U
02-1	**Fondations**	
02-1.1	Béton de propreté, ép mini de 5 cm, ou gros béton de cailloux coulé en pleines fouilles	m^2
02-1.2	Semelles filantes en béton armé, coulé en pleines fouilles, compris béton et armatures H.A. (ratio 50 kg/m^3)	m^3
02-1.3	Bêche en béton armé, compris béton, coffrage et armatures	m^3
02-2	**Soubassements**	
02-2.1	Murs de soubassement en BBM pleins de 20/20/40 hourdés au mortier de ciment	m^2
02-2.2	Chaînage bas en béton armé dans blocs « U », compris béton et armatures	m
02-2.3	Majoration pour raidisseurs verticaux dans éléments coffrant parpaing d'angle	m
02-2.4	Protection de la maçonnerie enterrée par enduit d'imperméabilisation sur mur de soubassement	m^2
02-3	**Dallages**	
02-3-1	Dallage de 13 cm d'épaisseur en béton armé de TS pour la partie habitable compris hérisson de pierres sèches, lit de sable, film polyane et isolant R= 4 m^2.K/W, compris remontées périphériques	m^2
02-3-2	Dallage de 13 cm d'épaisseur en béton armé de TS pour le garage, compris hérisson de pierres sèches, lit de sable, film polyane	m^2
02-3-3	Dallage de 13 cm d'épaisseur en béton armé de TS pour la terrasse, compris hérisson de pierres sèches, lit de sable, film polyane	m^2
02-4	**Structure en élévation**	
02-4-1	Arase étanche par film bitumeux déroulé sur chaînages bas	m
02-4-2	Maçonnerie de BBM creux de 20/20/50 hourdés au mortier de ciment	m^2
02-4-3	Plancher hourdis type 15+5 pour le plancher bas de l'étage	m^2
02-4-4	Majoration pour chevêtre, compris béton, armatures et coffrage soignée des joues	U
02-4-5	Balcons	U
02-4-6	Chaînages horizontaux en béton armé compris béton et armatures	m
02-4-7	Raidisseurs verticaux	m
02-4-8	Coffres pour volets roulants[1]	U
02-4-9	Linteaux en béton armé	m
02-5	**Parachèvements, ouvrages divers**	
02-5-1	Arasement des pointes de pignon après la pose des fermettes, compris béton, coffrage et armatures pour les pignons de l'étage	m
02-5-2	Seuils de porte plat de marche en pierre	m
02-5-3	Appuis de fenêtre en béton extrudé	m

3.2 Avant-métré

Note : pour cette application, l'avant-métré des articles qui demandent le plus de calculs intermédiaires est simplement esquissé. La démarche, illustrée par des croquis, donne la base des calculs à effectuer et permet ainsi de quantifier tous les articles.

1. À quantifier selon la portée.

3.2.1 Fondations, soubassements, dallages

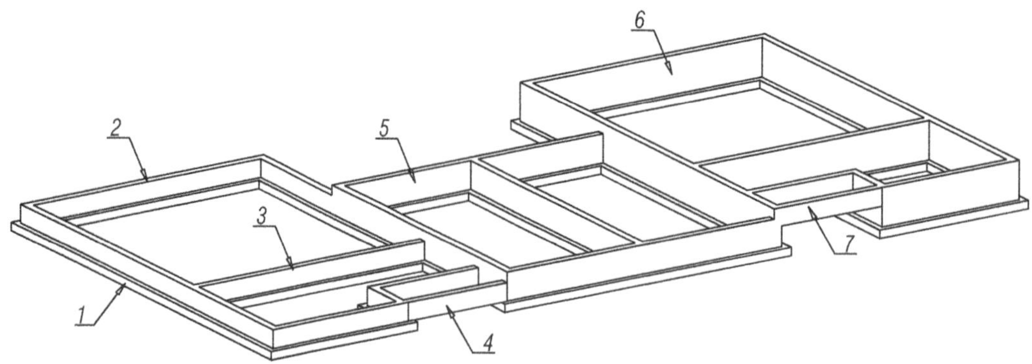

1 : Semelle filante **2, 3, 4 :** Mur de soubassement (ou libage) **5, 6, 7 :** Arase supérieure du chaînage horizontal

Figure 4.3.12 – Perspective des articles à quantifier[1]

3.2.1.1 Semelles filantes

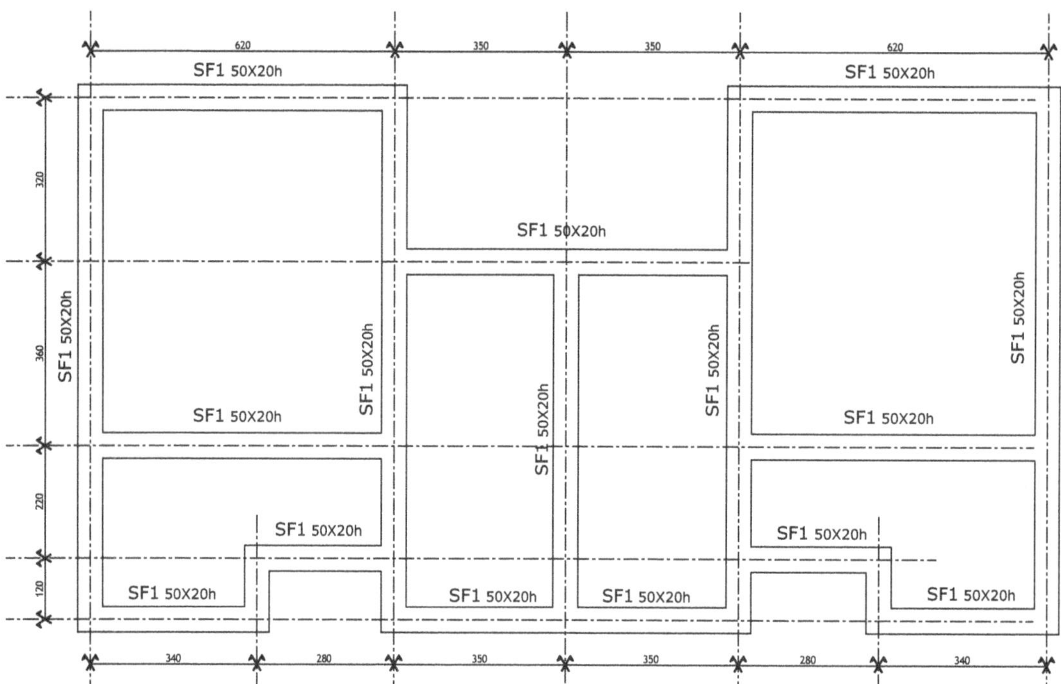

Figure 4.3.13 – Vue en plan des semelles, cotation entre axes

1. Dallages non représentés.

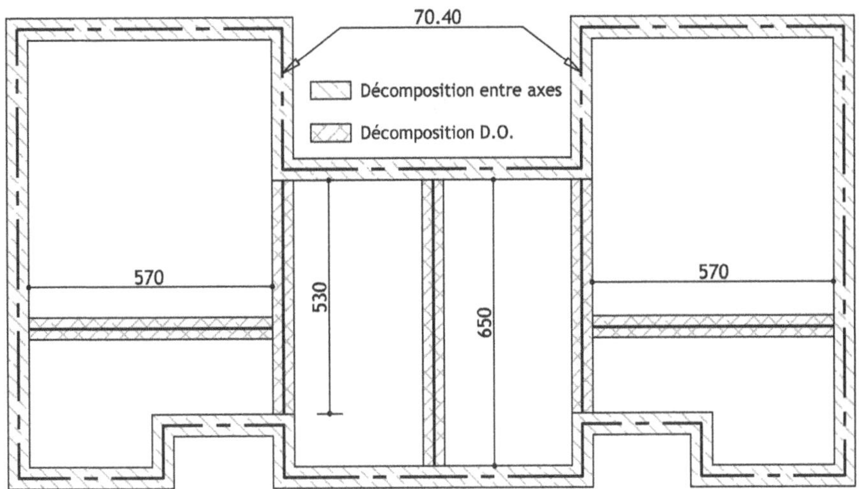

Figure 4.3.14 – Exemple de décomposition pour le calcul du linéaire

Pour ces articles, seuls les linéaires sont calculés. Toutes les autres quantités à déterminer utilisent ces linéaires.

Code	Désignation	Nbre	Long.	Larg.	Haut.	S-total	U	Qté
02-1	Linéaires des semelles filantes							
	Linéaires entre axes	1	70.40			70.40		
	Linéaires dans œuvre	2	5.70			11.40		
	Ens. linéaires[1]						m	98.90

3.2.1.2 Murs de soubassement

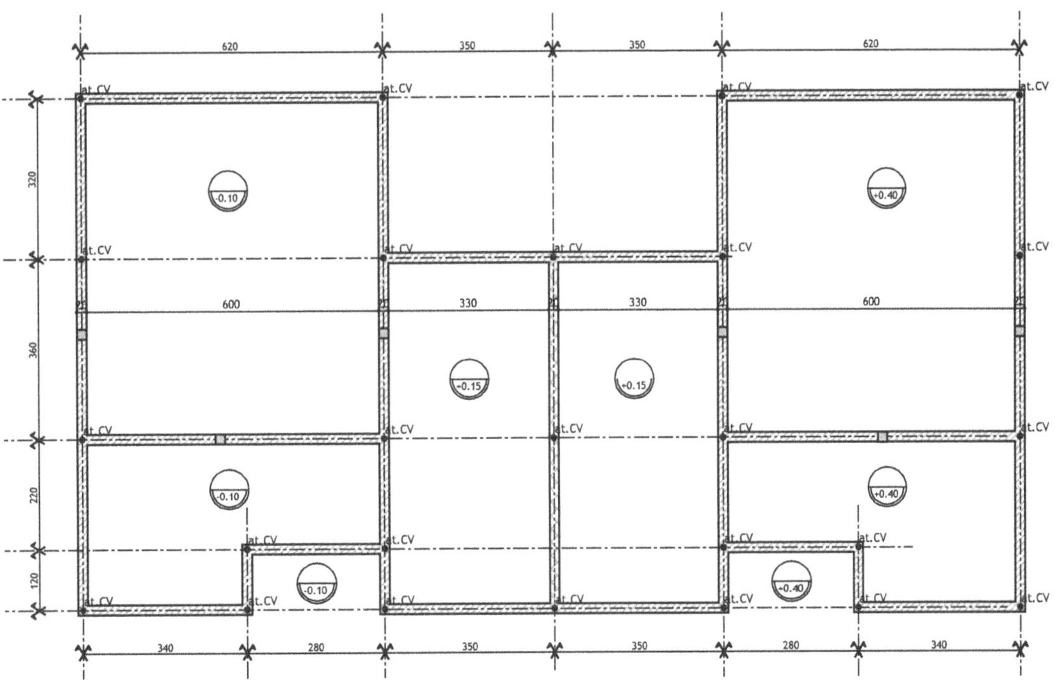

Figure 4.3.15 – Vue en plan des murs de soubassement, compris les niveaux des dallages

1. Ce résultat est partiel mais essentiel, car il sert de base à tous les articles qui en découlent. Le calcul est complété en considérant l'ensemble des articles liés à ce linéaire.

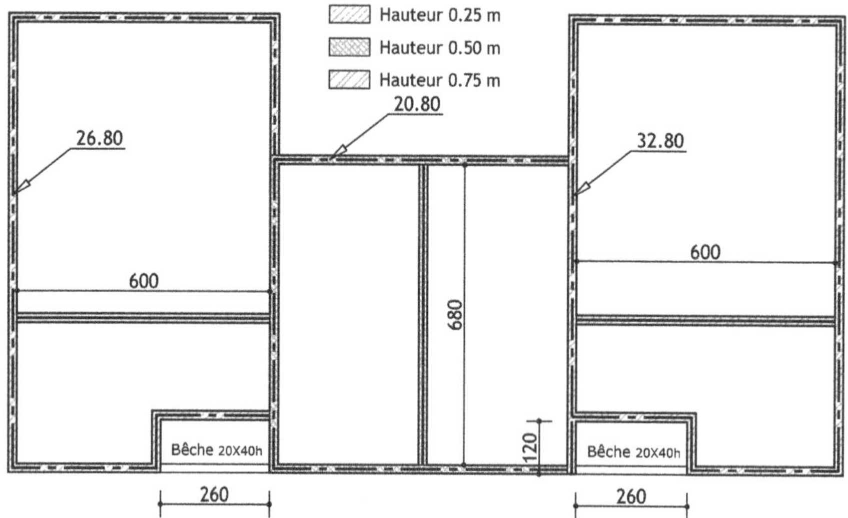

Figure 4.3.16 – Exemple de décomposition pour le calcul des linéaires

REMARQUES :

- Le linéaire des murs doit être calculé selon la hauteur des murs de soubassement, d'où 3 linéaires différents.
- Comme dans le chapitre précédent, les poteaux ne sont pas déduits mais comptés à part.

CODE	DÉSIGNATION	NBRE	LONG.	LARG.	HAUT.	S-TOTAL	U	QTÉ
02-2	Murs en agglomérés pleins de 20 x 25 x 50							
	En 0.25 de haut							
	Linéaire		32.80					
	x hauteur de 0.25 = surface				0.25	8.20		
	En 0.50 de haut							
	Linéaire		27.60					
	x hauteur de 0.50 = surface				0.50	13.80		
	En 0.75 de haut							
	Linéaire		40.00					
	x hauteur de 0.75 = surface				0.75	30.00		
	Ens. surfaces						m^2	52.00

3.2.1.3 Dallage

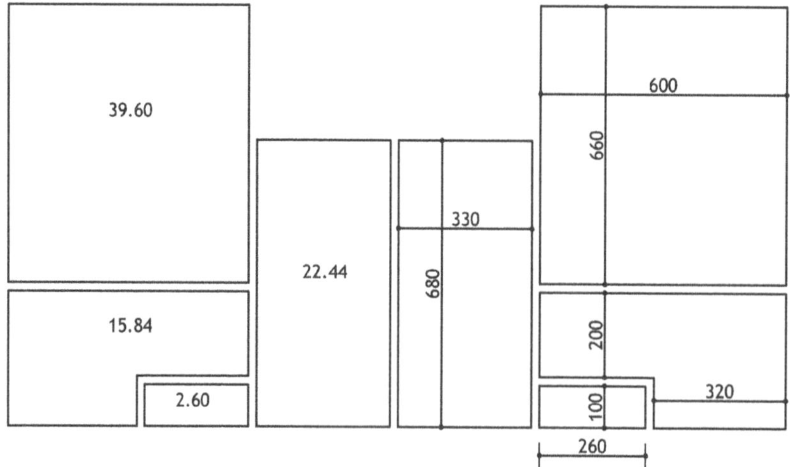

Figure 4.3.17 – Cotations du dallage

Code	Désignation	Nbre	Long.	Larg.	Haut.	S-total	U	Qté
02-3	Dallage							
02-3.1	Pour parties habitables						m²	110.88
02-3.2	Pour garages						m²	44.88
02-3.3	Pour terrasses						m²	5.20

3.2.2 Structure en élévation

3.2.2.1 Arase étanche

Le linéaire est identique au linéaire des murs de soubassement.

3.2.2.2 Maçonnerie de BBM creux de 20/20/50

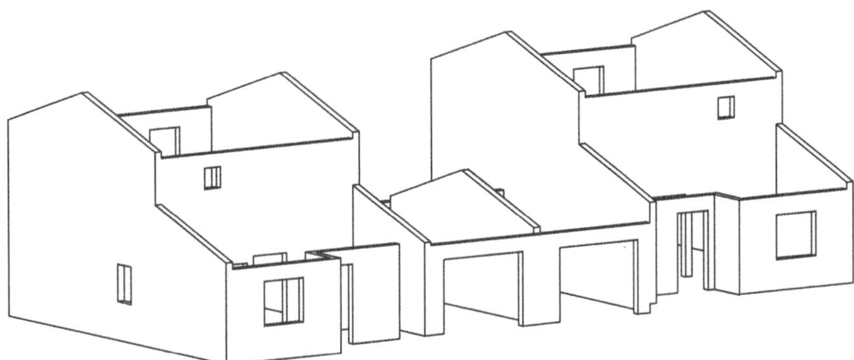

Figure 4.3.18 – Surface de BBM à calculer

Remarque : dans cette perspective, en bas de pente, les niveaux du mur pignon et du mur gouttereau sont différents pour tenir compte de la charpente. Toutefois, pour l'avant-métré, ils peuvent aussi être considérés identiques. Cette différence est alors prise en compte dans le prix unitaire de l'arase de rampanage.

Le calcul de cette surface est toujours effectué en trois étapes :

1. calcul de la surface aveugle ;
2. calcul de la surface qui n'est pas en BBM ;
3. différence des deux surfaces précédemment trouvées.

La surface aveugle peut être considérée par niveaux ou dans son ensemble.

Option 1 : surfaces calculées par niveaux, RdC et étage.

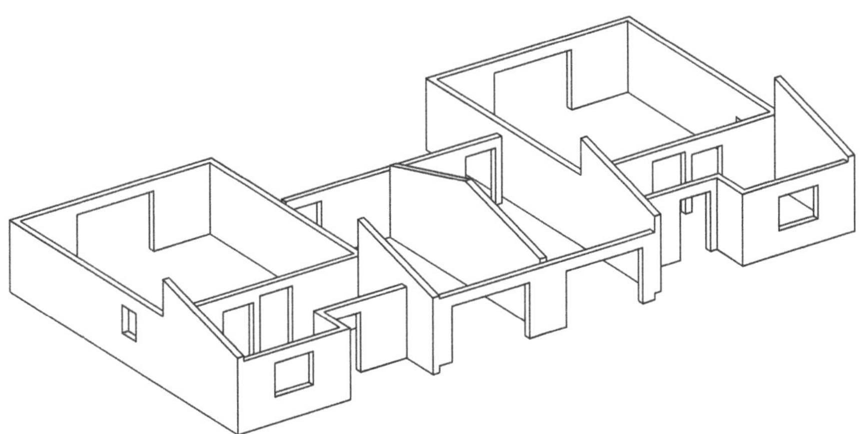

Figure 4.3.19 – Maçonnerie du RdC

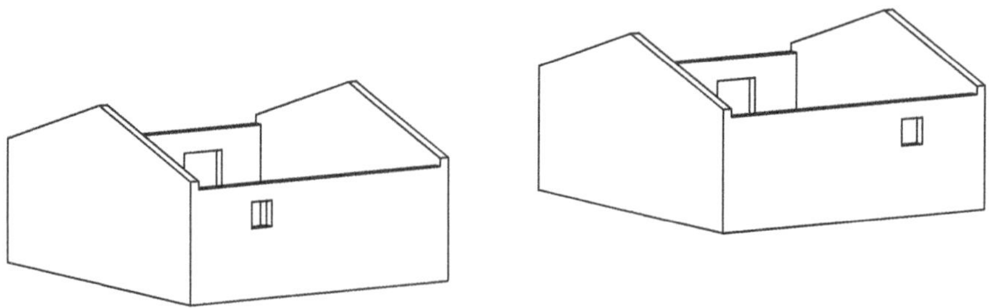

Figure 4.3.20 – Maçonnerie de l'étage

Option 2 : surfaces du RdC et de l'étage calculées ensemble.

C'est l'option choisie ci-après. Les murs sont décomposés selon deux types : les murs pignons et les murs gouttereaux.

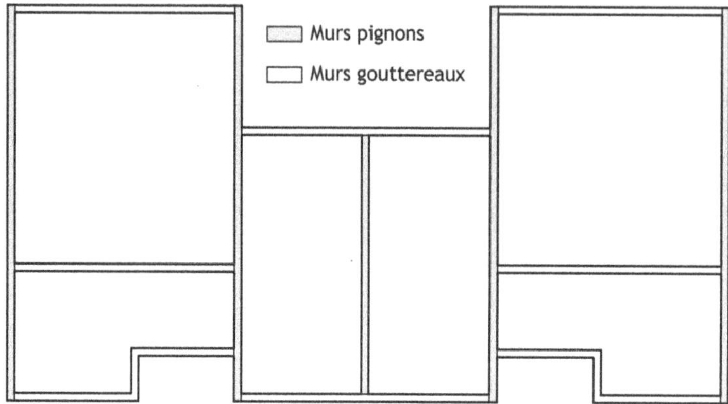

Figure 4.3.21 – Décomposition en plan

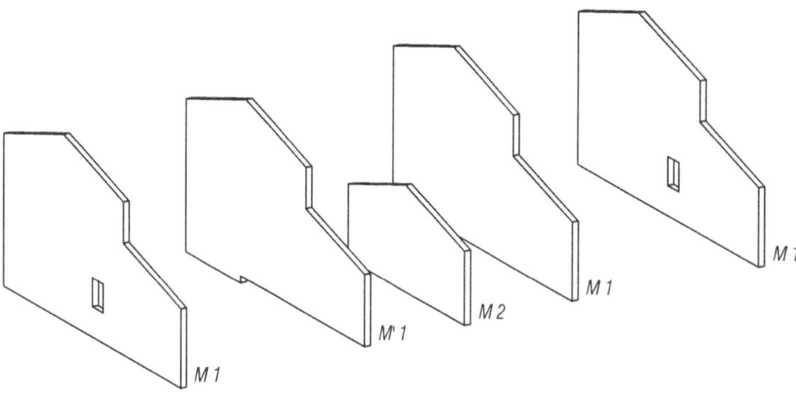

Figure 4.3.22 – Perspective des murs pignons

Hormis le mur M2 qui sépare le garage, les quatre murs gouttereaux sont identiques, à un détail près. En effet, compte tenu de la différence des niveaux des dallages, l'arase inférieure du mur M'1 est partiellement plus haute. L'influence sur le résultat final est négligeable.

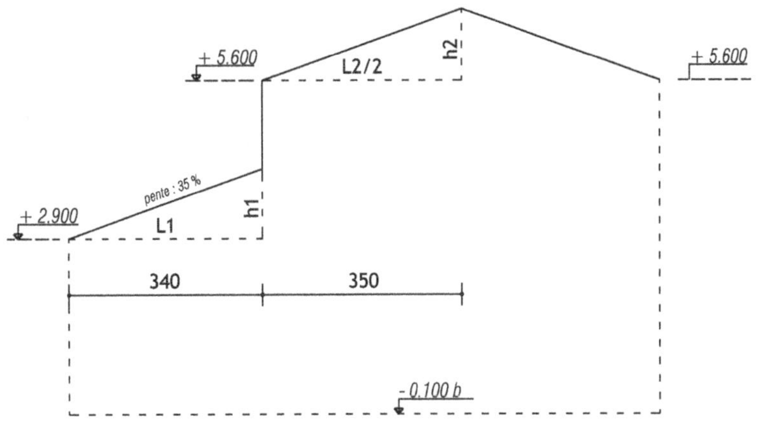

Figure 4.3.23 – Données du mur M1

Pour calculer cette surface, il faut déterminer les hauteurs h1 et h2 des pignons, en utilisant la pente. Ensuite, la surface totale du pignon M1 est ramenée à la somme de deux rectangles, en prenant pour hauteurs des hauteurs moyennes.

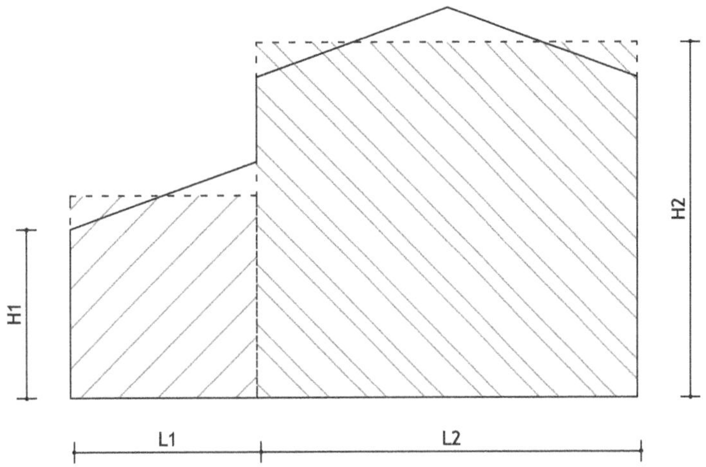

Figure 4.3.24 – Exemple du mode de calcul de M1

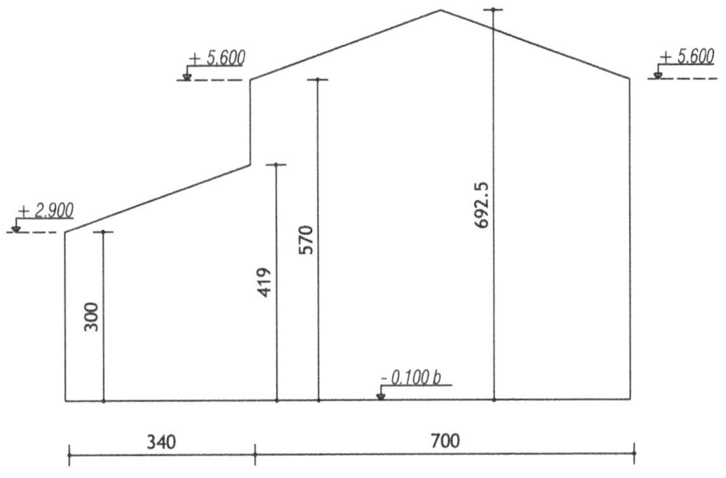

Figure 4.3.25 – Cotes utiles au calcul de M1

Ainsi M1 = 3.40 x (3.00 + 4.19) / 2 + 7.00 x (5.70 + 9.63) / 2 = 56.41 m².

La méthode de calcul de M2, dont la longueur est prise dans œuvre, est identique. Les murs gouttereaux sont calculés comme des rectangles, classés selon leurs hauteurs.

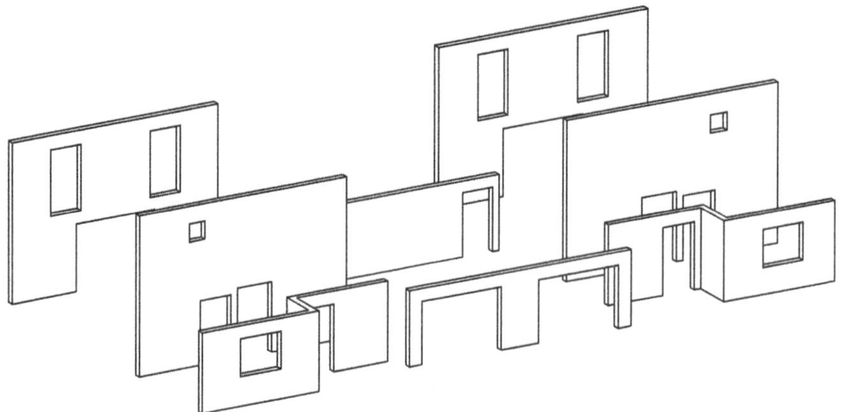

Figure 4.3.26 – Perspective des murs gouttereaux, vue côté garage

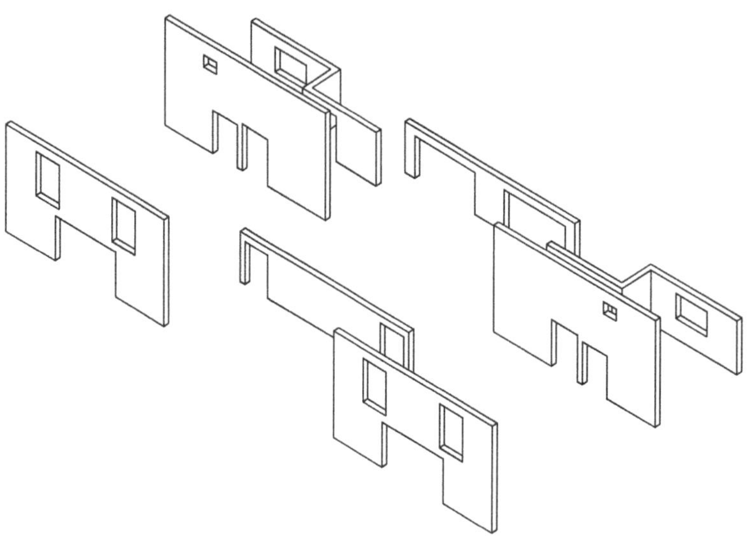

Figure 4.3.27 – Perspective des murs gouttereaux, vue côté séjour

4. Terrassements et VRD avec Geomensura[1]

Avec Mensura[2] il est possible de produire l'ensemble des documents graphiques d'un projet VRD. Ce logiciel fonctionne par modules dédiés aux différentes étapes de travaux et permet de dessiner les plans, de calculer les quantités et de chiffrer les coûts de la réalisation.

Le projet pris en exemple dans ce chapitre concerne la réalisation d'un bâtiment d'une plate-forme logistique en Loire Atlantique.

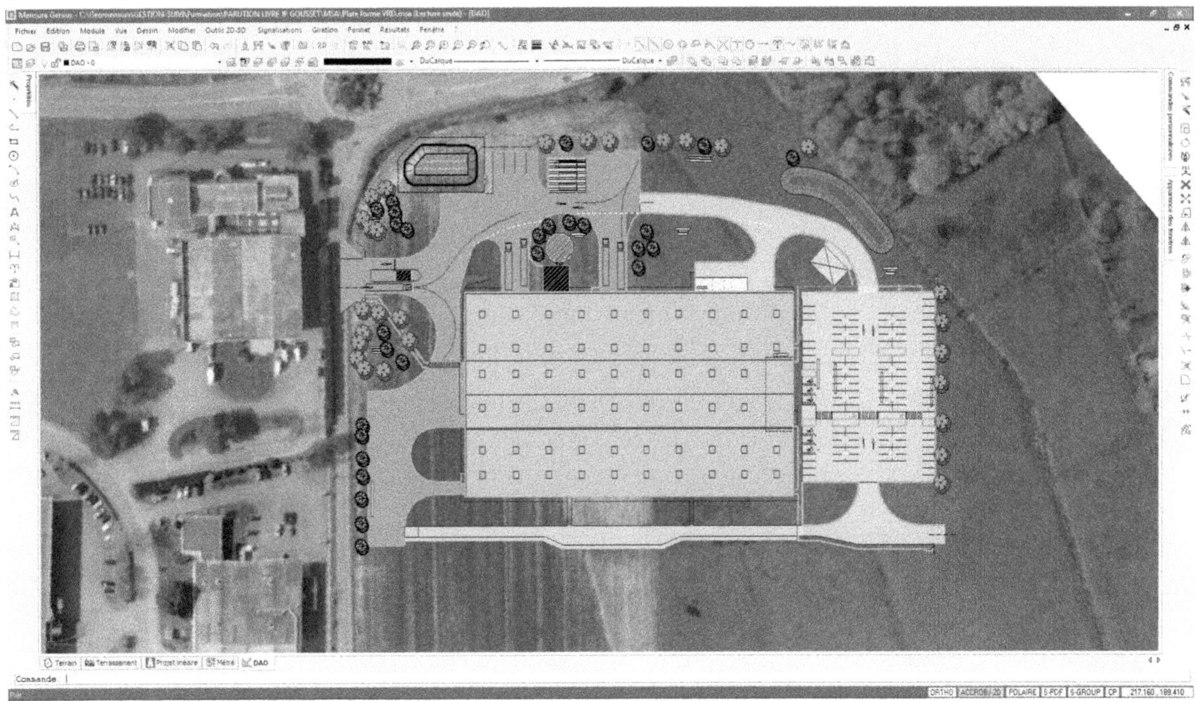

Figure 4.4.1 – Plan de situation du projet

4.1 Terrain

4.1.1 Plan masse du projet

Insérer dans Mensura le fichier dwg du projet à l'aide de la commande « Fichier→Document dxf-dwg→Attacher » , ou utiliser le menu Easy Clic accessible par un clic droit dans le module DAO.

1. Réalisation Raphaël BOMPOIL
2. Site internet <www.geomensura.fr>.

Figure 4.4.2 – Utilisation du menu contextuel Easy Clic du module DAO

Après avoir paramétré la boîte de dialogue d'import, le fond de plan est affiché à l'écran avec les calques contenus dans le DWG.

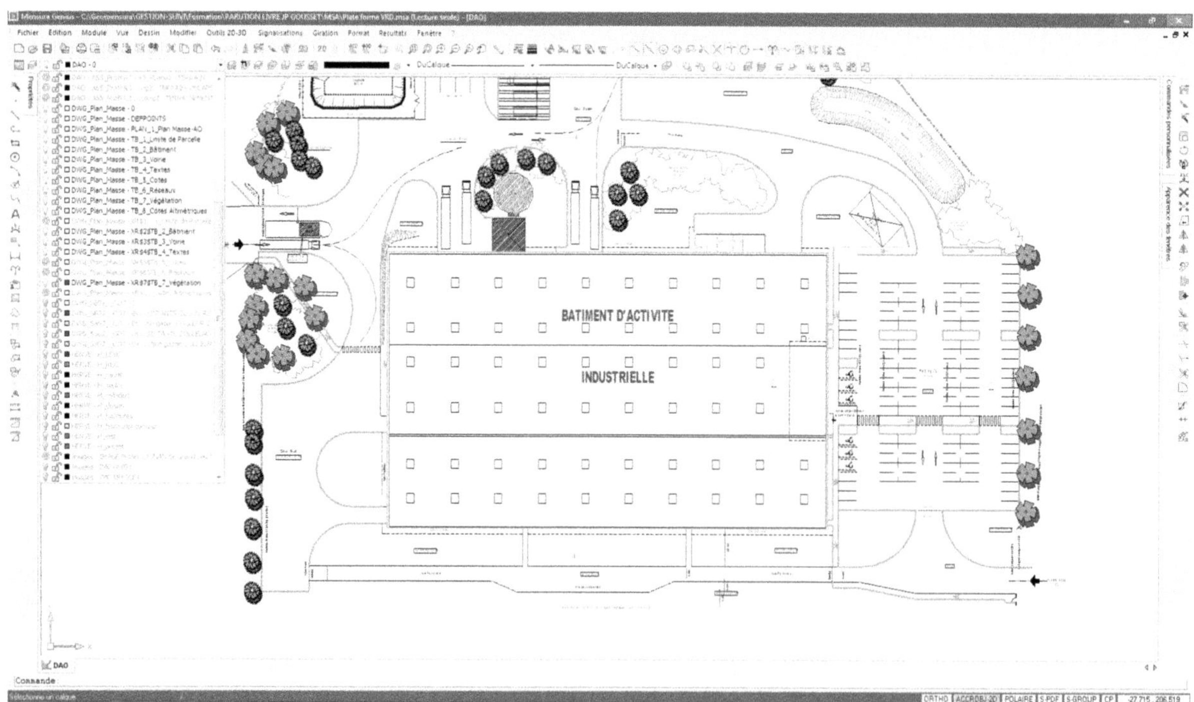

Figure 4.4.3 – Fichier dwg importé, liste de calques déroulée

Il est également possible d'importer le projet au format PDF. Si celui-ci est vectorisé, le projet est récupéré en tant qu'objets DAO ; sinon il peut être redessiné grâce aux outils DAO classiques disponibles dans tous les modules.

4.1.2 Plan topographique du terrain, semis de points

Insérer dans Mensura le fichier du levé topo représentant l'existant à l'aide de la commande « Fichier→Importer→Fichier topo » du module Topographie.

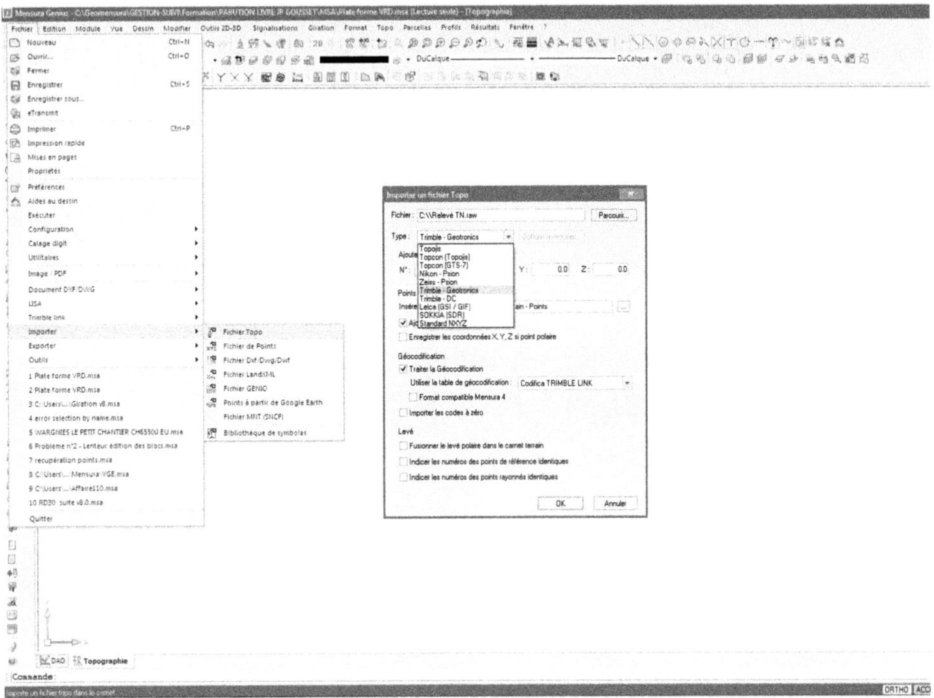

Figure 4.4.4 – Boîte de dialogue d'import d'un fichier topographique

Mensura reconnaît également les divers formats constructeur (Leica, Trimble, Topcon, etc.), selon l'appareil utilisé. En l'absence de levé topographique, les points peuvent être insérés à partir de Google Earth.

À la récupération du levé géomètre, le logiciel modélise automatiquement le MNT (modèle numérique de terrain) dans le module Terrain.

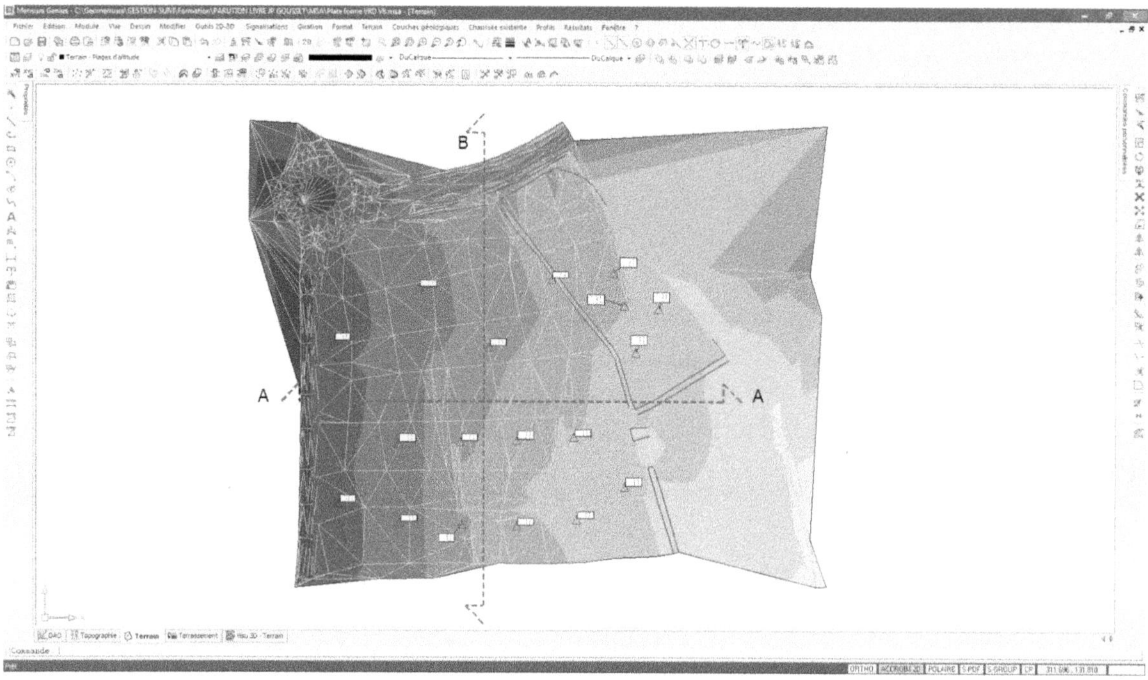

Figure 4.4.5 – Modèle numérique de terrain et plage d'altitudes

4.1.3 Modélisation du terrain

En l'absence d'un fichier de levé géomètre, l'étape de la modélisation peut être nécessaire dans le cas d'utilisation des données du fond de plan DWG. Cette étape permet de générer une surface en 3D du terrain existant : le MNT. Les entités utiles à la modélisation peuvent être des points 3D, des blocs avec attributs ou des polylignes 3D. Dans le module Terrain, utiliser la commande « Terrain→Modéliser Terrain ».

Une triangulation est créée entre les différents objets de dessin (points topo, lignes caractéristiques du terrain). Les lignes d'arêtes correspondant aux lignes de rupture de pente (talus, fossé, bordure, etc.) doivent également être prises en compte pour refléter la réalité du terrain. Pour les saisir, utiliser la commande « Terrain→Lignes d'arêtes→Saisir »

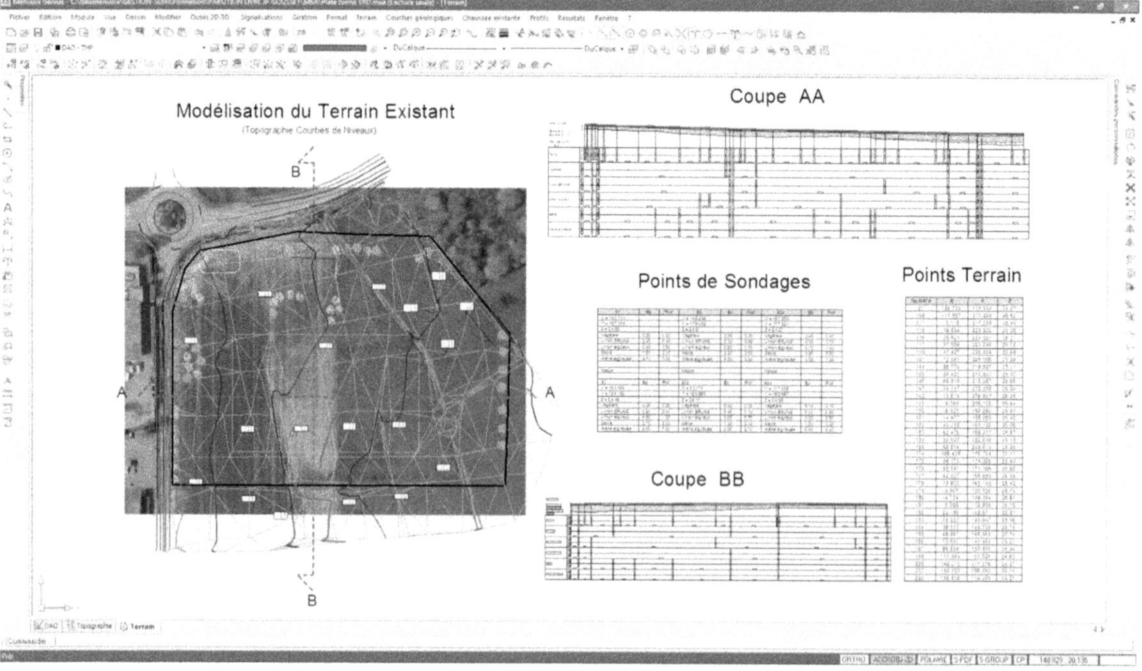

Figure 4.4.6 – Coupes longitudinales et en travers

Un ensemble de commandes permet de contrôler la validité du MNT, avec la possibilité d'éditer le résultat des points modélisés. Utiliser la commande «Résultat→Coordonnées des points terrain».

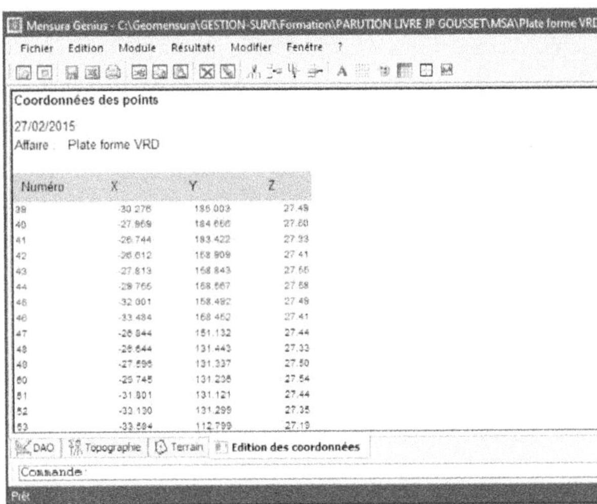

Figure 4.4.7 – Listing de coordonnées des points terrain

Le module Rendu 3D permet de se déplacer, en trois dimensions, dans le MNT.

Figure 4.4.8 – Contrôle du MNT par le module Rendu 3D

Par ailleurs, Mensura dispose de nombreux outils d'analyse de terrain qui mettent en évidence la topographie et l'hydrographie de l'existant. Voici une liste non exhaustive des éléments que l'on peut aisément visualiser :

- plages d'altitude, courbes de niveaux, force et sens des pentes, orientation par rapport au soleil ou un vent dominant ;
- bassins versants, évacuation naturelle des eaux pluviales, points hauts et bas.

L'application permet aussi de mapper une photo aérienne sur le MNT. Tous ces éléments sont visibles dans le module Rendu 3D.

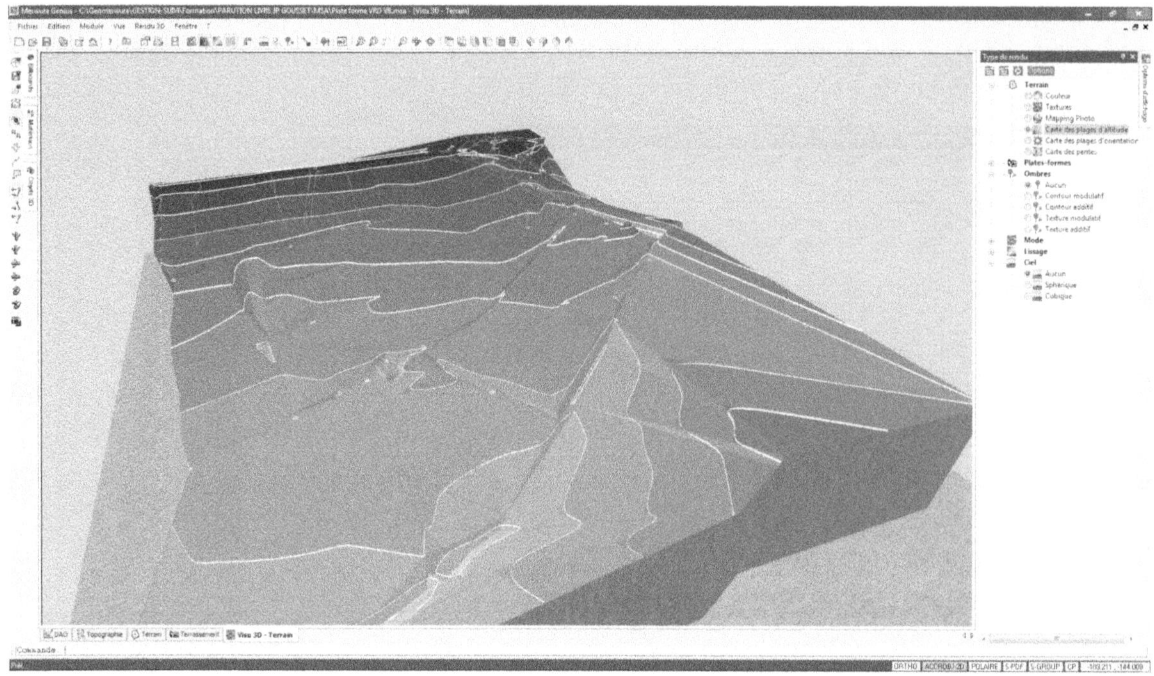

Figure 4.4.9 – Rendu 3D habillé avec points hauts/bas et ligne d'écoulement

4.1.4 Couches géologiques et décapage de terre végétale

Si l'on dispose d'une étude géotechnique, le logiciel Mensura permet de renseigner les épaisseurs des couches détectées sur les divers points de sondage. Il est ainsi possible de visualiser la structure du sol à l'édition des profils. Au niveau des calculs, le logiciel distingue les volumes de déblais en fonction de la nature de la couche géologique et affecte une pente de talus déblai différente en fonction du matériau rencontré. Dans le module Terrain, utiliser la commande « Couches géologiques→Points de sondage ».

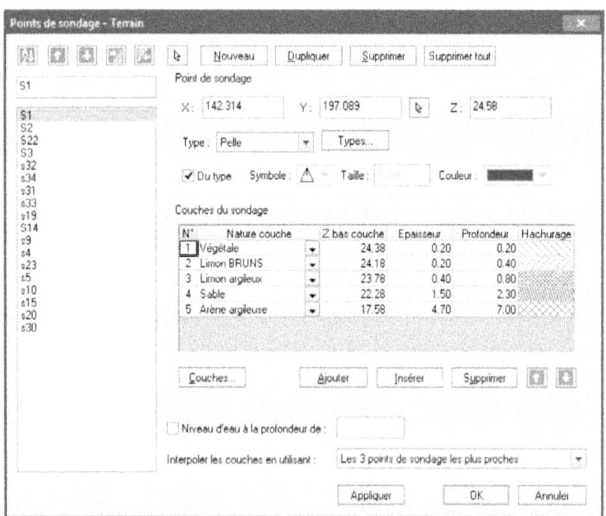

Figure 4.4.10 – Boîte de dialogue de gestion des points de sondage

De manière simplifiée, si aucune étude n'a été conduite, on définira une épaisseur de terre végétale à décaper. Mensura détecte la surface à laquelle appliquer cette épaisseur à l'issue de la saisie du projet (total des surfaces plates-formes + talus + tranchées réseaux). Dans le module Terrain, utiliser la commande « Terrain→Décapage général ».

4.1.5 *Profils*

Mensura dispose de fonctions automatisées qui permettent la saisie et l'édition de profil en long et de cahier de profils en travers. Pour cela, dans le module Terrain, utiliser la commande « Profils→Axe→Saisir » . L'axe est saisi à la même manière d'une polyligne, les tabulations définissent l'emplacement des coupes de profils en travers.

Éditer le profil en long à l'aide de la commande « Profils→Profil en long » .

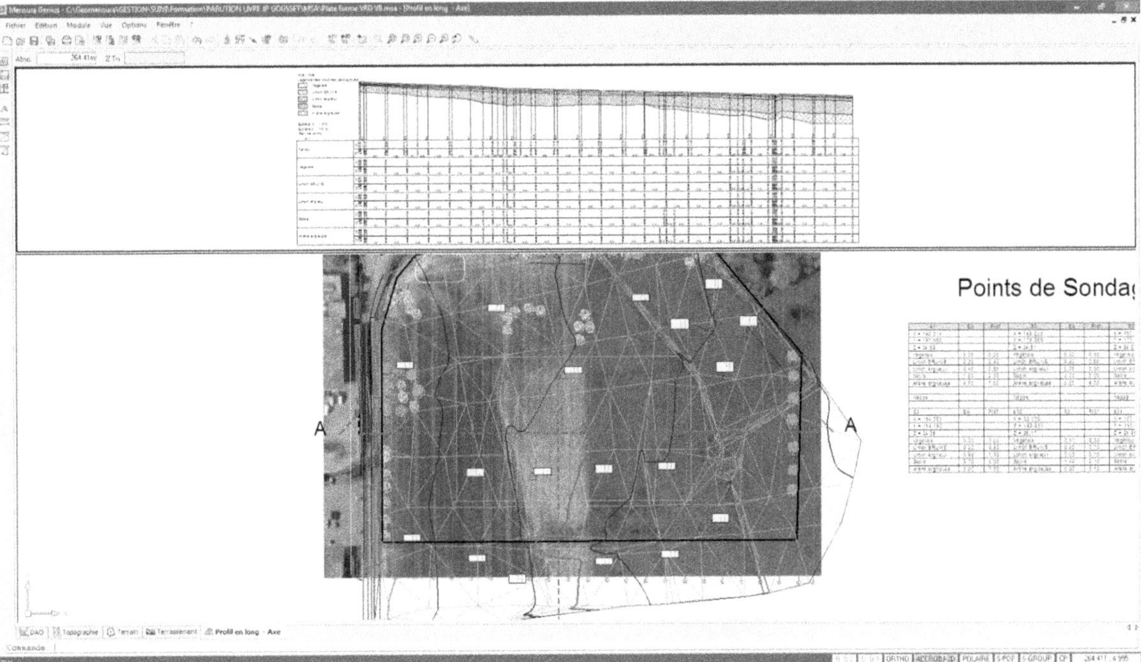

Figure 4.4.11 – Coupe longitudinale du MNT

Visualiser les profils en travers à l'aide de la commande « Profils→Profils en travers » .

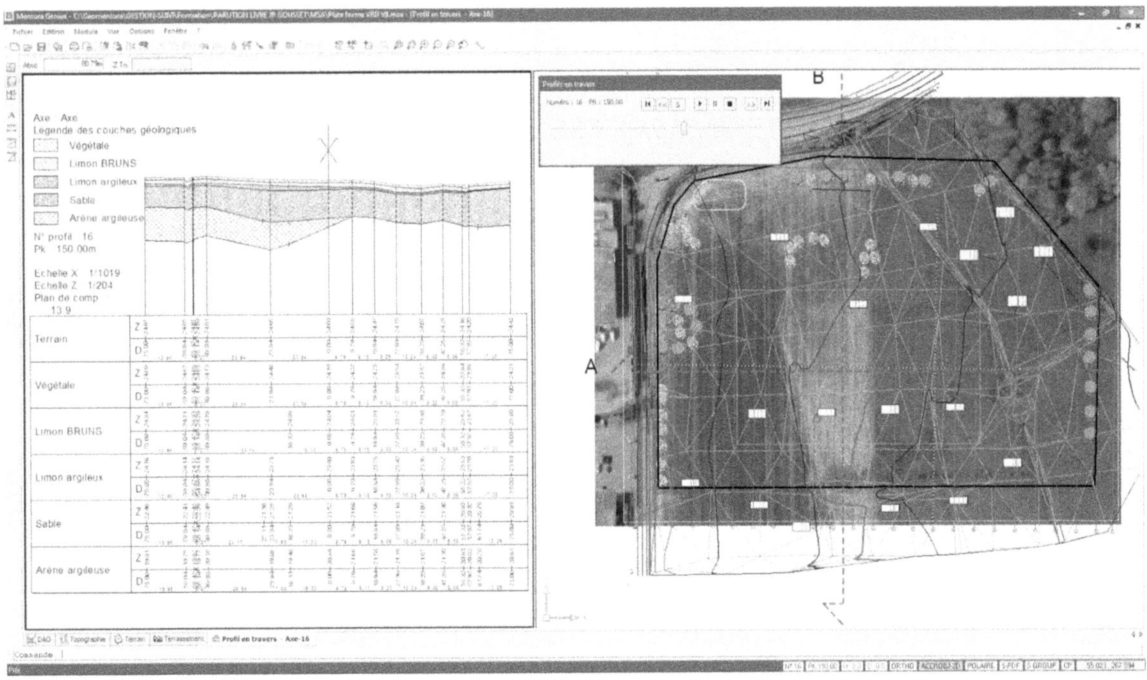

Figure 4.4.12 – Profils en travers

4.2 Plates-formes

4.2.1 Saisie des plates-formes

Dans le module Projet plates-formes, lancer la commande « Projet Plates-formes→Plate-forme→Saisir ». La saisie de la plate-forme se fait à la manière d'une saisie de polyligne. Les plates-formes sont créées en entrant les altitudes du niveau fini du projet, puis en renseignant les détails des couches qui constituent la plate-forme.

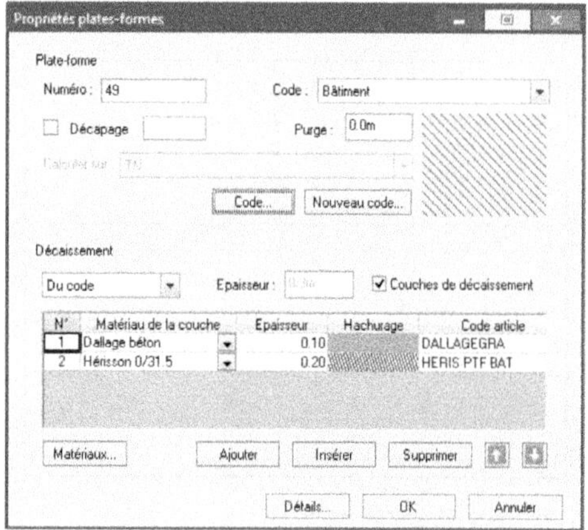

Figure 4.4.13 – Boîte de dialogue de propriétés de plates-formes

4.2.2 Surlargeur et talus de raccord au terrain naturel

Dans le module Projet plates-formes, lancer la commande « Projet Plates-formes→Talus→Saisir pentes ». Sélectionner les côtés de plate-forme sur lesquels affecter les talus et surlargeurs. Paramétrer les pentes de talus sur les différents côtés des plates-formes, comme dans la boîte de dialogue montrée à la Figure 4.4.14.

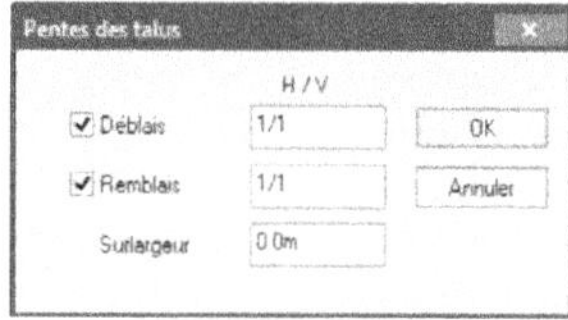

Figure 4.4.14 – Paramétrages des talus en déblais et remblais

Puis générer les talus de raccord au TN en lançant la commande « Projet Plates-formes→Talus→Calculer ».

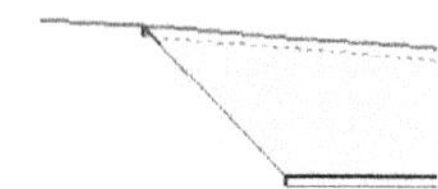

Figure 4.4.15 – Exemple de déblais

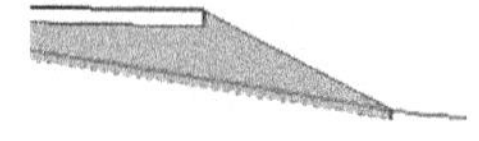

Figure 4.4.16 – Exemple de remblais

4.2.3 Profils

Saisir un axe et éditer le profil en long et les profils en travers.

Dans le module Projet plates-formes, utiliser la commande « Profils→Axe→Saisir ». L'axe est saisi de la même manière qu'une polyligne.

Éditer le profil en long, en lançant la commande « Profils→Profil en long ».

Visualiser les profils en travers, en utilisant la commande « Profils→Profils en travers » .

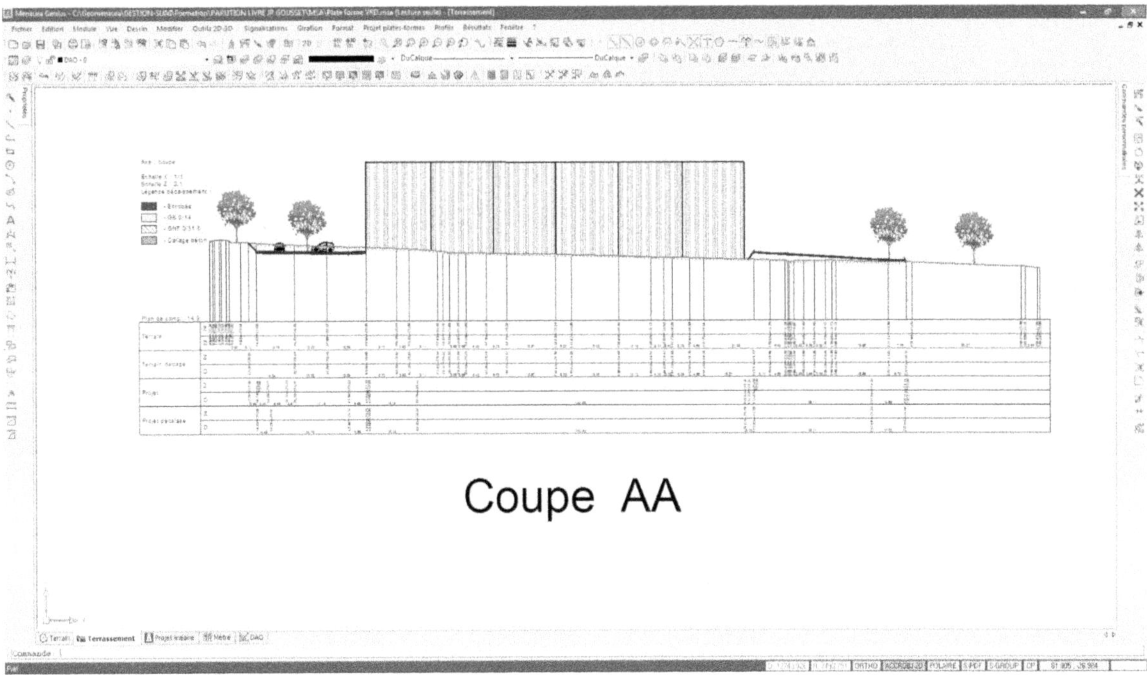

Figure 4.4.17 – Coupe des terrassements avec habillage du bâtiment

4.2.4 *Calcul déblais/remblais*

Lancer le calcul des volumes de terrassement pour obtenir les déblais/remblais du projet. Dans le module Projet plates-formes, utiliser la commande « Projet Plates-formes→Calculer » .

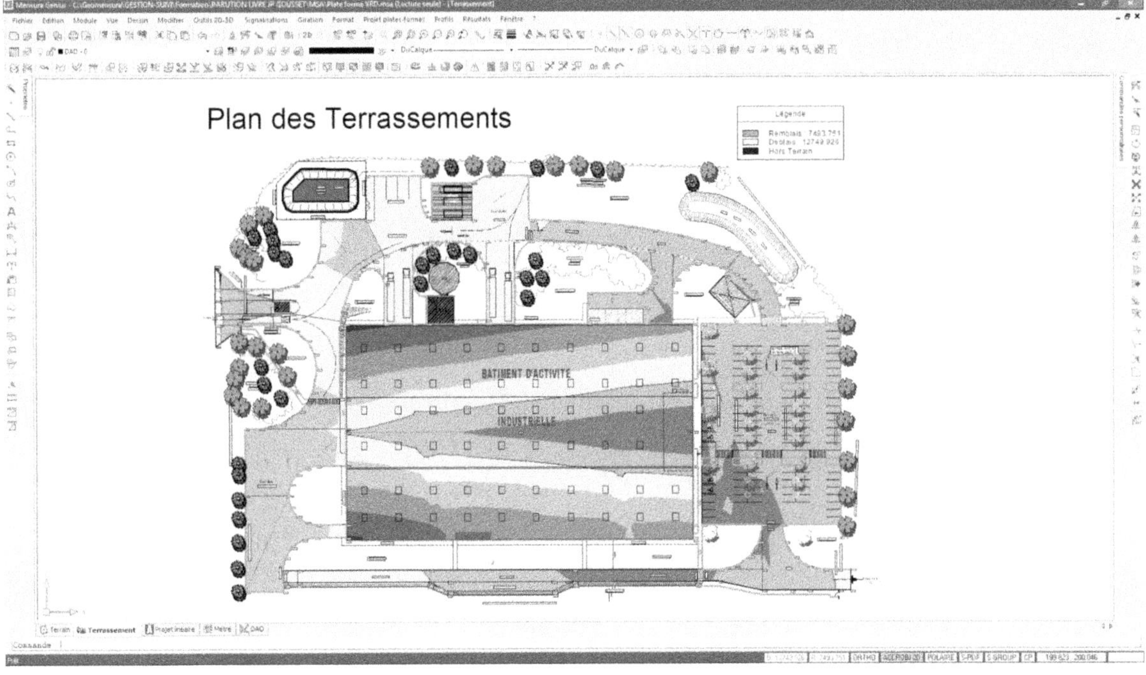

Figure 4.4.18 – Plan des terrassements déblais/remblais

Pour l'édition des volumes de terrassement et de matériaux à mettre en place pour le projet, lancer, dans le module Projet plates-formes, la commande « Résultats→Déblais-remblais » .

Plates-formes déblais - remblais

11/10/2008
Affaire : Affaire1
Projet : Terrassement
Terrain : Terrain

N°	Code	Décais			Surf. horizontale	Total Vol. déblais	Total Vol. remblais	Ptf Vol. déblais	Ptf Vol. remblais	Talus Vol. déblais	Talus Vol. remblais
		Couches	Hauteur	Volume							
1	Bâtiment		0.30	929.875	3099.58	5197.140	16.700	5197.140	16.700	0.000	0.000
		Dallage béton	*0.10*	*309.958*							
		Hérisson 0/31.	*0.20*	*619.917*							
SOUS-TOTAL					**3099.58**	**5197.140**	**16.700**	**5197.140**	**16.700**	**0.000**	**0.000**
5	Voirie lourde		0.61	1223.968	2006.19	2123.091	6.570	2099.372	0.000	23.720	6.570
		Enrobés	*0.06*	*120.390*							
		GB 0/14	*0.15*	*300.976*							
		GNT 0/31.5	*0.20*	*401.301*							
		GNT 0/31.5	*0.20*	*401.301*							
SOUS-TOTAL					**2006.19**	**2123.091**	**6.570**	**2099.372**	**0.000**	**23.720**	**6.570**
TOTALISATION					**5105.77**	**7320.231**	**23.270**	**7296.512**	**16.700**	**23.720**	**6.570**

Figure 4.4.19 – Tableau des résultats déblais/remblais

4.2.5 Optimisation des terrassements

Une commande permet d'optimiser les terrassements, en tenant compte des coefficients de foisonnement et de compactage. Dans le module Projet plates-formes, utiliser la commande « Projet Plates-formes→Optimiser avec talus ».

4.2.6 Outils de mise en forme

Une fois le calcul effectué, les plates-formes apparaissent par défaut en jaune et rouge. Pour la mise en forme des plans d'exécution, Mensura permet de changer l'affichage, selon les trois modes suivants :

1. Par code couleur correspondant à la nature des plates-formes (voirie, espace vert, bâtiment…).
2. Par déblais/remblais (jaune/rouge).
3. Par plages de déblais/remblais (dégradé de couleur permettant d'évaluer la profondeur/hauteur des terrassements).

Mensura génère une légende automatique différente en fonction du mode de visualisation choisi. Dans le module Projet plates-formes, utiliser la commande « Projet Plates-formes→Visualiser plates-formes », puis « Projet Plates-formes→Générer la légende ».

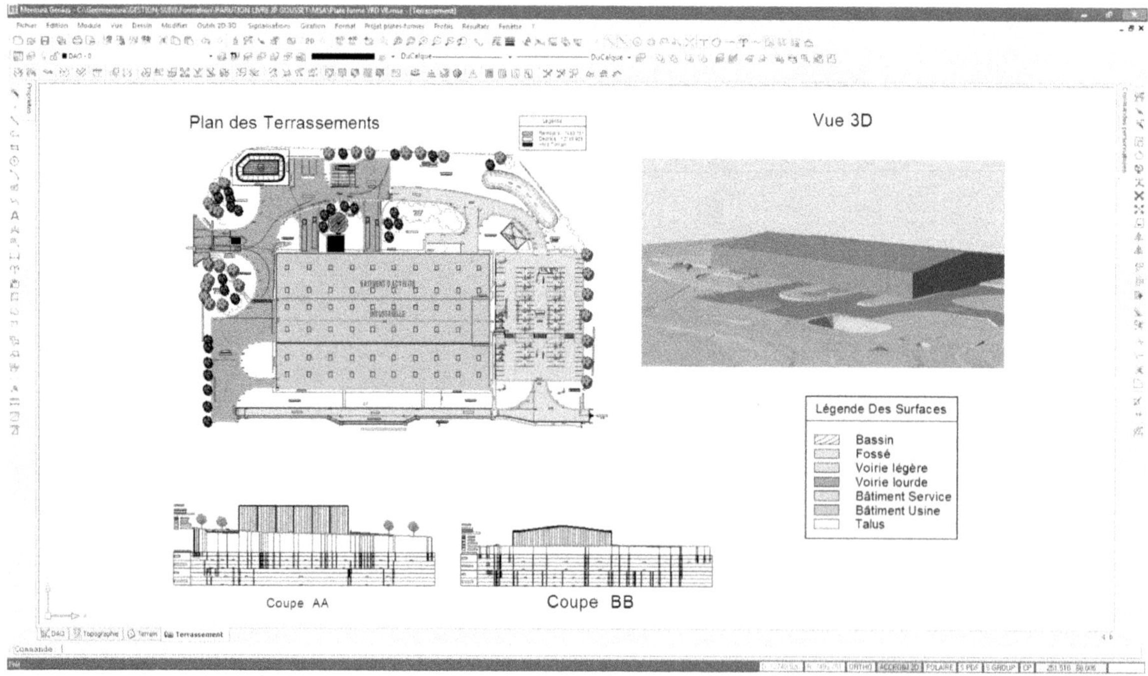

Figure 4.4.20 – Habillage de projets avec coupes et rendu 3D

4.3 Réseaux

4.3.1 Bases de données

Mensura dispose d'une grande base de données où sont paramétrés les éléments de calcul et de dessin des réseaux. Deux bases sont disponibles dans le logiciel: «Bdd canalisations et collecteurs» et «Bdd Regard et nœuds». Ces bases sont entièrement modifiables et personnalisables dans le module Assainissement avec les commandes «Bdd→Collecteurs» et «Bdd→Regard et nœud».

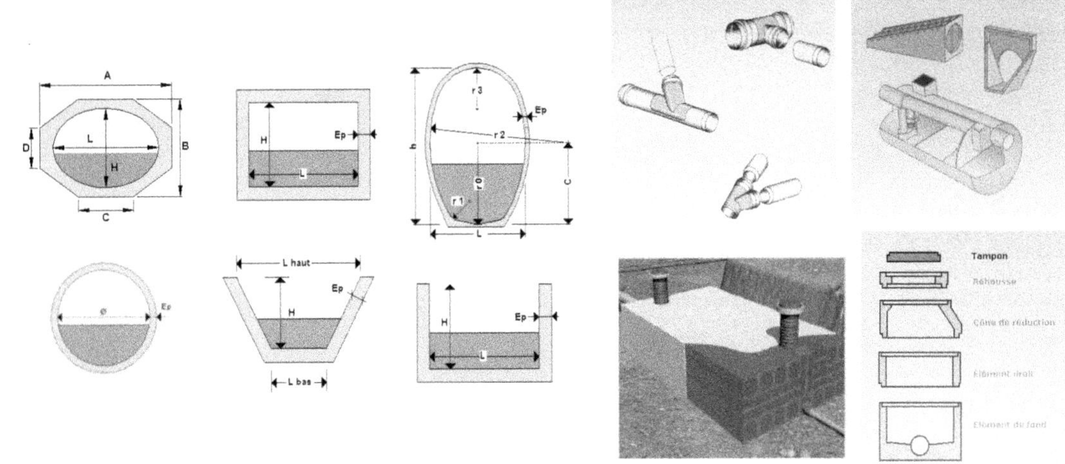

Figure 4.4.21 – Un extrait de la base de données paramétrable

4.3.2 Saisie du Réseau

Créer les réseaux grâce aux commandes dédiées. Mensura permet en outre de saisir et modéliser des collecteurs ouverts de types caniveaux ou fossés. Dans le module Assainissement, utiliser l'une des commandes suivantes:

- «Réseaux→Réseau EP→Saisir» ;
- «Réseaux→Réseau EU→Saisir» ;
- «Réseaux→Réseau Autre→Saisir» .

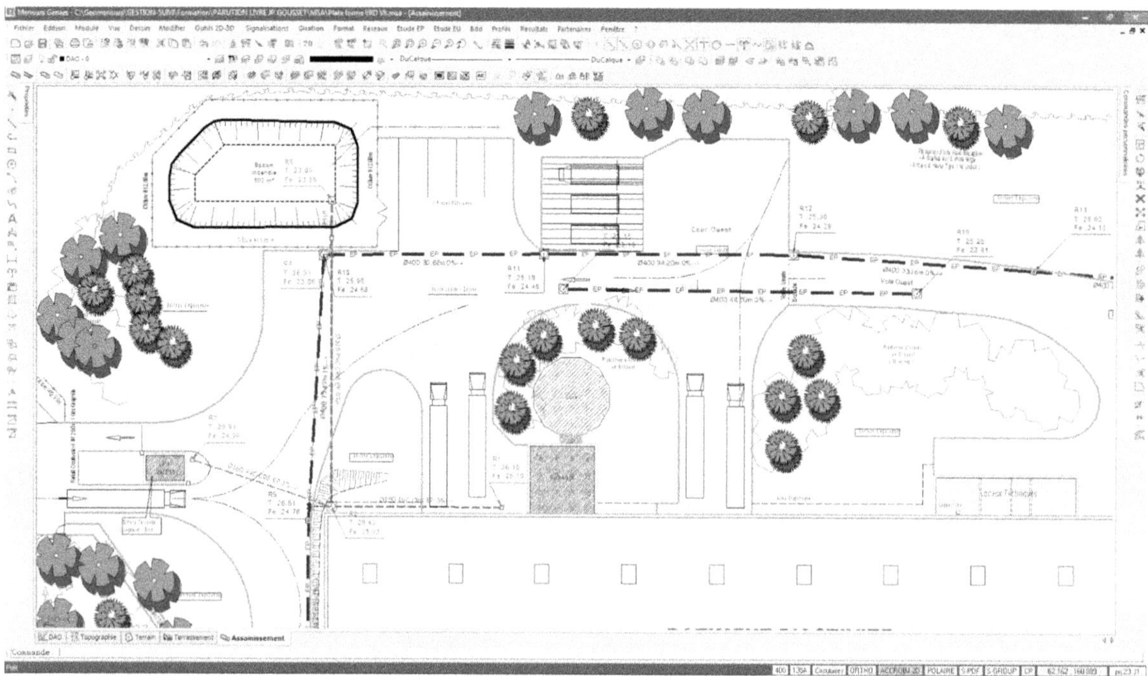

Figure 4.4.22 – Plan de réseaux

Saisir d'abord le tracé en plan, en prenant soin de sélectionner les éléments de jonction des tronçons et les canalisations dans la base de données. Dans la boîte de dialogue illustrée à la Figure 4.4.23, renseigner au fur et à mesure de la saisie les cotes Z tampon, Z radier, Z fil d'eau et pente de canalisation.

Figure 4.4.23 – Boîte de dialogue Saisie de regard

4.3.3 *Profil en long*

Pour une meilleure visibilité des modifications, gérer les pentes des collecteurs et les hauteurs des regards directement sur le profil en long. Dans le module Assainissement, lancer la commande « Profil→Profil en long ».

Il est aussi possible de contrôler la saisie des réseaux tel que les problématiques de croisement ou hauteur de couverture et visualiser les réseaux en rendu 3D. Dans le module Assainissement, utiliser les commandes « Réseaux→Vérifier les croisements » et « Réseaux→Vérifier les hauteurs de couvertures », et, dans le Module rendu 3d, la commande « Rendu 3d→Afficher les réseaux ».

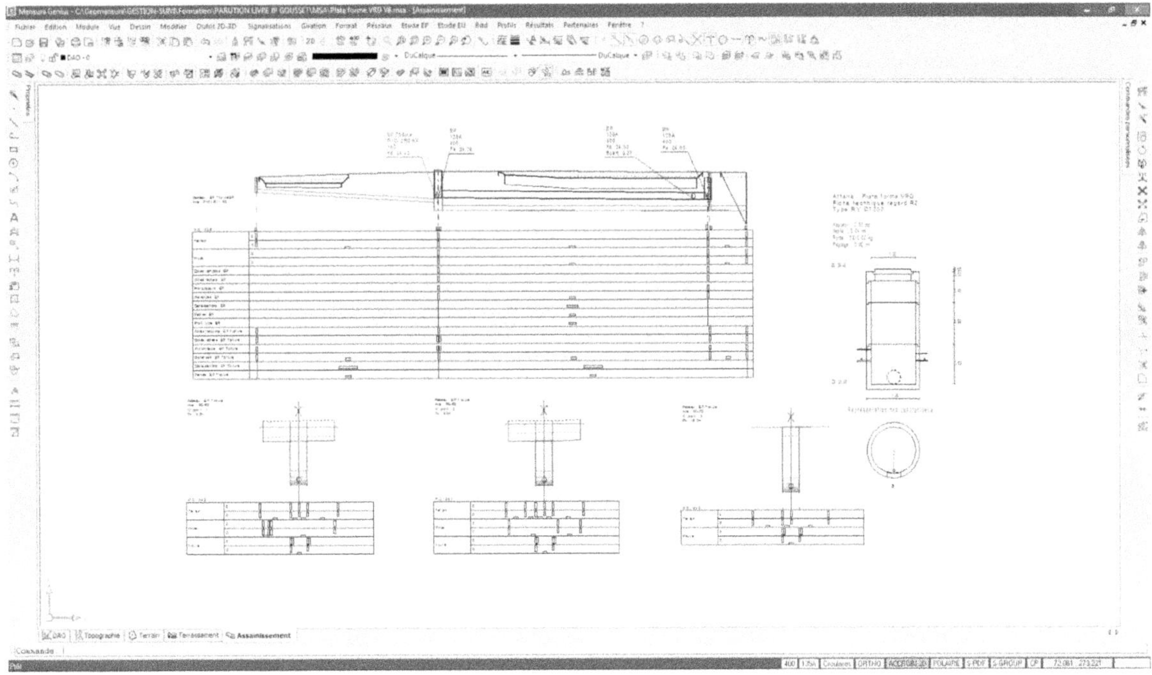

Figure 4.4.24 – Profils en long, coupe de tranchée, regard en élévation

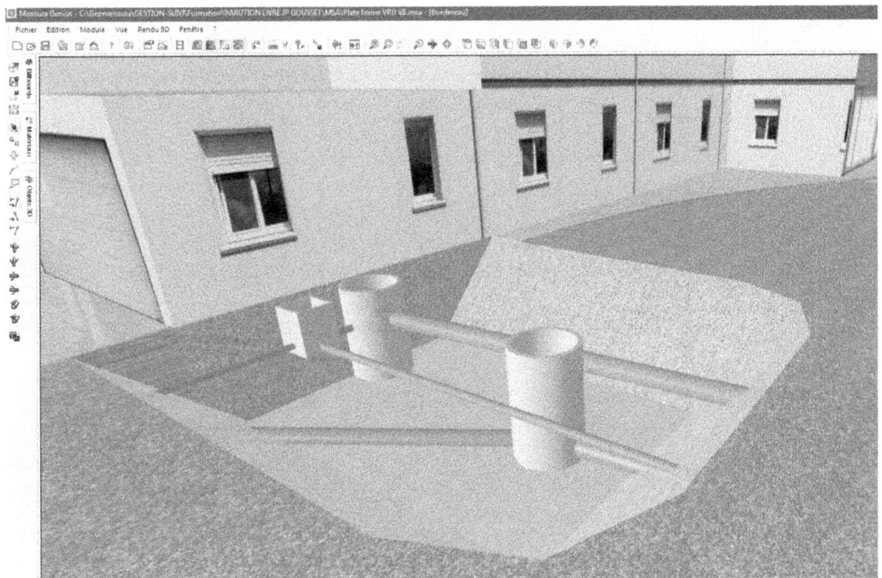

Figure 4.4.25 – Réseaux en 3D

4.3.4 Résultats

Par la suite, Mensura édite les volumes de fouille et de remblaiement des tranchées, ainsi que le quantitatif de tous les éléments du réseau. Lancer la commande « Résultat→Par tronçons ».

Métré détaillé des tronçons

07/10/2008
Affaire : LOTISSEMENT SAINT GREGOIRE
Tranchées calculées suivant le Fascicule 70

Tronçon	Collecteur	Type	Référence	Longueur	Larg	Prof	Fouille	Appui	Remblai d'enrobage	Vol excéd	Remb app	Remb reut	Surf blind m2	Long blind
EP														
R20-R21	Circulaires	135A	600	14.55	1.85	1.93	50.339	7.861	15.427	29.787	0.000	20.552	55.27	14.55
R21-R16	Circulaires	135A	600	7.67	1.85	1.96	26.314	4.141	8.126	15.689	0.000	10.625	28.40	7.67
R15-R16	Circulaires	135A	500	17.02	1.71	1.80	50.292	5.456	12.751	23.116	0.000	27.176	43.29	17.02
R86-P24	Circulaires	PVC CR8 EP	200	3.94	1.40	1.28	5.891	0.691	1.570	2.262	0.000	3.629	7.63	2.44
R97-P26	Circulaires	PVC CR8 EP	160	2.20	1.40	1.51	3.214	0.345	0.773	1.162	0.000	2.052	3.33	1.10
R16-R17	Circulaires	135A	600	45.51	1.55	1.85	158.322	19.965	37.794	78.081	0.000	80.241	93.46	45.51
R19-R17	Circulaires	135A	500	38.50	1.71	1.79	117.023	14.346	34.059	59.510	0.000	57.512	140.29	38.50
R17-R18	Circulaires	135A	800	46.18	2.19	2.07	194.805	33.246	76.840	146.634	0.000	49.171	191.71	46.18
Sous totalisations				175.57			606.200	86.052	187.340	355.241	0.000	250.959	563.38	172.97
EU														
R27-R28	Circulaires	PVC CR8 EU	315	14.86	1.12	2.34	38.138	2.734	6.296	10.187	0.000	27.951	34.43	14.86
R29-R30	Circulaires	PVC CR8 EU	315	14.28	1.42	2.37	46.626	3.394	7.920	12.426	0.000	34.200	65.93	14.28
Sous totalisations				29.14			84.765	6.128	14.216	22.613	0.000	62.151	100.35	29.14
Totalisations				204.71			690.965	92.181	201.555	377.855	0.000	313.110	663.73	202.11

Figure 4.4.26 – Tableau de résultats par tronçons

4.4 Métrés

Les quantités sont extraites soit à partir du dessin réalisé, soit à partir d'un fichier dwg. Mensura permet de travailler en plusieurs tranches ou lots (ex : fermes et conditionnelles). La sélection d'un objet existant donne automatiquement sa quantité. Un générateur de formules permet de calculer des volumes et des tonnages à partir de surfaces et linéaires, en personnalisant les formules de base. Les modifications sont interactives *via* un lien dynamique entre graphique et tableur. Dans le module Métré, utiliser la commande « Métré→Mesurer par sélection ».

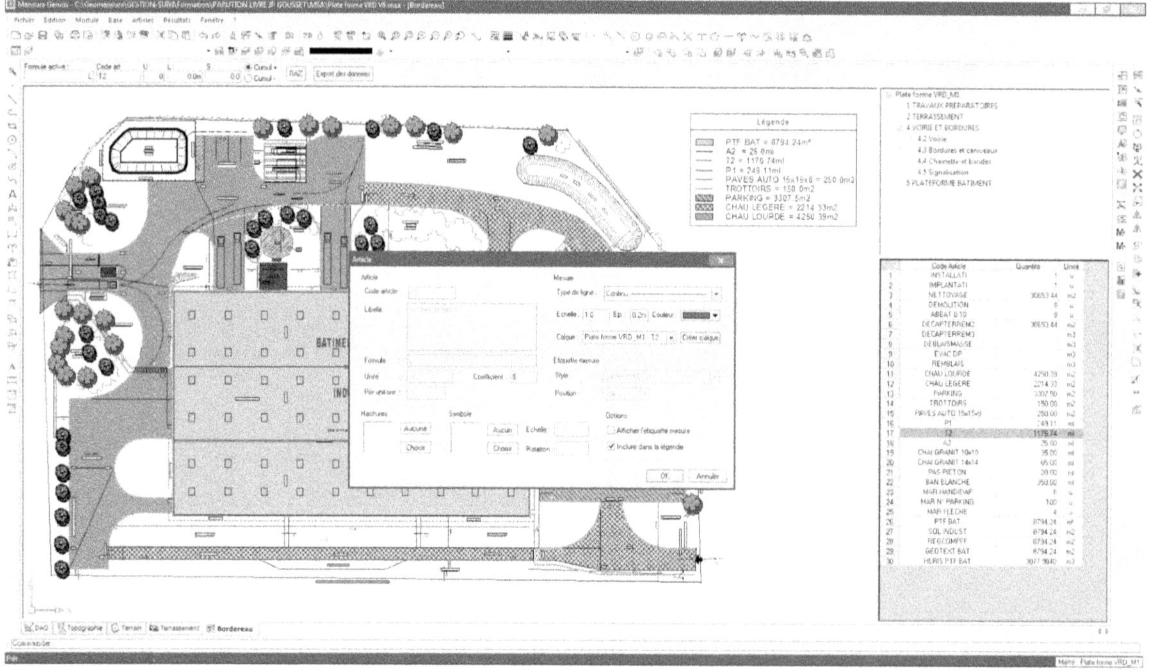

Figure 4.4.27 – Boîte de dialogue Article

4.4.1 Export tableur, DQE

La liaison avec la bibliothèque permet d'éditer rapidement le bordereau. L'édition peut se faire sous trois formes : détail estimatif, quantitatif et bordereau des prix unitaires. Utiliser la commande commande « Résultat→Générer le bordereau ».

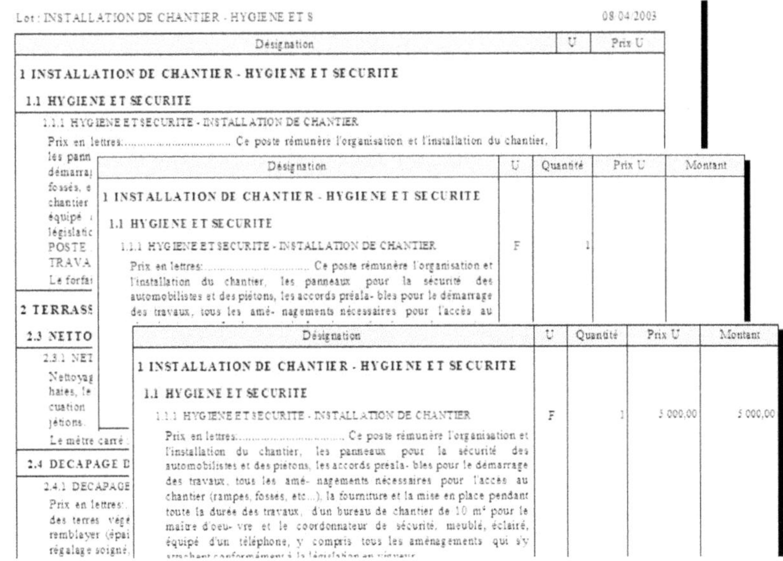

Lot : INSTALLATION DE CHANTIER - HYGIENE ET S — 08/04/2003

Désignation	U	Prix U
1 INSTALLATION DE CHANTIER - HYGIENE ET SECURITE		
1.1 HYGIENE ET SECURITE		
1.1.1 HYGIENE ET SECURITE - INSTALLATION DE CHANTIER Prix en lettres:................................ Ce poste rémunère l'organisation et l'installation du chantier, les pann… démarra… fossés, e… chantier… équipé… législatic… POSTE… TRAVA… Le forfai…		
2 TERRASS…		
2.3 NETTO…		
2.3.1 NET… Nettoyag… haies, le… cuation… jétions. Le mètre carré…		
2.4 DECAPAGE D…		
2.4.1 DECAPAGE… Prix en lettres:… des terres végé… remblayer (épai… régalage soigné,…		

Désignation	U	Quantité	Prix U	Montant
1 INSTALLATION DE CHANTIER - HYGIENE ET SECURITE				
1.1 HYGIENE ET SECURITE				
1.1.1 HYGIENE ET SECURITE - INSTALLATION DE CHANTIER	F	1		
Prix en lettres:................................ Ce poste rémunère l'organisation et l'installation du chantier, les panneaux pour la sécurité des automobilistes et des piétons, les accords préala- bles pour le démarrage des travaux, tous les amé- nagements nécessaires pour l'accès au…				

Désignation	U	Quantité	Prix U	Montant
1 INSTALLATION DE CHANTIER - HYGIENE ET SECURITE				
1.1 HYGIENE ET SECURITE				
1.1.1 HYGIENE ET SECURITE - INSTALLATION DE CHANTIER	F	1	5 000,00	5 000,00
Prix en lettres:................................ Ce poste rémunère l'organisation et l'installation du chantier, les panneaux pour la sécurité des automobilistes et des piétons, les accords préala- bles pour le démarrage des travaux, tous les amé- nagements nécessaires pour l'accès au chantier (rampes, fossés, etc...), la fourniture et la mise en place pendant toute la durée des travaux, d'un bureau de chantier de 10 m² pour le maître d'oeu- vre et le coordonnateur de sécurité, meublé, éclairé, équipé d'un téléphone, y compris tous les aménagements qui s'y rattachent conformément à la législation en vigueur.				

Figure 4.4.28 – Exemple de document : détail estimatif quantitatif

Téléchargements

Les plans donnés dans cette annexe sont téléchargeables afin de pouvoir effectuer les décompositions et ainsi métrer les articles développés dans l'ouvrage. Compte tenu du format de l'édition du livre, ils sont représentés en niveaux de gris, avec des textes parfois peu lisibles, mais les fichiers disponibles sont en couleurs et à une échelle variant du 1/50e au 1/100e sur des formats adaptés.

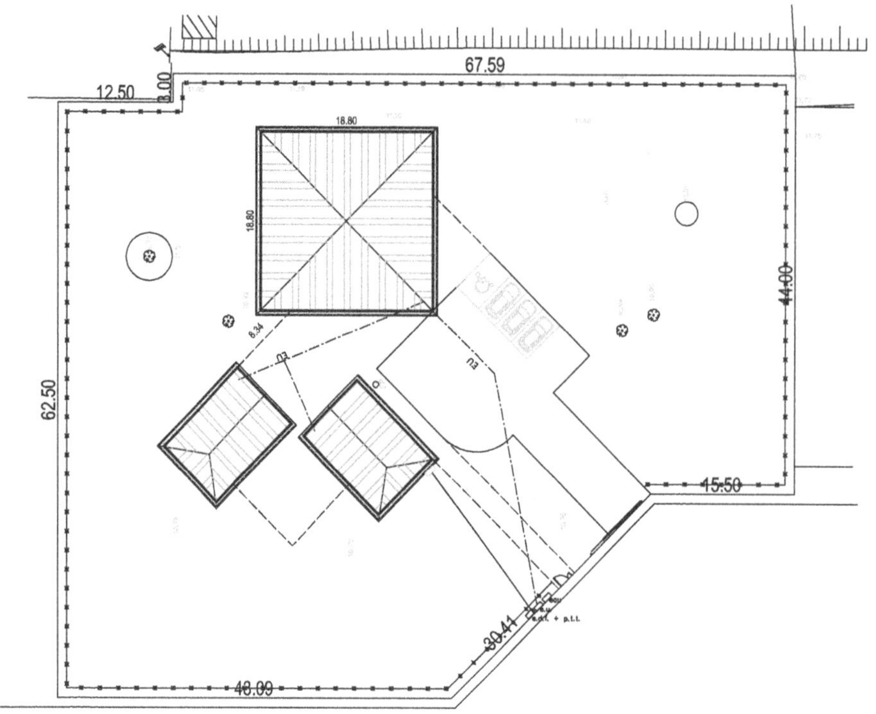

Figure A.1 – Projet d'aménagement extérieur

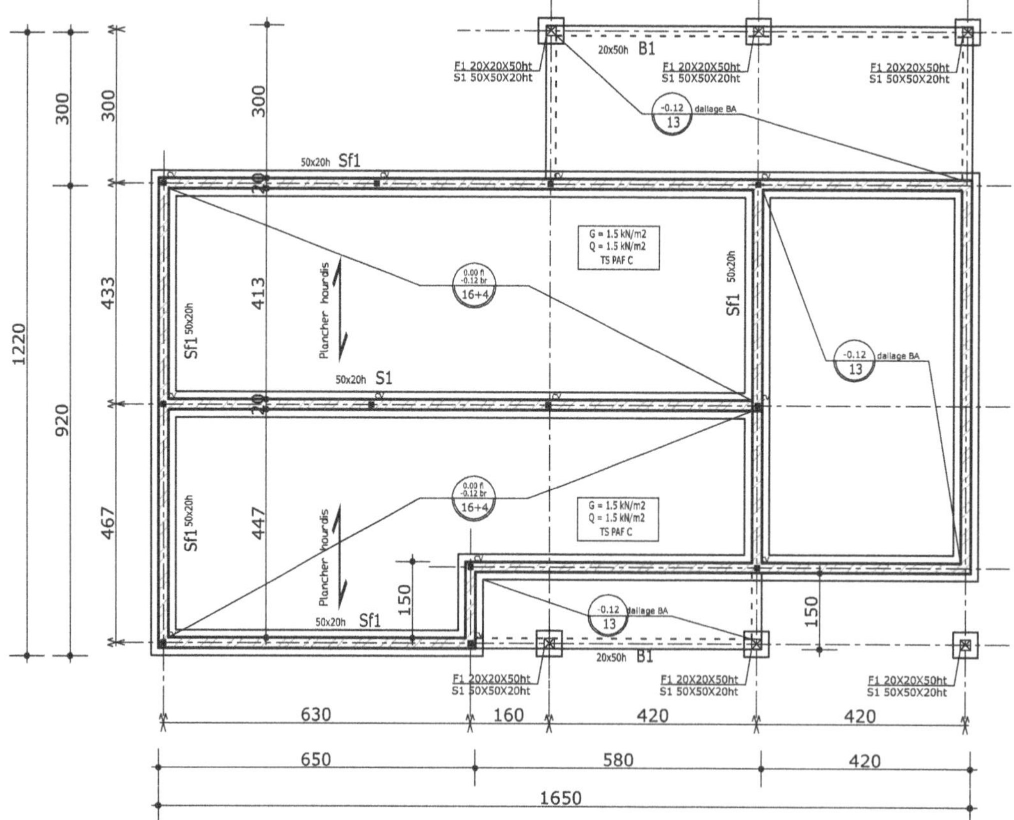

Figure A.2 – Techniques du métré des ouvrages élémentaires : maçonnerie en fondation

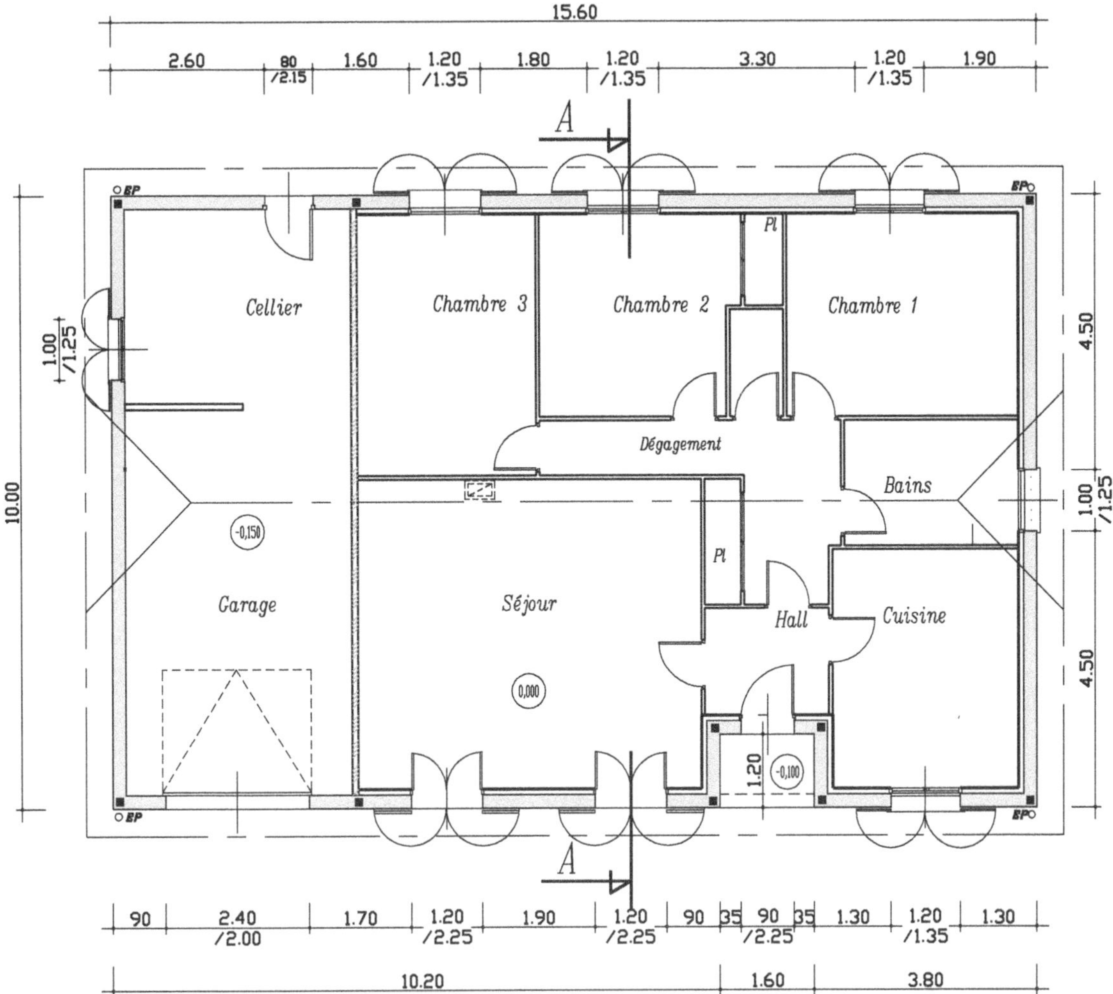

Figure A.3 – Techniques du métré des ouvrages élémentaires : maçonnerie en élévation, vue en plan

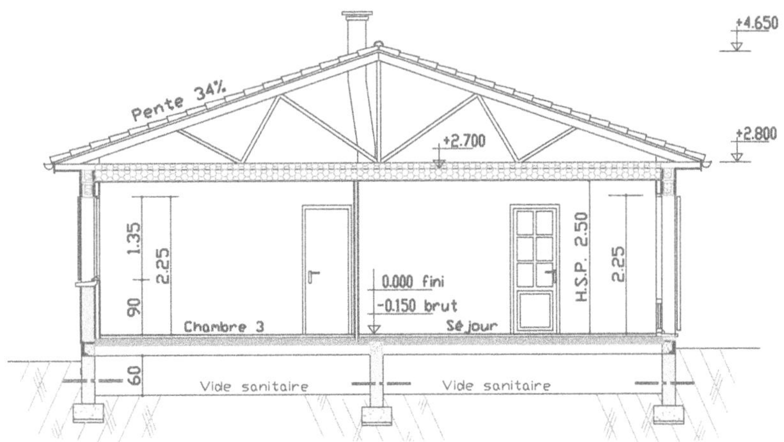

Figure A.4 – Techniques du métré des ouvrages élémentaires : maçonnerie en élévation, coupe verticale

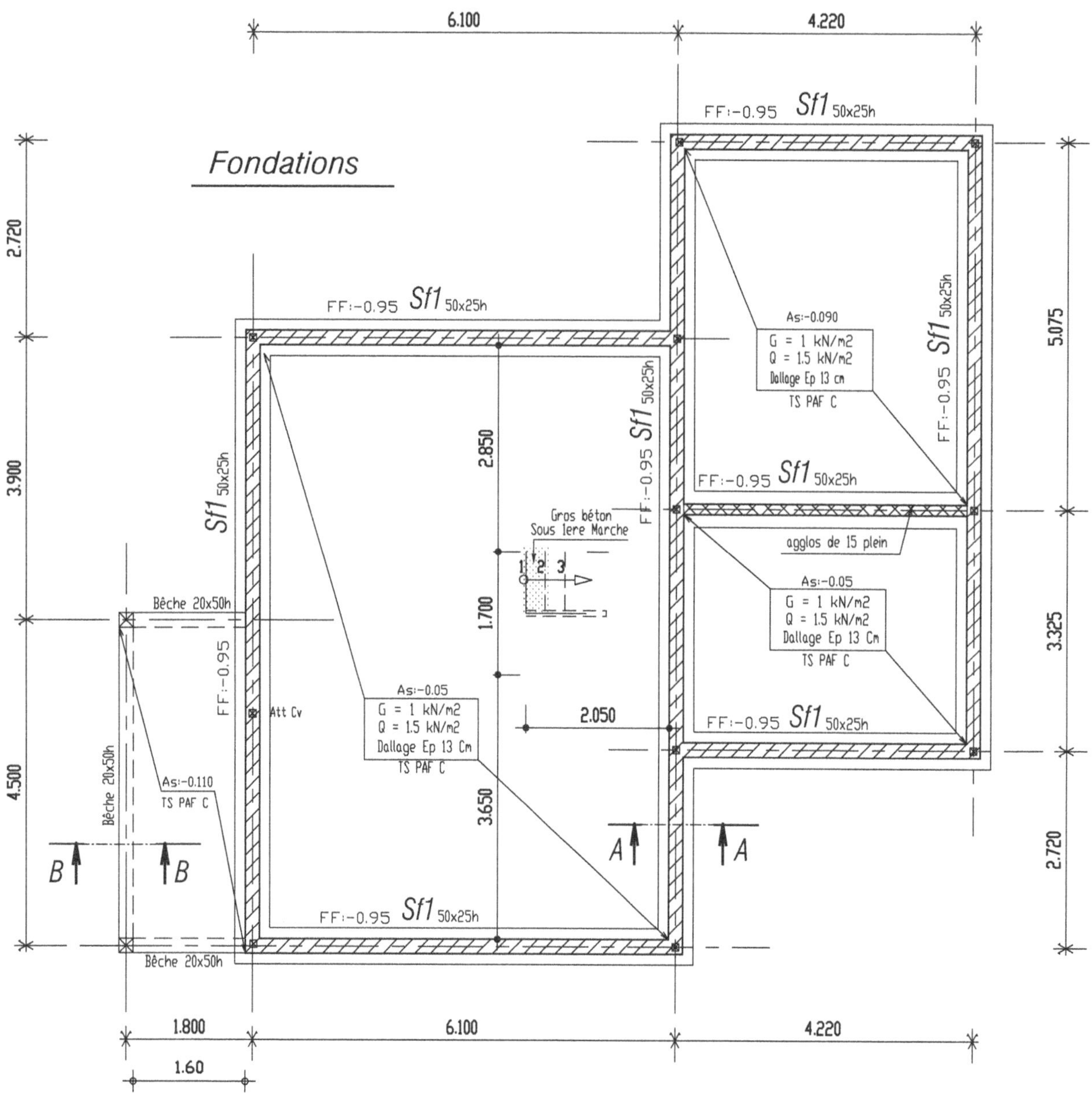

Figure A.5 – Projet Brive : vue en plan des fondations

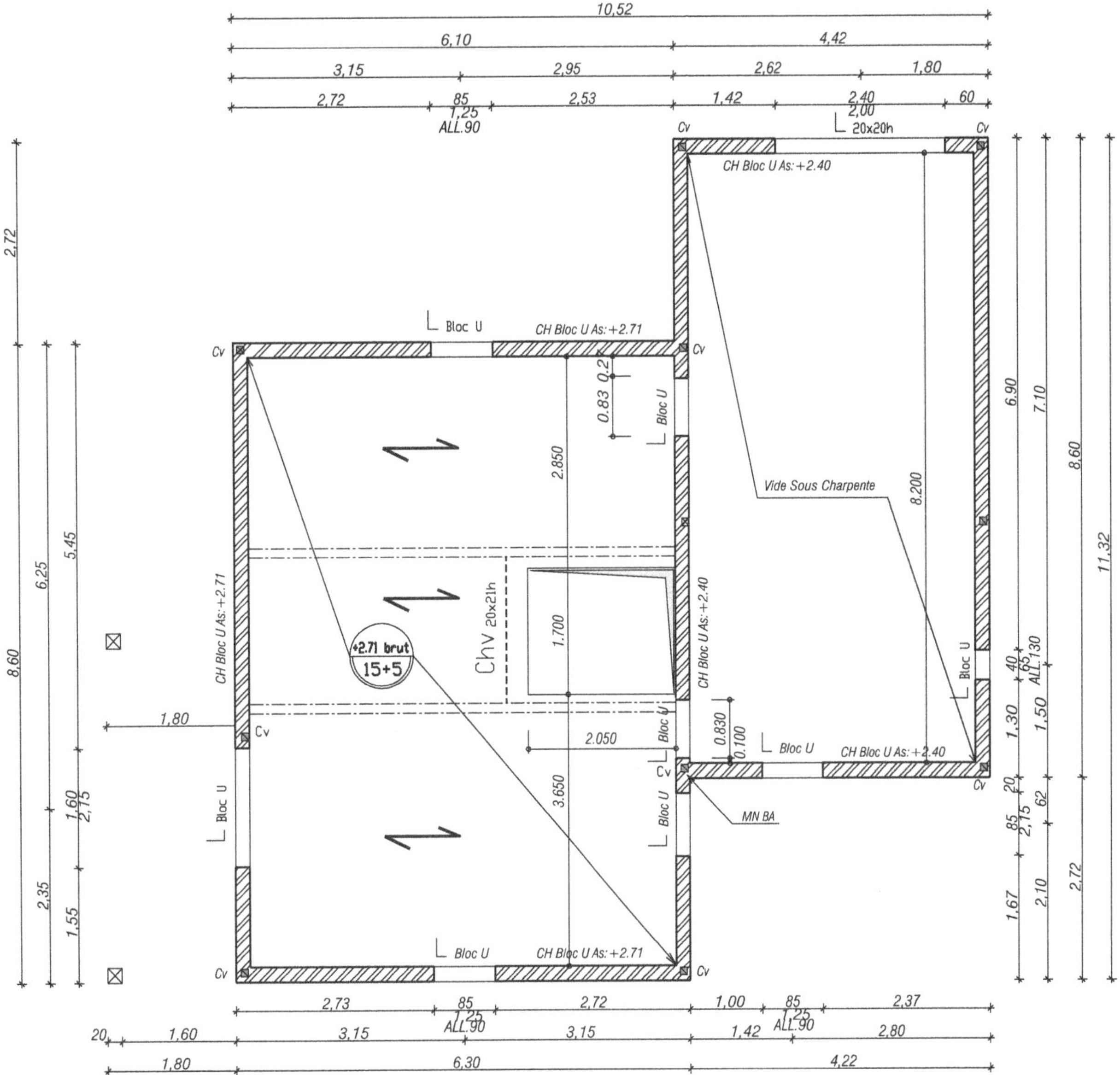

Figure A.6 – Projet Brive : plan de coffrage du plancher haut du RdC

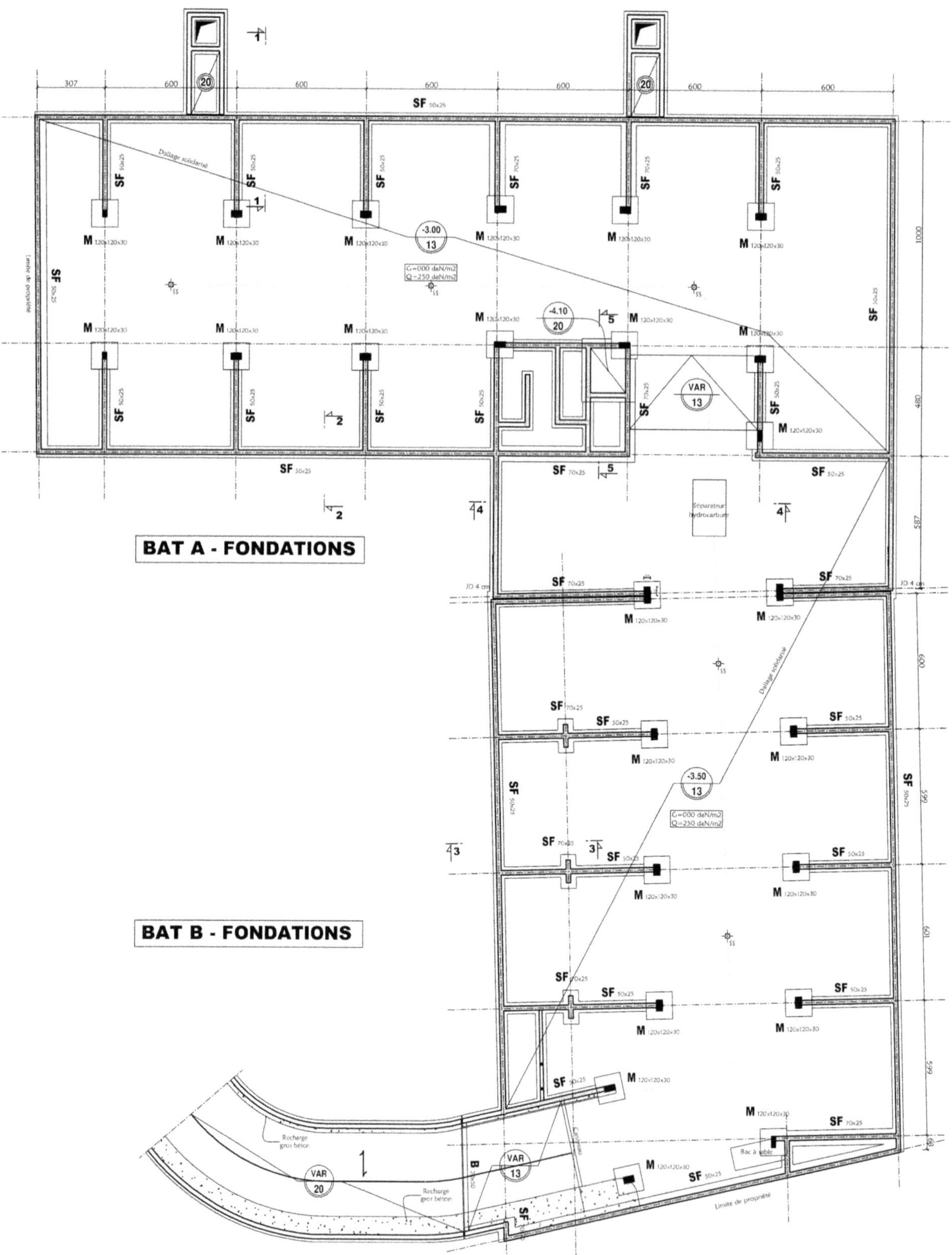

Figure A.7 – Projet Esprit LOFT : vue en plan des fondations

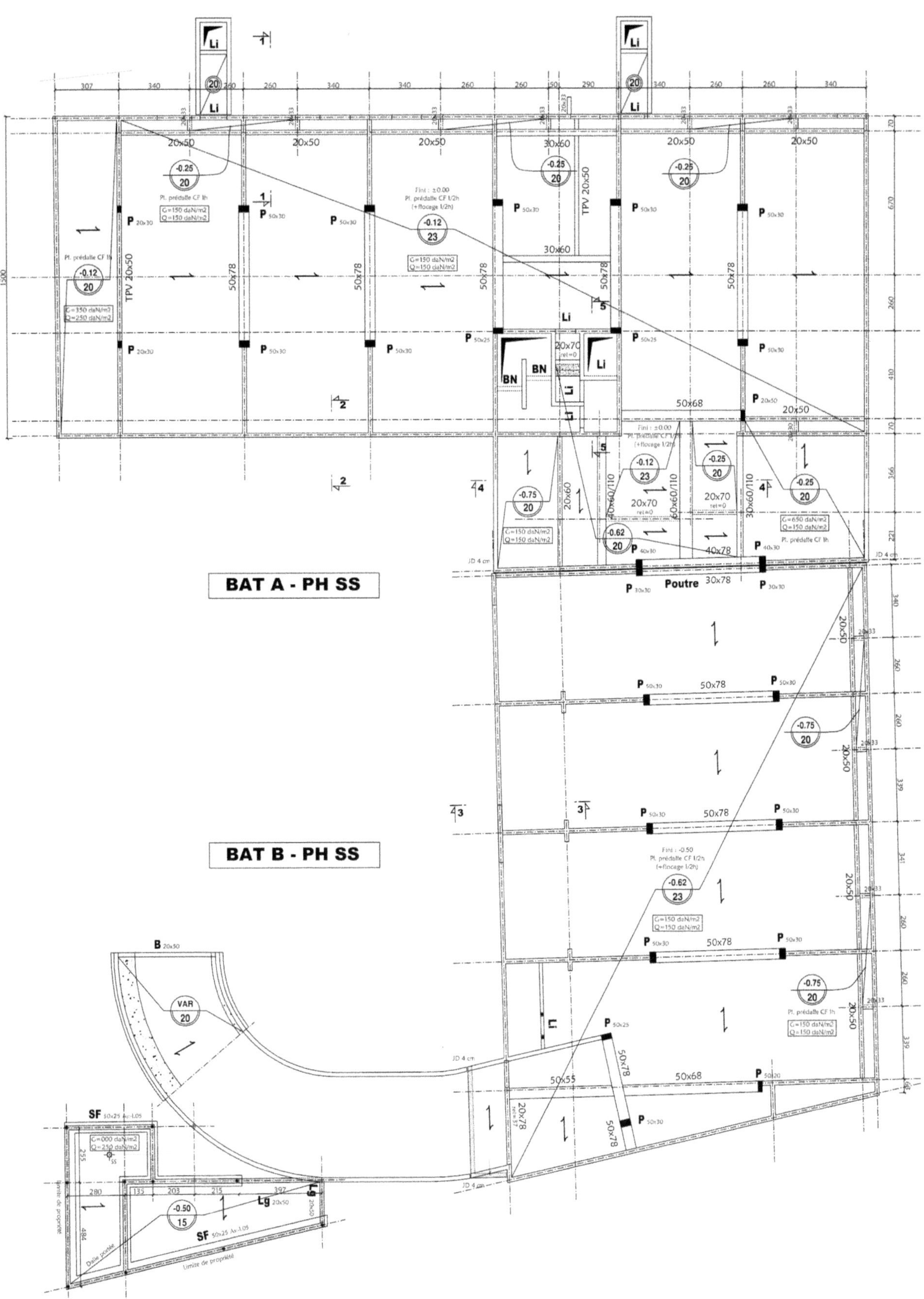

Figure A.8 – Projet Esprit LOFT : plan de coffrage du plancher haut du sous-sol

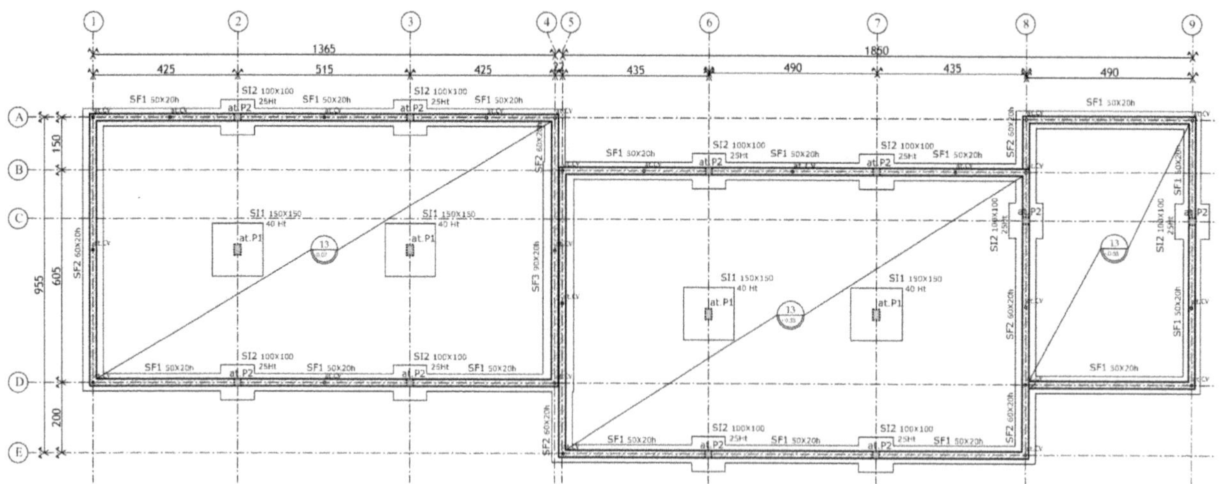

Figure A.9 – Application : fondations

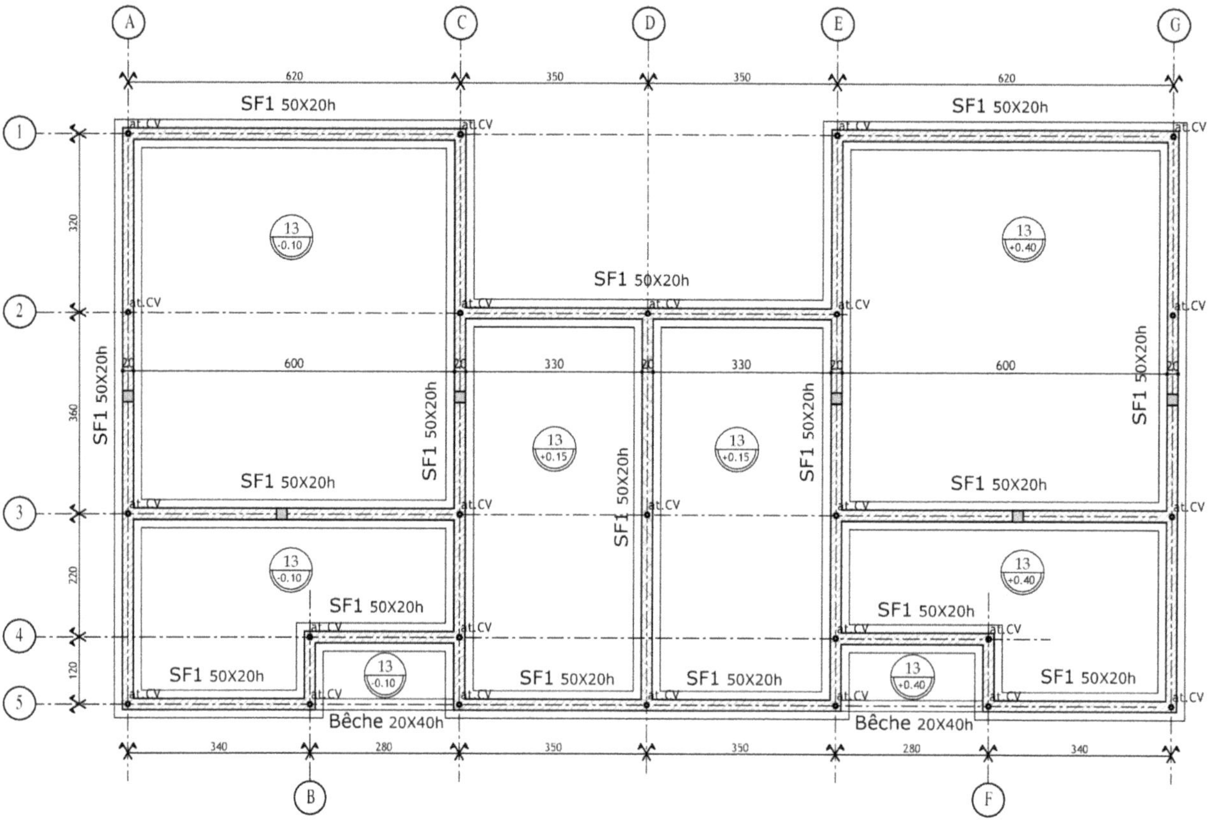

Figure A.10 – Projet de logements : vue en plan des fondations

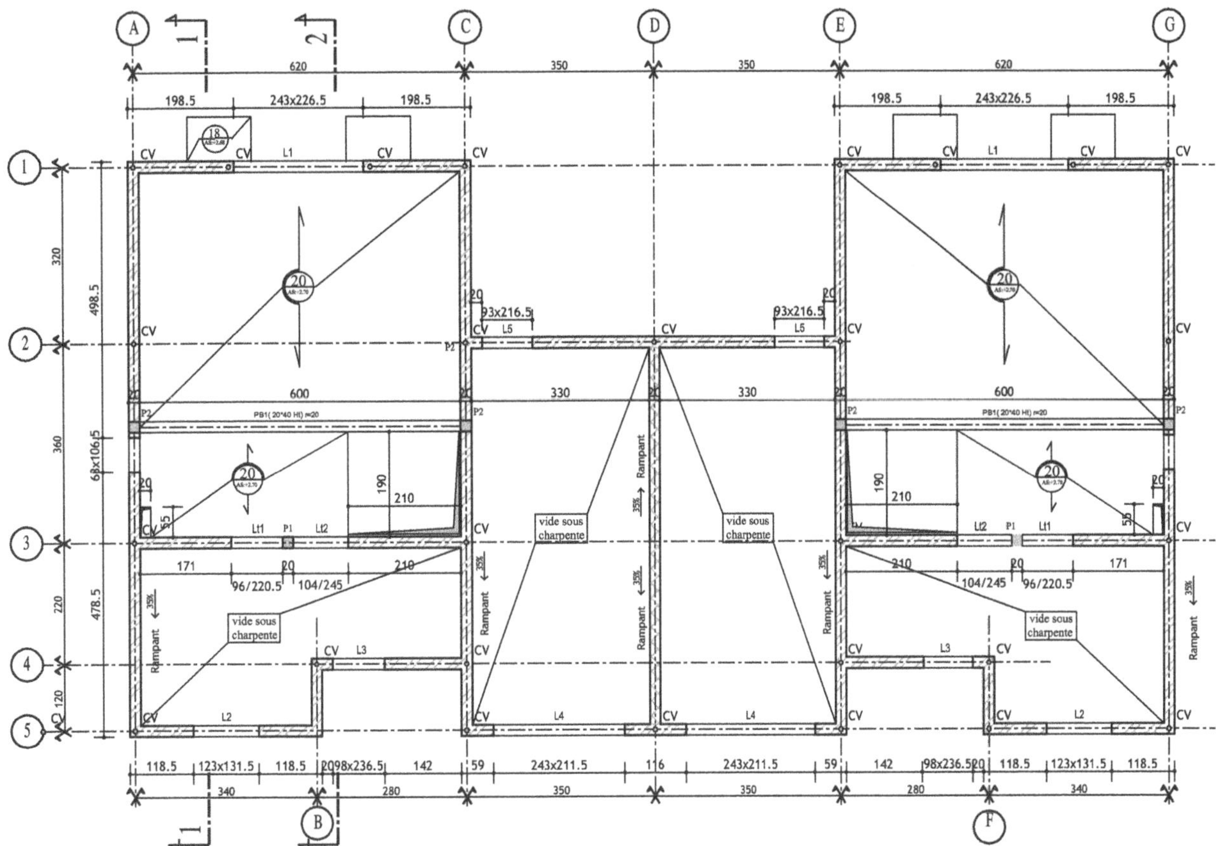

Figure A.11 – Projet de logements : plan de coffrage du plancher haut du RdC

Index

T

V

Chez le même éditeur (extrait du catalogue)

Manuels de formation initiale

Jean-Pierre Gousset, Série « Technique des dessins du bâtiment »

- *Dessin technique et lecture de plan. Principes; exercices*, 2e éd., 288 p., 2013
- *Plans topographiques, plans d'architecte, permis de construire et RT 2012. Détails de construction*, 280 p., 2014

Gérard Calvat, *Initiation au dessin de bâtiment, avec 23 exercices d'application corrigés*, 186 p., 2015

Yves Widloecher & David Cusant, *Manuel de l'étude de prix, Entreprises du BTP. Contexte, cours, études de cas, exercices résolus*, 5e éd., 224 p., 2020

- *Descriptifs et CCTP de projets de construction. Manuel pour comprendre, analyser organiser et décrire*, 2e éd., 224 p. 2018
- *Manuel d'analyse d'un dossier de bâtiment. Initiation, décodage, contexte, études de cas*, 2e éd ., 276 p., 2018

Marie Fondacci Guillarmé, *Maîtiser les techniques de l'immobilier. Transaction immobilière, gestion locative, gestion de copropriété*, 4e éd., 304 p., 2019

- *Conseil en ingénierie de l'immobilier*, 128 p., 2017

Jean-Claude Doubrère, *Résistance des matériaux. Cours et exercices corrigés*, 12e éd., 176 p., 2013

Construction

Brice Fèvre & Sébastien Fourage, *Mémento du conducteur de travaux*, 5e éd., 160 p., 2019

Léonard Hamburger, *Maître d'œuvre bâtiment. Guide pratique, technique et juridique*, 6e éd., 570 p., 2019

- *Prestataire AMO BTP Guide pratique, technique et juridique*, 468 p., 2019

Victor Davidovici, *Le projet de construction parasismique*, 464 p., 2019

Erick Ringot, *Calcul des ouvrages. Résistance des matériaux et fondement du calcul des structures*, 512 p., 2017

Erick Ringot, Bernard Husson & Thierry Vidal, *Calcul des ouvrages : applications*, 2018, 768 p.

Jean-Paul Roy & Jean-Luc Blin-Lacroix, *Le dictionnaire professionnel du BTP*, 3e éd., 828 p., 2011

Collectif CAPEB/CTICM/ConstruirAcier, *Structures métalliques : ouvrages simples. Guide technique et de calcul d'éléments structurels en acier*, 104 p., 2013

Claude Prêcheur, *Manuel technique du maçon*

- *Organisation, conception, applications*, 2e éd. 304 p., 2019
- *Matériaux, outils, techniques*, 2e éd. 288 p., 2019

Bertrand Hubert, Bruno Philipponnat, Olivier Payant et Moulay Zerhouni, *Fondations et ouvrages en terre. Manuel professionnel de géotechnique du BTP*, 828 p., 2019

Éric Mullard, *La couverture du bâtiment. Manuel de construction*, 2e éd. 2018, 352 p.

Jean-Marie Rapin, *L'acoustique du bâtiment. Manuel professionnel d'entretien et de réhabilitation*, 2017, 192 p.

Étienne de Villepin, *Les courants faibles*, 180 p., 2019

Philippe Peiger & Nathalie Baumann, *Végétalisation des toitures*, 304 p., 2018

Philippe Philipparie, *Pathologie générale du bâtiment*, 176 p., 2019

Alexandre Caussarieu & Thomas Gaumart, *Rénovation des façades : pierre, brique, béton. Guide à l'usage des professionnels*, 2e éd. 2013, 192 p.

Gérard Karsenty, *Guide pratique des VRD et des aménagements extérieurs. Des études à la réalisation des travaux*, 2004, 632 p., 7e tirage 2015

René Bayon, *VRD : voirie, réseaux divers, terrassements, espaces verts. Aide-mémoire du concepteur*, 6e éd. 1998, 528 p., 9e tirage 2015

Philippe Carillo, *Conception d'un projet routier. Guide technique*, 112 p., 2015

Jean Barillot, Hervé Cabanes & Philippe Carillo, *La route et ses chaussées. Manuel de travaux publics*, 264 p., 2018

Architecture

Isabelle Chesneau (dir.), *Profession Architecte. Identité, responsabilité, contrats, règles, agence, économie, chantier*, 576 p., 2018

Michel Possompès, *La fabrication du projet. Méthode destinée aux étudiants des écoles d'architecture*, 2e éd., 384 p., 2016

- *Mes clients et moi : un architecte raconte. Récits*, 320 p., 2018

Xavier Bezançon & Daniel Devillebichot, *Histoire de la construction*

- *de la Gaule romaine à la Révolution française*, 392 p. en couleurs, 2013
- *moderne et contemporaine en France*, 480 p. en couleurs, 2014

Alain Billard, *De la construction à l'architecture*

- *Les structures-poids*, 604 pages, 2015
- *Les structures en portiques*, 252 p., 2016
- *Les structures de hautes performances*, 400 p., 2016

Grégoire Bignier, *Architecture & écologie : comment partager le monde habité*, 2e éd., 216 p., 2015

- *Architecture & économie : ce que l'architecture fait à l'économie circulaire*, 160 p., 2018

Christophe Olivier & Avril Colleu, *12 solutions bioclimatiques pour l'habitat. Construire ou rénover : climat et besoins énergétiques*, 2016, 232 p.

Carol Maillard, *Façades & couvertures. Performances, architecture, acier*, coédition Eyrolles/ConstruirAcier, 2016, 264 p.

Réglementation

Bernard de Polignac, Jean-Pierre Monceau, Xavier de Cussac et Pascal Lesieur, *Expertise immobilière. Guide pratique*, 7e éd., 512 p., 2019

Jean-Louis Sablon, *Défauts de construction : que faire ? Guide juridique et pratique*, 144 p., 2016

… et des dizaines d'autres livres de BTP, de génie civil, de construction et d'architecture sur www.editions-eyrolles.com

Dépôt légal : décembre 2019
Imprimé en Allemagne par BoD

www.ingramcontent.com/pod-product-compliance
Ingram Content Group UK Ltd.
Pitfield, Milton Keynes, MK11 3LW, UK
UKHW050616260726
13994UKWH00007B/2447